全国高职高专药品类专业
国家卫生和计划生育委员会“十二五”规划教材

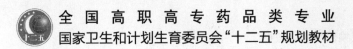

供药学、药品经营与管理、药物制剂技术、
化学制药技术、中药制药技术专业用

# 生物化学

第 2 版



主　编　王易振　何旭辉

副主编　晁相蓉　张丽娟　虞菊萍

编　者（以姓氏笔画为序）

王易振（重庆医药高等专科学校）
文　程（大庆医学高等专科学校）
成　亮（山西药科职业学院）
刘润佳（四川卫生康复职业学院）
何旭辉（大庆医学高等专科学校）
张丽娟（首都医科大学燕京医学院）
张春蕾（黑龙江中医药大学佳木斯学院）
晁相蓉（山东医学高等专科学校）
彭　坤（重庆医药高等专科学校）
虞菊萍（中国药科大学高等职业技术学院）

人民卫生出版社

图书在版编目(CIP)数据

生物化学/王易振等主编．—2版．—北京：人民卫生出版社，2013.8

ISBN 978-7-117-17392-6

Ⅰ.①生… Ⅱ.①王… Ⅲ.①生物化学-高等职业教育-教材 Ⅳ.①Q5

中国版本图书馆CIP数据核字(2013)第142919号



**生 物 化 学**

第2版

主　　编：王易振　何旭辉
出版发行：人民卫生出版社（中继线 010-59780011）
地　　址：北京市朝阳区潘家园南里19号
邮　　编：100021
E - mail：pmph @ pmph. com
购书热线：010-59787592　010-59787584　010-65264830
印　　刷：北京人卫印刷厂
经　　销：新华书店
开　　本：787×1092　1/16　　印张：20
字　　数：474千字
版　　次：2009年1月第1版　　2013年8月第2版
　　　　　2018年1月第2版第9次印刷（总第16次印刷）
标准书号：ISBN 978-7-117-17392-6/R · 17393
定价（含光盘）：33.00元
打击盗版举报电话：010-59787491　E-mail：WQ @ pmph. com
（凡属印装质量问题请与本社市场营销中心联系退换）

全国高职高专药品类专业
国家卫生和计划生育委员会“十二五”规划教材

# 出 版 说 明

随着我国高等职业教育教学改革不断深入，办学规模不断扩大，高职教育的办学理念、教学模式正在发生深刻的变化。同时，随着《中国药典》、《国家基本药物目录》、《药品经营质量管理规范》等一系列重要法典法规的修订和相关政策、标准的颁布，对药学职业教育也提出了新的要求与任务。为使教材建设紧跟教学改革和行业发展的步伐，更好地实现“五个对接”，在全国高等医药教材建设研究会、人民卫生出版社的组织规划下，全面启动了全国高职高专药品类专业第二轮规划教材的修订编写工作，经过充分的调研和准备，从2012年6月份开始，在全国范围内进行了主编、副主编和编者的遴选工作，共收到来自百余所包括高职高专院校、行业企业在内的900余位一线教师及工程技术与管理人员的申报资料，通过公开、公平、公正的遴选，并经征求多方面的意见，近600位优秀申报者被聘为主编、副主编、编者。在前期工作的基础上，分别于2012年7月份和10月份在北京召开了论证会议和主编人会议，成立了第二届全国高职高专药品类专业教材建设指导委员会，明确了第二轮规划教材的修订编写原则，讨论确定了该轮规划教材的具体品种，例如增加了可供药品类多个专业使用的《药学服务实务》、《药品生物检定》，以及专供生物制药技术专业用的《生物化学及技术》、《微生物学》，并对个别书名进行了调整，以更好地适应教学改革和满足教学需求。同时，根据高职高专药品类各专业的培养目标，进一步修订完善了各门课程的教学大纲，在此基础上编写了具有鲜明高职高专教育特色的教材，将于2013年8月由人民卫生出版社全面出版发行，以更好地满足新时期高职教学需求。

为适应现代高职高专人才培养的需要，本套教材在保持第一版教材特色的基础上，突出以下特点：

**1. 准确定位，彰显特色** 本套教材定位于高等职业教育药品类专业，既强调体现其职业性，增强各专业的针对性，又充分体现其高等教育性，区别于本科及中职教材，同时满足学生考取职业证书的需要。教材编写采取栏目设计，增加新颖性和可读性。

**2. 科学整合，有机衔接** 近年来，职业教育快速发展，在结合职业岗位的任职要求、整合课程、构建课程体系的基础上，本套教材的编写特别注重体现高职教育改革成果，教材内容的设置对接岗位，各教材之间有机衔接，避免重要知识点的遗漏和不必要的交叉重复。

**3. 淡化理论，理实一体** 目前，高等职业教育愈加注重对学生技能的培养，本套教材一方面既要给学生学习和掌握技能奠定必要、足够的理论基础，使学生具备一定的可持续发展的能力；同时，注意理论知识的把握程度，不一味强调理论知识的重要性、系统性和完整性。在淡化理论的同时根据实际工作岗位需求培养学生的实践技能，将实验实训类内容与主干教材贯穿在一起进行编写。

**4. 针对岗位，课证融合** 本套教材中的专业课程，充分考虑学生考取相关职业资格证书的需要，与职业岗位证书相关的教材，其内容和实训项目的选取涵盖了相关的考试内容，力争做到课证融合，体现职业教育的特点，实现“双证书”培养。

**5. 联系实际，突出案例** 本套教材加强了实际案例的内容，通过从药品生产到药品流通、使用等各环节引入的实际案例，使教材内容更加贴近实际岗位，让学生了解实际工作岗位的知识和技能需求，做到学有所用。

**6. 优化模块，易教易学** 设计生动、活泼的教材栏目，在保持教材主体框架的基础上，通过栏目增加教材的信息量，也使教材更具可读性。其中既有利于教师教学使用的“课堂活动”，也有便于学生了解相关知识背景和应用的“知识链接”，还有便于学生自学的“难点释疑”，而大量来自于实际的“案例分析”更充分体现了教材的职业教育属性。同时，在每节后加设“点滴积累”，帮助学生逐渐积累重要的知识内容。部分教材还结合本门课程的特点，增设了一些特色栏目。

**7. 校企合作，优化团队** 现代职业教育倡导职业性、实际性和开放性，办好职业教育必须走校企合作、工学结合之路。此次第二轮教材的编写，我们不但从全国多所高职高专院校遴选了具有丰富教学经验的骨干教师充实了编者队伍，同时我们还从医院、制药企业遴选了一批具有丰富实践经验的能工巧匠作为编者甚至是副主编参加此套教材的编写，保障了一线工作岗位上先进技术、技能和实际案例融入教材的内容，体现职业教育特点。

**8. 书盘互动，丰富资源** 随着现代技术手段的发展，教学手段也在不断更新。多种形式的教学资源有利于不同地区学校教学水平的提高，有利于学生的自学，国家也在投入资金建设各种形式的教学资源和资源共享课程。本套多种教材配有光盘，内容涉及操作录像、演示文稿、拓展练习、图片等多种形式的教学资源，丰富形象，供教师和学生使用。

本套教材的编写，得到了第二届全国高职高专药品类专业教材建设指导委员会的专家和来自全国近百所院校、二十余家企业行业的骨干教师和一线专家的支持和参与，在此对有关单位和个人表示衷心的感谢！并希望在教材出版后，通过各校的教学使用能获得更多的宝贵意见，以便不断修订完善，更好地满足教学的需要。

在本套教材修订编写之际，正值教育部开展“十二五”职业教育国家规划教材选题立项工作，本套教材符合教育部“十二五”国家规划教材立项条件，全部进行了申报。

**全国高等医药教材建设研究会**

**人民卫生出版社**

2013年7月

附:全国高职高专药品类专业
国家卫生和计划生育委员会“十二五”规划教材

# 教 材 目 录

| 序号 | 教材名称 | 主编 | 适用专业 |
|---|---|---|---|
| 1 | 医药数理统计(第2版) | 刘宝山 | 药学、药品经营与管理、药物制剂技术、生物制药技术、化学制药技术、中药制药技术 |
| 2 | 基础化学(第2版)★ | 傅春华<br>黄月君 | 药学、药品经营与管理、药物制剂技术、生物制药技术、化学制药技术、中药制药技术 |
| 3 | 无机化学(第2版)★ | 牛秀明<br>林　珍 | 药学、药品经营与管理、药物制剂技术、生物制药技术、化学制药技术、中药制药技术 |
| 4 | 分析化学(第2版)★ | 谢庆娟<br>李维斌 | 药学、药品经营与管理、药物制剂技术、生物制药技术、化学制药技术、中药制药技术、药品质量检测技术 |
| 5 | 有机化学(第2版) | 刘　斌<br>陈任宏 | 药学、药品经营与管理、药物制剂技术、生物制药技术、化学制药技术、中药制药技术 |
| 6 | 生物化学(第2版)★ | 王易振<br>何旭辉 | 药学、药品经营与管理、药物制剂技术、化学制药技术、中药制药技术 |
| 7 | 生物化学及技术* | 李清秀 | 生物制药技术 |
| 8 | 药事管理与法规(第2版)★ | 杨世民 | 药学、中药、药品经营与管理、药物制剂技术、化学制药技术、生物制药技术、中药制药技术、医药营销、药品质量检测技术 |

| 序号 | 教材名称 | 主编 | 适用专业 |
|---|---|---|---|
| 9 | 公共关系基础(第2版) | 秦东华 | 药学、药品经营与管理、药物制剂技术、生物制药技术、化学制药技术、中药制药技术、食品药品监督管理 |
| 10 | 医药应用文写作(第2版) | 王劲松<br>刘　静 | 药学、药品经营与管理、药物制剂技术、生物制药技术、化学制药技术、中药制药技术 |
| 11 | 医药信息检索(第2版)★ | 陈　燕<br>李现红 | 药学、药品经营与管理、药物制剂技术、生物制药技术、化学制药技术、中药制药技术 |
| 12 | 人体解剖生理学(第2版) | 贺　伟<br>吴金英 | 药学、药品经营与管理、药物制剂技术、生物制药技术、化学制药技术 |
| 13 | 病原生物与免疫学(第2版) | 黄建林<br>段巧玲 | 药学、药品经营与管理、药物制剂技术、化学制药技术、中药制药技术 |
| 14 | 微生物学* | 凌庆枝 | 生物制药技术 |
| 15 | 天然药物学(第2版)★ | 艾继周 | 药学 |
| 16 | 药理学(第2版)★ | 罗跃娥 | 药学、药品经营与管理 |
| 17 | 药剂学(第2版) | 张琦岩 | 药学、药品经营与管理 |
| 18 | 药物分析(第2版)★ | 孙　莹<br>吕　洁 | 药学、药品经营与管理 |
| 19 | 药物化学(第2版)★ | 葛淑兰<br>惠　春 | 药学、药品经营与管理、药物制剂技术、化学制药技术 |
| 20 | 天然药物化学(第2版)★ | 吴剑峰<br>王　宁 | 药学、药物制剂技术 |
| 21 | 医院药学概要(第2版)★ | 张明淑<br>蔡晓虹 | 药学 |
| 22 | 中医药学概论(第2版)★ | 许兆亮<br>王明军 | 药品经营与管理、药物制剂技术、生物制药技术、药学 |
| 23 | 药品营销心理学(第2版) | 丛　媛 | 药学、药品经营与管理 |
| 24 | 基础会计(第2版) | 周凤莲 | 药品经营与管理、医疗保险实务、卫生财会统计、医药营销 |

| 序号 | 教材名称 | 主编 | 适用专业 |
| --- | --- | --- | --- |
| 25 | 临床医学概要(第2版)★ | 唐省三<br>郭　毅 | 药学、药品经营与管理 |
| 26 | 药品市场营销学(第2版)★ | 董国俊 | 药品经营与管理、药学、中药、药物制剂技术、中药制药技术、生物制药技术、药物分析技术、化学制药技术 |
| 27 | 临床药物治疗学 ** | 曹　红 | 药品经营与管理、药学 |
| 28 | 临床药物治疗学实训 ** | 曹　红 | 药品经营与管理、药学 |
| 29 | 药品经营企业管理学基础 ** | 王树春 | 药品经营与管理、药学 |
| 30 | 药品经营质量管理 ** | 杨万波 | 药品经营与管理 |
| 31 | 药品储存与养护(第2版)★ | 徐世义 | 药品经营与管理、药学、中药、中药制药技术 |
| 32 | 药品经营管理法律实务(第2版) | 李朝霞 | 药学、药品经营与管理、医药营销 |
| 33 | 实用物理化学 **;★ | 沈雪松 | 药物制剂技术、生物制药技术、化学制药技术 |
| 34 | 医学基础(第2版) | 孙志军<br>刘　伟 | 药物制剂技术、生物制药技术、化学制药技术、中药制药技术 |
| 35 | 药品生产质量管理(第2版) | 李　洪 | 药物制剂技术、化学制药技术、生物制药技术、中药制药技术 |
| 36 | 安全生产知识(第2版) | 张之东 | 药物制剂技术、生物制药技术、化学制药技术、中药制药技术、药学 |
| 37 | 实用药物学基础(第2版) | 丁　丰<br>李宏伟 | 药学、药品经营与管理、化学制药技术、药物制剂技术、生物制药技术 |
| 38 | 药物制剂技术(第2版)★ | 张健泓 | 药物制剂技术、生物制药技术、化学制药技术 |
| 39 | 药物检测技术(第2版) | 王金香 | 药物制剂技术、化学制药技术、药品质量检测技术、药物分析技术 |
| 40 | 药物制剂设备(第2版)★ | 邓才彬<br>王　泽 | 药学、药物制剂技术、药剂设备制造与维护、制药设备管理与维护 |

| 序号 | 教材名称 | 主编 | 适用专业 |
|---|---|---|---|
| 41 | 药物制剂辅料与包装材料(第2版) | 刘 葵 | 药学、药物制剂技术、中药制药技术 |
| 42 | 化工制图(第2版)★ | 孙安荣<br>朱国民 | 药物制剂技术、化学制药技术、生物制药技术、中药制药技术、制药设备管理与维护 |
| 43 | 化工制图绘图与识图训练(第2版) | 孙安荣<br>朱国民 | 药物制剂技术、化学制药技术、生物制药技术、中药制药技术、制药设备管理与维护 |
| 44 | 药物合成反应(第2版)★ | 照那斯图 | 化学制药技术 |
| 45 | 制药过程原理及设备 ** | 印建和 | 化学制药技术 |
| 46 | 药物分离与纯化技术(第2版) | 陈优生 | 化学制药技术、药学、生物制药技术 |
| 47 | 生物制药工艺学(第2版) | 陈电容<br>朱照静 | 生物制药技术 |
| 48 | 生物药物检测技术 ** | 俞松林 | 生物制药技术 |
| 49 | 生物制药设备(第2版)★ | 罗合春 | 生物制药技术 |
| 50 | 生物药品 **;★ | 须 建 | 生物制药技术 |
| 51 | 生物工程概论 ** | 程 龙 | 生物制药技术 |
| 52 | 中医基本理论(第2版) | 叶玉枝 | 中药制药技术、中药、现代中药技术 |
| 53 | 实用中药(第2版) | 姚丽梅<br>黄丽萍 | 中药制药技术、中药、现代中药技术 |
| 54 | 方剂与中成药(第2版) | 吴俊荣<br>马 波 | 中药制药技术、中药 |
| 55 | 中药鉴定技术(第2版)★ | 李炳生<br>张昌文 | 中药制药技术 |
| 56 | 中药药理学(第2版)★ | 宋光熠 | 药学、药品经营与管理、药物制剂技术、化学制药技术、生物制药技术、中药制药技术 |
| 57 | 中药化学实用技术(第2版)★ | 杨 红 | 中药制药技术 |
| 58 | 中药炮制技术(第2版)★ | 张中社 | 中药制药技术、中药 |

| 序号 | 教材名称 | 主编 | 适用专业 |
| --- | --- | --- | --- |
| 59 | 中药制药设备(第2版) | 刘精婵 | 中药制药技术 |
| 60 | 中药制剂技术(第2版)★ | 汪小根<br>刘德军 | 中药制药技术、中药、中药鉴定与质量检测技术、现代中药技术 |
| 61 | 中药制剂检测技术(第2版)★ | 张钦德 | 中药制药技术、中药、药学 |
| 62 | 药学服务实务 * | 秦红兵 | 药学、中药、药品经营与管理 |
| 63 | 药品生物检定技术 *;★ | 杨元娟 | 生物制药技术、药品质量检测技术、药学、药物制剂技术、中药制药技术 |
| 64 | 中药鉴定技能综合训练 ** | 刘　颖 | 中药制药技术 |
| 65 | 中药前处理技能综合训练 ** | 庄义修 | 中药制药技术 |
| 66 | 中药制剂生产技能综合训练 ** | 李　洪<br>易生富 | 中药制药技术 |
| 67 | 中药制剂检测技能训练 ** | 张钦德 | 中药制药技术 |

**说明**:本轮教材共61门主干教材,2门配套教材,4门综合实训教材。第一轮教材中涉及的部分实验实训教材的内容已编入主干教材。* 为第二轮新编教材;** 为第二轮未修订,仍然沿用第一轮规划教材;★为教材有配套光盘。

第二届全国高职高专药品类专业教育教材建设指导委员会

# 成员名单

**顾　问**

张耀华　国家食品药品监督管理总局

**名誉主任委员**

姚文兵　中国药科大学

**主任委员**

严　振　广东食品药品职业学院

**副主任委员**

刘　斌　天津医学高等专科学校
邬瑞斌　中国药科大学高等职业技术学院
李爱玲　山东食品药品职业学院
李华荣　山西药科职业学院
艾继周　重庆医药高等专科学校
许莉勇　浙江医药高等专科学校
王　宁　山东医学高等专科学校
岳苓水　河北化工医药职业技术学院
昝学峰　楚雄医药高等专科学校
冯维希　连云港中医药高等职业技术学校
刘　伟　长春医学高等专科学校
佘建华　安徽中医药高等专科学校

## 委　员

张　庆　济南护理职业学院
罗跃娥　天津医学高等专科学校
张健泓　广东食品药品职业学院
孙　莹　长春医学高等专科学校
于文国　河北化工医药职业技术学院
葛淑兰　山东医学高等专科学校
李群力　金华职业技术学院
杨元娟　重庆医药高等专科学校
于沙蔚　福建生物工程职业技术学院
陈海洋　湖南环境生物职业技术学院
毛小明　安庆医药高等专科学校
黄丽萍　安徽中医药高等专科学校
王玮瑛　黑龙江护理高等专科学校
邹浩军　无锡卫生高等职业技术学校
秦红兵　江苏盐城卫生职业技术学院
凌庆枝　浙江医药高等专科学校
王明军　厦门医学高等专科学校
倪　峰　福建卫生职业技术学院
郝晶晶　北京卫生职业学院
陈元元　西安天远医药有限公司
吴廼峰　天津天士力医药营销集团有限公司
罗兴洪　先声药业集团

# 前　言

为更好地满足高等职业教育教学需求，在全国高等医药教材建设研究会、人民卫生出版社的组织规划下，全面启动了全国高职高专药品类专业国家卫生和计划生育委员会“十二五”规划教材的修订编写工作。《生物化学》第2版在保持上一版特色和优势的基础上，突出强调为药品类专业课程服务的针对性和实用性。

本版教材具有以下特点：

1. 在突出教材“三基”内容的基础上，适当增加涉及药物作用、药物设计、药物生产等方面的生化知识。有目的地为药品类专业课程打好生物化学基础，以突显生物化学为专业课程服务的针对性和实用性。

2. 以适量形式的教材栏目：“点滴积累”、“目标检测”、“课堂活动”、“知识链接”、“案例分析”、“难点释疑”，阐述涉及与专业相关的生化知识的实践应用，增加教材的应用性、趣味性和可读性，以激发学生的学习兴趣。

3. 为适应大多数学校教师的传统教学习惯，教材章节编写恢复先“静态”后“动态”组织编排，以符合我国生物化学的教学习惯，便于教师教学和学生自学。

4. 为满足药品类5个专业的教学需要，增加“酸碱平衡”、“细胞信号转导”两章选学内容，供不同学校根据不同专业培养目标及学校实际情况选择教学。删去内容偏深，且与药品类专业关联不大的“物质代谢的联系与调节”一章。

5. 实验内容作一定的修改，以增加实验项目的实用性和可操作性。

6. 在教材内容组织上考虑了高职高专各专业的需要，本教材内容也可供高职高专临床医学、卫生检验检疫、临床检验、临床护理类等医学专业基础生物化学的教学需要。

该教材是在第1版的基础上修订的，前版教材的编者为本教材的撰写奠定了良好的基础，对前版教材编者作出的辛勤劳动在此表示诚挚的感谢！

教材自组织编写至出版，时间仓促，加之编者学识水平有限，难免存在不足之处，敬请使用本教材的广大师生提出宝贵意见，以便再版时修改完善。

编　者

2013 年 5 月

# 目　录

# 第一章 绪论

生物化学（biochemistry）是研究生物体的化学组成、分子结构以及生命活动过程中化学变化的基础生命科学。生物化学是从分子水平上研究生命现象本质的科学，故又称之为生命的化学。

## 第一节 生物化学的发展简史

生物化学起源于18世纪中晚期，发展于19世纪，是在近代化学和生理学的基础上逐渐发展起来的，故最初称为“生理化学”。在20世纪初期才成为一门独立学科，并由此而得以迅猛蓬勃发展。特别是近60年来，生物化学发展进入分子生物学时期，对酶催化作用理论的发现、核酸结构与功能研究的突破，使人类进入从分子层面认识生命本质的时期。目前生物化学已成为自然学科中发展最快、最引起人们重视的学科之一。

纵观生物化学的发展史，可大致分为三个阶段，即叙述生物化学、动态生物化学和分子生物学阶段。

1．叙述生物化学阶段　其主要工作是分析和研究生物体的化学组成以及生物体的分泌物和排泄物。如对脂类、糖类及氨基酸的结构和性质的研究发现了核酸、酶、辅酶等，是生物化学发展的初期阶段。

虽然对生物体组成的鉴定是生物化学发展初期的特点，但直到今天，新物质仍不断被发现，如陆续被人们发现的干扰素、环核苷一磷酸、钙调蛋白等，如今已成为重要的研究课题。另一方面，一些早已为人们所熟知的化合物被发现其有新的功能，如多年来一直被认为是分解产物的腐胺、尸胺、精胺等多胺被发现有参与核酸和蛋白质合成的调节，对DNA超螺旋起稳定作用以及调节细胞分化等多种生理功能。

2．动态生物化学阶段　是生物化学蓬勃发展的时期。在这一时期，人们基本上弄清了生物体内各种主要化学物质的代谢途径。包括糖代谢、脂肪酸代谢、三羧酸循环及合成尿素的鸟氨酸循环等。该阶段主要研究糖、脂类、蛋白质和核酸的新陈代谢及代谢过程中的能量转换和代谢调控。

3．分子生物学阶段　这一阶段的主要研究工作是探究各种生物大分子（biomacromolecules）的结构与其功能之间的关系。研究和阐明生长、分化、遗传、变异、衰老和死亡等基本生命活动的规律。如1953年Watson和Crick提出DNA双螺旋结构模型；在此基础上1958年Crick提出遗传信息传递的“中心法则”，由此奠定了现代分子生物学（molecular biology）的基础；1953年Sanger测定出牛胰岛素的一级结构（氨基酸序列）以及1975年出现的DNA序列Sanger测定法；1961年Jacob和Monod提出“操纵子学说”；1966 年破译遗传密码；20 世纪 70 年代 Berg 成功地进行了 DNA 体外重组，标志现代基因工程的诞生。20 世纪 80 年代后，分子生物学和基因工程得以飞速发展，推动了医药工业和农业的发展。20 世纪末启动的人类基因组计划，经过近 10 年的努力，终于在 2001 年 2 月由人类基因组计划和 Cerela 共同公布了人类基因组草图。2003 年 4 月，“人类基因组计划”正式完成。但仅仅测绘出基因组序列，这一计划的最终目的，必须对其编码产物—蛋白质组进行系统深入的研究，才能真正实现基因诊断和基因治疗。

人类蛋白质组研究成为继人类基因组计划之后生物科技发展的重要课题。2003 年 12 月由贺福初院士牵头的“人类肝脏蛋白质计划”是国际人类蛋白质组组织启动的两项重大国际合作行动之一，已有 16 个国家和地区的八十余个实验室报名参加。这是我国领导的第一项重大国际合作计划，也是第一个人类组织 / 器官的蛋白组计划。

人类肝脏蛋白组计划，围绕肝脏蛋白质组的表达谱、修饰谱及其相互作用等科研任务进行研究，并取得初步成果。已经成功测定出中国成人肝脏蛋白质，系统构建了国际上第一张肝脏器官蛋白质组“蓝图”；发现了包含 1000 余个“蛋白质 - 蛋白质”相互作用的网络图；建立了 2000 余株蛋白质抗体。

人类肝脏蛋白组计划的实施，将极大的提高肝病的治疗和预防水平，同时，将使我国在肝炎、肝癌为代表的重大感病的诊断、防治与新药研制领域取得突破性进展，并不断提高我国生物医药产业的创新能力和国际竞争力。

“人类基因组计划”和“人类蛋白质组研究”是人类生命科学发展史上重要的里程碑。它将为人类的健康和疾病的研究带来根本性的变革。

**点滴积累**

1. 生物化学是研究生物体的化学组成、分子结构以及生命活动过程中化学变化的基础生命科学。

2. 生物化学的发展可大致分为三个阶段，即叙述生物化学、动态生物化学和分子生物学阶段。

## 第二节　生物化学研究的主要内容

### 一、生物体的化学组成

研究生命的化学，首先要了解生物体的化学组成及其化学结构，测定其含量和分布。现知生物体由多种化学元素组成，其中 C、H、O、N 四种元素的含量占元素总量的 99% 以上。各种元素进而构成约 30 种小分子化合物，这些小分子化合物进一步组建构成生物大分子（biomacromolecules），所以把这些小分子化合物称为构件分子（building block molecules）。例如 20 种 α- 氨基酸是蛋白质的构件分子，4 种核苷酸是核酸的构件分子，而单糖和脂肪酸则分别为多糖与多种脂类化合物的构件分子。

当前研究的重点为生物大分子的结构与功能的关系，特别是蛋白质和核酸，二者是生命的物质基础，对生命活动起着关键性的作用。

## 二、物质代谢、能量代谢及代谢调节

组成生物体的物质不断地进行着复杂而有规律的化学变化，即新陈代谢。新陈代谢是生命的基本特征之一。生物经新陈代谢不断与外界环境进行物质交换，以维持生物体的繁殖、生长、发育、修补和自我更新。

新陈代谢包括物质代谢和能量代谢。两者互为条件、相互依存，紧密联系在一起。物质代谢的基本过程包括消化吸收、中间代谢和排泄。消化吸收的实质就是在消化道内，将食物中的大分子化合物（淀粉、蛋白质、核酸、脂类等）经酶促水解反应，水解成人体可吸收的小分子物质，并选择性吸收进入体内的过程。中间代谢在细胞内进行，是复杂的化学变化过程，包括合成代谢、分解代谢、物质互变几个方面。合成代谢是指生物体从环境中获取物质，并以此为原料（内源性和外源性构件分子），重新排列组合成为机体自身新物质的过程。此过程又称同化作用。分解代谢是机体将自身组织和外源性营养物质分解成代谢终产物排泄出体外的过程，也叫异化作用。生物体内不同物质有各自的代谢途径，它们之间既相对独立，又可经一些代谢连接点（共同代谢中间产物）相互交联贯通，形成相互联系复杂的代谢网络，从而实现部分物质间的相互转变。

在物质代谢的过程中还伴随有能量的变化。生物体内机械能、化学能、热能以及光、电等能量的相互转化和变化过程称为能量代谢，此过程中三磷酸腺苷（ATP）起着中心的作用。

新陈代谢是在生物体高效、精确的调节控制之下进行的。这种精细调控保证体内错综复杂的代谢途径能够有条不紊地进行，使之适应千变万化的环境。否则代谢紊乱可影响正常的生命活动产生疾病。因此，研究物质代谢、能量代谢及代谢调节是生物化学课程的主要内容之一。

## 三、基因的复制、表达及调控

DNA 是储存遗传信息的物质。通过 DNA 复制，将亲代的遗传信息忠实地传递给子代。DNA 分子经转录可将其遗传信息传递给 RNA，而 mRNA 可作为蛋白质合成的模板，指导编码蛋白质的一级结构。即将遗传信息翻译成能执行各种各样生理功能的蛋白质。此即为遗传信息的传递和表达。生物体内存在一套严密、精细的调控机制，调节着 DNA 复制、基因转录及蛋白质翻译等基因信息传递中的各个环节。从时间和空间上控制遗传信息的传递和基因的表达，使生物体适应环境变化，并维持个体的正常增殖、分化、发育与生长。

## 四、器官生化

医学生物化学主要的研究对象是人，因此人体生物化学还要研究各组织器官的化学组成特点、特有的代谢途径和它们与生理功能之间的关系。代谢障碍将造成器官功能的异常，导致疾病的发生。这部分内容包括内分泌、血液、肝胆生化等，是医学生物化学不可缺少的内容。

当前医学已进入分子水平时代，生物化学、分子生物学的理论、方法和技术使人们能从分子水平研究人体生命的规律，阐明人体生长、发育、分化、结构和功能；观察人与病原体以及人与自然环境之间的关系；分析疾病的发病机制及各种疾病主要病变的分子基础，开发新的和有效的预防、诊断以及治疗疾病的方法和药物。

**点 滴 积 累**

1. 生物体主要由C、H、O、N 四种元素组成，各种元素以一定的化学键构成约30种构件分子，不同的构件分子以不同的连接键连接成不同的生物大分子。

2. 新陈代谢包括物质代谢和能量代谢，两者互为条件、相互依存，紧密联系在一起。新陈代谢是生命的基本特征之一。

3. 遗传信息传递和表达是通过DNA 复制、RNA 转录、翻译表达生成蛋白质的过程完成的，即将遗传信息翻译表达成能执行各种各样生理功能的蛋白质。

## 第三节 生物化学与药学的关系

生物化学是药学专业的专业基础课程。生物化学的理论、原理和技术在药物研究、药品生产、药物质量控制与临床应用方面起着核心基础理论的作用。

药理学主要以药物作用的分子机制、药物在体内的代谢转化等为其主要研究内容。而药物作用分子机制的阐明，药理学研究的理论与技术手段均需借助生物化学的理论和方法。

新药的研究、开发与生物化学也有着密切的关系，如磺胺类药物、抗肿瘤药物等都是在生物化学理论基础上研究开发出来的。

传统生物化学药物的生产，就是运用生物化学的原理、方法和技术，从天然动植物中寻找、分离、纯化具有特殊生物活性的微量多肽类、酶类、蛋白质类、核酸类、多糖类及脂类药物。

微生物发酵是制药工业生产微生物药品的重要手段，其理论基础是微生物学和生物化学。如利用微生物自身特异酶催化有机物（生产原料）来完成特定的生化反应，使之转变成工业产品。酶促反应具有专一性和高效性，有利于减少副产物的产生和提高产品的产率。利用酶转化法，尤其是应用固定化酶生物反应器改进制药工艺，已在有机酸、氨基酸、核苷酸、抗生素、维生素和甾体激素等领域取得显著成效。如利用青霉素酰化酶转化法生产半合成青霉素和头孢霉素；利用 β- 酪氨酸酶制造多巴。另外在GSH、FDP、L- 卡尼汀、L- 麻黄碱中间体等产品的生产也已获得成功。

由生物化学、分子生物学、微生物学相结合而快速发展起来的现代生物技术有可能生产人体内几乎所有痕量、稀有的多肽和蛋白质，这些技术包括基因工程、酶工程、细胞工程和发酵工程。生物技术制药从 1982 年重组人胰岛素上市至今新批准用于治疗的生物技术药物已超百种，我国亦有包括胰岛素、白细胞介素、干扰素、促红细胞生成素、粒细胞集落刺激因子、生长激素、胸苷激酶基因工程细胞制剂，乙肝疫苗共 20 多种生物技术药物批准上市。

应用蛋白质工程技术，可对蛋白质分子进行设计，有目的地制造、生产自然界不存在的新型药物。应用蛋白质工程技术已获得多种自然界不存在的新型基因工程药物。

现代生物技术、基因工程技术的应用已使新药研究方法和制药工业的生产方式发生重大变革。因此，生物化学基本理论、方法和技术是药学专业学生必备的理论知识和实践技能。

**点 滴 积 累**

1. 生物化学的原理、方法和技术，既与新药的研究、开发有关，亦应用于从天然动植物中寻找、分离、纯化具有特殊生物活性的药物。

2. 生物化学、分子生物学、微生物学相结合而快速发展起来的现代生物技术已有可能生产人体内几乎所有痕量、稀有的多肽和蛋白质类药物。

## 第四节 生物化学的学习方法

掌握学习方法是学好生物化学的重要前提。一个好的学习方法，可让你在学习过程中少走弯路，达到事半功倍的效果。

生物化学内容多、深、难，化学结构、化学反应复杂抽象，学生普遍反映难学。但一切事物都是有规律的，学习生物化学也是有规律可循的。首先，课前要预习。重视课堂听课，专心听讲。课后要整理笔记，复习中要勤于思考，既要注重知识前后的联系，也要注意知识间的横向联系。要充分利用已学过的无机化学、有机化学、解剖学和生理学的知识帮助理解、学习生物化学内容。

生物化学的学习重点是基本概念、基本知识和基本技能。学习过程中忌死记硬背，要有侧重。在生物分子的结构与生理功能两者之间，侧重理化性质、实践应用和生理功能。在物质代谢途径与生物学意义之间，在理解各物质代谢途径的基础上，掌握物质代谢途径的生物学意义、代谢异常与疾病的关系、药物作用的生化机制。在遗传信息传递与调控之间，重点在遗传的分子生物学基础、基因信息传递的基本过程。

学习过程中要树立整体观念，不能以孤立、静止的观点去学习。物质代谢是变化过程中的化学反应。不同物质虽沿各自代谢途径进行代谢，但各代谢途径间是有联系的，要注意各代谢途径间的联系与区别，在理解的基础上加以记忆。

认真梳理每章知识的框架结构、知识层次。对一些具有共性的知识内容，如蛋白质与核酸化学在概念、构件分子、连接键、一级结构、空间结构、空间结构的稳定因素、理化性质和生物学意义等方面；三大物质代谢在概念、代谢部位、起始物和终产物、关键步骤、重要的酶、代谢特点、生理意义等方面；复制、转录、翻译在概念、代谢部位、合成原料、合成产物、重要的酶、代谢特点、基本过程、生理意义等方面内容相近、易混淆，需要多运用归纳、比较、列表等方法，进行小结、比较。总结出其相同之处（共性），比较明晰其不同之处（个性），由此加深理解和记忆。

重视生物化学实验技能训练，切忌重理论轻实验的思想，操作技能是今后工作的必备能力之一。平时多做达标训练，通过阶段测验、操作技能考核和考试等多种形式考查知识和操作技能的掌握情况。

学习的目的全在于应用，要有意识地理论联系实际，主动运用生物化学的知识和方法，分析、解决生活和工作实践中的问题，提高学习生物化学的兴趣和学习的主观能动性。

## 点滴积累

1. 要充分利用已学过的化学、解剖和生理学的知识帮助理解、学习生物化学。
2. 要有意识地理论联系实际，主动运用生物化学的知识和方法，分析、解决生活和工作实践中的实际问题。

（王易振）

# 第二章　蛋白质化学

蛋白质（protein）广泛存在于生物界，从简单的低等生物（如病毒、细菌等）到复杂的高等生物，动、植物无一例外都含有蛋白质。甚至朊病毒就只含蛋白质而不含核酸。可以说没有蛋白质就没有生命。

蛋白质是各种生物体内含量最多的有机物质。人体内蛋白质含量约占其干重的45%左右。蛋白质在生物体内具有广泛和重要的生理功能，一切生命活动都离不开蛋白质。它不仅是各种组织细胞的基本结构组成成分，即所谓结构蛋白，如结缔组织的胶原蛋白、血管和皮肤的弹性蛋白、膜蛋白等，而且是大多数生命活动的实现者。现已知蛋白质的主要生理功能有：营养功能、收缩和运动功能、运输功能、催化功能、防御功能、识别功能、调节功能、信息传递功能和基因表达调控功能等。可见蛋白质是生命的物质基础。

## 第一节　蛋白质的化学组成

### 一、蛋白质的元素组成

蛋白质是生物大分子，分子量较大且结构十分复杂。但不论其分子量多大、结构多复杂，蛋白质都由C、H、O、N、S等基本元素组成，有些蛋白质分子中还含有少量Fe、Zn、Mn、I等元素。其中氮的含量相对恒定，占13%～19%，平均为16%，即100g蛋白质中平均含氮16g。故1g氮相当于6.25g蛋白质（100/16 = 6.25）。在实际工作中常通过检测样品中的含氮量，来推算样品中蛋白质的含量。每百克生物样品中蛋白质含量 = 含氮量（g）/ 样品（g）×6.25×100。

### 二、蛋白质的基本组成单位——氨基酸

氨基酸（amino acid）是蛋白质的基本组成单位（构件分子）。虽然自然界中存在着300多种氨基酸，但构成蛋白质的氨基酸只有20种，在蛋白质生物合成时它们受遗传密码控制。这20种氨基酸不存在物种和个体差异，是整个生物界组成蛋白质的通用氨基酸。

**（一）氨基酸的结构**

氨基酸均以羧酸为母体命名，与羧基相连的α-C原子均连接有氨基，故称α-氨基酸（脯氨酸为α-亚氨基酸）。在20种氨基酸中，除甘氨酸外，其余氨基酸的α-C均为不对称碳原子，故有L-构型和D-构型之分。除个别氨基酸外，组成人体蛋白质的氨基酸

都是 L-α- 氨基酸。

由氨基酸的结构与分类表（表 2-1）可见，20 种氨基酸的结构不同之处为 R- 侧链，其余部分结构相同，故可用结构通式表示。

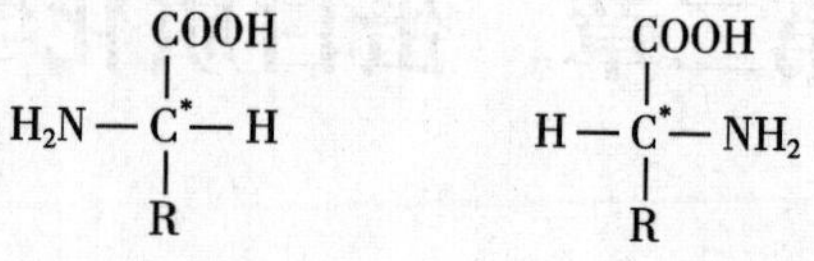

L-α-氨基酸　　　　D-α-氨基酸

*-不对称碳原子

**（二）氨基酸的分类**

氨基酸分类的目的主要是为了便于蛋白质结构、性质和功能的学习和研究。

1. 根据氨基酸 R- 侧链的理化性质分类　根据氨基酸 R- 侧链的理化性质将氨基酸分为四类，见表 2-1。

**表 2-1　氨基酸的结构与分类**

| 名称 | 结构式 | 分子量 | pI |
|---|---|---|---|
| | 非极性疏水氨基酸 | | |
| 甘氨酸（甘）<br>glycine Gly | $H-CH(NH_2)-COOH$ | 75.05 | 5.97 |
| 丙氨酸（丙）<br>alanine Ala | $CH_3-CH(NH_2)-COOH$ | 89.06 | 6.0 |
| 缬氨酸（缬）<br>valine Val | $CH_3-CH(CH_3)-CH(NH_2)-COOH$ | 117.09 | 5.96 |
| 亮氨酸（亮）<br>Leucine Leu | $CH_3-CH(CH_3)-CH_2-CH(NH_2)-COOH$ | 131.11 | 5.98 |
| 异亮氨酸（异）<br>isoleucine Ile | $CH_3-CH_2-CH(CH_3)-CH(NH_2)-COOH$ | 131.11 | 6.02 |
| 脯氨酸（脯）<br>proline Pro | 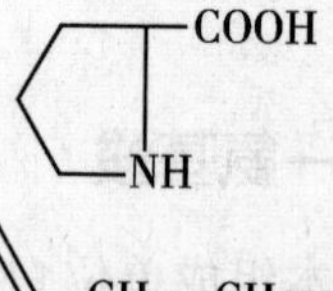 | 115.13 | 6.30 |
| 苯丙氨酸（苯丙）<br>phenylalanine Phe | 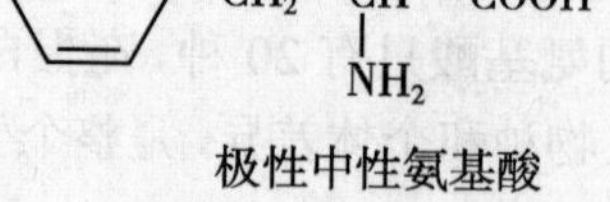 | 165.09 | 5.48 |
| | 极性中性氨基酸 | | |
| 甲硫氨酸（蛋）<br>methionine Met | $CH_3-S-CH_2-CH_2-CH(NH_2)-COOH$ | 149.15 | 5.74 |
| 丝氨酸（丝）<br>serine Ser | $HO-CH_2-CH(NH_2)-COOH$ | 105.6 | 5.68 |

续表

| 名称 | 结构式 | 分子量 | pI |
|---|---|---|---|
| 苏氨酸（苏）threonin Thr | $CH_3-CH(OH)-CH(NH_2)-COOH$ | 119.08 | 5.60 |
| 半胱氨酸（半胱）cysteing Cys | $HS-CH_2-CH(NH_2)-COOH$ | 121.12 | 5.07 |
| 酪氨酸（酪）tyrosine Tyr | 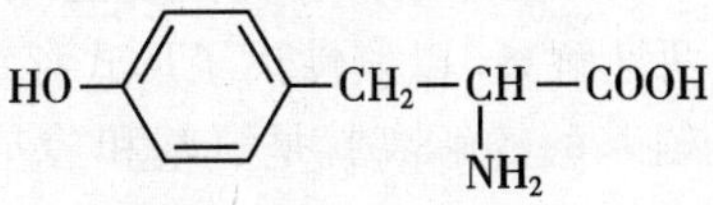 | 181.09 | 5.66 |
| 天冬酰胺（天胺）asparagine Asn | $H_2N-C(=O)-CH_2-CH(NH_2)-COOH$ | 132.12 | 5.41 |
| 谷氨酰胺（谷胺）glutamine Gln | $H_2N-C(=O)-CH_2-CH_2-CH(NH_2)-COOH$ | 146.15 | 5.65 |
| 色氨酸（色）treptophan Tre | 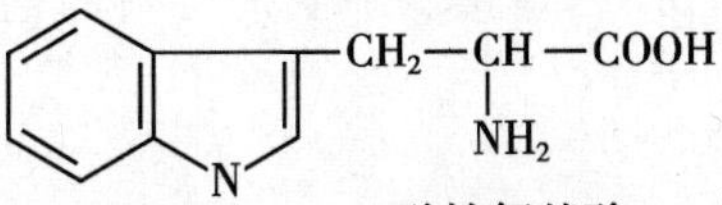 | 204.22 | 5.89 |
| | 酸性氨基酸 | | |
| 天冬氨酸（天）aspartic acid Asp | $HOOC-CH_2-CH(NH_2)-COOH$ | 133.60 | 2.97 |
| 谷氨酸（谷）glutamic acid Glu | $HOOC-CH_2-CH_2-CH(NH_2)-COOH$ | 147.08 | 3.22 |
| | 碱性氨基酸 | | |
| 赖氨酸（赖）lysine Lys | $H_2N-CH_2-CH_2-CH_2-CH_2-CH(NH_2)-COOH$ | 146.13 | 9.74 |
| 精氨酸（精）arginine Arg | $H_2N-C(=NH)-NH-(CH_2)_2-CH_2-CH(NH_2)-COOH$ | 174.14 | 10.76 |
| 组氨酸（组）histidine His | 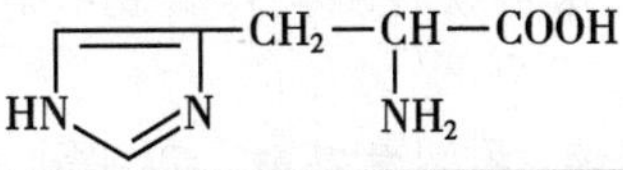 | 155.16 | 7.59 |

（1）非极性疏水氨基酸：这类氨基酸的特征是具有疏水程度不同的非极性 R- 侧链。该类氨基酸有 7 种，分别是甘氨酸、丙氨酸、缬氨酸、亮氨酸、异亮氨酸、苯丙氨酸、脯氨酸。

（2）极性中性氨基酸：R- 侧链有极性基团，但在中性溶液中不解离，这类氨基酸有 8 种，分别是丝氨酸、苏氨酸、酪氨酸、色氨酸、蛋氨酸、天冬酰胺、谷氨酰胺和半胱氨酸。

（3）酸性氨基酸：R- 侧链含有羧基，在体内常解离释放出 $H^+$，而分子带负电荷。这类氨基酸有 2 种，即天冬氨酸和谷氨酸。

（4）碱性氨基酸：R- 侧链含有碱性基团（氨基、胍基、咪唑基），在体内常可接受 $H^+$ 而使分子带正电荷。这类氨基酸有 3 种，即赖氨酸、精氨酸和组氨酸。

2. 根据营养价值分类　分为必需氨基酸和非必需氨基酸。人体需要，机体自身不能合成，必须依赖进食获得的氨基酸称必需氨基酸。共 8 种，分别是苯丙氨酸、蛋氨酸、苏氨酸、赖氨酸、色氨酸、异亮氨酸、亮氨酸、缬氨酸。其余 12 种氨基酸体内能合成不一定需要食物供给，在营养上称非必需氨基酸。

**（三）氨基酸的理化性质**

1. 两性电离与等电点（pI）　20 种氨基酸都含有酸性的羧基和碱性的氨基，属两性分子。在生物体内，氨基酸呈现两性解离，以兼性离子形式存在。即同一氨基酸分子可带正、负两种性质的电荷。由于氨基酸的解离就是氨基和羧基得失 $H^+$ 的过程，故溶液的酸碱变化可以影响氨基酸分子的解离行为，改变其荷电性质及电荷数量。

在某一 pH 溶液中，氨基酸分子解离后所带的正负电荷数量相等，即氨基酸分子呈电中性，此时溶液的 pH 称该氨基酸的等电点（isoelectric point，pI）。

**课堂活动**

当溶液 pH 大于氨基酸的 pI 时，氨基酸带何种性质的电荷？反之，氨基酸又带何种性质的电荷？

2. 茚三酮反应　α- 氨基酸与过量水合茚三酮共热，经缩合反应生成一种蓝紫色化合物，最大吸收峰在 570nm 处。脯氨酸与茚三酮反应生成黄色物质。这一反应广泛用于氨基酸的定性和定量分析。当氨基酸的混合液经阳离子交换分离，获得 20 种氨基酸和茚三酮反应生成有色物质，再经比色分析即可知道每一种氨基酸的含量，这是目前国际上通用的氨基酸定量方法。氨基酸组分自动分析仪就是阳离子交换和茚三酮反应的联合应用。

**案例分析**

**案例：**市场销售一种氨基酸营养口服液，据使用说明书上标明，其口服液中含 8 种氨基酸及其他成分。请问用什么方法检测该口服液中是否含有氨基酸、氨基酸种类及氨基酸的相对含量？

**分析：**①可用薄层层析法分离、检测氨基酸。以平铺在玻璃板上的微晶纤维素为支持物，将待检样品滴加在薄板一侧。以吸附在纤维素上的水为固定相，一定比例的丁醇、丙酮和水为流动相。因不同氨基酸在固定相和流动相之间的分配系数（溶解度）不同，展层时迁移速度不同，经一段时间层析，即可将其分离。②展层结束后，用热风吹干层析板，喷雾茚三酮试剂，并将其置 80℃烘箱中 5 分钟。③取出观察氨基酸色斑。根据色斑的个数，可确定有多少种氨基酸，色斑的大小可初步判断氨基酸相对含量的多少。

3. 紫外吸收　含共轭双键的色氨酸、酪氨酸和苯丙氨酸具有紫外吸收，其中色氨酸和酪氨酸紫外吸收最强，最大吸收峰在 280nm 波长附近。该性质是分析溶液中蛋白质含量快捷而简便的方法。

## 三、蛋白质分子中氨基酸的连接方式

蛋白质分子是由种类不同、数量不等的氨基酸通过肽键相连而组成的多聚氨基酸的高分子化合物。

### （一）肽键和肽

肽键（peptide bond）是指一个氨基酸的氨基与另一个氨基酸的羧基间脱水缩合而成的酰胺键。肽键是蛋白质分子中的主要共价键。

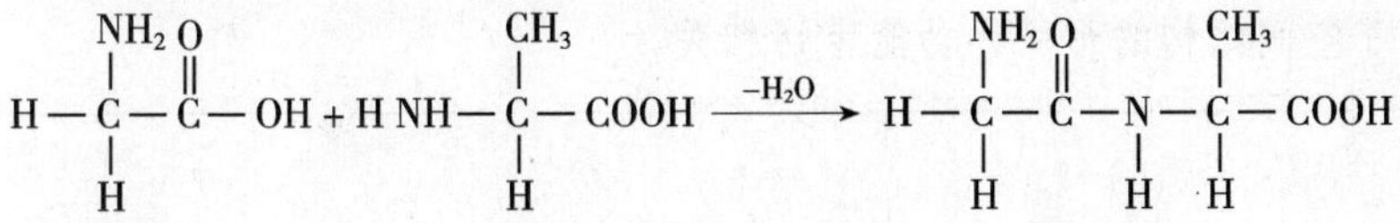

甘氨酸　　　　丙氨酸　　　　甘氨酰丙氨酸

氨基酸通过肽键相连的化合物称肽（peptide）。由 2 个氨基酸形成的肽称二肽，3 个氨基酸形成的肽则称为三肽。一般 10 个以下氨基酸组成的肽称寡肽，由 10 个以上氨基酸组成的肽称多肽。肽链中的氨基酸已不是原来完整的氨基酸分子，因此多肽和蛋白质分子中的氨基酸称为氨基酸残基。

近年来一些具有生物活性的多肽分子不断地被发现与鉴定，它们大多具有重要的生理功能，如由谷氨酸、半胱氨酸和甘氨酸组成的三肽谷胱甘肽，该分子中半胱氨酸残基的 R- 侧链具活性巯基（—SH）。还原型谷胱甘肽具有保护细胞膜结构及使细胞内酶蛋白处于还原、活性状态的功能。

由脑垂体后叶分泌的催产素和加压素，为九肽化合物，有升血压、抗利尿、刺激子宫收缩、排乳的作用，催产素促进遗忘，加压素增强记忆。又如由脑垂体合成分泌的一类吗啡样多肽，称内啡肽，已经发现的有脑啡肽、α- 内啡肽、β- 内啡肽等多种。它能与吗啡受体结合，产生跟吗啡、鸦片剂一样的欣快感和止痛效应，等同天然的镇痛剂。这些肽类除具有镇痛功能外，尚具有许多其他生理功能，如调节体温、心血管、呼吸功能，这增加了人们对多肽重要性的认识。多肽已成为生物化学中引人注目的研究领域之一。

### （二）多肽链

多个氨基酸经肽键连接而成的链状结构称多肽链。多肽链有开链肽和环状肽之分。在人体内主要是开链肽，开链肽为无分支的链状结构，其链的一端为自由的 α- 氨基，称氨基末端或 N- 端，另一端为自由的 α- 羧基，称羧基末端或 C- 端。通常将氨基末端写在左边，并以此开始对多肽链分子中的氨基酸残基依次编号，而将羧基末端写在右边，故多肽链的书写方向为 N 端到 C 端。

在多肽链一级结构中，肽键和 α- 碳原子交替重复出现并形成多肽链的主链骨架结构，而每个氨基酸的侧链 R 则位于主链骨架结构的周围空间中（图 2-1）。

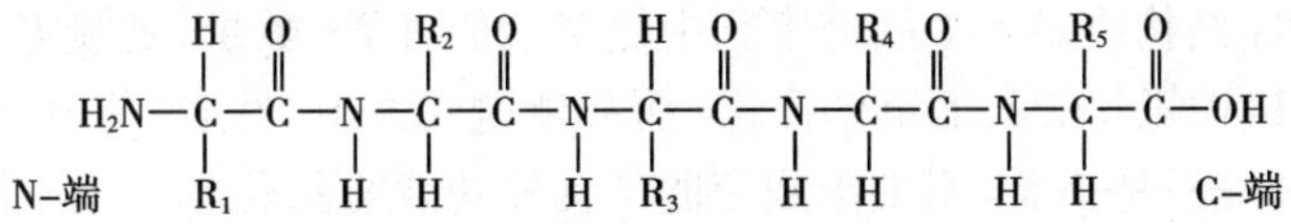

**图 2-1　肽键、多肽链结构示意图**

虽然组成蛋白质分子的氨基酸只有 20 种，但由于形成多肽链的氨基酸种类、数量及排列顺序的不同，故可形成种类繁多、结构不同的蛋白质分子。

**点 滴 积 累**

1. 蛋白质是生命的物质基础，生命现象都与蛋白质密切相关。

2. 蛋白质的基本构件单位是氨基酸。氨基酸的基本结构是其结构通式，在氨基酸结构通式中与α-C原子相连接的是，α-氨基、α-羧基、α-H和R-侧链。

3. 氨基酸的R-侧链的理化性质、大小、极性、荷电性质是氨基酸的分类依据，更与蛋白质分子空间结构的形成和功能密切相关。

## 第二节　蛋白质的分子结构

蛋白质是高分子化合物，一般由上百、甚至更多氨基酸组成。为便于学习和深入研究，将其结构人为分成一、二、三、四级，即四个不同的结构层次来描述，其中一级结构称为蛋白质的基本结构，二、三、四级结构称为蛋白质的空间结构。

### 一、蛋白质的一级结构

#### （一）蛋白质一级结构的概念

蛋白质一级结构指多肽链中氨基酸的连接方式和排列顺序。若蛋白质分子中含有二硫键，一级结构也包括生成二硫键的半胱氨酸残基位置（图2-2）。一级结构是蛋白质分子中由肽键相连的基本分子结构。不同的蛋白质，首先具有不同的一级结构，因此一级结构是区别不同蛋白质最基本、最重要的标志之一。

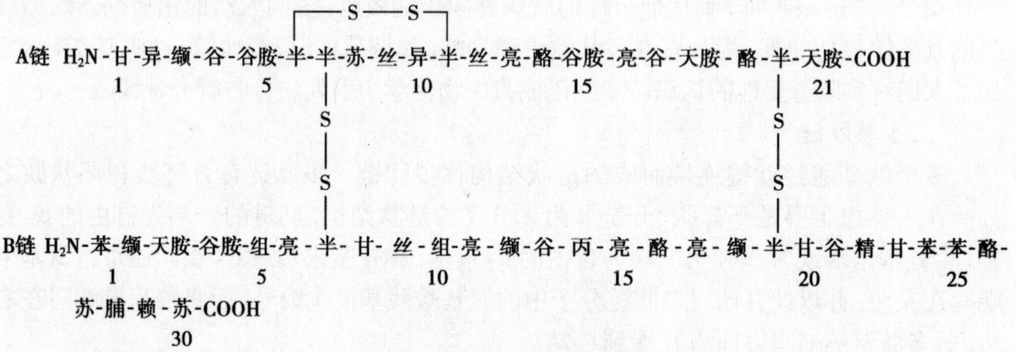


图2-2　人胰岛素一级结构

#### （二）一级结构是空间结构的基础

蛋白质一级结构决定了多肽链序列中氨基酸的种类、数量、连接方式及排列顺序，也决定了多肽链中氨基酸R侧链的位置，而R侧链的大小、性质（荷电、极性大小等）及相互间的作用，是肽链折叠、盘曲形成空间结构和功能的要素之一。故蛋白质一级结构是其空间结构的基础。

自然界亿万种不同的蛋白质，首先是由于它们有亿万种不同的一级结构，这是其不同空间结构与生理功能的分子基础。

蛋白质的一级结构是由遗传物质 DNA 分子上相应核苷酸序列，即遗传信息决定的。不同生物具有不同的遗传物质 DNA，编码合成出不同的蛋白质，这是形成千姿百态、功能各异、万千物种的分子基础。

## 二、蛋白质的空间结构

蛋白质空间结构是指蛋白质分子中各个原子、各个基团围绕共价单键旋转，在三维空间形成的各种空间排布及相互关系，这种空间结构称为蛋白质的构象。

蛋白质的构象分主链构象和侧链构象。主链构象是指多肽链主链骨架上各个原子（各氨基酸残基的 α- 碳原子和肽键有关的原子）的排布及相互关系。侧链构象是指各氨基酸残基的侧链基团（R 基团）中原子的排布和相互关系。

### （一）维持蛋白质空间结构的化学键

蛋白质的空间结构要依赖一些化学键来维持其稳定。维系蛋白质空间结构稳定的化学键分共价键和次级键两种。

维持蛋白质空间结构稳定的次级键包括氢键、离子键、疏水作用和范德华引力等。其中维持蛋白质二级结构的主要是氢键，维持蛋白质三级结构的主要是疏水作用，维持蛋白质四级结构的主要是氢键和离子键。事实上各层次蛋白质分子空间结构的稳定，都有这些次级键参与，以保证蛋白质空间结构的相对稳定和各种生理功能的正常发挥。

次级键是由蛋白质分子的主链和侧链上的极性、非极性基团和离子基团相互作用而形成的。次级键的键能要比共价键的键能小得多，因此容易断裂。但由于蛋白质分子中次级键数目众多，因此它们在维持蛋白质严密空间结构和生理功能上起着十分重要的作用。

二硫键属于共价键，由一条或两条肽链上的两个半胱氨酸残基上的巯基经脱氢氧化生成。二硫键的作用是加固由次级价键维系的蛋白质分子严密的空间结构，在进一步稳定蛋白质空间构象和生理功能上起着重要的作用。见图 2-3。

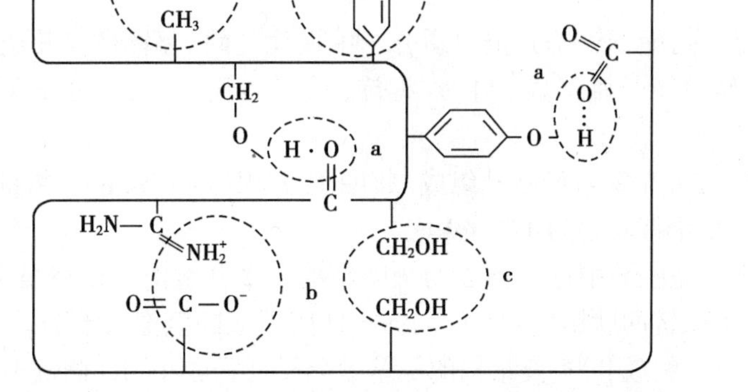

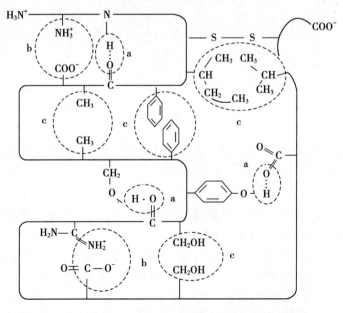


**图 2-3　维持蛋白质空间结构的各种次级键示意图**

a. 氢键　b. 离子键　c. 疏水作用

## （二）蛋白质的二级结构的概念及类型

蛋白质二级结构（secondary structure）是指多肽链主链骨架盘旋、折叠形成的局部有规则的空间结构，不涉及氨基酸残基R侧链的构象。二级结构中有规则的空间结构类型主要有α-螺旋、β-折叠、β-转角和无规卷曲。这些有序的二级结构主要靠氢键维持其空间结构的相对稳定。

20世纪30年代末L.Pauling和R.B.Corey应用X线衍射技术研究氨基酸和寡肽结构提出了肽单元概念。他们发现参与肽键的6个原子$C_{\alpha 1}$、C、O、N、H和$C_{\alpha 2}$位于同一平面，构成所谓肽单元（图2-1）。其中肽键（C—N）的键长为0.132nm，介于C—N单键长0.149nm和双键长0.127nm之间，具有部分双键性质，不能自由旋转。而$C_\alpha$分别与N—H和C=O相连的键都是单键，可以自由旋转。正由于肽单元上$C_\alpha$原子所连的两个单键的可自由旋转性，决定了两个相邻的肽单元平面的相对空间位置（图2-4）。多肽链是由许多重复的肽单元连接而成的，肽单元和各氨基酸残基侧链的结构特点及性质是影响蛋白质空间构象的重要因素之一。

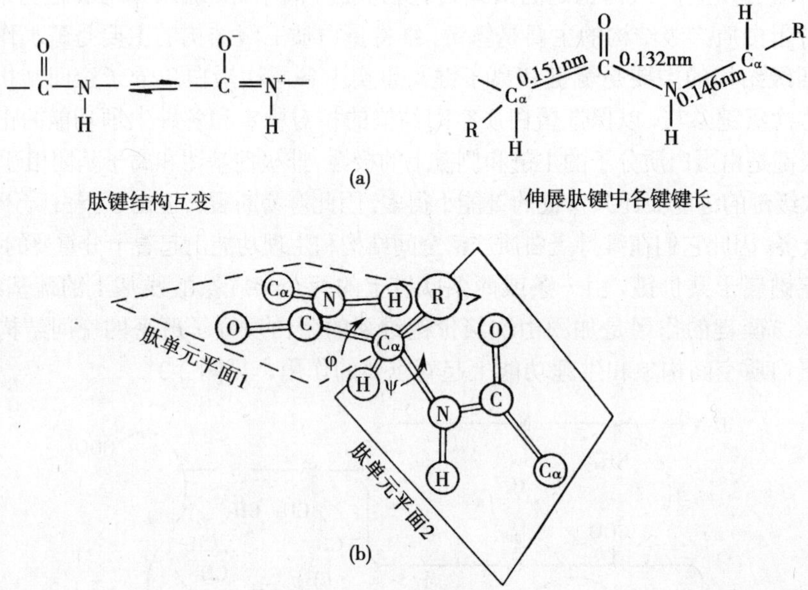


**图2-4 肽单元**

1. α-螺旋 α-螺旋结构是蛋白质分子中最稳定的二级结构，其结构基本特点是：多肽链的主链绕分子长轴形成右手α-螺旋；氨基酸残基的R-侧链位于螺旋外侧，见图2-5。

螺旋每圈由3.6个氨基酸残基组成，每圈上下螺距为0.54nm。氢键方向与α-螺旋长轴基本平行，以维持其空间结构的稳定。

2. β-折叠 是肽链中比较伸展的空间结构。多肽链的主链略呈锯齿状或扇形折叠。β-折叠可由肽链间肽键的C=O与N—H间形成的氢键来维系。氢键方向与肽链长轴方向相垂直。组成β-折叠结构的氨基酸分子通常较小，R-侧链不大，分布于折叠的上下。β-折叠二级结构的可塑性比较大。蚕丝蛋白具较多β-折叠结构，故蚕丝有较好的柔软特性。见图2-6。

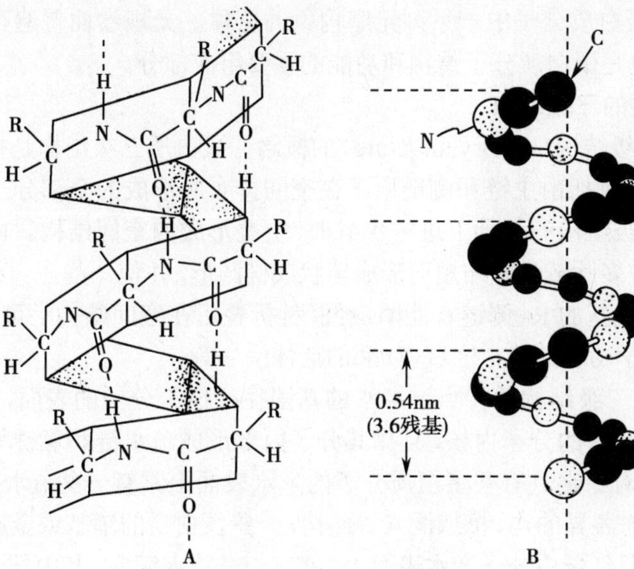


图 2-5　蛋白质分子 α- 螺旋结构

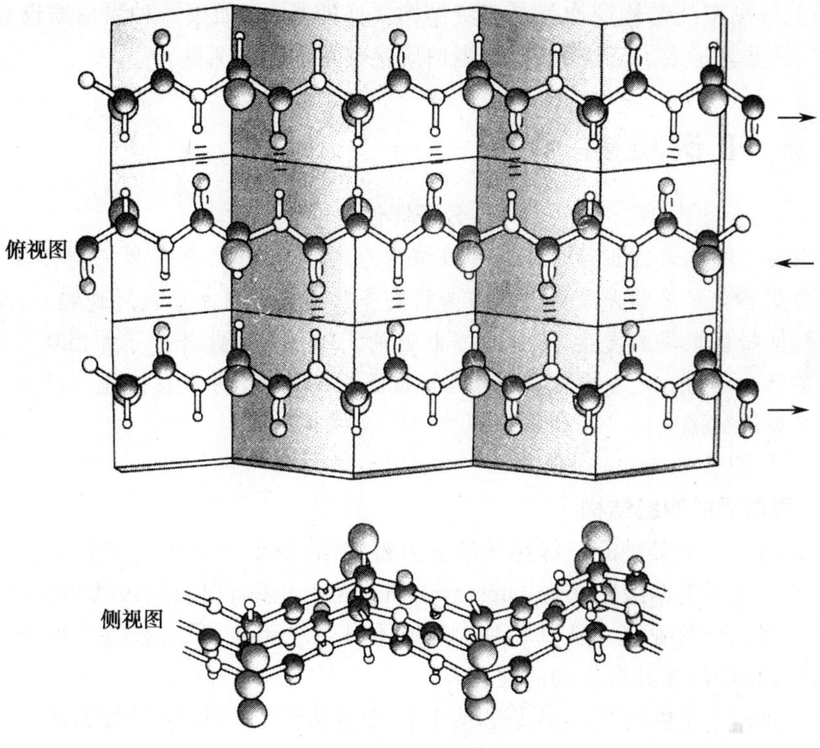


图 2-6　β- 折叠结构

3. β- 转角　是指肽链出现倒转回折（180° 反转）时形成的 U 形结构。维持 β- 转角稳定的力是氢键。β- 转角多发生在含甘氨酸或脯氨酸残基处。β- 转角对球状蛋白的形成很重要。且大多存在于球状蛋白质分子的表面，因此为蛋白质的重要空间结构部位。

4. 无规卷曲　指各种蛋白质分子中彼此各不相同、没有共同规律可遵循的那些肽段空间结构，是蛋白质分子中一系列无序构象的总称。无规卷曲普遍存在于各种天然蛋白质分子中，也是蛋白质分子结构和功能的重要组成部分。

### （三）蛋白质的三级结构

1. 蛋白质三级结构（tertiary structure）的概念　蛋白质三级结构是指整条多肽链中所有氨基酸残基，包括由主链和侧链原子在空间排布所形成的全部分子结构。蛋白质三级结构是在二级结构的基础上进一步盘曲、折叠形成的空间结构。由于多肽链进一步盘曲折叠，导致多肽链长轴缩短而形成球状或椭圆形，并使一些在一级线性结构上相距甚远的氨基酸残基的R-侧链官能团，经肽链折叠后在空间结构上可以相互靠近，形成了能发挥生物学功能的特定区域，如酶的活性中心等。

2. 蛋白质的三级结构的特点　亲水的基团往往位于分子的表面，而疏水的R-侧链内裹形成一个疏水的分子内核，且靠其分子内部形成疏水键和氢键等次级键来维持其空间结构的相对稳定。有些蛋白质分子的亲水表面上常有一些疏水微区，或在分子表面形成一些形态各异的沟、槽或洞穴等结构，一些蛋白质的辅基或金属离子往往就结合在其中。例如肌红蛋白分子亲水表面上，就有一个疏水洞穴，其中结合着一个含 $Fe^{2+}$ 的血红素辅基，起着结合并储存氧的功能，供肌肉剧烈收缩氧供应相对不足时的需要。

大多数蛋白质都只由一条肽链组成，如果一种蛋白质仅由一条多肽链构成，该蛋白质能形成的最高空间结构层次就是三级结构。亦即是说，如果一种蛋白质仅由一条多肽链构成，只要其形成了三级结构，该蛋白质就具有了生物活性。

**知识链接**

**分子伴侣**

蛋白质空间构象的正确形成除一级结构为决定因素外，还需要一类称为分子伴侣的蛋白质参与。这些分子伴侣能与未折叠多肽链上的疏水肽段可逆结合，以避免疏水肽段间错误聚集的发生，以保证多肽链的正确折叠。此外分子伴侣还可以与错误折叠的肽段结合，使之解聚并诱导其形成正确的构象，并能促进蛋白质分子中特定位置二硫键的形成。

### （四）蛋白质的四级结构

两个或两个以上具独立三级结构的多肽链集结，并经非共价键缔合而成的蛋白质空间结构即蛋白质的四级结构（quaternary structure）。在蛋白质四级结构中，具有独立三级结构的多肽链称亚基。亚基单独存在时不具生物活性，只有按特定组成方式形成四级结构时，蛋白质才具有生物活性。

如血红蛋白就是由两个α-亚基和两个β-亚基按特定方式接触、排布组成一个球状的四级结构。这种特有空间结构才具有在肺和组织间运输 $O_2$ 和 $CO_2$ 的功能，而当其中任何一个亚基单独存在时，均无运输 $O_2$ 和 $CO_2$ 的功能。

一些分子量大、功能复杂或具有调节功能的蛋白质，往往具有四级结构。它由几条肽链组成，从而赋予它特殊的别构作用，这对完成其特定生理功能十分重要。可见，四级结构是为适应复杂的生物学功能的需要而出现的一种与之相适应的更复杂的高层次结构。蛋白质各级结构及关系见图2-7。

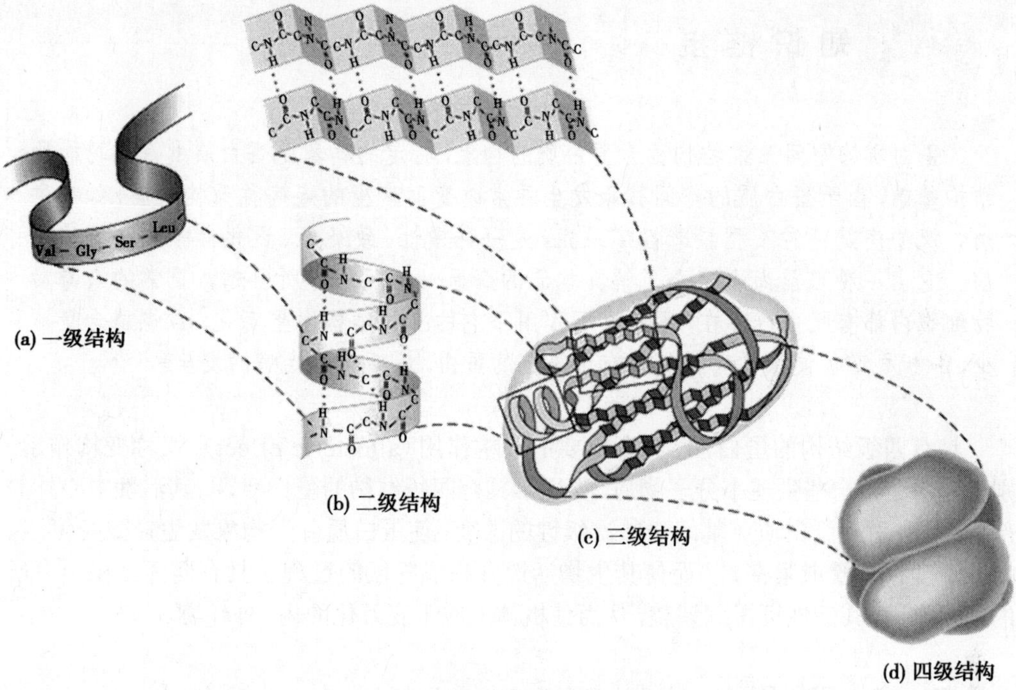


图 2-7 蛋白质各级结构示意图

## 三、蛋白质分子结构与功能的关系

### （一）蛋白质分子一级结构和功能的关系

蛋白质分子中关键活性部位氨基酸残基的改变，会影响其生理功能，甚至造成分子病（molecular disease）。例如镰状红细胞性贫血，就是由于血红蛋白分子中两个 β 亚基第 6 位正常的谷氨酸置换为缬氨酸，由酸性氨基酸换成了中性侧链氨基酸，降低了血红蛋白在红细胞中的溶解度，容易凝聚并沉淀析出。患者血中红细胞在氧分压低的情况下呈镰刀状，从而造成红细胞破裂溶血和运氧功能降低。

实验证明，若切除了促肾上腺皮质激素或胰岛素 A 链 N 端的部分氨基酸，它们的生物活性也会降低或丧失，可见蛋白质一级结构中关键部位氨基酸残基对蛋白质和多肽功能的重要作用。

另一方面，在蛋白质结构和功能关系中，一些非关键部位氨基酸残基的改变或缺失，则不会影响蛋白质的生物活性。例如人、猪、牛、羊等哺乳动物胰岛素分子 A 链中 8、9、10 位和 B 链 30 位的氨基酸残基各不相同，有种族差异，但这并不影响它们降低血糖浓度的共同生理功能。

### （二）蛋白质分子空间结构和功能的关系

蛋白质分子空间结构和生理功能的关系也十分密切。如指甲和毛发中的角蛋白，分子中含有大量的 α- 螺旋二级结构，因此性质稳定坚韧又富有弹性，这和角蛋白的保护功能是分不开的。

不同的酶，催化不同的底物起不同的反应，即酶的特异性，也和不同的酶具有各自不相同且独特的空间结构密切相关。

**知识链接**

**蛋白质的构象**

蛋白质的空间三维结构称为蛋白质的构象，特定的构象是蛋白质发挥其功能的结构基础，由于蛋白质的空间构象发生异常改变而产生的疾病称为构象病，如疯牛病。疯牛病是一种新型早老性痴呆症，是一种慢性、致死性、退化性神经系统的疾病。它由一种目前尚未完全了解其本质的病原——朊病毒所引起。正常的人与动物细胞内都有朊蛋白存在，不明原因作用下它的立体结构发生变化，α- 螺旋含量减少，β- 折叠增加使正常蛋白变成有传染性的蛋白，从而导致疾病的发生。

具有四级结构的蛋白质，尚有重要的别构作用（allosteric effect），又称变构作用。别构作用是指一些生理小分子物质，作用于具有四级结构的蛋白质，与其活性中心外的部位结合，引起蛋白质亚基间一些次级键的改变，使蛋白质分子构象发生轻微变化，包括分子变得疏松或紧密，从而使其生物活性升高或降低的过程。具有四级结构蛋白质的别构作用，其活性可得到调整，从而使机体适应千变万化的内、外环境。

**点 滴 积 累**

1. 蛋白质的分子结构可人为分为一级、二级、三级和四级结构等层次。一级结构为基本结构，二、三、四级结构为空间结构。

2. 一级结构指多肽链中氨基酸的排列顺序，其维系键是肽键；二级结构指多肽链主链骨架盘绕折叠而形成的构象，不涉及侧链构象，借氢键维系；三级结构指多肽链所有原子的空间排布，其维系键主要是次级键；四级结构指亚基之间的立体排布、接触部位的布局等，其维系键为非共价键。

3. 蛋白质一级结构和空间结构均与功能有关系。

# 第三节 蛋白质的理化性质

## 一、蛋白质两性电离和等电点

蛋白质分子中的氨基酸经肽键形成多肽链后，链中氨基酸的 α- 氨基和 α- 羧基的解离性质不复存在。但蛋白质分子中仍存在有一些可供解离的基团，如酸性或碱性氨基酸的 R- 侧链，以及多肽链两端的氨基和羧基。这些基团的存在是蛋白质具有两性解离性质的物质结构基础，且解离情况远较氨基酸复杂。其解离可用以下简式表示。

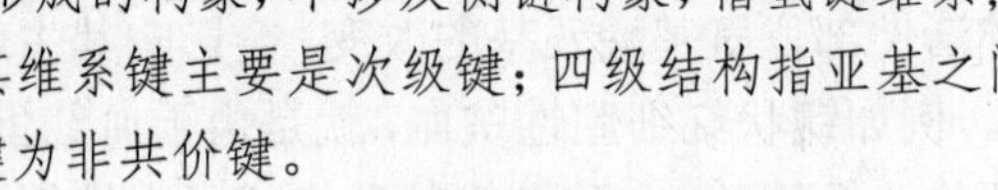


正离子 兼性离子 负离子

pH<pI pH=pI pH>pI

蛋白质两性解离的实质是其分子中碱性基团和酸性基团得失 $H^+$ 的过程。这种解离状况受蛋白质自身可解离基团的性质、数量以及溶液 pH 的影响。当蛋白质的碱性基团解离所带的正电荷与其酸性基团解离带有的负电荷相等，净电荷为零，此溶液的 pH 即为该蛋白质的等电点（pI）。当溶液 pH>pI 时，蛋白质分子中的碱性基团解离受抑制，而酸性基团羧基解离增强，蛋白质以负离子形式存在，在电场中向正极移动；当溶液 pH<pI 时，蛋白质分子中的碱性基团解离增强，而酸性基团羧基解离受抑制，蛋白质以正离子形式存在，在电场中向负极移动。

**课堂活动**

1. 蛋白质的解离为什么受所处溶液 pH 的影响？pI 在数值上等于什么值？

2. 现有两种蛋白质 A 和 B，蛋白质 A 的 pI 为 3，而蛋白质 B 的 pI 为 8，试问哪种蛋白质含酸性氨基酸多？哪种蛋白质含碱性氨基酸多？

带电粒子在电场中的定向移动现象称为电泳，利用电泳进行分离分析的技术称为电泳技术。电泳技术在药物的研究开发和生产中都有广泛的应用。如蛋白质电泳分析技术，就是利用不同的蛋白质因其氨基酸的组成不同，在一定 pH 溶液中其解离后所带电荷性质及荷电数量不同，在同一电场力作用下，其迁移速度不同，故而可对蛋白质进行分离、分析的技术。

不同的蛋白质因其结构不同其等电点也不同。在等电点时，蛋白质的物理性质如渗透压、导电性、溶解度均最小。人体内大多数蛋白质的等电点在 5 左右，在生理 pH 条件下它们以负离子形式存在。

## 二、蛋白质的亲水胶体性质

蛋白质属高分子化合物，其颗粒大小已达到胶粒范围（1～100nm），由蛋白质形成的溶液是一种稳定的亲水胶体溶液。蛋白质胶体溶液的稳定因素为蛋白质颗粒表面的水化膜和同种电荷。蛋白质表面极性基团形成的水化膜将蛋白质颗粒彼此隔开，加之蛋白质在非等电状态时，带同种电荷互相排斥也不致聚集而沉淀。

由于两个稳定因素的存在，使蛋白质颗粒均匀分散在水溶液中，不致互相碰撞聚集而沉淀析出。如果破坏或消除其中一个或两个稳定因素，则稳定的胶体溶液变得不稳定，导致蛋白质容易沉淀析出。

常采用的中性盐、有机溶剂沉淀分离蛋白质的方法就属于上述原理在生产实践工作中的应用。实践中，在样品中加入生物碱试剂（蛋白质沉淀剂），观察有无蛋白质沉淀，可用于检测样品中是否含有蛋白质。如常用三氯醋酸检查中草药中有无蛋白质，临床检验常利用磺柳酸检验尿中有无蛋白质。

蛋白质胶体溶液亦具有胶体溶液的一些通性，如具有扩散速度慢，黏度大，不能透过半透膜等。毛细血管即为一种半透膜，血管内蛋白质不能透过毛细血管，由此形成的血浆胶体渗透压对血管内外水的分布具有重要生理意义。

在实际工作中，利用蛋白质不能透过半透膜的性质来分离纯化蛋白质的方法叫透析。所谓透析，就是将混有无机盐等小分子杂质的蛋白质溶液装入半透膜做成的透析袋中，再将此透析袋放入盛有水的容器中，因小分子杂质能透过半透膜，不断从高浓度袋内扩散出来，大分子蛋白质不能透过半透膜仍留在袋中。不断调换容器中的水，就可将无机离子等小分子杂质除去，从而达到纯化蛋白质的目的。

## 三、蛋白质的变性、沉淀和凝固

### （一）蛋白质变性

蛋白质的生物活性依赖其复杂空间结构的完整性。蛋白质变性（denaturation）是指在一些理化因素作用下，蛋白质分子空间结构破坏（但不涉及蛋白质分子一级结构的破坏），从而引起蛋白质理化性质改变、生物活性丧失的过程。

**知 识 链 接**

吴宪，中国生物化学、营养学等领域研究的先驱，中央研究院院士。1931 年于《中国生理学杂志》上最早提出了构形变化导致蛋白质变性的机制。该理论至今仍在世界被认可与延用。吴宪教授在临床化学、气体与电解质的平衡、蛋白质化学、免疫化学、营养学以及氨基酸代谢等领域的研究在当时居国际前沿地位，并为中国近代生物化学事业的建立和发展作出了开拓和奠基的工作。

蛋白质变性是在物理或化学因素的作用下，维系蛋白质空间结构的次级键遭破坏，使蛋白质分子严密且有序的空间结构解体，变成杂乱松散、无序的空间结构。造成蛋白质变性的物理、化学因素有加热、紫外线、X 射线、振荡、搅拌、乙醇、丙酮、尿素、强酸、强碱、重金属盐等。

变性并未破坏蛋白质的一级结构，若变性时间短、变性程度较轻，在合适的条件下，变性蛋白质分子尚可重新卷曲形成天然空间结构，并恢复其生物活性，此即为蛋白质的复性。但大多情况下变性蛋白质均难以复性，尤其是加热变性后的蛋白质。变性蛋白质具有如下特点：

1. 生物活性丧失　生物活性丧失是蛋白质变性最主要的特征之一。如酶失去催化活性，抗体失去结合抗原的能力，蛋白质激素则失去调节功能，细菌菌体蛋白毒素变性可致细菌失去致病性。

2. 理化性质改变　包括蛋白质结晶性能消失，溶液黏度增加，溶解度降低，呈色反应加强及易被消化水解等。由于蛋白质变性后，分子内部的疏水基团外露到分子的表面，使其溶解度降低、容易沉淀析出。

蛋白质变性理论在药物生产工作中有十分重要的应用价值，一方面我们在药物生产、运输和储存过程中要谨防蛋白质制剂或蛋白质药物的变性失活，如免疫球蛋白、酶蛋白、疫苗蛋白和蛋白质激素类药物等；另一方面，我们可以利用日光、紫外线、高压蒸汽、75% 乙醇，高温等方法，使细菌蛋白质变性失活，从而达到消毒杀菌、避免药物污染的目的。

要注意区别，变性是由一些较剧烈的条件使蛋白质构象破坏、生物活性丧失的过程。它不同于别构效应，别构效应是蛋白质构象的轻微改变，伴随着生物活性升高或降低的调节过程。

### （二）蛋白质沉淀和凝固

蛋白质从溶液中析出的现象称为蛋白质沉淀。沉淀的机制就是破坏蛋白质胶体溶液的两个稳定因素。变性的蛋白质容易沉淀，但沉淀的蛋白质不一定变性（如盐析法沉淀出的蛋白质）。

蛋白质在高浓度的中性盐溶液中，其溶解度降低并从溶液中析出的现象称为盐析。盐析作用的机制在于大量盐离子同水分子发生水合作用，造成盐离子与蛋白质分子争夺水分子，降低了溶液中自由水的浓度，从而削减了蛋白质分子的水化层；此外，蛋白质分子表面的电荷被溶液中带相反电荷的盐离子中和。由于蛋白质溶液的两个稳定因素均丧失，致使蛋白质分子相互聚集而沉淀析出。盐析法沉淀的蛋白质未变性，只需经透析除去盐分，即可得到较纯的保持原活性的蛋白质。

由于不同蛋白质的分子结构不同，分子颗粒大小、pI、表面电荷的多少均不同，故盐析所需的盐浓度也不一样。调节中性盐浓度可使混合蛋白质溶液中的各种蛋白质分段沉淀。如先用半饱和硫酸铵后用饱和硫酸铵可从血浆中先后分段沉淀析出血浆球蛋白和血浆清蛋白。

盐析时若溶液 pH 在蛋白质等电点（pI）则效果更好。蛋白质盐析常用的中性盐，主要有硫酸铵、硫酸钠、氯化钠等。其中应用最多的是硫酸铵。变性后的蛋白质分子由严密且有序的空间结构解体，变成杂乱松散、无序的长肽链结构，进一步相互缠绕结成一块，称为蛋白质的凝固。

## 四、蛋白质的颜色反应和紫外吸收

蛋白质分子中的肽键和分子中氨基酸残基上的一些基团可与相关试剂反应产生颜色，如双缩脲反应和酚试剂反应等。利用这些颜色反应可对蛋白质进行定性定量分析。

### （一）双缩脲反应

尿素加热到 180℃产生双缩脲，双缩脲在碱性条件下能与 $Cu^{2+}$ 反应生成紫红色络合物，此颜色反应称双缩脲反应。蛋白质分子中肽键结构（两个以上肽键）与双缩脲结构相似，故在碱性条件下也能与 $Cu^{2+}$ 反应，生成紫红色络合物。由于氨基酸无此反应，故此反应除可用于蛋白质进行定性定量分析外，还可用于检测蛋白质的水解程度，水解程度越低则颜色越深，反之亦然。

### （二）酚试剂反应

蛋白质分子中的酪氨酸、色氨酸在碱性条件下与酚试剂中的磷钼酸 - 磷钨酸反应生成蓝色化合物，此反应亦可用于蛋白质的定性与定量分析，且其检测灵敏度较双缩脲法高 100 倍，可用于微克量级蛋白质的检测。由于该颜色反应是酪氨酸和色氨酸的特有反应，而不同蛋白质其氨基酸组成不同，即所含酪氨酸和色氨酸数量不同，造成显色强度存在差异。为减少由此产生的误差，必须要求作为标准的蛋白质所含酪氨酸和色氨酸数量与待测样品中蛋白质所含酪氨酸和色氨酸数量相近。

### （三）蛋白质紫外吸收

由于大多数蛋白质都含有酪氨酸、色氨酸残基，而蛋白质分子中的酪氨酸、色氨酸含有苯环结构，在 280nm 波长处有最大吸收峰。其吸收值与蛋白质浓度成正比，所以测定蛋白质溶液在 280nm 的光吸收值可用于蛋白质含量的测定。该法的优点为省时，仅需几分钟即可完成；无需耗费试剂，对样品中蛋白质无破坏，检测完后仍可利用。该法的缺点在于不同蛋白质其酪氨酸和色氨酸残基数量不同，如果一种蛋白质中不含酪氨酸和色氨酸残基，此法则不能检出。该法适用于粗提取或粗分离的蛋白质的检测。

## 点滴积累

1. 蛋白质两性解离是其结构决定的。其解离状态主要取决于蛋白质分子中酸性和碱性基团数量及酸、碱基团解离度的大小，同时亦受蛋白质溶液pH的影响。

2. 实践中常可根据pI−pH的差来推论蛋白质荷电性质，其差值为正蛋白质带正电荷，反之亦然；差值越大，荷电数量则越多。

3. 蛋白质的变性仅导致蛋白质特定的空间结构被破坏，不涉及蛋白质一级结构。绝大多数蛋白质的变性是不可逆的。

4. 蛋白质水溶液属稳定亲水胶体。其稳定因素为蛋白质颗粒表面的同种电荷和水化膜。蛋白质沉淀机制就是破坏两个稳定因素，使蛋白质颗粒聚集而沉淀。

（王易振）

## 目标检测

### 一、选择题

#### （一）单项选择题

1. 某一溶液中蛋白质的百分含量为45%，此溶液的蛋白质氮的百分浓度为（　　）
   A. 8.3%　　B. 9.8%
   C. 6.7%　　D. 7.2%
2. 下列含有两个羧基的氨基酸是（　　）
   A. 组氨酸　　B. 赖氨酸
   C. 甘氨酸　　D. 天冬氨酸
3. 下列哪一种氨基酸是亚氨基酸（　　）
   A. 甘氨酸　　B. 谷氨酸
   C. 亮氨酸　　D. 脯氨酸
4. 维持蛋白质一级结构的主要化学键是（　　）
   A. 离子键　　B. 疏水键
   C. 肽键　　D. 氢键
5. 蛋白质分子组成中不含下列哪种氨基酸（　　）
   A. 半胱氨酸　　B. 蛋氨酸
   C. 胱氨酸　　D. 丝氨酸
6. 关于蛋白质分子三级结构的描述，其中错误的是（　　）
   A. 天然蛋白质分子均有这种结构
   B. 有三级结构的多肽链都具有生物学活性
   C. 三级结构的稳定性主要是次级键维系
   D. 亲水基团聚集在三级结构的表面
7. 具有四级结构的蛋白质特征是（　　）

A. 依赖肽键维系四级结构的稳定性
B. 在三级结构的基础上，由二硫键将各多肽链进一步折叠、盘曲形成
C. 每条多肽链都具有独立的生物学活性
D. 由两条或两条以上具有三级结构的多肽链组成

8. 含有丙氨酸、天冬氨酸、赖氨酸、半胱氨酸的混合液，其pI依次分别6.00、2.97、9.74、5.07，在pH为9的环境中电泳分离这四种氨基酸，自正极到负极，电泳区带的顺序是（　　）
A. 丙氨酸、半胱氨酸、赖氨酸、天冬氨酸
B. 天冬氨酸、半胱氨酸、丙氨酸、赖氨酸
C. 赖氨酸、丙氨酸、半胱氨酸、天冬氨酸
D. 半胱氨酸、赖氨酸、丙氨酸、天冬氨酸

9. 变性蛋白质的主要特点是（　　）
A. 黏度下降　　B. 溶解度增加
C. 不易被蛋白酶水解　　D. 生物学活性丧失

10. 蛋白质分子在280nm处的吸收峰主要是由哪种氨基酸引起的（　　）
A. 谷氨酸　　B. 色氨酸
C. 苯丙氨酸　　D. 组氨酸

11. 测得某一蛋白质样品的氮含量为0.40g，此样品约含蛋白质多少（　　）
A. 2.00g　　B. 2.50g
C. 6.40g　　D. 6.25g

12. 蛋白质形成α-螺旋的过程中，遇到下列哪个氨基酸则螺旋中断（　　）
A. 精氨酸　　B. 赖氨酸
C. 丙氨酸　　D. 脯氨酸

13. 维持蛋白质二级结构的主要化学键是（　　）
A. 盐键　　B. 疏水键
C. 肽键　　D. 氢键

14. 蛋白质所形成的胶体颗粒，在下列哪种条件下不稳定（　　）
A. 溶液pH大于pI　　B. 溶液pH小于pI
C. 溶液pH等于pI　　D. 溶液pH等于7.4

15. 蛋白质变性是由于（　　）
A. 氨基酸排列顺序的改变　　B. 氨基酸组成的改变
C. 肽键的断裂　　D. 蛋白质空间构象的破坏

**（二）多项选择题**

1. 含硫氨基酸包括（　　）
A. 蛋氨酸　　B. 苏氨酸
C. 组氨酸　　D. 半胱氨酸
E. 赖氨酸

2. 下列哪些是碱性氨基酸（　　）
A. 组氨酸　　B. 蛋氨酸
C. 精氨酸　　D. 赖氨酸
E. 苏氨酸

3. 蛋白质分子中的非共价键有（ ）

A. 肽键
B. 疏水键
C. 氢键
D. 盐键
E. 二硫键

4. 关于α-螺旋正确的是（ ）

A. 螺旋中每3.6个氨基酸残基为1周
B. 为右手螺旋结构
C. 两螺旋之间借二硫键维持其稳定
D. 氨基酸侧链R基团分布于螺旋外侧
E. 为右手双螺旋结构

5. 蛋白质的二级结构包括（ ）

A. α-螺旋
B. β-片层
C. β-转角
D. 无规卷曲
E. 三叶草结构

6. 下列哪些属于变性理论在实际工作的中应用（ ）

A. 酒精消毒
B. 理疗
C. 高温灭菌
D. 煮熟后的食物蛋白易消化
E. 低温保存酶制剂

7. 维持蛋白质三级结构的主要键是（ ）

A. 肽键
B. 疏水键
C. 离子键
D. 范德华引力
E. 酯键

8. 下列哪些蛋白质在pH为5的溶液中带正电荷（ ）

A. pI为4.5的蛋白质
B. pI为7.4的蛋白质
C. pI为7的蛋白质
D. pI为6.5的蛋白质
E. pI为3.8的蛋白质

9. 使蛋白质沉淀但不变性的方法有（ ）

A. 中性盐沉淀蛋白
B. 鞣酸沉淀蛋白
C. 苦味酸沉淀蛋白质
D. 重金属盐沉淀蛋白
E. 低温乙醇沉淀蛋白

10. 变性蛋白质的特性有（ ）

A. 溶解度显著下降
B. 生物学活性丧失
C. 易被蛋白酶水解
D. 凝固
E. 黏度降低

## 二、简答题

1. 分离和提纯蛋白质的基本原理是什么？

2. 蛋白质在生命活动中有何重要意义？

3. 蛋白质结构层次是怎样区分的？请简要说明之。

4. 多肽链的基本化学键是什么？蛋白质分子中有哪些重要化学键？它们的功能是什么？

**三、实例分析**

1．现有一含 A、B、C、D、E 五种蛋白质的混合样品。其 pI 依次为 6.8、9.2、8.6、3.9、10.2，在 pH 为 8 的缓冲溶液中进行醋酸薄膜电泳分离，请在下图中标示出点样位置及电泳结果。

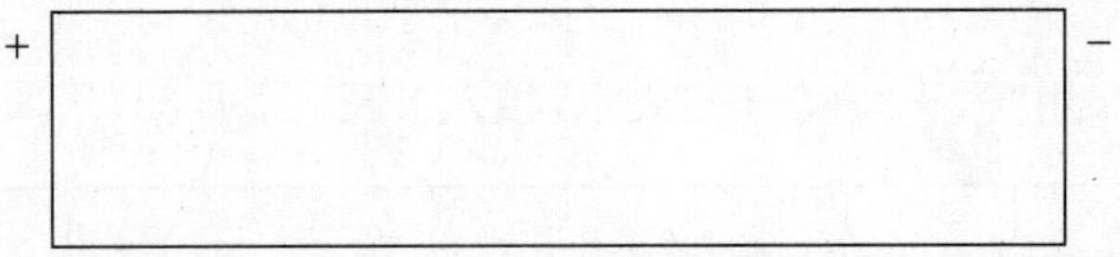


2．结合所学知识，简述对多肽、蛋白质、酶类药物在销售、运输及贮藏中应注意哪些问题？

（王易振）

# 实验一 蛋白质等电点测定

**【实验目的】**

1．验证蛋白质两性电离性质和等电点。

2．掌握测定酪蛋白等电点的原理和方法。

**【实验原理】** 蛋白质是两性化合物，在一定的 pH 溶液中可解离出带负电荷或正电荷的基团，调节溶液的 pH，可使蛋白质带不同的电荷。当蛋白质溶液 pH=pI 时，蛋白质分子所带正、负电荷相等，净电荷为零，溶解度最低，最容易沉淀析出。在一定的 pH 范围内，偏离 pI 越远，蛋白质分子带的同种电荷数越多，越不容易发生沉淀。

**【实验内容】**

**（一）实验试剂及主要器材**

1．试剂

（1）0.01mol/L 乙酸

（2）0.1mol/L 乙酸

（3）1.0mol/L 乙酸

（4）5g/L 酪蛋白乙酸钠溶液（配制方法：称取纯酪蛋白 0.25g，加入蒸馏水 20ml 及 1.0mol/L NaOH 5ml，混合至酪蛋白完全溶解。再加入 1.0mol/L 乙酸 5ml，移入 50ml 容量瓶中，用蒸馏水稀释至刻度）。

2．器材 试管、刻度吸管（0.5ml、1ml、5ml）、吸耳球。

**（二）实验操作**

取 5 支干净试管，编号，按下表操作。

| 试剂(ml) | 1 | 2 | 3 | 4 | 5 |
|---|---|---|---|---|---|
| 蒸馏水 | 1.6 | — | 3.0 | 1.5 | 3.38 |
| 0.01mol/L 乙酸 | — | — | — | 2.5 | 0.62 |
| 0.1mol/L 乙酸 | — | 4.0 | 1.0 | — | — |
| 1.0mol/L 乙酸 | 2.4 | — | — | — | — |
| 5g/L 酪蛋白乙酸钠溶液 | 1.0 | 1.0 | 1.0 | 1.0 | 1.0 |
| 溶液 pH | 3. 2 | 4.1 | 4.7 | 5.3 | 5.9 |

立即混匀各管，静置10分钟，观察各管沉淀情况。

【实验注意】

1. 使用刻度吸管取不同试剂前均需洗涤，避免试剂相互污染，影响实验结果。

2. 注意吸量准确，否则可能导致错误实验结果。

【实验结果】

各管沉淀结果用“-，+，++，+++”表示，填入下表。

| | 1 | 2 | 3 | 4 | 5 |
|---|---|---|---|---|---|
| 沉淀结果 | | | | | |

结合原理，分析实验结果，找出酪蛋白等电点并说明原因。

（刘润佳）

## 实验二 蛋白质定量测定（紫外分光光度法）

【实验目的】

1. 掌握紫外分光光度计测定蛋白质的操作技术及结果计算。

2. 了解紫外分光光度法测定蛋白质的原理。

【实验原理】

蛋白质分子中常含有色氨酸、氨酸、苯丙氨酸，在紫外280nm波长处有最大吸收峰，其吸收值与蛋白质浓度成正比，故可用280nm波长吸收值大小来测定蛋白质含量。

【实验内容】

（一）实验试剂及主要器材

1. 蛋白质标准液1mg/ml　取已知准确浓度的蛋白溶液，根据用量，用容量瓶准确稀释至1mg/ml。

2. 未知浓度蛋白质溶液　用酪蛋白配制，浓度控制在1.0～2.5mg/ml范围内。

3. 紫外分光光度计。

4. 石英杯。

5. 试管、吸管、吸耳球。

（二）实验操作

1. 标准曲线的绘制　取8支干燥洁净试管，按下表编号并加入试剂。

| | 0 | 1 | 2 | 3 | 4 | 5 | 6 | 7 |
|---|---|---|---|---|---|---|---|---|
| 蛋白质标准液（1mg/ml） | 0 | 0.5 | 1.0 | 1.5 | 2.0 | 2.5 | 3.0 | 4.0 |
| 蒸馏水 | 4 | 3.5 | 3.0 | 2.5 | 2.0 | 1.5 | 1.0 | 0 |
| 蛋白质浓度（mg/ml） | 0 | 0.125 | 0.25 | 0.375 | 0.5 | 0.625 | 0.75 | 1.0 |
| $A_{280}$ | | | | | | | | |

混匀，紫外分光光度计280nm，以“0”号管调零，分别测定各管吸光度$A$，以吸光度（$A$）为纵坐标，蛋白浓度为横坐标，制作标准曲线。

2. 测定样品　取待测样品1.0ml，加蒸馏水3.0ml，混匀，测其吸光度，查标准曲线求得样品中蛋白质的浓度。

3. 样品中核酸干扰的校正　若样品中含有核酸（嘌呤、嘧啶）会出现较大的干扰。因嘌呤、嘧啶结构在280nm有较强吸收。虽然核酸在280nm有较强吸收，但在260nm处吸收更强，而蛋白质正好相反，对280nm处紫外吸收大于260nm处紫外吸收。利用此性质，通过计算，可以适当校正核酸对蛋白质测定的干扰。该方法是将待测样品在280nm和260nm波长处，分别测出其 $A_{280}$ 和 $A_{260}$ 值。计算出 $A_{280}/A_{260}$ 比值后，从表中查出校正因子"$f$"值，将 $f$ 值代入下述经验公式，即可计算出待测样品中蛋白质含量。

$$蛋白质含量(mg/ml)=f\times 1/d\times A_{280}\times D$$

式中：$A_{280}$ 为待测样品在280nm处吸光度

$d$ 为石英杯厚度（cm）

$D$ 为待测样品的稀释倍数

| $A_{280}/A_{260}$ | 核酸 % | 校正因子 $f$ | $A_{280}/A_{260}$ | 核酸 % | 校正因子 $f$ |
|---|---|---|---|---|---|
| 1.75 | 0.00 | 1.006 | 0.846 | 5.50 | 0.656 |
| 1.63 | 0.25 | 1.081 | 0.822 | 6.00 | 0.632 |
| 1.52 | 0.50 | 1.054 | 0.804 | 6.50 | 0.607 |
| 1.40 | 0.75 | 1.023 | 0.784 | 7.00 | 0.585 |
| 1.36 | 1.00 | 0.994 | 0.767 | 7.50 | 0.565 |
| 1.30 | 1.25 | 0.970 | 0.753 | 8.00 | 0.545 |
| 1.25 | 1.50 | 0.994 | 0.730 | 9.00 | 0.508 |
| 1.16 | 2.00 | 0.899 | 0.750 | 10.00 | 0.478 |
| 1.09 | 2.50 | 0.852 | 0.671 | 12.00 | 0.422 |
| 1.03 | 3.00 | 0.814 | 0.644 | 14.00 | 0.377 |
| 0.979 | 3.50 | 0.776 | 0.615 | 17.00 | 0.322 |
| 0.939 | 4.00 | 0.743 | 0.595 | 20.00 | 0.278 |
| 0.874 | 5.00 | 0.682 | | | |

**【实验注意】**

1. 玻璃和塑料比色皿在紫外光范围有光吸收，因此紫外分光光度法不能用玻璃或塑料比色皿来进行蛋白质定量。

2. 由于蛋白质吸收高峰常因pH的改变而有变化，因此要注意溶液的pH，测定样品时的pH要与测定标准曲线的pH相一致。

**【实验结果】**

1. 标准曲线制作

| | 0 | 1 | 2 | 3 | 4 | 5 | 6 | 7 |
|---|---|---|---|---|---|---|---|---|
| 蛋白质浓度（mg/ml） | 0 | 0.125 | 0.25 | 0.375 | 0.5 | 0.625 | 0.75 | 1.0 |
| $A_{280}$ | | | | | | | | |

以吸光度（$A$）为纵坐标，蛋白浓度（mg/ml）为横坐标，制作标准曲线。

2. 待测样品 $A$=

3. 待测样品蛋白质含量=

**（王易振）**

## 实验三　醋酸纤维薄膜电泳分离血清蛋白质

【实验目的】

1. 掌握醋酸纤维薄膜电泳分离血清蛋白质的原理。

2. 学会醋酸纤维薄膜电泳的基本操作。

【实验原理】

血清各蛋白质的等电点（pI）基本都小于7.0，在pH为8.6的缓冲液中，均电离成阴离子，在电场中向正极移动。由于不同蛋白质分子大小、形状等不同，故在同一电场中会产生不同的泳动速度。分子量越小，带电荷越多，泳动速度越快。

以醋酸纤维薄膜为支持物，用缓冲液润湿后，将微量血清样品点于膜上，在电泳槽中进行一段时间电泳。薄膜经染色和漂洗后，在白色背景上能看到五条清晰的蓝色区带，从正极到负极依次为：清蛋白、$\alpha_1$-球蛋白、$\alpha_2$-球蛋白、β-球蛋白、γ-球蛋白。

【实验内容】

（一）实验试剂及主要器材

1. 巴比妥-巴比妥钠缓冲液（pH8.6，离子强度0.06）　称取巴比妥钠12.36g，巴比妥2.21g，用500ml蒸馏水加热溶解，待冷却至室温后，用蒸馏水定容至1L。

2. 氨基黑10B染色液　称取氨基黑10B 0.5g，溶于50ml甲醇中，加入冰醋酸10ml和蒸馏水40ml，混合即成。

3. 漂洗液　甲醇45ml，冰醋酸5ml，蒸馏水50ml，混匀。

4. 电泳仪　电压0～600V，电流0～300mA。

5. 电泳槽　铂丝电极的水平电泳槽。

6. 加样器　血红蛋白吸管、载玻片、特制电泳加样器或X光片或盖玻片等均可。

7. 染色缸、培养皿、镊子。

8. 醋酸纤维薄膜　规格：2cm×8cm。

9. 待测血清。

（二）实验操作

1. 电泳槽准备　将电泳槽置于水平台上，两侧槽内注入等量的巴比妥-巴比妥钠缓冲液，两侧液面高度要一致。液面要低于电泳槽上缘1cm左右，支架间宽度调节在5.5～6.6cm，用双层纱布搭桥。

2. 薄膜准备　在醋酸纤维薄膜无光泽面一端1. 5cm处划一直线，然后将薄膜在巴比妥-巴比妥钠缓冲液中浸20分钟左右，取出，置于两层滤纸间，轻按吸去表面多余的缓冲液。

3. 点样　用血红蛋白吸管取待测血清一滴加在载玻片上，用加样器或盖玻片均匀涂抹并蘸取少量血清后，垂直加在醋酸纤维薄膜划线处，待血清完全吸入膜内，再移开加样器。

4. 平衡　将薄膜无光泽面向下，平直架于铺有两层纱布的电泳槽支架上，有血清的一端置电泳槽阴极端。盖上电泳槽盖，静置5～10分钟，使薄膜中的液体获得平衡。

5. 电泳　电泳槽的正、负极分别与电泳仪正、负极连接，打开电源，调节电压120～160V，通电45～60分钟。

6. 染色　将薄膜从电泳槽中取出，放入染色缸中进行染色，要让染液全部淹没薄膜。染色5分钟左右，注意染色要均匀。

7. 漂洗　从染色缸中取出薄膜，沥干多余染液，依次浸入有漂洗液的培养皿漂洗3次，每次3～5分钟，至薄膜背景完全无色为止。

**【实验注意】**

1. 加样前，醋酸纤维薄膜必须完全均匀浸透，薄膜要保持平整，不能有折痕。

2. 电泳槽两侧的缓冲液高度要一致。

3. 点样要均匀适量，要让血清均匀沾在加样器皿上，加样时用力要均匀，使点下的样品线与薄膜边缘平行，且血清量不宜过多或过少。

4. 将薄膜放置在电泳槽时，要注意薄膜与纱布充分接触且样品不要沾在纱布上。薄膜要拉直放在支架上，与支架一端平行，不能弯曲或歪斜。

5. 血清样品要尽量新鲜。

**【实验结果】**

从漂洗液中取出薄膜，观察条带出现情况，并标明每条带的名称。

（晁相蓉）

# 第三章　核 酸 化 学

核酸(nucleic acid)是一类重要的生物大分子，是遗传的物质基础。1868年，瑞士科学家Miescher从脓细胞核中分离出一种含C、H、O、N、P等元素的物质，当时定名为核素。后来发现核素呈酸性，改称为核酸，意即来自细胞核的酸性物质。根据核酸中所含戊糖的种类不同，把核酸分为脱氧核糖核酸(deoxyribonucleic acid，DNA)和核糖核酸(ribonucleic acid，RNA)两类。核酸不仅与正常生命活动如生长繁殖、遗传变异、细胞分化等有着密切关系，而且与生命的异常活动如肿瘤发生、辐射损伤、遗传病、代谢病、病毒感染等息息相关。因此核酸研究是现代生物化学、分子生物学与医药学发展的重要领域。

## 第一节　核酸的化学组成

### 一、核酸的元素组成

核酸由碳、氢、氧、氮、磷等主要元素组成，其中磷的含量在各种核酸中变化范围不大，平均含磷量为9.5%左右，这是定磷法进行核酸含量测定的理论基础。

### 二、核酸的基本组成单位

核酸是由多分子的单核苷酸聚合而成的多核苷酸。RNA由几百至几千单核苷酸所组成，DNA则由几亿个单核苷酸所组成。单核苷酸是组成核酸的基本结构单位，单核苷酸还可以进一步分解成核苷和磷酸。核苷再进一步分解成碱基和戊糖。

核酸
↓
核苷酸 { 核苷 { 戊糖；碱基 { 嘌呤碱；嘧啶碱 }}；磷酸 }

#### (一)核苷酸的组成成分

核苷酸的组成成分包括：碱基、戊糖和磷酸。

1. 碱基　核酸中的碱基分为嘌呤碱和嘧啶碱两类：它们分别含嘌呤环和嘧啶环结构，均为含氮的杂环化合物，具有弱碱性，故称为碱基。

(1) 嘌呤碱：常见的嘌呤类碱基有腺嘌呤(adenine，A)和鸟嘌呤(guanine，G)，它们是RNA和DNA分子中均出现的碱基。

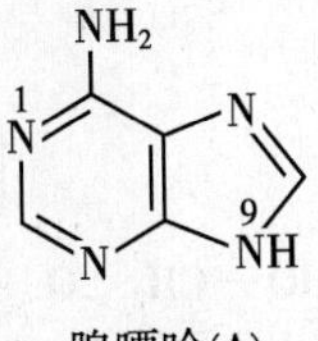

腺嘌呤(A)

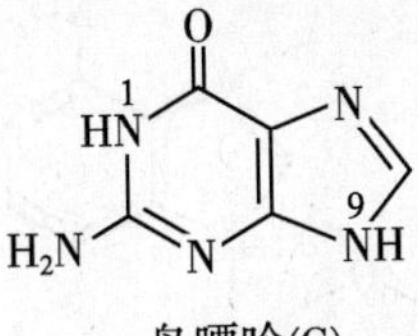

鸟嘌呤(G)

（2）嘧啶碱：常见的嘧啶类碱基有胞嘧啶（cytosine，C）、尿嘧啶（uracil，U）、胸腺嘧啶（thymine，T）。其中胞嘧啶为 RNA 和 DNA 共有。尿嘧啶只存在于 RNA 中，胸腺嘧啶主要存在于 DNA 中，tRNA 中少量存在。

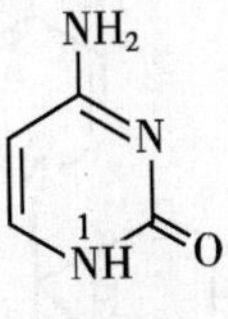

胞嘧啶(C)

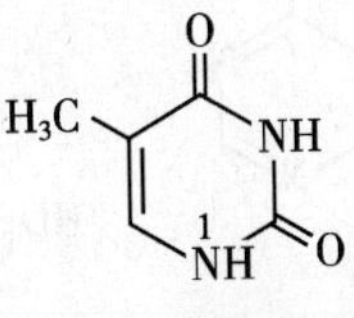

胸腺嘧啶(T)

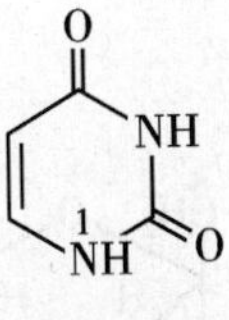

尿嘧啶(U)

核酸中还有一些含量甚少的碱基，称为稀有碱基。稀有碱基种类很多，它们是常见碱基的衍生物，大部分是甲基化碱基，如 1- 甲基腺嘌呤、1- 甲基鸟嘌呤、1- 甲基次黄嘌呤和次黄嘌呤、二氢尿嘧啶。

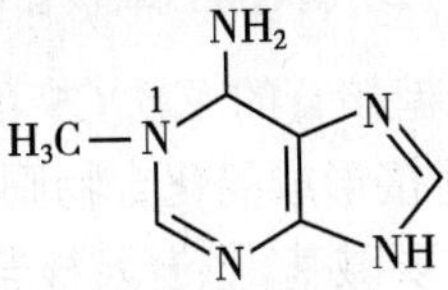

1–甲基腺嘌呤

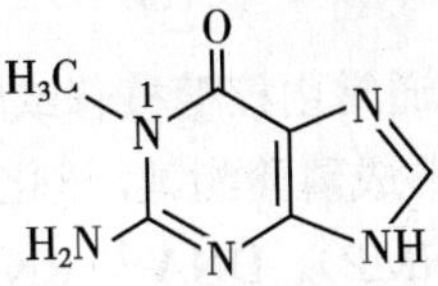

1–甲基鸟嘌呤

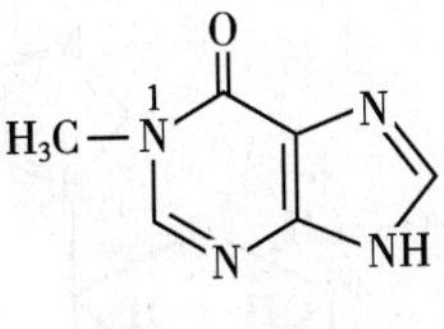

1–甲基次黄嘌呤

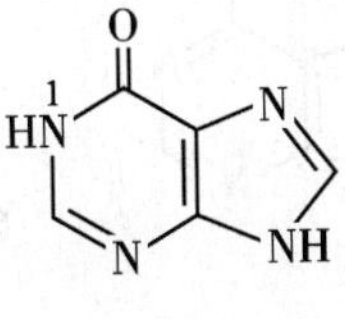

次黄嘌呤

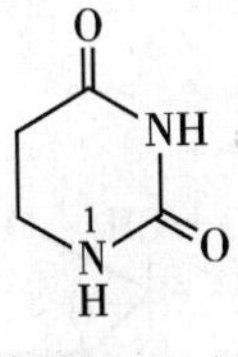

二氢尿嘧啶

2. 戊糖　RNA 和 DNA 两类核酸是因所含戊糖不同而分类的。构成 RNA 的戊糖是 β-D- 核糖，构成 DNA 的戊糖是 β-D-2- 脱氧核糖，其结构的差异在于第 2 位碳原子（C2′）上的基团不同。

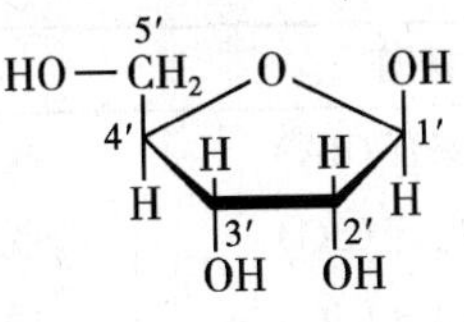

核糖

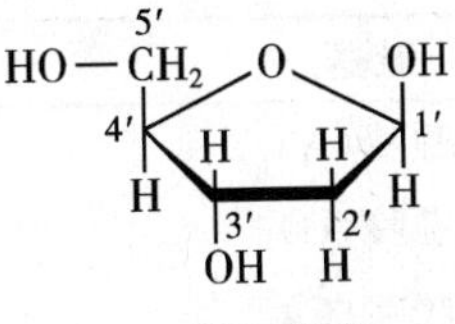

脱氧核糖

**（二）核苷酸的分子组成**

1. 核苷　戊糖第 1 位碳原子（C1′）上的羟基与嘌呤碱第 9 位氮原子（N9）或嘧啶碱第 1 位氮原子（N1）上的氢脱水缩合形成糖苷键。核糖与碱基通过糖苷键连接形成核糖核苷，脱氧核糖与碱基通过糖苷键连接形成脱氧核糖核苷。以下是部分核苷分子的结构式：

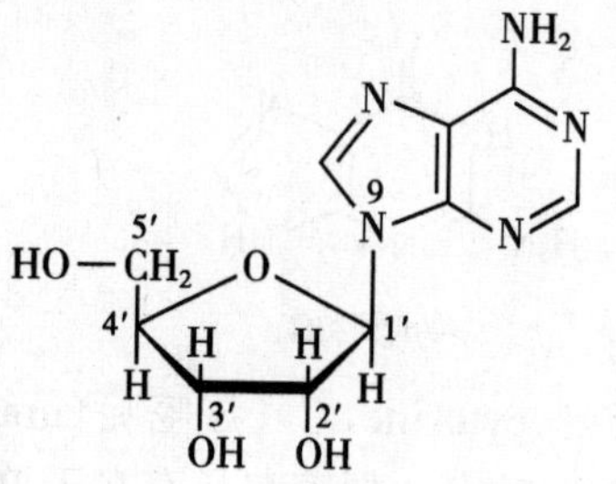

A

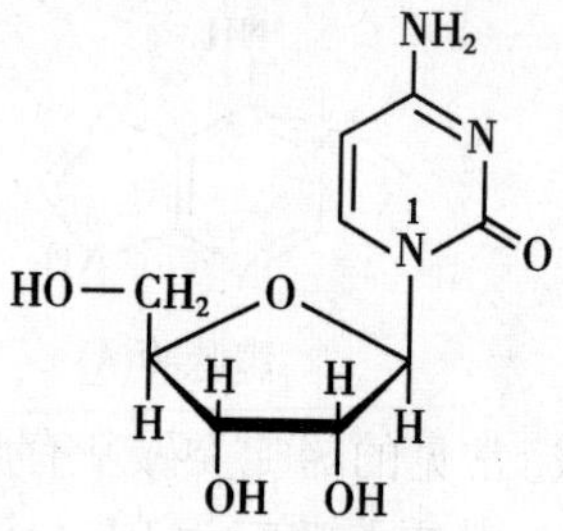

B

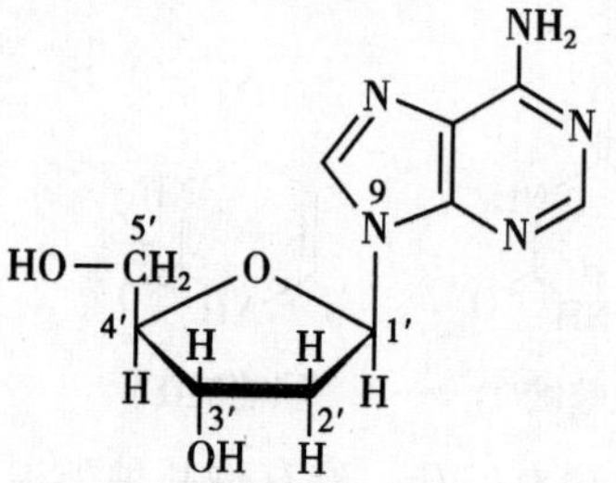

C

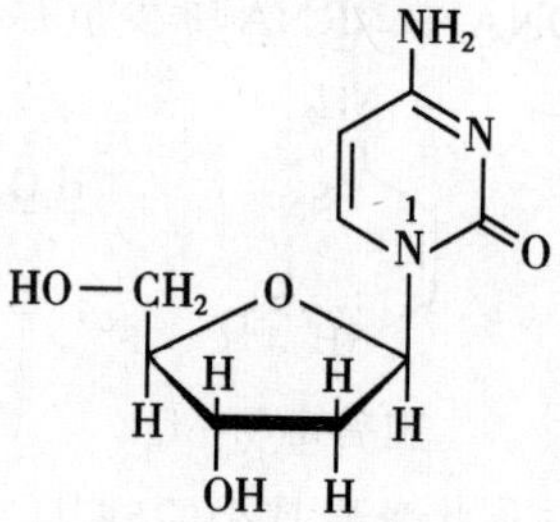

D

A. 腺嘌呤核苷（腺苷）　　　　B. 胞嘧啶核苷（胞苷）
C. 腺嘌呤脱氧核苷（脱氧腺苷）　　D. 胞嘧啶脱氧核苷（脱氧胞苷）

2. 核苷酸　体内通常由核糖核苷或脱氧核糖核苷的戊糖 C5′ 的自由羟基（—OH）与磷酸的羟基脱水缩合形成磷酸酯键，该化学键连接形成的化合物则为核糖核苷酸（NMP）或脱氧核糖核苷酸（dNMP）。DNA 与 RNA 的主要碱基、核苷及核苷酸组成见表 3-1。

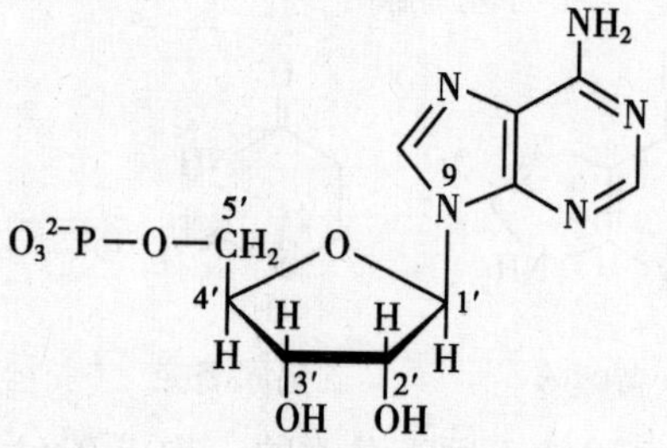

5′-腺苷酸(AMP)

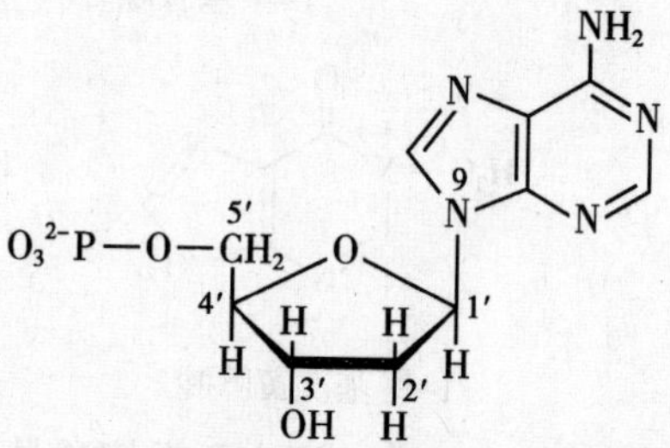

5′-脱氧腺苷酸(dAMP)

**表 3-1　两类核酸的主要碱基、核苷及核苷酸组成**

| 核酸 | 碱基 | 核苷 | 核苷酸 |
|---|---|---|---|
| DNA | 腺嘌呤（A） | 脱氧腺苷（dA） | 脱氧腺苷酸（dAMP） |
| | 鸟嘌呤（G） | 脱氧鸟苷（dG） | 脱氧鸟苷酸（dGMP） |
| | 胞嘧啶（C） | 脱氧胞苷（dC） | 脱氧胞苷酸（dCMP） |
| | 胸腺嘧啶（T） | 脱氧胸苷（dT） | 脱氧胸苷酸（dTMP） |
| RNA | 腺嘌呤（A） | 腺苷（A） | 腺苷酸（AMP） |
| | 鸟嘌呤（G） | 鸟苷（G） | 鸟苷酸（GMP） |
| | 胞嘧啶（C） | 胞苷（C） | 胞苷酸（CMP） |
| | 尿嘧啶（U） | 尿苷（U） | 尿苷酸（UMP） |

## 三、体内重要的游离核苷酸及其衍生物

1. 体内游离的核苷酸 结合一个磷酸的核苷酸称为核苷一磷酸（NMP 或 dNMP）。因此，游离的 5′- 腺苷酸（AMP）和 5′- 脱氧腺苷酸（dAMP）分别称为腺苷一磷酸和脱氧腺苷一磷酸。结合二个或三个磷酸，则分别称核苷二磷酸（NDP）或脱氧核苷三磷酸（dNTP），又称多磷酸核苷酸，结构如图 3-1。

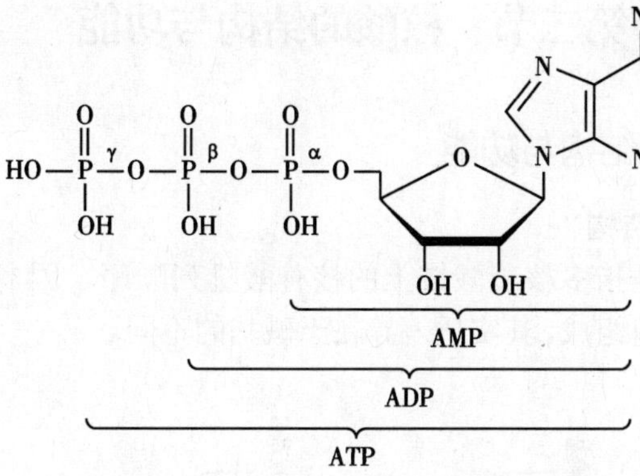


图 3-1 AMP、ADP、ATP 的结构示意图

2. 体内重要的核苷酸衍生物

（1）环化核苷酸：细胞中普遍存在两种环化核苷酸，即 3′, 5′- 环腺苷酸（cAMP）和 3′, 5′- 环鸟苷酸（cGMP），其结构如下：

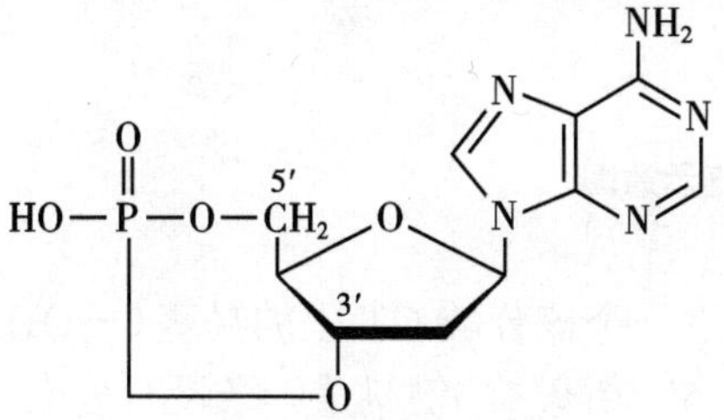

3′,5′–环腺苷酸(cAMP)

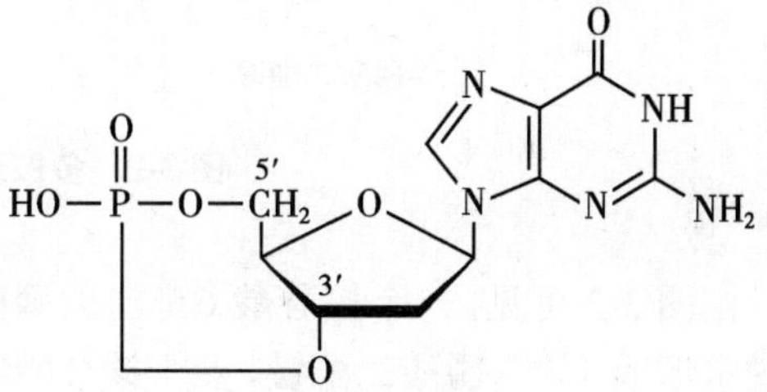

3′,5′–环鸟苷酸(cGMP)

环化核苷酸不是核酸的组成成分，在细胞中含量很少。现已证明，二者分别具有放大激素信号和缩小激素信号的功能，因此称为激素的第二信使，在细胞的代谢调节中具有重要作用。

外源 cAMP 不易通过细胞膜，cAMP 的衍生物丁酰 cAMP 可通过细胞膜，已应用于临床，对心绞痛、心肌梗死等有一定疗效。

（2）辅酶类核苷酸：一些核苷酸的衍生物是重要的辅酶（辅基），如烟酰胺腺嘌呤二核苷酸（$NAD^+$，辅酶Ⅰ）、烟酰胺腺嘌呤二核苷酸磷酸（$NADP^+$，辅酶Ⅱ）、黄素单核苷酸（FMN）或黄素腺嘌呤二核苷酸（FAD）等。

### 点 滴 积 累

1. 核酸由碳、氢、氧、氮、磷等 5 种元素组成，通过平均含磷量为 9.5% 可定量检测

样品中核酸含量。

2. 核酸的基本结构单位是核苷酸，其基本组成成分是碱基、戊糖和磷酸。

3. 由核糖或脱氧核糖与碱基通过糖苷键连接形成核糖核苷或脱氧核糖核苷，再由相应核苷与磷酸通过磷酸酯键连接形成核糖核苷酸或脱氧核糖核苷酸。

# 第二节 核酸的结构与功能

## 一、DNA 的分子结构与功能

### （一）DNA 的一级结构

DNA 的一级结构是指多核苷酸链上的核苷酸排列顺序。因多核苷酸链的主骨架由交替出现的磷酸、戊糖组成，其实质差异在于碱基的不同。

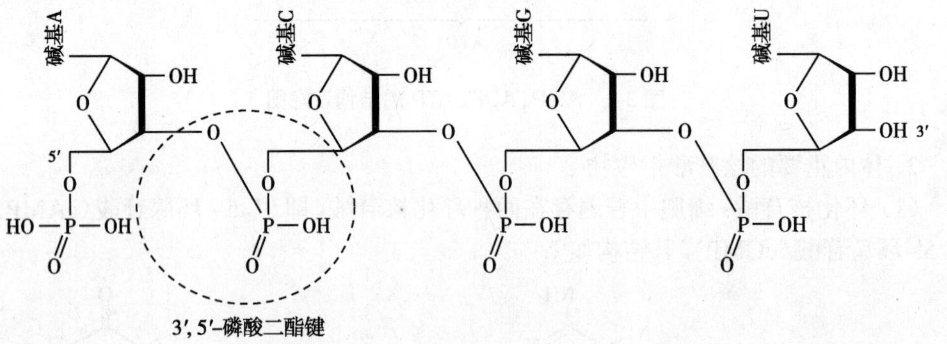


图 3-2 多核苷酸链示意图

由图 3-2 可见，一个核苷酸 C5′ 上的磷酸与下一个核苷酸 C3′ 上的羟基（—OH）缩合脱水形成 3′, 5′- 磷酸二酯键，多个核苷酸经 3′, 5′- 磷酸二酯键构成一条没有分支的多聚核苷酸链，3′, 5′- 磷酸二酯键是核酸的主键。

多核苷酸链的两个末端，分别称为 5′- 末端和 3′- 末端。构成多核苷酸链的核苷酸称为核苷酸残基，多核苷酸链中的核苷酸残基没有了游离的 3′-OH 和 5′- 磷酸基。但是多核苷酸链 5′- 末端和 3′- 末端的核苷酸残基分别含有游离的 5′- 磷酸基和游离的 3′-OH，因此，多核苷酸链是有方向的，统一规定 5′→3′ 为正方向。

图 3-2 中的多核苷酸链的结构可书写成：

5′……ACGU……3′

DNA 分子的碱基序列特征代表其一级结构特征，同时记录有相应的遗传信息。分析 DNA 分子的一级结构对阐明 DNA 结构与功能的关系具有重要的意义。

### （二）DNA 的二级结构

1953 年，Watson 和 Crick 根据 DNA 的 X 衍射分析数据和碱基分析数据，提出了 DNA 的双螺旋结构模型（图 3-3）。DNA 双螺旋表面形成沟槽结构，有大沟和小沟之分，大沟处在相邻两个螺圈之间，小沟则处在平行的二条链之间。

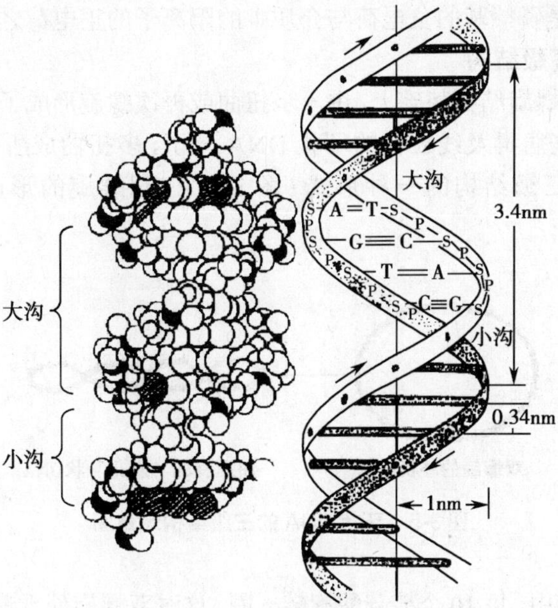


图 3-3 DNA 的双螺旋结构

DNA 双螺旋结构模型的要点：

1．DNA 分子是由两条方向相反的、平行的多核苷酸链围绕中心轴形成的右手螺旋结构。一条链 5′→3′，另一条链 3′→5′。螺旋的直径为 2nm。

2．磷酸和脱氧核糖位于螺旋外侧，碱基位于螺旋内侧，两条链的碱基之间通过氢键相互作用，形成碱基配对关系。

3．碱基配对具有一定的规律性，即 A 与 T 配对，G 与 C 配对，这种配对规律称为碱基互补规律。配对的两个碱基称为互补碱基，通过互补碱基而结合的两条链彼此称为互补链。配对碱基所处的平面称为碱基对平面，碱基对平面相互平行，并与中心轴垂直。碱基对之间的距离为 0.34nm，螺旋一圈含 10 个碱基对，螺距为 3.4nm。A 与 T 之间形成两个氢键，G 与 C 之间形成三个氢键（图 3-4）。

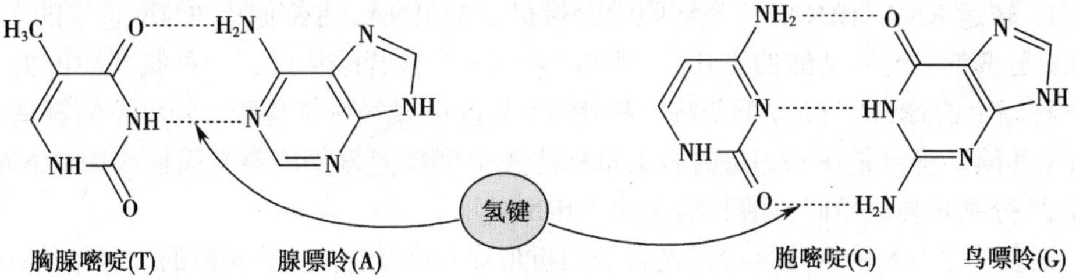


图 3-4 碱基通过氢键互补配对

碱基配对规律具有十分重要的生物学意义，DNA 复制、转录、RNA 的反转录及翻译等过程都遵循这一规律。

4．DNA 双螺旋结构是稳定的，主要有三种作用力维持。一种作用力是互补碱基之间的氢键，但氢键并不是 DNA 双螺旋结构稳定的主要作用力。DNA 分子中碱基的堆积可以使碱基缔合，这种力称为碱基堆积力，是使 DNA 双螺旋结构稳定的主要作用力。第三种作用力是磷酸基的负电荷与介质中的阳离子的正电荷之间形成的离子键。

**（三）DNA的高级结构**

DNA分子在双螺旋结构基础上，进一步扭曲或再次螺旋形成了DNA的三级结构。

细菌质粒、某些病毒及线粒体的环状DNA分子，多扭曲成所谓"麻花"状的超螺旋结构，是DNA三级结构的一种形式（图3-5）。超螺旋的形成与分子能量状态有关。

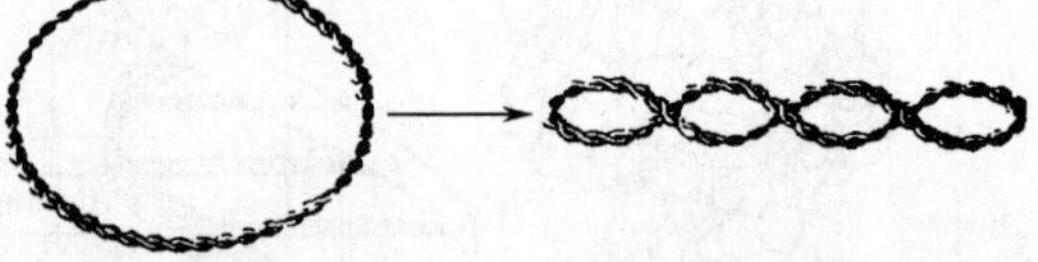


图3-5 环状DNA的三级结构示意图

在DNA双螺旋中，每10个核苷酸旋转一圈，这时双螺旋处于最低的能量状态。如果使正常的双螺旋DNA分子额外地多转几圈或少转几圈，这就会使双螺旋内的原子偏离正常位置。对应在双螺旋分子中就存在额外张力。如果双螺旋末端是开放的，这种张力可以通过链的转动而释放出来，DNA将恢复到正常的双螺旋状态。如果DNA两端是以某种方式固定的，或是成环状DNA分子，这些额外的张力不能释放到分子外，而只能在DNA内部使原子的位置重排，导致DNA链的扭曲，这种扭曲就称为超螺旋。形成超螺旋使很大的环状DNA分子能够压缩成很小的体积，有利于DNA被包装在细胞核中。

## 二、RNA的结构与功能

RNA通常是由一条多核苷酸链构成的单链分子，其核苷酸排列顺序代表了其一级结构。动物、植物和微生物细胞中主要有三种功能不同的RNA，即转运RNA（tRNA）、核糖体RNA（rRNA）和信使RNA（mRNA）。

1. 转运RNA（tRNA） 是细胞中含量最少的RNA，占细胞中RNA总量的15%。tRNA是携带转运氨基酸的工具，一般由74～95个核苷酸构成。一种氨基酸可由一种或一种以上的tRNA转运，但是每一种tRNA只能运载一种氨基酸。转运不同氨基酸的tRNA其简写符号是在tRNA的右上角标注3个字母的氨基酸英文简称。如$tRNA^{Met}$、$tRNA^{Tyr}$分别是转运甲硫氨酸和酪氨酸的tRNA。

细胞内tRNA的有些区段经过自身回折形成双螺旋区，具有相似的二级结构：三叶草形结构，其中的双螺旋区叫做臂，不能配对的部分叫做环，大多数tRNA由4个臂和4个环组成（图3-6，图3-7）。

（1）氨基酸臂：含有5～7个碱基对，3′-末端均为-CCA-OH结构，其中腺苷酸的3′-OH为结合氨基酸的位点。

（2）反密码环：与氨基酸臂相对的环，由7个核苷酸组成，环中部的3个核苷酸组成反密码子。在蛋白质生物合成时，tRNA通过反密码子识别mRNA上相应的密码子，使其携带的氨基酸"对号入座"，参与蛋白质的装配。

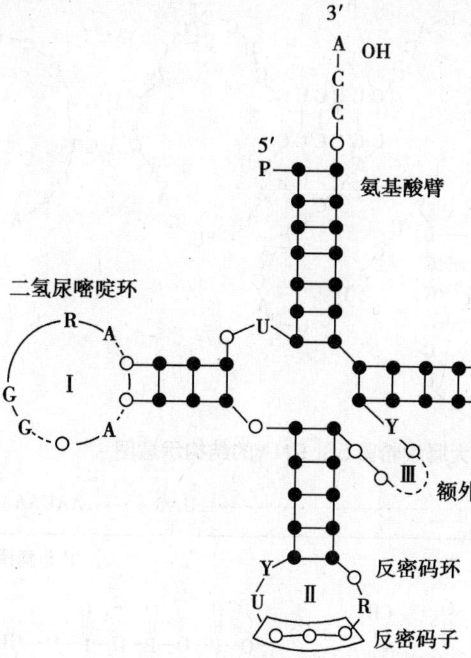

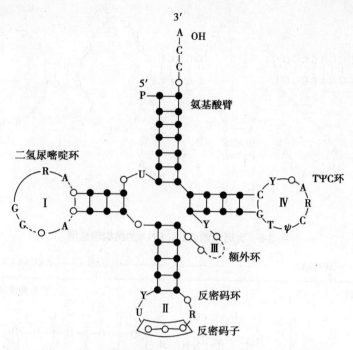

图 3-6 tRNA 的二级结构

2. 核糖体 RNA(rRNA) 是细胞中主要的一类 RNA，占细胞中 RNA 总量的 80%。原核生物有 3 种 rRNA，分别为 5S、16S、23S 的 rRNA。真核生物有 4 种 rRNA，分别为 5S、5.8S、18S、28S 的 rRNA。不同 rRNA 的碱基比例和碱基序列各不同，分子结构基本上都是由部分双螺旋和部分单链突环相间排列而成。如图 3-8 是大肠埃希菌 5S rRNA 的结构。细胞中的 rRNA 与蛋白质一起构成核糖体(亦称核蛋白体)，作为蛋白质合成的场所。

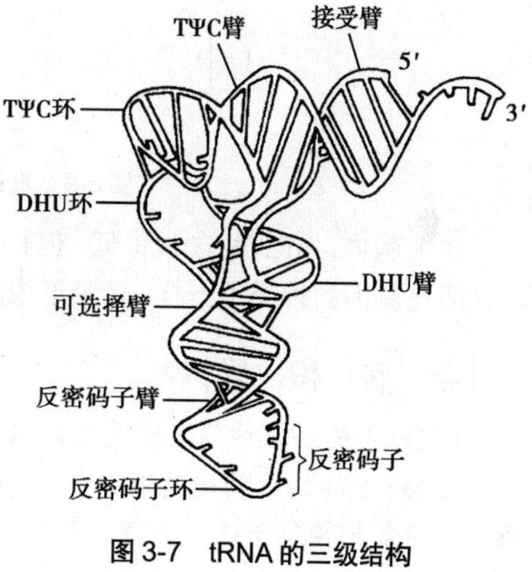


图 3-7 tRNA 的三级结构

3. 信使 RNA(mRNA) mRNA 是活化基因转录形成的产物，是蛋白质合成的模板。真核细胞成熟 mRNA 的结构有如下特征(图 3-9)：

(1) 3′- 末端有 80～250 个腺苷酸残基连接成的多聚腺苷酸 [poly(A)] 的结构，称之为 poly(A) 尾。

(2) 5′- 末端有一个特殊的 5′- 帽结构：$m^7Gppp$。

研究认为，mRNA 的帽和尾的结构与 mRNA 从细胞核到细胞质的转移及 mRNA 的稳定性和调控翻译的起始有关。一个完整的 mRNA 包括 5′ 非翻译区、编码区和 3′ 非翻译区。mRNA 的编码区从 5′ 端的 AUG 开始，每 3 个核苷酸为一组，决定肽链上的一个氨基酸，称为三联体密码或密码子。AUG 是起始密码子，由 AUG 及其后连续的三联体密码组成的核苷酸序列称为开放阅读框(open reading rrame，ORF)，ORF 是多肽链的编码序列，ORF 终止于终止密码子(如 UAG)。

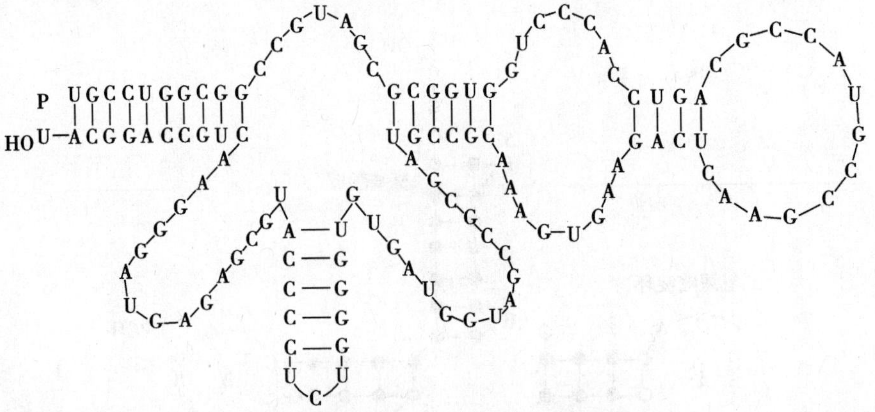

图 3-8 大肠埃希菌 5Sr RNA 的结构示意图

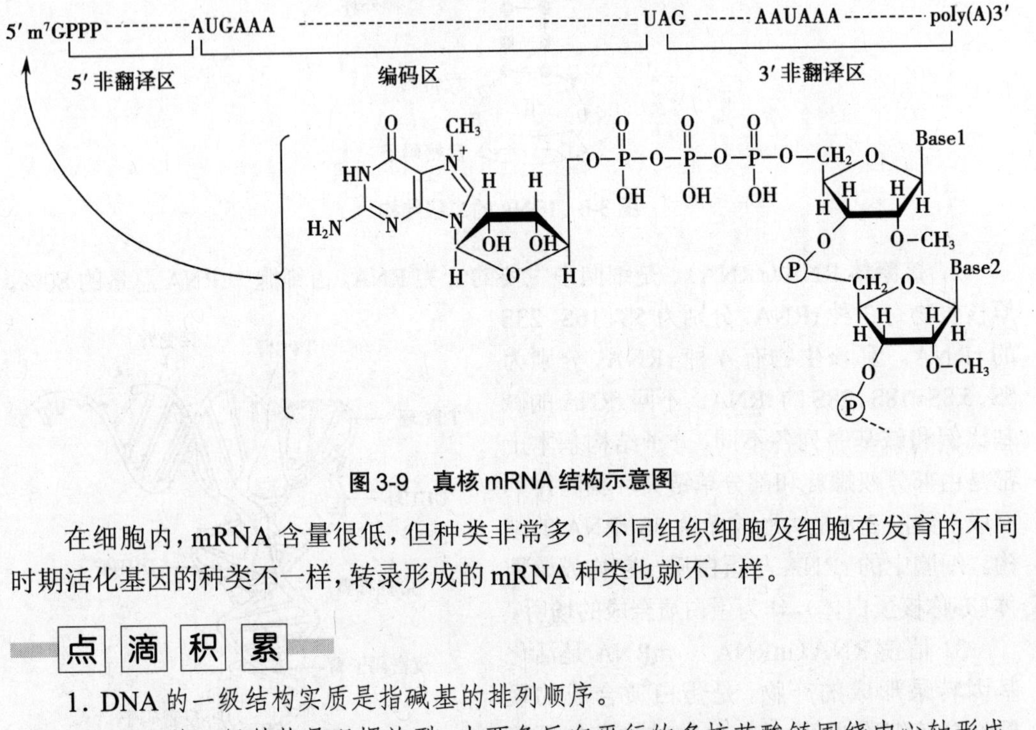

图 3-9 真核 mRNA 结构示意图

在细胞内，mRNA 含量很低，但种类非常多。不同组织细胞及细胞在发育的不同时期活化基因的种类不一样，转录形成的 mRNA 种类也就不一样。

**点 滴 积 累**

1. DNA 的一级结构实质是指碱基的排列顺序。

2. DNA 的二级结构是双螺旋型，由两条反向平行的多核苷酸链围绕中心轴形成，磷酸和脱氧核糖位于螺旋外侧，碱基位于螺旋内侧；碱基配对具有一定的规律性，即 A 与 T 配对，G 与 C 配对。

3. 3 种 RNA 的空间结构决定了它们在蛋白质生物合成过程中的不同作用。

## 第三节 核酸的理化性质及其应用

### 一、核酸的酸碱性质

核酸是两性电解质，有酸性可解离的磷酸基和碱性可解离的碱基，磷酸基比碱基更易解离，使核酸通常表现为酸性，在体液中，所带净电荷为负。核酸的带电性质是电泳法分离纯化核酸的基础。

## 二、核酸的紫外吸收特性

嘌呤和嘧啶碱基具有的共轭双键，使得核酸具有紫外吸收的特性，最大吸收峰在260nm附近（图3-10）。因此，可以用紫外吸收值$A_{260nm}$对样品进行定性、定量分析。

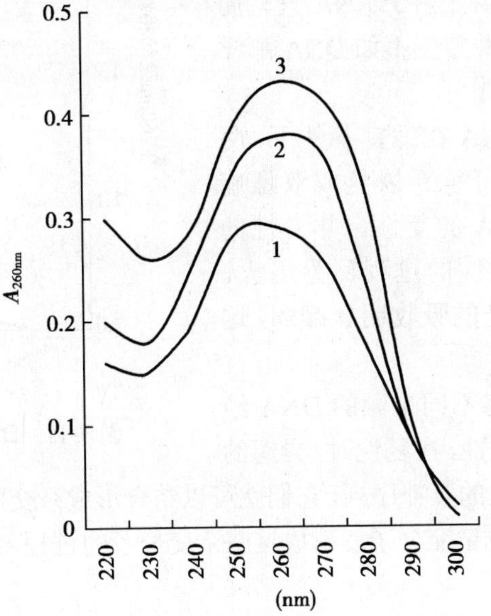


**图3-10 不同状态DNA的紫外吸收光谱**

1. 天然DNA 2. 变性DNA 3. 降解的DNA

**课堂活动**

根据上面所学内容，请归纳核酸定性或定量分析的方法及其原理。

## 三、核酸的变性、复性与杂交

1. 变性 是指在某些理化因素作用下，核酸分子中双螺旋之间氢键断裂，其空间结构被破坏（一级结构不变），从而引起核酸理化性质和生物学功能改变，这种现象称为核酸的变性。DNA分子变性时，双链会解链成单链；RNA分子变性时，局部双螺旋解开，形成线性单链结构。引起核酸变性的因素有化学因素（如强酸、强碱、尿素）和物理因素（如高温）。

核酸变性后，致双螺旋内侧的碱基外露，对260nm的紫外光吸收明显增强，此现象称为增色效应。

升高温度而引起的DNA变性称为DNA热变性，又称DNA的解链或熔解作用。DNA热变性一般在较窄的温度范围内发生，就像晶体在熔点时突然熔化一样（图3-11）。DNA的熔解曲线显示：DNA在狭窄温度范围内，其吸光度值$A_{260nm}$发生“突变”，把突变区的中点所对应的温度（即有50% DNA发生变性的温度）称为解链温度或熔解温度，用$T_m$表示。

研究发现，$T_m$的大小与DNA的碱基组成有关，G、C含量高的DNA其$T_m$值高，这是因为G-C碱基对之间有三个氢键，提高了DNA的稳定性。另外，在离子浓度较高的溶液中，DNA的$T_m$值变高。由于RNA只有局部的双螺旋区，所以这种转变不如DNA那样明显。

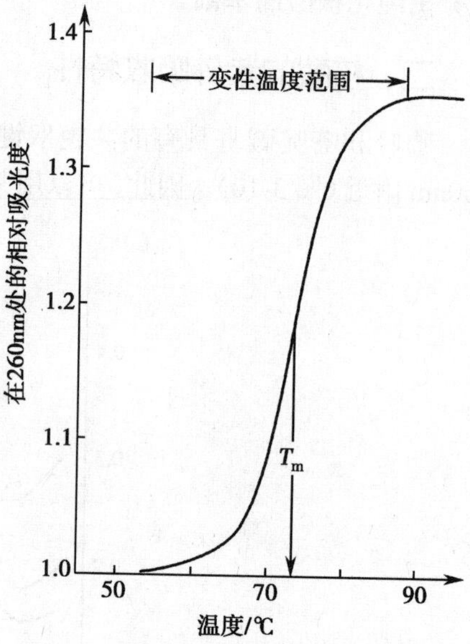


图3-11　DNA热变性曲线（熔解）

2．复性　变性DNA在适宜条件下，两条彼此分开的互补链可重新恢复成双螺旋结构，这个过程称DNA的复性。热变性的DNA经缓慢冷却而复性的过程称为退火。DNA复性后，对紫外光的吸收明显减弱，这种现象叫减色效应。

3．核酸的杂交　将不同来源的DNA经热变性后，降温，使其复性，在复性时，异源的DNA单链之间具有一定的互补序列，它们就可以结合形成杂交的DNA分子，DNA与互补的RNA之间也能形成杂交分子。形成这些杂交分子的过程，统称为核酸分子杂交。

**知识链接**

**DNA指纹技术**

生物个体间的差异本质上是DNA分子序列的差异，人类不同个体（同卵双生除外）的DNA各不相同。如人类DNA分子中存在着高度重复的序列，不同个体重复单位的数目不同，差异很大，但重复序列两侧的碱基组成高度保守，且重复单位有共同的核心序列。因此，针对保守序列选择同一种限制性核酸内切酶，针对重复单位的核心序列设计探针，将人基因组DNA经酶切、电泳、分子杂交及放射自显影等处理，可获得检测的杂交图谱，杂交图谱上的杂交带数目和分子量大小具有个体差异性，这如同一个人的指纹图形一样各不相同。因此，把这种杂交带图谱称为DNA指纹。DNA指纹技术已被广泛应用于法医学（如物证检测、亲子鉴定）、疾病诊断、肿瘤研究等领域。结合DNA体外扩增技术，法医可以对现场检材（如一根毛发、一滴血、少许唾液、单个精斑等）的DNA指纹进行检测分析，与嫌疑对象进行比对，确定二者关系，对刑事侦查具有非常重要的意义。

核酸杂交可以在液相或固相载体上进行。最常用的是以硝酸纤维素膜作为载体进行杂交。英国分子生物学家E.M.Southern创立的Southern印迹杂交就是将凝胶电泳分离的DNA片段转移至硝酸纤维素膜上后，再进行杂交。将RNA经电泳变性后转移至纤维素膜上再进行杂交的方法称为Northern印迹杂交。根据抗体与抗原可以结合的原理，用类似方法也可以分析蛋白质，这种方法称为Western印迹杂交。应用核酸杂交技术，可以分析含量极少的目的基因，是研究核酸结构和功能的一种极其有用的工具。

**课堂活动**

Southern 印迹杂交采用预杂交液封闭膜上非特异性吸附位点的目的是什么？鲑鱼精子 DNA 用于预杂交的作用是什么？

**点滴积累**

1. 核酸具有紫外吸收特性，其最大吸收峰在 260nm。
2. $T_m$ 值的大小与 G、C 含量成正比关系。
3. 核酸杂交技术用于定性、定量检测目标 DNA 或 RNA 片段，在基因结构分析、基因定位、遗传病诊断等方面应用广泛。

## 目标检测

### 一、选择题

#### （一）单项选择题

1. 核酸中核苷酸之间的连接方式是（　　）
   A. 2′, 5′- 磷酸二酯键　　B. 氢键
   C. 3′, 5′- 磷酸二酯键　　D. 糖苷键
2. tRNA 的分子结构特征是（　　）
   A. 有反密码环和 3′- 端有 -CCA 序列
   B. 有反密码环和 5′- 端有 -CCA 序列
   C. 有密码环
   D. 5′- 端有 -CCA 序列
3. 下列关于 DNA 分子中的碱基组成的定量关系不正确的是（　　）
   A. C+A=G+T　　B. C=G
   C. A=T　　D. C+G=A+T
4. 下面关于 Watson-Crick DNA 双螺旋结构模型的叙述中正确的是（　　）
   A. 两条单链的走向是反平行的　　B. 碱基 A 和 G 配对
   C. 碱基之间共价结合　　D. 磷酸戊糖主链位于双螺旋内侧
5. RNA 和 DNA 彻底水解后的产物（　　）
   A. 核糖相同，部分碱基不同　　B. 碱基相同，核糖不同
   C. 碱基不同，核糖不同　　D. 碱基不同，核糖相同
6. 维系 DNA 双螺旋稳定的最主要的力是（　　）
   A. 氢键　　B. 离子键
   C. 碱基堆积力　　D. 范德华力
7. $T_m$ 是指什么情况下的温度（　　）
   A. 双螺旋 DNA 达到完全变性时　　B. 双螺旋 DNA 开始变性时

C. 双螺旋DNA结构失去1/2时　　D. 双螺旋结构失去1/4时

8. 双链DNA的解链温度的增加，提示其中含量高的是（　　）

A. A和G　　B. C和T

C. A和T　　D. C和G

9. 某双链DNA纯样品含15%的A，该样品中G的含量为（　　）

A. 35%　　B. 15%

C. 30%　　D. 20%

10. DNA碱基配对主要靠（　　）

A. 范德华力　　B. 氢键

C. 疏水作用　　D. 共价键

**（二）多项选择题**

1. 体内存在的两种环核苷酸是（　　）

A. cAMP　　B. cCMP

C. cGMP　　D. cTMP

E. cUMP

2. 含有腺苷酸的辅酶有（　　）

A. $NAD^+$　　B. $NADP^+$

C. FAD　　D. FMN

E. CoASH

3. DNA水解后可得到下列哪些最终产物（　　）

A. 磷酸　　B. 核糖

C. 腺嘌呤　　D. 胞嘧啶

E. 尿嘧啶

4. DNA二级结构的碱基互补法则是（　　）

A. C-U　　B. G-T

C. T-A　　D. C-G

E. T-U

5. 对DNA二级结构的正确描述有（　　）

A. 两条多核苷酸链反向平行围绕同一中心轴构成双螺旋

B. 以A-T，G-C方式形成碱基配对

C. 双链均为右手螺旋

D. 链状骨架由脱氧核糖和磷酸组成

E. 只含有一条链

6. 以下哪些属于tRNA的结构特征（　　）

A. 帽子结构　　B. 氨基酸臂

C. 反密码子　　D. 3′-OH端CCA结构

E. 多聚腺苷酸尾

7. $T_m$值升高的情况有（　　）

A. DNA变性　　B. DNA中G，C含量高

C. 减色效应　　D. DNA中A，T含量高

E. 增色效应

8. DNA 变性时发生的变化是(　　)

A. 链间氢链断裂,双螺旋结构破坏　B. 增色效应

C. 黏度增加　D. 共价键断裂

E. 一级结构破坏

9. 核酸含有的化学键包括(　　)

A. 糖苷键　B. 酰胺键

C. 3′, 5′- 磷酸二酯键　D. 二硫键

E. 肽键

10. DNA 脱氧核糖的哪个碳原子的羟基与磷酸形成酯键(　　)

A. 1′　B. 2′

C. 3′　D. 5′

E. 4′

**二、简答题**

1. DNA 和 RNA 在化学组成、分子结构、细胞内分布和生理功能上的主要区别是什么?

2. DNA 双螺旋结构有些什么基本特点?这些特点能解释哪些最重要的生命现象?

3. 查阅资料,总结 DNA 指纹技术、Southern 印迹技术和 Northern 印迹技术的具体操作。

**三、实例分析**

下图为研究人员通过亲和层析法纯化 DNA 疫苗时的层析图谱:

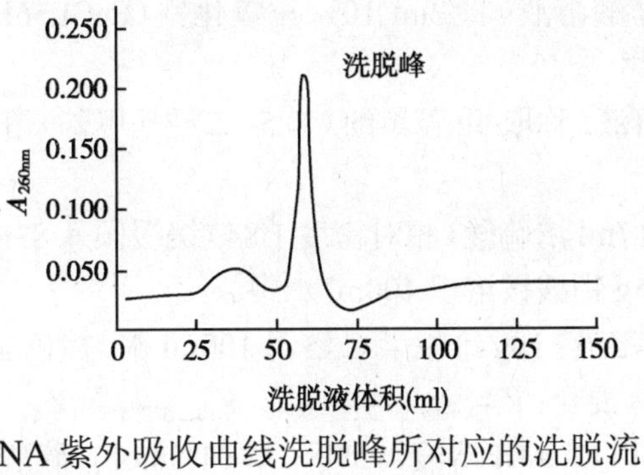


收集图中显示的 DNA 紫外吸收曲线洗脱峰所对应的洗脱流出液并进行离心浓缩,所得 DNA 样品经琼脂糖凝胶电泳检测,呈单一条带。

分析思考:

1. 试解释 DNA 具有紫外吸收特性的原因。

2. 试说明测定洗脱液紫外吸收峰值的原因。

3. 假设洗脱液温度发生变化,此洗脱液紫外吸收峰谱图是否会发生移位?

(彭　坤)

## 实验四　RNA 的提取及组分鉴定

**【实验目的】**

1. 熟练掌握离心机的使用方法。

2．了解并掌握稀碱法提取 RNA 的原理和方法。

3．了解核酸的组分并掌握其鉴定方法。

**【实验原理】**

由于 RNA 的来源和种类很多，因而提取制备方法也不尽相同。一般有苯酚法、去污剂法和盐酸胍法。其中，苯酚法是实验室最常用的。组织匀浆用苯酚处理并离心后，RNA 即溶于上层被酚饱和的水相中，DNA 和蛋白质则留在酚层中。向水层加入乙醇后，RNA 即呈白色絮状沉淀析出，此法能较好地除去 DNA 和蛋白质。上述方法提取的 RNA 具有生物活性。工业上常用稀碱法和浓盐法提取 RNA，但所提取的核酸均为变性 RNA，主要用作制备核苷酸的原料，其工艺比较简单。稀碱法使用的稀碱使酵母细胞裂解，然后用酸中和，将除去蛋白质和菌体后的上清液用乙醇沉淀，或调节 pH 至 2.5，利用等电点沉淀。

由于酵母中 RNA 含量达 2.7%～10.0%，而 DNA 含量仅为 0.03%～0.52%，为此，提取 RNA 多以酵母作原料。RNA 含有核糖、嘌呤碱、嘧啶碱和磷酸 4 种组分。加硫酸煮沸使 RNA 水解，从水解液中可用定糖法、定磷法和硝酸银沉淀法测出上述组分的存在。磷酸与钼酸铵试剂作用能产生黄色的磷钼酸铵沉淀；核糖与地衣酚试剂作用呈鲜绿色；嘌呤碱与硝酸银反应能产生白色的嘌呤银化物沉淀。

**【实验内容】**

**（一）实验试剂及主要器材**

1．试剂

（1）酸性乙醇溶液：30ml 乙醇加 0.3ml 浓 HCl。

（2）三氯化铁浓盐酸溶液：将 2ml 10% 三氯化铁（$FeCl_3 \cdot 6H_2O$）溶液加入 400ml 浓 HCl。

（3）苔黑酚乙醇溶液：称取 6g 苔黑酚（3，5- 二羟基甲苯）溶于 100ml 95% 乙醇。

（4）定磷试剂

1）17% 硫酸：将 17ml 浓硫酸（相对密度 1.84）缓缓倾入 83ml 水中。

2）5% 钼酸铵：2.5g 钼酸铵溶于 100ml 水中。

3）10% 维生素 C 溶液：10g 维生素 C 溶于 100ml 水，棕色瓶保存。临用时将上述 3 种溶液和水按下列比例混合：$V_{17\%硫酸}:V_{2.5\%钼酸铵}:V_{10\%维生素C}:V_{水}=1:1:1:2$。

（5）其他：0.04mol/L NaOH 溶液、95% 乙醇、1.5mol/L 硫酸、浓氨水、0.1mol/L 硝酸银。

2．主要器材　干酵母粉，量筒，滴管，沸水浴装置，吸管，离心机。

**（二）实验操作**

称取干酵母 $\xrightarrow{加NaOH}$ 研磨 $\longrightarrow$ 转入锥形瓶 $\xrightarrow{沸水浴}$ 冷却后转入离心管 $\xrightarrow{离心}$ 上清液 $\xrightarrow{加酸性乙醇}$ $\xrightarrow{离心}$ RNA沉淀 $\xrightarrow{乙醇洗涤2次}$ $\xrightarrow{乙醚洗涤1次}$ 抽滤 $\xrightarrow{干燥}$ RNA粗品 $\longrightarrow$ 称重

1．酵母 RNA 提取　称取 5g 干酵母粉悬浮于 30ml 0.04mol/L NaOH 溶液中，并在研钵中研磨均匀。悬浮液转入锥形瓶中，沸水浴加热 30 分钟，冷却，转入离心管。3000rpm 离心 15 分钟后，将上清慢慢倾入 10ml 酸性乙醇，边加边搅动。加毕，静置，待

RNA 沉淀完全后，3000rpm 离心 3 分钟，弃去上清液。用 95% 乙醇洗涤沉淀 2 次。再用乙醚洗涤沉淀 1 次后，用乙醚将沉淀转移至布氏漏斗抽滤，沉淀在空气中干燥。称量所得 RNA 粗品的重量。

2. RNA 组分鉴定　取 2g 提取的 RNA，加入 1.5mol/L 硫酸 10ml，沸水浴加热 10 分钟制成水解液，然后进行组分鉴定。

(1) 嘌呤碱：取水解液 1ml 加入过量浓氨水，然后加入 1ml 0.1mol/L 硝酸银溶液，观察有无白色的嘌呤银化物沉淀。

(2) 核糖：取水解液 1ml，三氯化铁浓盐酸溶液 2ml 和苔黑酚乙醇溶液 0.2ml，置沸水浴中 10 分钟，注意观察溶液是否变成鲜绿色。

(3) 磷酸：取水解液 1ml，加定磷试剂 1ml，在水浴中加热，观察溶液是否变成黄色，静置冷却有何现象？

注意：磷酸鉴定时，静置冷却后现象才会明显。另外，RNA 组分鉴定时，一定要保证水浴时间。

**【实验注意】**

1. 本实验使用的乙醚，其蒸气能与空气形成爆炸性混合物，遇到火花、高温、氧化剂、过氯酸、氯气、氧气、臭氧等，就有燃烧、爆炸的危险。在临床上，乙醚也常作为吸入麻醉药使用，且麻醉力也较强。因此，用乙醚洗涤 RNA 沉淀时要在通风橱内操作。

2. 本实验使用的 3，5- 二羟基甲苯、三氯化铁、硝酸银是有害化学品，对呼吸道、眼睛和皮肤有刺激性。在配制该试剂时必须佩戴安全眼镜和手套，在通风橱内操作，如果有试剂溅出，立刻用大量水冲洗干净。含有此试剂的废液应集中处理，不可直接倒入下水道。

3. 硫酸、浓盐酸、浓氨水、NaOH 溶液均有腐蚀性，操作时避免接触皮肤和眼睛，如有意外发生或感到不适，立刻用大量清水冲洗或就医。使用乙醇时远离热源及明火。

4. 严格遵守离心机操作规程，尤其是平衡操作和装载液体操作环节。

**【实验结果】**

1. RNA 粗品称重（g）
2. 嘌呤碱鉴定结果
3. 核糖鉴定结果
4. 磷酸鉴定结果

（虞菊萍）

# 第四章 酶

新陈代谢是生命活动的基础，生物体每时每刻都在进行着新陈代谢，而构成新陈代谢的各种各样、复杂而有规律的化学反应，都是在酶的催化作用下有条不紊的进行。生物的生长发育、繁殖、遗传、运动、神经传导等各项生命活动都离不开酶的催化。

人类对酶的认识源于生活及生产实践。早在四千年前我国劳动人民就已开始利用酶，而对酶深入系统的研究则始于19世纪中叶人们对于发酵本质的探讨。1878年，Kuhne正式使用“酶”这一名称。1897年，Buchner兄弟首次成功运用无细胞的酵母提取液实现了发酵，证明发酵过程是酶催化的结果。1926年，Sumner从刀豆中提取获得了脲酶结晶，并提出酶的化学本质是蛋白质。后来发现的许多酶都支持这一观点。1981年，Cech首先发现了具有催化功能的RNA，并提出了“核酶”的概念。1994年，Breaker和Cuenoud等首先报道了具有催化活性的DNA片段，即脱氧核酶。这些发现打破了酶是蛋白质的传统观念，开辟了酶学研究的新领域。

目前，酶学研究已经得到迅猛发展，现已发现的生物体内存在的酶有数千种，有数百种已获得结晶。酶学知识在工、农业和医疗卫生等领域具有重大的实践意义，其研究成果给催化剂的设计、药物的设计、药物的转化、疾病的诊断和治疗、遗传和变异等方面的研究提供了理论依据和新的思路。

## 第一节 概 述

酶（enzyme）是由活细胞产生的，具有催化功能的一类特殊蛋白质。酶所催化的反应称为酶促反应，催化的物质称为酶的底物，反应的生成物称为产物。酶催化某一反应的能力称为酶活性（或称酶活力），通常用酶促反应速率来衡量，而不是直接测定酶的质量。酶的分离纯化过程和酶制剂常用酶的比活力来表示酶的纯度。酶的比活力是指每毫克蛋白质的酶制品所具有的酶活力。某些理化因素的存在可以导致酶的构象被破坏，其催化活性丧失，称为酶的失活。

### 一、酶促反应的特点

与一般化学催化剂一样，酶只能催化热力学上允许进行的反应；酶在反应前后自身不发生变化，极少量的酶就可大大加快反应速度；酶对正逆两向反应的催化作用是相同的，所以它可以缩短反应到达平衡的时间而不改变反应的平衡常数。但酶的本质是蛋白质，因此又具有其自身的特点。

1. 酶具有极高的催化效率　通常酶促反应速率比相应的非催化反应快$10^8$～$10^{20}$

倍，比一般催化剂高 $10^7$～$10^{13}$ 倍。在人体细胞内每分钟发生几百万次化学反应。例如，一个碳酸酐酶分子每秒钟能催化 $10^5$ 个 $CO_2$ 分子与 $H_2O$ 结合生成 $H_2CO_3$，其反应速率比非酶催化快 $10^7$ 倍；脲酶水解尿素时，反应速度比无催化剂时快 $10^{14}$ 倍。酶之所以有如此高的催化效率，是因为酶显著降低了反应所需的活化能。在任何化学反应中，只有那些能量达到或超过一定限度的“活化分子”，才能发生变化形成产物。分子由常态转变为活化态所需的能量称为活化能（activation energy）。化学反应速度与反应体系中活化分子的浓度成正比。反应所需活化能越少，能达到活化状态的分子就越多，其反应速度必然越大。

根据中间复合物学说，有酶参与时，酶（E）首先与底物（S）结合，生成不稳定的中间复合物，即酶与底物的中间复合物（ES），然后 ES 生成产物（P）和原来的酶（E）。这一过程所需的活化能远远低于没有酶参与时所需的活化能（如图 4-1）。虽然化学催化剂也能降低反应所需的活化能，从而增加活化分子数，加快反应速度。但酶的作用更大，例如 $H_2O_2$ 分解成 $H_2O$ 和 $O_2$ 的过程，无催化剂时活化能为 75.36kJ/mol，用胶态钯作催化剂时，活化能降至 48.99kJ/mol，而用过氧化氢酶催化时，活化能只需 7.12kJ/mol，反应速度加快 $10^{11}$ 倍以上。由于酶能大大降低反应所需的活化能，所以催化效率极高。

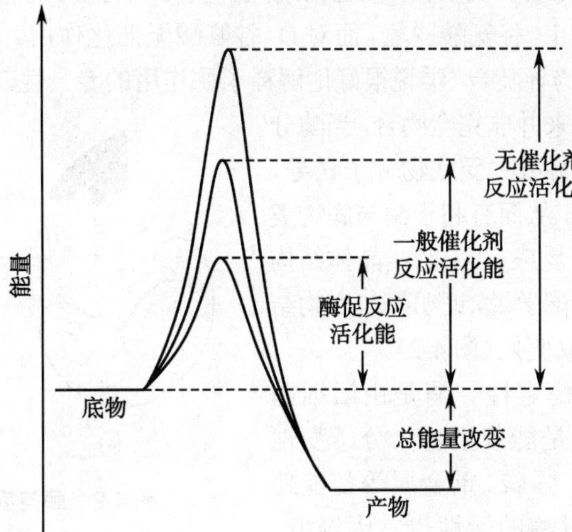


图 4-1　催化剂对反应活化能的影响

## 知识链接

**酶的高效催化机制**

不同的酶可有不同的作用机制，并可有多种机制共同作用：

1. “趋近”和“定向”效应　底物在酶分子表面定向，使分子间的反应变成类似于分子内的反应。

2. 变形与张力作用　底物分子发生变形，酶分子构象也发生变化，使得 ES 易于进入过渡态。

3. 共价催化作用　有些 ES 是反应活性很高的共价中间产物，亲核和亲电子催化可使反应活化能大大降低。

4. 酸碱催化作用　由于酶分子中存在多种供质子或接受质子的基团，因此酶的酸碱催化效率比一般酸碱催化剂要高得多。

2. 酶具有高度专一性　酶对底物的选择性称为酶的专一性或特异性。根据酶对底物选择性的严格程度不同，可将酶的专一性分为三类：

(1) 绝对专一性：有的酶只能催化一种特定的底物，发生特定的反应并产生特定的产物，这种对底物的严格选择性称为酶的绝对专一性。如脲酶仅能催化尿素水解生成 $CO_2$ 和 $NH_3$，而对于其他尿素衍生物如甲基尿素则无催化作用。

(2) 相对专一性：有的酶可催化一类或含有同一种化学键的底物进行化学反应，这种对底物不太严格的选择性称为酶的相对专一性，包括键专一性和基团专一性。如胰蛋白酶只专一水解赖氨酸、精氨酸羧基形成的肽键。

(3) 立体异构专一性：有的酶只能对立体异构体中的一种起催化作用，这种选择性称为立体异构专一性。立体异构专一性包括旋光异构专一性和几何异构专一性。如 L-谷氨酸脱氢酶只能催化 L- 谷氨酸脱氢，而对 D- 谷氨酸无催化作用。

Koshland 提出的"诱导契合"学说很好地解释了酶作用的专一性。该学说指出，酶分子的空间构象与底物原来并非完全吻合，当酶分子与底物分子接近时，酶蛋白受底物分子诱导，其构象发生相应的变化，从而有利于酶与底物契合形成中间复合物进行反应。X- 射线晶体结构分析实验有力地支持了该学说，证明酶与底物结合时，的确有显著的构象变化（图 4-2）。

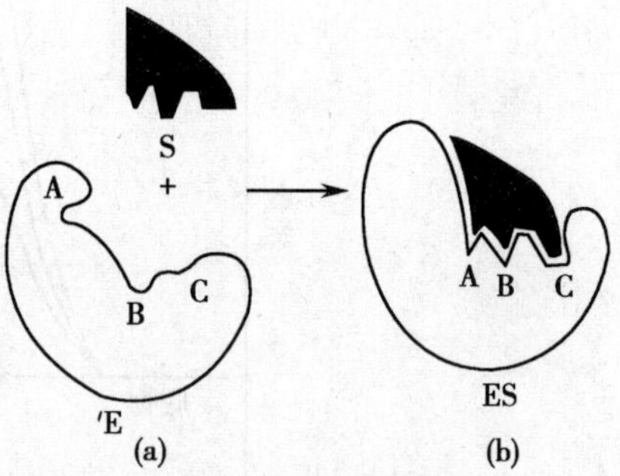


图 4-2　酶与底物的诱导契合

3. 酶具有高度不稳定性　酶是由活细胞产生的生物大分子，凡是能使生物大分子变性的因素，如高温、强酸、强碱、重金属等都能使酶丧失催化活性。同时酶的活性也常因温度、pH 等条件的轻微改变或抑制剂的存在而改变。因此酶催化过程一般都是在比较温和的条件下进行的，如常温、常压和近中性的 pH 环境。

4. 酶的活性可以调控　酶促反应的快慢，取决于催化该反应的酶活性的高低。酶活性受机体内多种因素的调节控制，这种调控作用使机体的各项生命活动有条不紊的进行。一旦遭到破坏，就会导致代谢紊乱，产生疾病甚至死亡。酶的活性调节方式包括变构调节、共价修饰调节、反馈调节、激素调节、酶浓度调节等。

## 二、酶的命名与分类

### （一）酶的命名

迄今为止已发现约 4000 多种酶，而生物体内酶的数量还要多得多。为避免混淆便于比较，就必须将酶进行统一分类和命名。1961 年国际生化学会酶学委员会（International Enzyme Commission，IEC）提出了酶的命名原则，决定每一种酶应有一个系统名称和一个习惯名称。

1. 习惯命名法

(1) 根据酶所催化的底物命名，如水解淀粉的酶称为淀粉酶，水解蛋白质的酶称为蛋白酶。

(2) 根据酶所催化的反应类型命名，如转移氨基的酶称为转氨酶，催化底物氧化脱氢的酶称为脱氢酶等。

(3) 有些酶结合上述两方面来命名，如乳酸脱氢酶、谷氨酸氨基转移酶等。

(4) 加上酶的来源或酶的其他特点来命名，如胃蛋白酶、碱性磷酸酯酶等。

习惯用名的特点是简单易记，使用方便，但缺乏系统性，有时出现一酶数名或数酶一名的现象。

2. 系统命名法　系统命名标明了酶的底物及催化反应的性质，如果底物不止一个，则各底物间用"："隔开。系统名能确切地表明底物的化学本质及酶的催化性质，但一般较长，使用起来很不方便，在此不再详述。一般叙述时常采用惯用名。

**(二)酶的分类**

国际酶学委员会(IEC)根据酶促反应类型将酶分为六大类：

1. 氧化还原酶类(oxidoreductases)　催化底物发生氧化还原反应的酶类。如琥珀酸脱氢酶、3-磷酸甘油醛脱氢酶等。

2. 转移酶类(transferases)　催化底物分子间基团转移或交换的酶类。如氨基转移酶、甲基转移酶、己糖激酶、磷酸化酶等。

3. 水解酶类(hydrolases)　催化底物发生水解反应的酶类。如蛋白酶、淀粉酶、脂肪酶等。

4. 裂合酶类(lyases)　催化从底物分子中移去一个基团并形成双键的非水解性反应及其逆反应的酶类，又称为裂解酶。如醛缩酶、柠檬酸合成酶等。

5. 异构酶类(isomerases)　催化各种同分异构体之间相互转化，即分子内基团转移反应的酶类。如磷酸丙糖异构酶、磷酸甘油酸变位酶等。

6. 连接酶类(ligases 或称合成酶类)　催化有腺苷三磷酸(ATP)参加的合成反应。如丙酮酸羧化酶、天冬酰胺合成酶等。

**点滴积累**

1. 酶是具有特定催化功能的生物催化剂，绝大多数酶的化学本质是蛋白质。

2. 酶促反应的特点：高效性、专一性、不稳定性、可调控性。

3. 酶催化的专一性包括绝对专一性、相对专一性、立体异构专一性。

4. 酶分为六大类：氧化还原酶类、转移酶类、水解酶类、裂合酶类、异构酶类、连接酶类(或称合成酶类)。

## 第二节　酶的化学组成与结构

### 一、酶的化学组成

酶不同，其组成和结构也不同，可以根据其组成的不同特点进行分类。

根据酶的化学组成可将酶分为单纯酶和结合酶两类：

1．单纯酶（simple enzyme） 仅由氨基酸构成的一类酶，通常只有一条多肽链。如淀粉酶、脲酶、蛋白酶、核糖核酸酶等。

2．结合酶（conjugated enzyme） 由蛋白质部分和非蛋白质部分组成，如转氨酶、碳酸酐酶、乳酸脱氢酶等。其中蛋白质部分称为酶蛋白，非蛋白质部分称为辅助因子，二者结合的完整分子称为全酶。只有全酶才具有催化活性，酶蛋白和辅助因子分开均无催化功能。

- 酶
  - 单纯酶
  - 结合酶(全酶)
    - 酶蛋白
    - 辅助因子
      - 金属离子
      - 小分子有机化合物

辅助因子包括金属离子和小分子有机物质。金属离子常见的有 $Mg^{2+}$、$Cu^{2+}/Cu^{+}$、$Zn^{2+}$、$Fe^{2+}/Fe^{3+}$、$Ca^{2+}$、$K^{+}$、$Mn^{2+}$ 等，小分子有机物常常是维生素及其衍生物。根据辅助因子与酶蛋白结合的紧密程度不同，通常将与酶蛋白结合疏松，可用透析方法除去的辅助因子称为辅酶（coenzyme）；将与酶蛋白结合紧密，不能用透析方法除去，需要经过一定的化学处理才能与蛋白分开的辅助因子称为辅基（prosthetic group），辅基往往以共价键与酶蛋白结合。大多数辅酶（或辅基）的前体是维生素，主要是水溶性 B 族维生素。酶蛋白与辅助因子的关系是：体内酶的种类很多，而辅酶（或辅基）的种类却较少；通常一种酶蛋白只能与一种辅助因子结合而成为一种结合蛋白酶（全酶），但一种辅助因子常常可与多种不同的酶蛋白结合，形成不同专一性的全酶催化不同的反应。在催化反应中，酶蛋白决定酶促反应的专一性，辅助因子在反应中起着传递电子、原子或某些化学基团的作用，决定了反应的种类与性质。

## 二、酶的分子结构

酶能够发挥催化活性离不开其特定的结构。酶的活性不仅与一级结构有关，与其空间结构也密切相关，在酶活性的表现方面，有时空间结构比一级结构更为重要。

### （一）酶的活性中心

研究表明，并非所有酶分子上的基团都与其催化活性相关，酶的催化活力只局限于分子的特定区域。酶分子中与酶活性密切相关的基团称为必需基团（essential group）。这些必需基团在一级结构上可能相距较远，甚至不在同一条多肽链上，但由于多肽链的折叠、盘曲形成高级结构后，它们彼此靠近，从而形成一个具有特定空间结构的区域，这个能与特定底物结合，并将底物转变成产物的区域称为酶的活性中心（active center）或活性部位（active site）（图 4-3）。活性中心或为裂缝，或为凹穴。酶不同，其活性中心的构象也不同，故酶对底物有严格的选择性。酶的活性中心内的必需基团分为两类：结合基团和催化基团。结合基团结合底物，决定酶的专一性；催化基团催化底物进行化学反应生成产物，决定酶的催化能力。

对于简单酶来说，多肽链上的某几个氨基酸残基或这些残基的某些基团组成了酶的活性中心；对于结合酶来说，除了某些氨基酸残基外，辅助因子往往参与组成活性中心。还有些必需基团虽然不参与构成酶的活性中心，但为维持酶活性中心的空间结构所必需，这些基团称为活性中心外的必需基团。

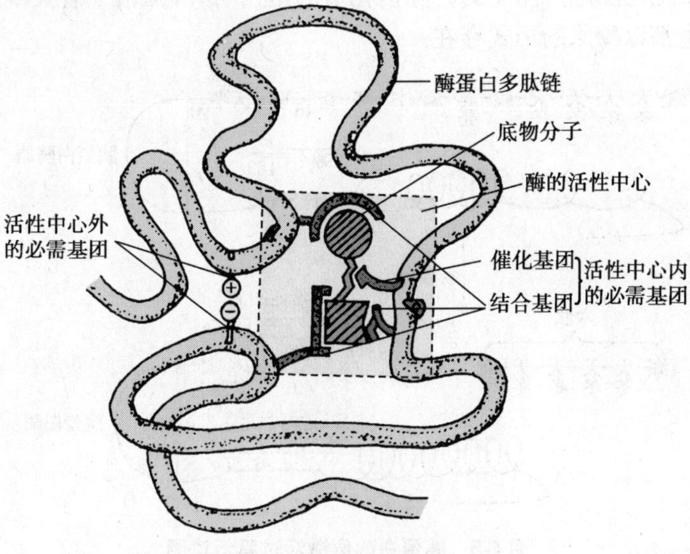


图 4-3 酶的活性中心示意图

有时只要酶活性中心各基团的空间位置得以维持就能保持酶的活性，而一级结构的轻微改变并不影响酶的活性。如果活性中心的空间结构遭到破坏，酶也就失去了催化活性。可以说没有酶的空间结构，也就没有酶的活性中心。如牛胰核糖核酸酶含有 124 个氨基酸残基，其活性中心由组 $_{12}$ 和组 $_{119}$ 构成。如果用枯草杆菌蛋白酶水解牛胰核糖核酸酶，使该酶分成两部分，即 S 肽和 S 蛋白。S 肽和 S 蛋白单独存在均无催化活性，但是，如果在 pH 7.0 条件下，将两者按 1∶1 混合，酶的活力却可以恢复。这是因为 S 肽通过氢键及疏水作用与 S 蛋白结合，使得 S 肽上的组 $_{12}$ 与 S 蛋白上的组 $_{119}$ 再次相互靠近，恢复了活性必需的空间构象（图 4-4）。

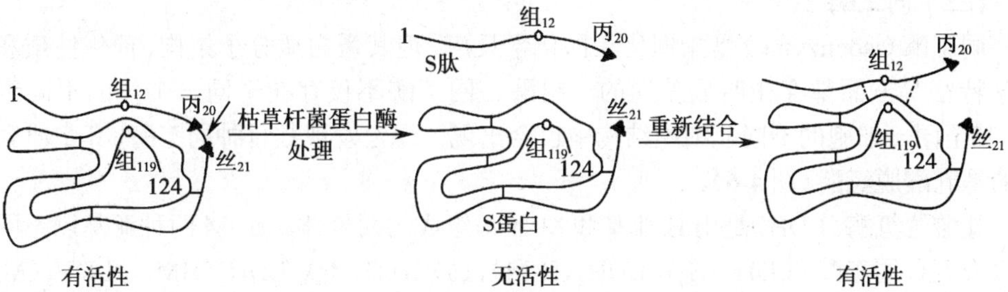


图 4-4 牛胰核糖核酸酶的结构与活性变化

### （二）酶原与酶原激活

有些酶在细胞内合成或初分泌时，并没有催化活性，这种没有催化活性的酶的前体称为酶原（zymogen），如参与消化的多种蛋白酶（如胃蛋白酶、胰蛋白酶以及胰凝乳蛋白酶等）。酶原在特定条件下转变为有活性酶的过程称为酶原的激活（zymogen activation）。酶原激活主要是分子内肽链的一处或多处断裂，使得分子空间结构发生改变从而形成了活性中心，或者使原本被包裹的活性中心暴露了出来，所以酶原激活的本质是酶活性中心的形成或者暴露的过程。例如胰蛋白酶原需进入小肠在肠激酶作用下转变为有活性的胰蛋白酶（图 4-5）。除消化道的蛋白酶外，血液中有关凝血和纤维蛋白溶解的酶类，也都以酶原的形式存在。

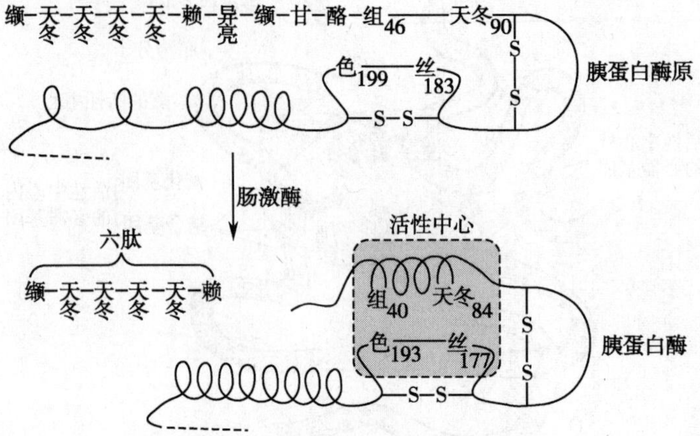


图 4-5 胰蛋白酶原激活过程示意图

酶原只有在特定的部位、环境和条件下被激活，才表现出酶的活性，这一特点具有重要的生理意义。一是可保护分泌酶原的组织细胞自身不被水解破坏，并可以使酶在特定的部位和环境中发挥作用，保证体内代谢的正常进行；其次，酶原激活是机体调控酶活性的一种形式。例如由胰腺分泌的几种蛋白酶原必须在肠道内被激活，这样就保护了胰腺细胞不受蛋白酶的破坏。而急性胰腺炎就是因为存在于胰腺中的糜蛋白酶原及胰蛋白酶原等被就地激活所致。又如，血液中虽有凝血酶原，却不会在血管中引起大量凝血，这是因为凝血酶原没有激活为凝血酶之故。当创伤出血时，在伤口附近大量凝血酶原被激活成凝血酶，凝血酶催化可溶性纤维蛋白原变成不可溶的纤维蛋白，进而形成血凝块止血。酶原激活进一步说明了酶的功能是以酶的结构为基础的。

**（三）同工酶**

同工酶（isoenzyme）是指催化相同化学反应，但其蛋白质分子结构、理化性质和免疫学特征等方面都存在明显差异的一组酶。同工酶不仅存在于同一个体的不同组织中，甚至同一细胞的不同亚细胞结构中也会出现。现已发现数百种同工酶，其中研究最多的是乳酸脱氢酶（图 4-6）。

乳酸脱氢酶（LDH）是由 H 亚基和 M 亚基组成的四聚体。H、M 两种亚基以不同比例组成五种同工酶：$LDH_1$（$H_4$）、$LDH_2$（$H_3M$）、$LDH_3$（$H_2M_2$）、$LDH_4$（$HM_3$）、$LDH_5$（$M_4$），它们在各组织器官中的分布与含量不同，但都可催化乳酸脱氢生成丙酮酸的反应。如心肌富含 $H_4$，故当急性心肌梗死或心肌细胞损伤时，细胞内的 $LDH_1$ 释放入血，从同工酶谱的分析中可见 $LDH_1$ 增高；急性肝炎患者血清 $LDH_5$ 含量明显增高，肺炎患者血清 $LDH_3$ 含量明显增高等，因此，研究血清的同工酶电泳图谱在临床上对疾病的诊断有辅助作用。同工酶的研究已成为分子生物学的重要内容，在代谢调节、分子遗传、生物进化、个体发育、细胞分化以及肿瘤研究方面均有重要意义，在酶学、生物学及临床医学中占有重要位置。

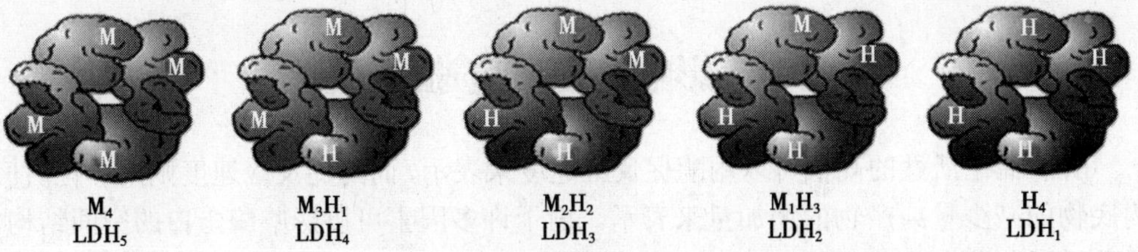


图 4-6 乳酸脱氢酶同工酶示意图

### (四)调节酶

调节酶(regulatory enzyme)是指在代谢调节中起重要作用的酶类,包括变构酶和共价修饰酶。调节酶通常在一系列反应中催化单向反应,其活性的变化可以决定全部反应的总速度,故又称限速酶(或关键酶)。

1. 变构酶 变构酶(allosteric enzyme)又称别构酶,已知的别构酶均为寡聚酶,由两个以上亚基组成。酶分子中除含有活性中心外,还含有变构中心,变构中心可与调节物结合。当某些代谢物以非共价方式与变构中心结合后,引起酶蛋白的构象发生改变,影响酶的活性中心与底物进行结合和催化,从而调节酶的催化活性,这种效应称为变构效应,可发生变构效应的酶称为变构酶,可引发变构效应的代谢物称为变构效应剂,包括变构激活剂和变构抑制剂。变构激活剂可使酶与底物亲和力增加,反应速度加快,而变构抑制剂则反之。

变构酶通常处于代谢通路的开始或分支点上,对于调节物质代谢的速度及方向具有重要的生理意义。如糖酵解过程中的磷酸果糖激酶,AMP 和 ADP 是其变构激活剂,ATP 是其变构抑制剂。通过 AMP、ADP 和 ATP 对其活性的调节,进而对糖氧化供能进行调节以满足机体能量需求。

2. 共价修饰酶 某些酶能在其他酶的催化下,通过共价键与某种化学基团可逆结合,从而改变其活性,这种作用称为共价修饰调节,这类酶称为共价修饰酶(covalent modifying enzyme)。共价修饰方式有:磷酸化 / 脱磷酸化、乙酰化 / 去乙酰化、甲基化 / 去甲基化等,其中以磷酸化 / 脱磷酸化最为常见。

绝大多数共价修饰酶都具有无活性和有活性(或低活性和高活性)两种形式。如动物组织内的糖原磷酸化酶即为典型的共价修饰调节酶,具有活性较高的磷酸化酶 a 和活性较低的磷酸化酶 b 两种形式。修饰酶在生物体内代谢过程中具有重要生理意义。

### 点 滴 积 累

1. 酶按组成分为单纯酶和结合酶,按大小特点可分为单体酶、寡聚酶、多酶体系和多功能酶。

2. 酶的活性中心由催化基团和结合基团构成,酶的必需基团分布于活性中心内外。

3. 酶原的激活本质是活性中心形成或暴露的过程。

4. 同工酶催化相同的化学反应,其生理功能不尽相同,在代谢过程中起重要作用。

5. 调节酶的活性变化可以决定全部反应的总速度,包括变构酶和共价修饰酶。

## 第三节　影响酶促反应速度的因素

酶的催化活性的高低可以用酶促反应速度来表示，而酶促反应速度则用单位时间内底物的减少量或产物的增加量来表示。由于许多因素可以影响酶蛋白的空间结构，导致酶活性发生改变，所以酶促反应速度也随之受到影响。主要影响因素有底物浓度、酶浓度、温度、pH、激活剂和抑制剂等。在研究某一因素对酶反应速度的影响时，应保持其他因素不变，只改变被研究的因素与酶促反应速度间的关系。酶促反应速度是指酶促反应开始时的速度，简称初速度。初速度通常指酶促反应过程中，初始底物浓度被消耗 5% 以内的速度。因为在过量的底物存在下，初速度才与酶的浓度成正比，而且反应产物及其他因素对酶促反应的影响最小。

在组织细胞中，酶的含量极低，一般难以用酶的质量数表示。但因酶具有极强的催化效率，故常用酶的活性来表示酶在组织中的含量。酶活性的大小是以酶促反应速度来衡量的。酶活性越高，酶促反应速率越快。酶活性的测定实际是酶含量的测定，一般用酶活性单位来表示样品中酶含量的多少。IEC 规定：在最适条件下，每分钟催化 1μmol 底物转化为产物所需酶量为 1 个国际单位（IU）。实际工作中，有时可根据具体的条件和酶的催化性质，采用特制的酶活性单位（U）。

### 一、底物浓度的影响

对于简单的酶促反应，在其他条件均不变的情况下，底物浓度 [S] 对酶促反应速度（$v$）的影响呈矩形双曲线（图 4-7）。在底物浓度很低时，酶未被底物饱和，$v$ 随 [S] 的增加而迅速加快，两者呈正比关系，表现为一级反应（A 段）；随着 [S] 的继续升高，$v$ 不再呈正比例加快，其增加的幅度不断下降，表现为混合级反应（B 段）；当 [S] 增高到一定值时，$v$ 趋于恒定（$V_{max}$），此时 [S] 再增加 $v$ 也不再加快，表现为零级反应（C 段），说明酶已被底物所饱和。所有酶都有饱和现象，只是达到饱和状态时所需的底物浓度各不相同。反应速度与底物浓度之间的这种关系，反映了酶促反应中确实有酶 - 底物复合物的存在，支持了“中间产物学说”。

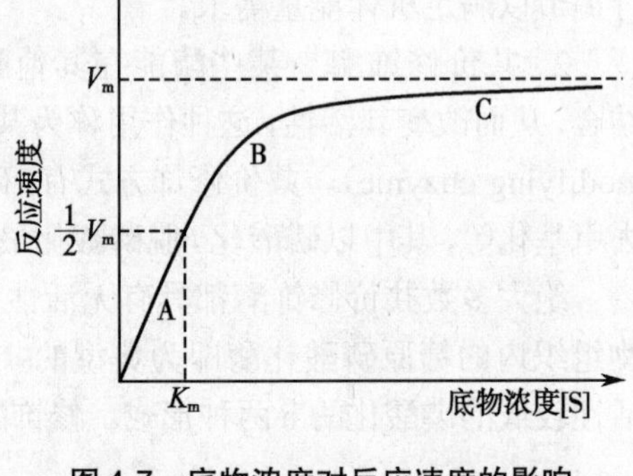


图 4-7　底物浓度对反应速度的影响

1. 米氏方程　为了说明底物浓度与酶促反应速度的关系，1913 年 Michaelis 和 Menten 根据中间产物学说，提出了表示反应速度和底物浓度关系的数学方程式，即著名的米 - 曼方程（简称米氏方程）：

$$v=\frac{V_{max}[S]}{K_m+[S]}$$

式中，$v$ 为反应速度；$V_{max}$ 为反应的最大速度；[S] 为底物浓度；$K_m$ 称为米氏常数。当 [S] 很低时，$[S]<<K_m$，$v$ 与 [S] 呈正比；当 [S] 很高时，$[S]>>K_m$，$v$ 达到最大，再增加 [S] 也不能加快 $v$。

2. 米氏常数　当酶促反应速度达到最大速度一半（即 $v=1/2V_{max}$）时，米氏方程可变换如下：

$$\frac{V_{max}}{2}=\frac{V_{max}[S]}{K_m+[S]}\quad \text{整理后得到}\quad K_m=[S]$$

可见，$K_m$ 值等于酶促反应速度为最大反应速度一半时的底物浓度，单位 mol/L。$K_m$ 值是酶的特征常数，它只与酶的性质、底物种类以及酶促反应条件（如温度、pH、有无抑制剂等）有关，而与酶浓度无关。酶不同，$K_m$ 值不同，同一种酶催化不同底物时，$K_m$ 值也不同。各种酶的 $K_m$ 值一般在 $10^{-7}$～$10^{-1}$mol/L 之间。

$K_m$ 值的意义在于：

（1）表示酶和底物亲和力的大小，判断酶的最适底物。$K_m$ 值越大，表示需要很高的底物浓度才能达到最大反应速度的一半，即酶与底物的亲和力越小；反之，$K_m$ 值越小，则酶与底物亲和力越大，其中 $K_m$ 值最小的底物为该酶的最适底物或天然底物。

（2）判断正逆两向反应的催化效率。催化可逆反应的酶对正逆两向底物的 $K_m$ 值往往不同，测定 $K_m$ 值的差异及细胞内正逆两向底物的浓度，可以大致推测该酶催化正逆两向反应的效率。

（3）求出某一底物浓度时的反应速度。已知某个酶的 $K_m$ 值，可计算出在某一底物浓度时，其反应速度相当于 $V_{max}$ 的百分率。不过米氏方程只适用于较为简单的酶催化过程，对于比较复杂的酶促反应，如多酶体系、多底物、多产物、多中间物等，还需要更复杂的计算。

## 二、酶浓度的影响

酶促反应体系中，在底物浓度足够大的前提下，酶促反应速度与酶浓度成正比关系（图 4-8）。因为反应时酶先要与底物形成中间物，当底物浓度大大超过酶浓度时，反应达到最大速度，这时增加酶浓度反应速度可同比例增加。在细胞内，通过改变酶浓度来调节酶促反应速度，是细胞调节代谢速度的一种方式。

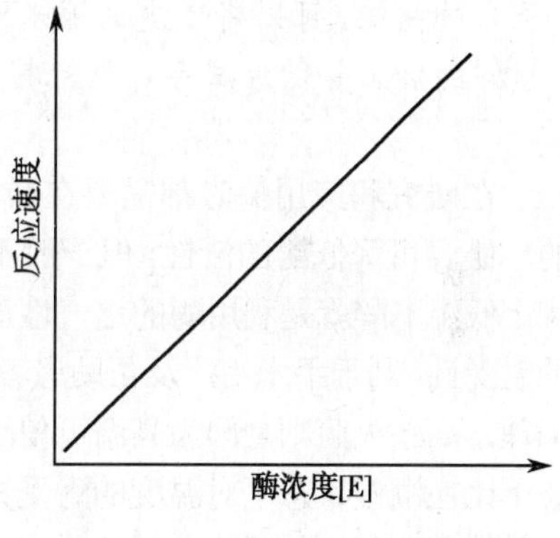

图 4-8　酶浓度对反应速度的影响

## 三、温度的影响

温度对酶促反应的作用有两种不同的影响：①在一定范围内（0～40℃）随着温度升高，反应速度加快（一般温度每增加 10℃，酶促反应速率增加 1～2 倍）；②酶是蛋白质，随着温度的升高，酶逐步变性失活。绝大多数酶在 60℃以上即开始变性，随着温度的继续升高，酶的活性降低，反应速度也随之减慢。因此，温度对酶促反应速度的影响呈倒 V 形曲线（图 4-9）。在此曲线顶点所对应的温度下，反应速度最大，酶的活性最高，该温度称为酶的最适温度。

各种酶的最适温度是不同的。人体内大多数酶的最适温度为 35～40℃。植物细胞中的酶的最适温度稍高，通常在 40～50℃之间，微生物中的酶最适温度差别较大，如 Taq DNA 聚合酶最适温度可高达 70℃。许多酶 60℃以上开始变性，80℃时多数酶的变性不可逆。

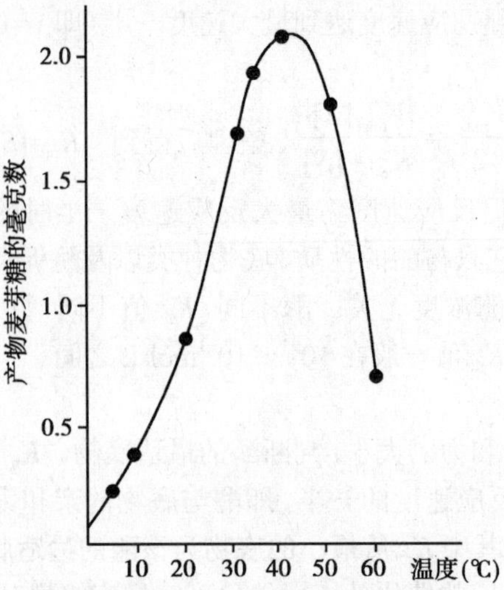


图 4-9 温度对唾液淀粉酶活性的影响

### 课堂活动

新采摘的鲜玉米的甜味是由于籽粒中蔗糖的含量高。由于采摘后一天内大约50%的游离蔗糖被转化为淀粉，所以玉米采摘几天后便失去了甜味。为了保持鲜玉米的甜味，可以将带皮的玉米浸泡在沸水中几分钟然后在凉水中冷却，玉米经过这样的加工并低温贮存可维持其甜味。这个过程的生化基础是什么？

在研究和应用酶时都需要在最适温度下进行，所以测定酶的最适温度是有实际意义的。低温可降低酶的活性，但一般不会使酶变性破坏，温度回升后，酶的活性又恢复。临床上低温麻醉就是利用酶的这一性质以减慢细胞代谢速度，提高机体对氧和营养物质缺乏的耐受性，利于手术治疗及帮助患者度过危险期。低温保存菌种和生物制剂也是基于这一原理。高温灭菌则是因为高温可使酶蛋白变性失活，从而导致细菌快速死亡。酶在干燥状态下比在潮湿状态下对温度的耐受力要强，酶的这一特性已用于指导酶的保存。制成冰冻干粉的酶制剂能放置几个月甚至更长时间，但其水溶液在冰箱中只能保存几周甚至几天。

### 知识链接

**精子库**

20世纪60年代，美国、英国、法国、印度等先后建立了人类精子库，中国于1981年11月在湖南医科大学建立了人类精子库。将高品质的精液加入等量的介质溶液中以保护精子，将pH校正到7.2～7.4后置入玻璃瓶，贮藏于–196℃液氮罐中。这些冷冻精子在解冻复温后，可恢复生命功能，用于人工授精。像这种贮存冷冻精子的装备就叫做“精子库”。1983年1月16日中国首例人工授精婴儿在长沙诞生。

目前除精子库外，还有冷冻卵子、冷冻胚胎等冷冻保存技术。西班牙的一名妇女产下的一名试管婴儿，在移植之前，发育成婴儿的胚胎已被冷冻了13年。

## 四、pH 的影响

反应体系的 pH 对酶活性影响很大。pH 可以影响酶活性中心上必需基团的解离程度或者底物和辅酶的解离状态，从而影响酶与底物的结合程度。pH 过高或过低都会改变酶活性中心的构象，甚至导致酶变性失活，只有在一定 pH 范围内酶才有催化活性。催化活性最大时的 pH 称为该酶的最适 pH，此时，酶、辅酶和底物的解离情况最适合于其相互结合进行酶促反应。高于或低于最适 pH 时，酶活性都有所下降。典型的最适 pH 曲线是钟罩形曲线（图 4-10）。

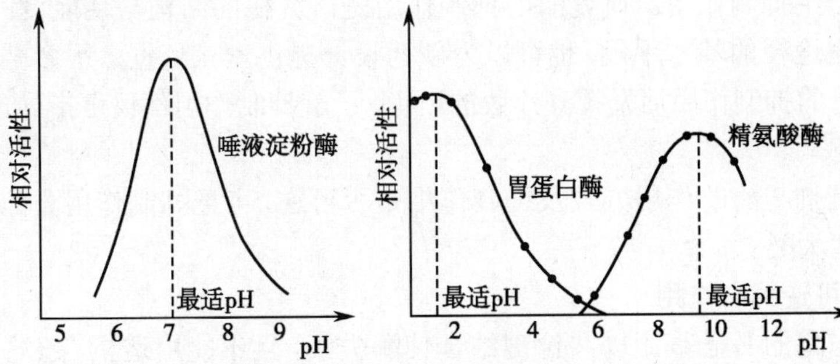


图 4-10 pH 对反应速度的影响

酶的最适 pH 不是一个固定的常数，它受酶的纯度、底物的种类和浓度、缓冲溶液的种类和浓度等因素的影响。因此最适 pH 只有在一定条件下才有意义。大多数酶的最适 pH 在 5～8 之间。如植物和微生物体内的酶，其最适 pH 为 4.5～6.5；动物体内的酶最适 pH 在 6.5～8.0 之间。但也有例外，如胃蛋白酶，它的最适 pH 为 1.9，肝中的精氨酸酶的最适 pH 为 9.7，胰蛋白酶的最适 pH 为 8.1。

酶在体外反应的最适 pH 与它在正常细胞的生理 pH 不一定完全相同。这是因为一个细胞内可能会有几百种酶，可能一些酶的最适 pH 是细胞生理 pH，而另一些酶则不是。此外，不同的酶在相同的 pH 中可能会表现出不同的活性，而这种差异对控制细胞内复杂的代谢过程具有很重要的意义。

## 五、激活剂的影响

凡能使酶活性提高的物质称为酶的激活剂（activator）又称激动剂，其中大部分是无机离子或简单的有机化合物，作为激活剂的金属离子有 $K^+$、$Na^+$、$Ca^{2+}$、$Mg^{2+}$、$Zn^{2+}$ 及 $Fe^{2+}$ 等，阴离子有 $Cl^-$、$Br^-$、$PO_4^{3-}$ 等。如 $Mg^{2+}$ 是多种激酶和合成酶的激活剂，$Cl^-$ 则是动物唾液中淀粉酶的激活剂。激活剂是相对于某一种酶而言的，一种酶的激活剂对另一种酶而言也许并非激活剂，甚至可能有抑制作用。

但是，酶的激活不同于酶原激活。酶原激活是酶活性从无到有，同时伴有一级结构和空间结构的改变；而酶的激活是指酶活性从低到高，一级结构不变。酶的激活机制可能是激活剂稳定了酶催化所需的空间结构，或者作为辅酶或辅基的一个组分协助酶发挥催化作用，或者作为底物与酶之间联系的桥梁。

有些小分子有机物如维生素 C、半胱氨酸、还原型谷胱甘肽等，对某些含有巯基的酶具有激活作用，这是因为这些酶需要保持巯基的还原态才具有催化功能。还有些酶的催化活性易受某些抑制剂的影响，凡能除去抑制剂的物质也可称为激活剂，如乙二胺四乙酸（EDTA），它是金属螯合剂，可以解除重金属对酶的抑制作用。

## 六、抑制剂的影响

凡能使酶活性下降或丧失但并不引起酶蛋白变性的物质称为酶的抑制剂（inhibitor，I）。抑制剂对酶促反应所起的作用称为抑制作用。将抑制剂除去，酶仍表现其原有活性。凡使酶蛋白变性失活的理化因素如强酸、强碱等，对酶的作用无选择性，不属于酶的抑制作用。抑制剂对酶的作用有一定选择性，通常一种抑制剂只能对一种酶或一类酶产生抑制作用。研究酶的抑制作用是研究酶的结构与功能、酶的催化机制以及阐明代谢途径的基本手段，也可以为新药设计提供理论依据。很多药物正是通过对体内某些酶的抑制作用而发挥其疗效的，因此了解抑制作用不仅可指导理论研究，更有重大实践意义。

根据抑制剂与酶的作用方式及抑制作用是否可逆，可把抑制作用分为不可逆抑制和可逆抑制两大类。

### （一）不可逆抑制作用

抑制剂与酶的必需基团以共价键结合使酶失活，且不能用透析、超滤等物理方法去除使酶活性恢复，这种抑制作用称为不可逆抑制（irreversible inhibition）。由于被抑制的酶分子受到不同程度的化学修饰，故不可逆抑制也就是酶的修饰抑制。不可逆抑制作用随着抑制剂浓度的增大而逐渐增强。当抑制剂的量大到足以和所有的酶分子结合，则酶的活性完全被抑制。

有些抑制剂能与许多以巯基作为必需基团的酶（巯基酶）的巯基进行不可逆结合，使酶活性受到抑制。如重金属盐（$Ag^{+}$、$Pb^{2+}$、$Cu^{2+}$、$Hg^{2+}$）、有机汞、有机砷化合物等，如对氯汞苯甲酸、“路易斯”毒气等，这类抑制剂的抑制作用可用过量的二巯基丙醇（BAL）或二巯基丁二钠等巯基化合物解除。

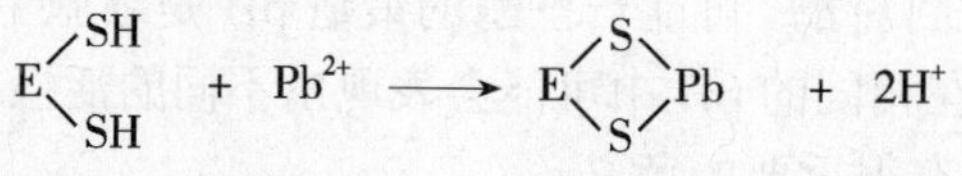


巯基酶　　失活的酶

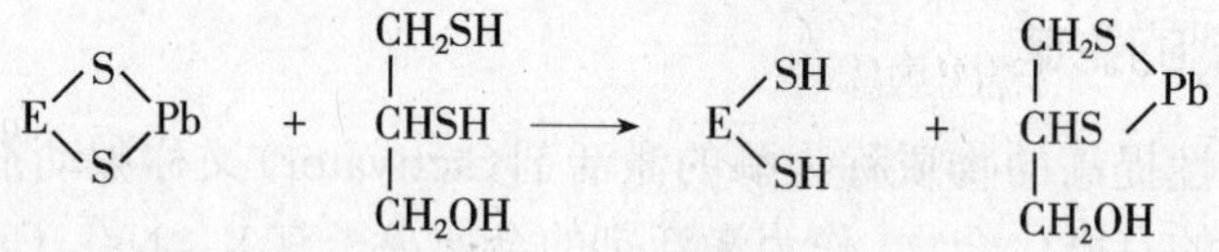


失活的酶　　BAL　　复活的酶

有些抑制剂能与许多以羟基作为必需基团的酶（羟基酶）的羟基进行不可逆结合，使酶活性受到抑制。如二异丙基氟磷酸（DIFP）、有机磷杀虫剂（敌百虫、敌敌畏等）等。这类抑制剂能专一作用于胆碱酯酶活性中心内丝氨酸残基上的羟基，使胆碱酯酶磷酰化而抑制酶的活性，导致中枢神经末梢分泌的乙酰胆碱不能及时地被分解掉，可造成突触间隙乙酰胆碱的积累，引起一系列胆碱能神经过度兴奋，如呕吐、流涎、抽搐、瞳孔缩小等症状，最后导致人畜昏迷乃至死亡，因此这类物质又称神经毒剂。解磷定、氯解磷定等药物可以与有机磷杀虫剂结合使酶复活，故在临床上用于抢救农药中毒的患者。

**（二）可逆抑制作用**

抑制剂与酶以非共价键结合，使酶活力降低或丧失，能用透析、超滤等物理方法去除抑制剂使酶恢复活性，这种抑制作用称为可逆抑制作用（reversible inhibition）。根据抑制剂和底物的关系及与酶结合的位置不同，可逆抑制作用又可分为竞争性抑制、非竞争性抑制和反竞争性抑制三种类型。

1．竞争性抑制作用　抑制剂与底物的结构相似，它和底物竞争酶的同一活性部位，阻碍了底物与酶的结合，减少了酶的作用机会，降低了酶的活性，这种抑制作用称为竞争性抑制作用（competitive inhibition）。由于抑制剂与酶的结合是可逆的，抑制程度取决于抑制剂与酶的相对亲和力及与底物浓度的相对比例。酶分子结合底物S就不能结合抑制剂I，结合I就不能结合S，酶和抑制剂结合形成的复合物EI不能转化为产物，从而使酶活性下降。竞争性抑制作用可以通过增加底物浓度来降低或解除抑制作用（图4-11）。如丙二酸对琥珀酸脱氢酶的抑制作用是竞争性抑制作用的典型实例。丙二酸与琥珀酸脱氢酶的亲和力远大于琥珀酸与琥珀酸脱氢酶的亲和力，当丙二酸的浓度仅为琥珀酸浓度的1/50时，酶的活性便被抑制50%，若增大琥珀酸的浓度此抑制作用可被减弱。

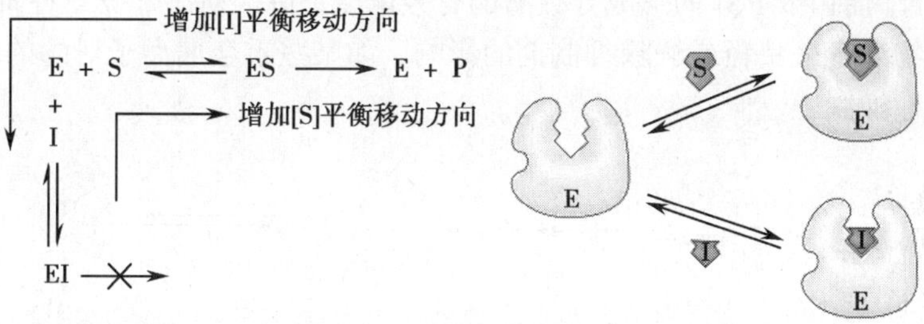


图4-11　竞争性抑制作用

竞争性抑制作用的原理可用来阐明某些药物的作用机制和指导新药设计。磺胺类药物是典型的代表。由于磺胺药的结构与对氨基苯甲酸（PABA）相似，而对氨基苯甲酸是某些细菌合成二氢叶酸（$FH_2$）的原料，$FH_2$能转变为四氢叶酸（$FH_4$），$FH_4$是细菌合成核酸所必需的辅酶。人服用磺胺药物后，由于磺胺药是二氢叶酸合成酶的竞争性抑制剂，故可使细菌核酸合成受阻，导致细菌死亡。人体可以直接利用食物中的叶酸，故核酸合成不受干扰。另外，磺胺增效剂——甲氧苄氨嘧啶（TMP）能特异的抑制细菌的二氢叶酸还原酶，故能增强磺胺药的抑菌作用（图4-12）。根据竞争性抑制作用的特点，服用磺胺药时必须保持血液中药物的有效浓度，才能发挥疗效。

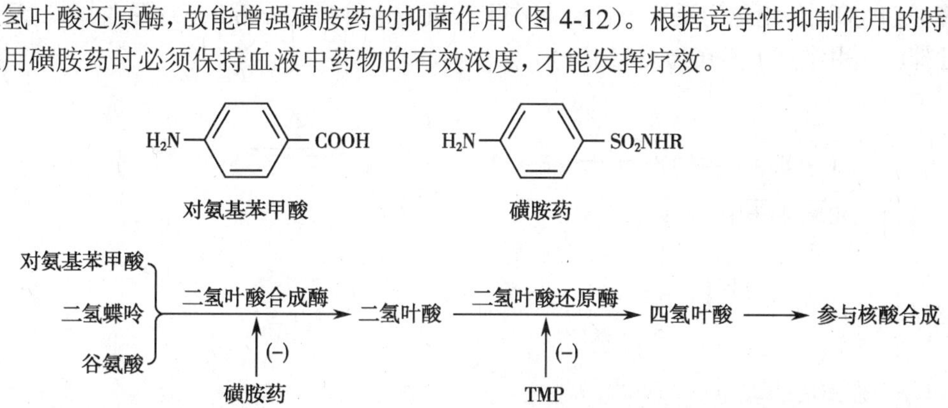


图4-12　磺胺药物作用机制

许多属于抗代谢物的抗癌药物，如甲氨蝶呤、5-氟尿嘧啶、6-巯基嘌呤等，几乎都是酶的竞争性抑制剂，它们分别抑制四氟叶酸、脱氧胸苷酸及嘌呤核苷酸的合成，以抑制肿瘤的生长。

**课堂活动**

临床上许多药物发挥药效正是通过竞争性抑制作用，试举例说明竞争性抑制作用在临床上的应用及对新药设计的指导意义。

2. 非竞争性抑制作用　有些抑制剂和底物在结构上无相似性，抑制剂和底物与酶分子结合的部位不同，抑制剂和底物之间没有竞争性，酶与底物结合后，还可与抑制剂结合，或者酶和抑制剂结合后，也可再同底物结合，其结果是形成了底物、酶、抑制剂的三元复合物ESI，而ESI不能分解释放出产物P，因此降低了反应速率，这种抑制作用称为非竞争性抑制作用（noncompetitive inhibition）（图4-13）。因为I与E的结合并不影响S和E的结合，而由于ESI的形成导致酶的有效浓度下降。对于非竞争性抑制作用，不能用增加底物浓度来减轻或解除抑制剂的影响。如某些重金属离子对酶的抑制作用就属于非竞争性抑制。

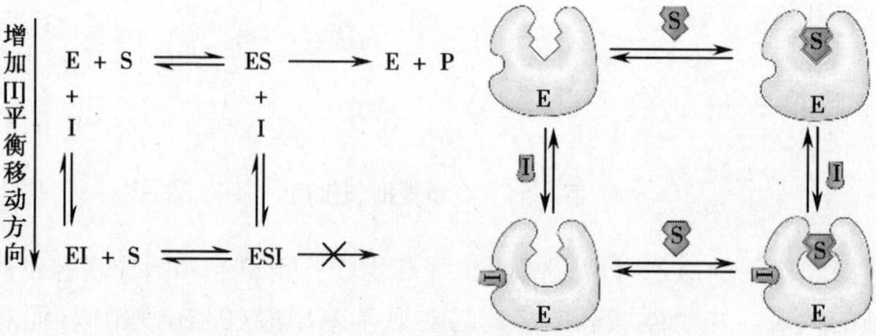


图4-13　非竞争性抑制作用

3. 反竞争性抑制作用　抑制剂不与游离酶E结合，仅与酶和底物形成的中间产物ES结合形成ESI，但ESI复合物不能释放产物P，所以ES的有效量减小，酶促反应速度下降，这种抑制作用称为反竞争性抑制作用（uncompetitive inhibition）（图4-14）。反竞争性抑制作用常见于多底物反应中。

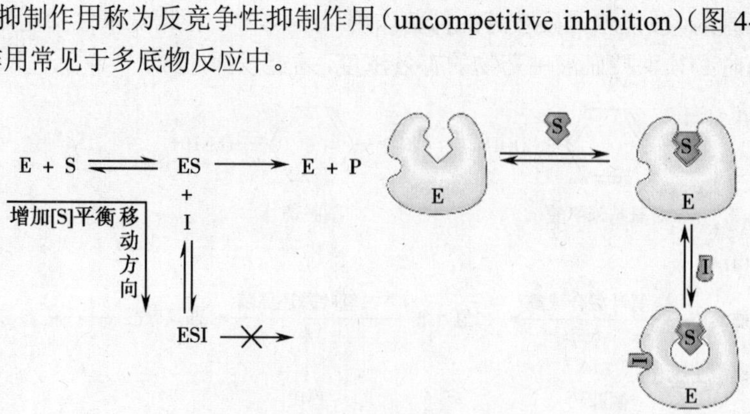


图4-14　反竞争性抑制作用

三种可逆性抑制作用的特点如下（表 4-1）：

**表 4-1 可逆性抑制作用的特点**

| 抑制类型 | 与 I 结合的成分 | $V_{max}$ | $K_m$ |
|---|---|---|---|
| 竞争性抑制 | E | 不变 | 增大 |
| 非竞争性抑制 | E 和 ES | 减小 | 不变 |
| 反竞争性抑制 | ES | 减小 | 减小 |

**点滴积累**

1. 酶促反应速度用单位时间内底物的减少量或产物的增加量来表示。
2. 影响酶促反应的因素有底物浓度、酶浓度、温度、pH、激活剂和抑制剂等。
3. 底物浓度对酶促反应速度的影响可以用米氏方程表示，其中 $K_m$ 是酶的特征常数。
4. 酶的抑制作用分为不可逆性抑制和可逆性抑制两种，而可逆性抑制作用又分为竞争性抑制、非竞争性抑制和反竞争性抑制，很多药物正是通过竞争性抑制作用发挥药效的。

## 第四节 酶与医学的关系及应用

### 一、酶与疾病的关系

酶的催化作用是机体进行物质代谢以维持生命活动的前提条件。当某种酶在体内的生成或作用发生障碍时，其结果常可表现为疾病的发生。研究表明，许多疾病的发病机制或病理生理变化，都直接或间接地与酶相关，是由各种先天或后天的原因导致酶的质和量的异常、酶活性改变所引起。人类现已发现的 200 多种遗传性疾病就是由于单个基因突变导致酶的结构与功能的改变或量的改变，从而引起了所催化的生化反应链的改变，最终导致疾病发生。

例如酪氨酸酶缺乏引起白化病；红细胞内缺乏 6- 磷酸葡萄糖脱氢酶的人群，其红细胞膜容易破裂，常因食用蚕豆或服用一些药物而诱发溶血性贫血；肝内缺乏 6- 磷酸葡萄糖酶引起糖原累积病等。许多激素异常引起的疾病也多是因为激素对酶的调节异常而引发了各种临床症状。

### 二、酶与疾病的诊断

正常人体液中酶的含量和活性相对稳定。在某些疾病的发生、发展过程中，血液或其他体液中一些酶活性出现相应变化，或同工酶谱出现异常。临床上常通过测定体液中这些酶活性的改变来协助疾病的诊断。据统计，约十种酶已成为当前临床检验科常用的重要测定项目，酶测定约占临床化学检验总工作量的 1/4～1/2。因此测定体液尤其是血液中酶活性对疾病的诊断和预后判断有重要意义。

1．酶活性的改变与疾病的诊断　血清酶的来源有三类：血浆特异酶、外分泌酶和细胞内酶。细胞内酶在血浆中的含量是临床上常用的诊断指标，如丙氨酸氨基转移酶（ALT）、天冬氨酸氨基转移酶（AST）、乳酸脱氢酶（LDH）、肌酸激酶（CK）、碱性磷酸酶（ALP）等。下列几种情况可以使血浆中酶的活性发生改变：①细胞损伤或通透性增高，使细胞内酶释放入血，导致血清中相应的一些酶活性增高；②酶的合成或诱导增强，进入血液的酶量随之增加；③细胞的转换率增高或细胞的增殖过快，其特异的标志酶释放入血；④酶合成障碍时会导致血浆中酶活性降低。

2．酶可以作为试剂工具，应用于一些常见疾病的指标测定。如用葡萄糖氧化酶测定血糖等。

3．同工酶在疾病诊断中的价值　由于不同组织器官或同一组织器官的不同发育阶段中不同基因表达的程度不同，表现出同工酶谱的差异，这为临床诊断奠定了基础。如乳酸脱氢酶同工酶谱改变可以协助诊断肝脏或心肌等方面的疾病。现以心肌梗死为例说明，在心肌梗死的不同阶段，血清中出现不同酶的高峰，最敏感的是磷酸肌酸激酶（CPK），但持续时间较短，敏感性最差的是羟丁酸脱氢酶（HBDH），持续时间长。乳酸脱氢酶（LDH）与天冬氨酸氨基转移酶的敏感性介于两者之间。测定这些酶在血清中的变化，再结合临床症状，可以作出比较准确的诊断（图 4-15）。

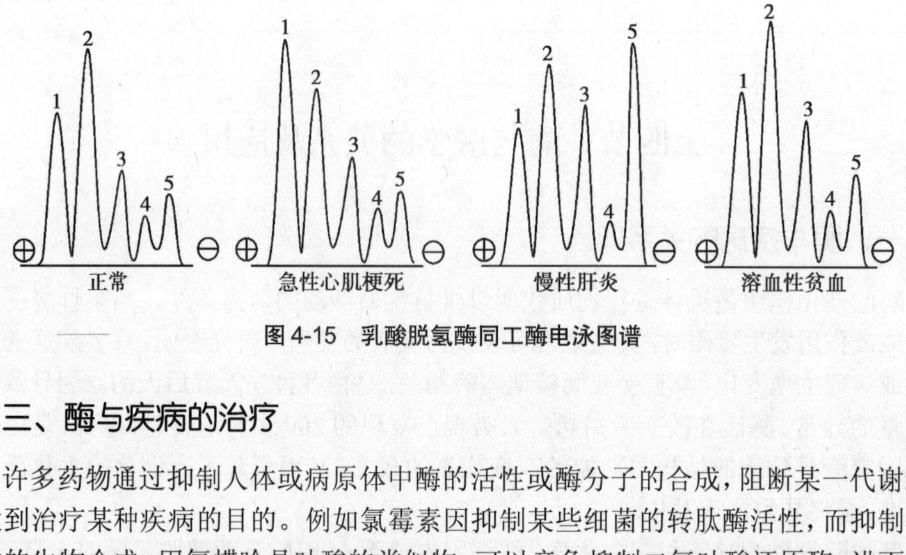


图 4-15　乳酸脱氢酶同工酶电泳图谱

## 三、酶与疾病的治疗

许多药物通过抑制人体或病原体中酶的活性或酶分子的合成，阻断某一代谢途径以达到治疗某种疾病的目的。例如氯霉素因抑制某些细菌的转肽酶活性，而抑制其蛋白质的生物合成；甲氨蝶呤是叶酸的类似物，可以竞争抑制二氢叶酸还原酶，进而抑制四氢叶酸产生，最终导致嘌呤核苷酸的合成受阻；5- 氟尿嘧啶的结构与胸腺嘧啶相似，可抑制胸苷酸合成酶。这些化合物均作为抗肿瘤药物应用于临床。

酶常常作为药物直接用于临床治疗（表 4-2）。如胃蛋白酶、胰蛋白酶、尿激酶等。此外，临床上还应用一些辅酶（辅酶 A、辅酶 Q 等）作为脑、心、肝、肾等疾病的辅助治疗，并常常与细胞色素 C 和 ATP 等组成“能量合剂”使用。

表 4-2　常用酶类药物

| 酶 | 主要来源 | 用途 |
|---|---|---|
| 淀粉酶 | 胰、麦芽、微生物 | 治疗消化不良、食欲不振 |
| 溶菌酶 | 蛋清、细菌 | 治疗各种细菌性和病毒性疾病 |

续表

| 酶 | 主要来源 | 用途 |
|---|---|---|
| 凝血酶 | 动物、细菌、酵母 | 治疗各种出血 |
| 尿激酶 | 人尿 | 治疗心肌梗死、结膜下出血、黄斑部出血 |
| 链激酶 | 链球菌 | 治疗血栓性静脉炎、咳痰、血肿、骨折、外伤 |
| 核酸类酶 | 生物、人工改造 | 基因治疗、治疗病毒性疾病 |
| 抗体酶 | 分子修饰、诱导 | 与特异抗原反应，清除各种致病性抗原 |

## 点滴积累

1. 许多疾病的发生都与酶的质和量的异常或者酶活性改变有关。
2. 临床上测定体液尤其是血液中一些酶的活性对疾病的诊断和预后判断有重要意义。
3. 临床上许多药物通过抑制人体内或病原体中酶的活性或酶分子的合成，继而阻断某一代谢途径来发挥药效，而且一些酶常可作为药物直接用于临床治疗。

## 目标检测

### 一、选择题

#### （一）单项选择题

1. 不影响酶促反应速率的因素是（　　）
   A. 底物浓度 [S]　　B. pH
   C. 时间　　D. 温度
2. 竞争性抑制作用引起酶促反应动力学的变化是（　　）
   A. $K_m$ 值减小，$V_m$ 降低　　B. $K_m$ 值减小，$V_m$ 不变
   C. $K_m$ 值增加，$V_m$ 不变　　D. $K_m$ 值减小，$V_m$ 不变
3. 酶促反应速率（$V$）达到最大反应速率（$V_m$）的 80% 时，底物浓度 [S] 为（　　）
   A. $1K_m$　　B. $2K_m$
   C. $3K_m$　　D. $4K_m$
4. 关于某一种酶的几种同工酶的描述，正确的是（　　）
   A. 电泳迁移率相同　　B. 催化的化学反应不同
   C. 由不同亚基组成的多聚体　　D. 酶蛋白分子结构、理化性质相同
5. 乳酸脱氢酶只能作用于 L- 型乳酸，这种专一性属于（　　）
   A. 非特异性　　B. 绝对专一性
   C. 相对专一性　　D. 立体异构专一性
6. 下列有关酶的概念正确的是（　　）
   A. 所有蛋白质都有酶活性
   B. 所有的酶都含有辅基或辅酶
   C. 酶的化学本质主要是蛋白质
   D. 酶催化的底物都是有机化合物

7. 下列酶蛋白与辅助因子的论述不正确的是（　　）
   A. 酶蛋白与辅助因子单独存在时无催化活性
   B. 一种酶蛋白只能与一种辅助因子结合形成全酶
   C. 一种辅助因子只能与一种酶蛋白结合成全酶
   D. 酶蛋白决定酶促反应的特异性
8. 有关酶的活性中心的论述正确的是（　　）
   A. 酶的活性中心专指能与底物特异性结合的必需基团
   B. 酶的活性中心是由一级结构上相互邻近的基团组成的
   C. 酶的活性中心在与底物结合时不应发生构象改变
   D. 没有或不能形成活性中心的蛋白质不是酶
9. 酶催化作用对能量的影响在于（　　）
   A. 增加产物能量水平　　B. 降低活化能
   C. 降低反应物能量水平　　D. 降低反应的自由能
10. 酶原激活的最主要变化是（　　）
   A. 酶蛋白结构改变　　B. 肽键的断裂
   C. 酶蛋白分子中副键断裂　　D. 活性中心的形成或暴露
11. 酶促反应动力学研究的是（　　）
   A. 酶分子的空间构象　　B. 酶的电泳行为
   C. 酶的活性中心　　D. 影响酶促反应速度的因素
12. 下列影响酶促反应速度的因素中，错误的是（　　）
   A. 最适 pH 时反应速度最大
   B. 最适温度时反应速度最大
   C. 底物浓度与反应速度总成正比
   D. 抑制剂能减慢反应速度
13. 有关酶与温度的关系，论述错误的是（　　）
   A. 最适温度不是酶的特征常数
   B. 酶制剂应在低温下保存
   C. 酶是蛋白质，即使反应的时间很短也不能提高反应温度
   D. 酶的最适温度与反应时间有关
14. 有关竞争性抑制剂的论述，错误的是（　　）
   A. 结构与底物相似　　B. 与酶的活性中心相结合
   C. 与酶的结合是可逆的　　D. 抑制程度只与抑制剂的浓度有关
15. 下列哪些抑制作用属竞争性抑制作用（　　）
   A. 砷化合物对巯基酶的抑制作用
   B. 敌敌畏对胆碱酯酶的抑制作用
   C. 磺胺类药物对细菌二氢叶酸合成酶的抑制作用
   D. 氰化物对细胞色素氧化酶的抑制作用

**（二）多项选择题**

1. 对酶来说，下列描述不正确的有（　　）
   A. 酶可加速化学反应速度，从而改变反应的平衡常数

B. 酶对其所催化的底物具有特异性
C. 酶通过增大反应的活化能而加快反应速度
D. 酶对其所催化的反应环境很敏感
E. 酶在反应前后没有发生变化

2. 酶促反应的特点是（　　）
A. 催化效率极高　　B. 酶对底物有选择性
C. 反应前后本身无变化　　D. 易受温度及pH的影响
E. 酶的活性可以调控

3. 关于结合酶叙述正确的是（　　）
A. 酶蛋白单独存在具有催化作用
B. 辅酶可决定酶促反应的类型
C. 酶蛋白决定酶的专一性
D. 可用透析的方法使辅基与酶蛋白分离
E. 辅酶单独存在具有催化作用

4. 关于辅酶的叙述正确的是（　　）
A. 与酶蛋白结合紧密　　B. 与酶蛋白结合疏松
C. 能用透析或超滤方法去除　　D. 不能用透析或超滤方法去除
E. 以上都不对

5. 常见酶的分类中有以下哪几类（　　）
A. 氧化还原酶类　　B. 转移酶类
C. 水解酶类与裂解酶类　　D. 异构酶类
E. 合成酶类

6. 酶活性中心的特点是（　　）
A. 含有必需基团的一个肽段　　B. 含有必需基团的空间结构区域
C. 是酶分子与底物结合的区域　　D. 是酶分子与辅酶结合的区域
E. 活性中心是酶发挥催化作用所必需的

## 二、简答题

1. 怎样证明酶是蛋白质？
2. 简述酶作为生物催化剂与一般化学催化剂的共性及其特性。
3. 影响酶促反应的因素有哪些？用曲线表示并说明它们各有什么影响。
4. 举例说明酶原的激活过程及生物学意义。

## 三、实例分析

流行性脑脊髓膜炎简称流脑，是由脑膜炎双球菌引起的化脓性脑膜炎。致病菌由鼻咽部侵入血循环，形成败血症，最后局限于脑膜及脊髓膜，形成化脓性脑脊髓膜病变。主要临床表现有发热、头痛、呕吐、皮肤瘀点及颈项强直等脑膜刺激征，脑脊液呈化脓性改变。临床上对于普通型流脑的治疗首选药物是磺胺嘧啶，首次剂量为40～80mg/kg，分4次口服或静脉注入。应用磺胺嘧啶24～48小时后一般情况即有显著进步，体温下降，神志转清，脑膜刺激征于2～3天内减轻而逐渐消失。

请结合所学内容说明磺胺嘧啶发挥药效的机制。

（虞菊萍）

# 实验五 酶的高效性和专一性

**【实验目的】**

1. 验证酶的高效性。

2. 验证酶的专一性。

**【实验原理】**

1. 酶催化的高效性 通常酶促反应速率比非催化反应快 $10^8$～$10^{20}$ 倍，比一般催化剂高 $10^7$～$10^{13}$ 倍。过氧化氢酶和铁粉都可分解过氧化氢，但速度相差 100 亿倍。本实验从水中逸出小气泡的多少来判断过氧化氢的分解速度。

2. 酶的专一性 酶具有高度专一性，即一种酶只能对一种或一类化合物起催化作用。唾液淀粉酶能水解淀粉中 $\beta$–1，4 糖苷键，生成还原性葡萄糖和麦芽糖，使班氏试剂中蓝色 $Cu^{2+}$ 还原成砖红色 $Cu^{+}$（$Cu_2O_2$ 沉淀）。但淀粉酶不能水解非还原性蔗糖 $\alpha$，$\beta$–1，2 糖苷键，因此不能使班氏试剂产生颜色变化。

**【实验内容】**

**（一）实验试剂及主要器材**

1. 试剂

（1）1% 淀粉溶液

（2）1% 蔗糖溶液

（3）2% 过氧化氢

（4）还原性铁粉

（5）pH6.8 缓冲液：取 0.2mol/L $Na_2HPO_4$ 溶液 772ml，0.1mol/L 柠檬酸溶液 228ml，混合后即成。

（6）班氏试剂 取柠檬酸钠 173g 和无水碳酸钠 100g，溶于 700ml 热蒸馏水中，冷却，慢慢倾入 17.3%$CuSO_4$ 溶液 100ml（溶解 17g $CuSO_4$•$5H_2O$ 于 100ml 水中），边加边摇，加蒸馏水至 1000ml。

2. 器材 试管、试管架、恒温水浴箱、沸水浴箱、标签纸、小烧杯、滴管、酒精灯。

3. 材料 发芽马铃薯。

**（二）实验操作**

1. 酶的高效性

（1）将发芽马铃薯切成小块，分一半在沸水中煮沸几分钟。

（2）取 4 支试管编号，按下表操作。

| 管序 | $H_2O_2$(ml) | 生马铃薯 | 熟马铃薯 | 铁粉 | 水(ml) |
|---|---|---|---|---|---|
| 1 | 3 | 若干块 | — | — | — |
| 2 | 3 | — | 若干块 | — | — |
| 3 | 3 | — | — | 1 小匙 | — |
| 4 | 3 | — | — | — | 1 |

（3）观察各管中气泡产生的多少，并解释原因。

2. 酶的专一性

(1) 唾液淀粉酶制备：漱口后收集唾液于小烧杯中，加10～15ml蒸馏水。

(2) 煮沸唾液制备：取上述稀释唾液约5ml，在酒精灯上煮沸，冷却备用。

(3) 取试管3支，按下表操作。

| 管序 | 缓冲液 | 淀粉液 | 蔗糖溶液 | 稀释唾液 | 煮沸唾液 |
|---|---|---|---|---|---|
| 1 | 20滴 | 10滴 | — | 4滴 | — |
| 2 | 20滴 | 10滴 | — | — | 4滴 |
| 3 | 20滴 | — | 10滴 | 4滴 | — |

(4) 各管摇匀，置37℃水浴保温10分钟左右，取出各管，加班氏试剂20滴，置沸水浴，直至发现变色为止(10分钟左右)，比较各管变色情况。

**【实验注意】**

加入酶液后，要充分摇匀。

**【实验结果】**

观察、记录并解释实验现象。

(成 亮)

## 实验六 影响酶促反应速度的因素

**【实验目的】**

观察温度、pH、激活剂、抑制剂对酶促反应速度的影响。

**【实验原理】**

酶的催化作用受温度、pH、激活剂和抑制剂的影响。通过比较这些因素对淀粉酶水解淀粉反应速度的影响，说明环境因素与酶活性的关系。

淀粉在淀粉酶水解下，分子量逐渐变小，它们对碘呈不同颜色，由蓝色(碘与淀粉)至蓝紫至紫红至橙红至碘的淡黄色(碘与麦芽糖不显色)。因此，从颜色深浅可了解淀粉水解程度，以判断酶活性大小。本试验设置不同温度、不同pH、不同试剂条件进行淀粉水解，从反应后与碘的颜色深浅，可得出淀粉酶的最适温度、最适pH、激活剂和抑制剂。

**【实验内容】**

**(一) 实验试剂及主要器材**

1. 试剂

(1) 碘-碘化钾溶液：碘4g及碘化钾6g，溶于100ml蒸馏水中，于棕色瓶中保存。

(2) pH 3.0缓冲液：取0.2mol/L $Na_2HPO_4$溶液205ml，0.1mol/L柠檬酸溶液795ml，混合即得。

(3) pH 6.8缓冲液：取0.2mol/L $Na_2HPO_4$溶液772ml，0.1mol/L柠檬酸溶液228ml，混合即得。

(4) pH 8.0缓冲液：取0.2mol/L $Na_2HPO_4$溶液972ml，0.1mol/L柠檬酸溶液28ml，混合即得。

（5）1%NaCl 溶液

（6）1%$CuSO_4$ 溶液

（7）1%$Na_2SO_4$ 溶液

（8）1% 淀粉

（9）提前用冰箱制作冰块适量

2. 器材　试管、试管架、恒温水浴箱、沸水浴箱、标签纸、小烧杯、滴管、酒精灯。

**（二）实验操作**

1. 唾液淀粉酶制备　漱口后收集唾液于小烧杯中，加 10～15ml 蒸馏水。

2. 温度对酶活力影响　取 3 支试管编号，按下表操作，并观察颜色，说明原因。

| 管序 | 缓冲液（滴）（pH 6.8） | 1% 淀粉（滴） | 37℃恒温（分钟） | 稀唾液（滴） | 温度水平 | 反应时间（分钟） | 碘液（滴） | 颜色 |
|---|---|---|---|---|---|---|---|---|
| 1 | 20 | 10 | 5 | 4 | 37℃水浴 | 10 | 1 | |
| 2 | 20 | 10 | 5 | 4 | 冰浴 | 10 | 1 | |
| 3 | 20 | 10 | 5 | 4 | 沸水浴 | 10 | 1 | |

3. pH 对酶活力影响　取 6 支试管，按下表操作，并观察颜色，说明原因并思考在酶数量上设两个水平的目的。

| 管序 | 缓冲液 20 滴的 pH | 1% 淀粉（滴） | 稀唾液（滴） | 37℃水浴（分钟） | 碘液（滴） | 颜色 |
|---|---|---|---|---|---|---|
| 1 | 3.0 | 10 | 2 | 10 | 1 | |
| 2 | 6.8 | 10 | 2 | 10 | 1 | |
| 3 | 8.0 | 10 | 2 | 10 | 1 | |
| 4 | 3.0 | 10 | 4 | 10 | 1 | |
| 5 | 6.8 | 10 | 4 | 10 | 1 | |
| 6 | 8.0 | 10 | 4 | 10 | 1 | |

4. 激活剂与抑制剂对酶活性的影响　取试管 8 支，按下表加入试剂后置于 37℃水浴中，观察颜色，说明原理，并思考为什么在反应时间上设计两个水平，以及设置 $Na_2SO_4$ 组的目的。

| 管序 | pH 6.8 缓冲液（滴） | 1% 淀粉（滴） | 稀唾液（滴） | 各试剂 10 滴 | 反应时间（分钟） | 碘液（滴） | 颜色 |
|---|---|---|---|---|---|---|---|
| 1 | 20 | 10 | 4 | $H_2O$ | 5 | 1 | |
| 2 | 20 | 10 | 4 | NaCl | 5 | 1 | |
| 3 | 20 | 10 | 4 | $CuSO_4$ | 5 | 1 | |
| 4 | 20 | 10 | 4 | $Na_2SO_4$ | 5 | 1 | |
| 5 | 20 | 10 | 4 | $H_2O$ | 10 | 1 | |
| 6 | 20 | 10 | 4 | NaCl | 10 | 1 | |
| 7 | 20 | 10 | 4 | $CuSO_4$ | 10 | 1 | |
| 8 | 20 | 10 | 4 | $Na_2SO_4$ | 10 | 1 | |

【实验注意】

加入酶液后，要充分摇匀，保证酶液与全部淀粉液接触反应。

【实验结果】

观察、记录并解释实验现象，得出唾液淀粉酶的最适温度、最适 pH、激活剂和抑制剂。

（成　亮）

# 第五章 维 生 素

维生素(vitamin)是人体维持正常生命活动所必需的，但在体内不能合成或合成量很少，必须由食物供给的一类低分子有机化合物。

维生素以其本体或其有活性的前体形式存在于天然食物中，它们既不能为机体供能，也不能成为机体组织细胞的组成成分；其主要作用是参与调节机体的物质代谢以及维持机体正常的生理功能。

## 第一节 概 述

### 一、维生素的命名与分类

维生素的命名方法通常有三种：一是按其发现的先后顺序，以拉丁字母命名，如维生素 A、B、C、D、E 等；二是按其化学结构命名，如视黄醇、硫胺素、核黄素等；三是按其功能和治疗作用命名，如抗干眼病维生素、抗癞皮病维生素、抗坏血酸等。此外，有些维生素在最初发现时被认为是一种，后经证明是多种维生素混合存在，因此命名时便在其原拉丁字母下方标注 1、2、3 等数字加以区别，如维生素 $B_1$、$B_2$、$B_6$、$B_{12}$ 等。

按溶解性不同，维生素可分为脂溶性(water-soluble)和水溶性(lipid-soluble)两大类。脂溶性维生素包括维生素 A、D、E、K 四种；水溶性维生素包括 B 族维生素(维生素 $B_1$、$B_2$、$B_6$、$B_{12}$、维生素 PP、泛酸、叶酸、生物素等)及维生素 C。

**知识链接**

维生素的发现是 20 世纪的伟大发现之一。最早发现食物中维生素的，是荷兰医生 Christian Eijkman(1858-1930)，他用糙米来治疗脚气病，并因此获得 1929 年诺贝尔生理学或医学奖。1912 年波兰科学家 Casimir Funk(1884-1967)将之从米糠中成功提取出来，并命名为 vitamine，即“生命胺”。但后来发现许多其他的维生素并不含有“胺”结构，但是由于 vitamine 的叫法已经广泛采用，遂将“e”去掉，成为了今天的 vitamin。

### 二、维生素缺乏与中毒

正常情况下，人体对维生素的需要量很小，日需要量常以毫克或微克计。一般来说，只要合理膳食，机体就可以得到所需的全部维生素；但某些原因也会导致机体长期缺乏某种维生素，继而发生物质代谢障碍并出现相应的维生素缺乏病（avitaminosis）。

引起维生素缺乏的常见原因包括：①摄入不足，主要由于严重偏食或食物保存、烹调、处理不当所致；②吸收不良，如某些原因造成的消化系统吸收功能障碍可造成维生素的吸收、利用减少；③需要量增加，如妊娠与哺乳期妇女、生长发育期的儿童、患有某种疾病（如长期高热、慢性消耗性疾病等）的患者均可使机体对维生素的需要量相对增加；④体内维生素生成不足或障碍，如长期服用一些抗生素，会抑制肠道正常的菌群生长，从而影响维生素 K、维生素 $B_6$、叶酸、维生素 PP 等的产生，再如日光照射不足，可使皮肤内的维生素 $D_3$ 生成不足，易造成小儿佝偻病或成人软骨病。

水溶性维生素多以原形从尿中排出体外，不易引起机体中毒；脂溶性维生素大量摄入时，可导致体内积存过多而引起中毒。因此，要重视维生素的合理使用，不能把它当“补药”，盲目过量使用。

**点滴积累**

1. 维生素是人体维持正常生命活动所必需的，但在体内不能合成或合成量很少，必须由食物供给的一类低分子有机化合物。
2. 维生素的主要作用是参与调节机体的物质代谢以及维持机体正常的生理功能。
3. 维生素可分为水溶性（water-soluble）和脂溶性（lipid-soluble）两大类。
4. 维生素缺乏常见原因包括：摄入不足，吸收不良，需要量增加，体内维生素生成不足或障碍。维生素摄入过多，可引起中毒。

## 第二节 脂溶性维生素

脂溶性维生素包括维生素 A、D、E、K。它们不溶于水，而易溶于脂类及有机溶剂。脂溶性维生素在食物中常与脂类共同存在，并随脂类一同吸收，在血液中与脂蛋白或特异的结合蛋白相结合而被运输，并在体内大部分储存于肝及脂肪组织；脂溶性维生素不能随尿排出，可通过胆汁代谢并排出体外，但由于其排泄效率低，故当长期摄入过多时，可在体内蓄积而引起相应的中毒症。

### 一、维生素 A

#### （一）化学性质与活性形式

维生素 A 又称抗干眼病维生素，其化学性质活泼，易被氧化剂和紫外线破坏，故应于棕色瓶内避光保存。冷藏食品可保持食物中的大部分维生素 A，而日光曝晒过的食品中的维生素 A 会大量被破坏。

天然维生素 A 有 $A_1$（视黄醇）和 $A_2$（3- 脱氢视黄醇）两种形式。$A_1$ 是淡黄色片状结晶，是天然维生素 A 的主要存在形式；$A_2$ 为金黄色油状物。维生素 A 在体内的活性形式包括视黄醇、视黄醛和视黄酸。

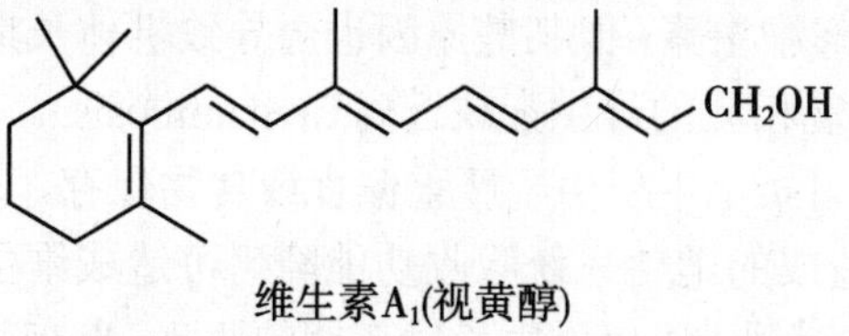


维生素$A_1$(视黄醇)

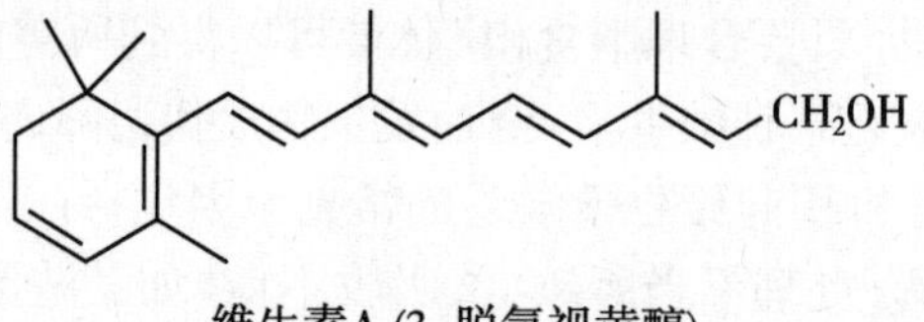


维生素$A_2$(3–脱氢视黄醇)

### (二)来源

维生素 A 主要存在于动物性食品(如肝、肉类、蛋黄、乳制品、鱼肝油)中。植物中虽不存在维生素 A,但很多植物性食品如胡萝卜、菠菜、番茄、枸杞子、黄玉米、红辣椒、芥菜等中含有被称作维生素 A 原的多种胡萝卜素,其中以 β- 胡萝卜素(β-carotene)最为重要。β- 胡萝卜素可在小肠黏膜内的 β- 胡萝卜素加氧酶的作用下,加氧断裂为 2 分子的视黄醇。

### (三)生化功能及缺乏症

1. 参与视杆细胞内视紫红质的合成,维持眼的暗视觉 人视网膜中的视杆细胞含对弱光敏感的视紫红质,它是由维生素 A 的衍生物 11- 顺视黄醛和视蛋白结合生成,可保证视杆细胞持续感光,出现暗视觉。因此,维生素 A 充足时,视紫红质能迅速合成,使眼的暗适应时间缩短,视觉正常(图 5-1)。倘若维生素 A 缺乏,则会导致 11- 顺视黄醛补充不足,杆状细胞中视紫红质合成减少,影响暗视觉。若维生素 A 轻度缺乏,则表现为暗适应时间延长,若严重缺乏则导致暗视觉障碍,发生夜盲症。

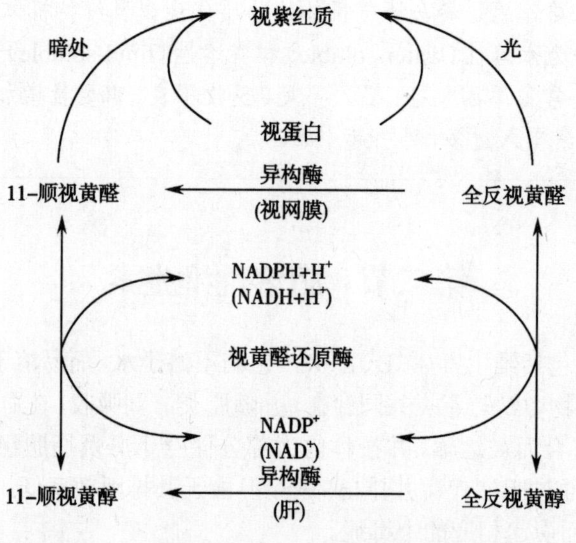


**图 5-1 视紫红质的合成、分解与视黄醛的关系**

**知识链接**

**暗适应时间**

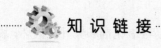

人们从强光下进入暗处,最初看不清物体是由于视杆细胞内视紫红质的分解多于合成,含量降低。当视杆细胞内视紫红质合成积累达一定量时,便能感受弱光,看清物体,这一过程称为暗适应,所需时间称为暗适应时间。

2. 维持上皮组织结构的完整与功能的健全 维生素 A 可促进上皮细胞糖蛋白的合成，是维持上皮组织健全所必需的物质。当维生素 A 缺乏时，上皮组织糖蛋白合成减少，分泌黏液的功能降低，导致上皮组织干燥、增生、角化及脱屑，抵抗微生物感染的能力降低。其中以眼、呼吸道、消化道及泌尿生殖道上皮受影响最为显著，如泪腺上皮不健全，泪液分泌减少甚至停止，出现角膜干燥和角化，而导致干眼病，所以维生素 A 又称抗干眼病维生素。

**知识链接**

**维生素A维持上皮组织结构完整的生化机制**

维生素 A 的衍生物视黄醇磷酸酯是糖蛋白合成中所需的寡糖基的载体，参与膜糖蛋白的合成，而上皮组织的糖蛋白是细胞膜系统的重要组成成分，是维持上皮组织的结构完整和保证分泌功能健全的重要成分。

3. 促进生长发育 维生素 A 参与类固醇激素的合成，影响细胞分化，从而影响生长发育。当维生素 A 缺乏时，儿童可出现生长停顿、发育不良。

4. 其他作用 维生素 A 还有抑癌、抗氧化、维持正常免疫功能的作用。实验证明，缺乏维生素 A 的动物对化学致癌物更为敏感，易诱发肿瘤。此外，β- 胡萝卜素能直接消灭自由基，是机体有效的抗氧化剂，对于防止脂质过氧化，预防心血管疾病、肿瘤以及延缓衰老等方面均有重要意义。

### （四）维生素A中毒

维生素 A 中毒目前多见于 1～2 岁的婴幼儿，主要表现为毛发易脱、皮肤干燥、瘙痒、烦躁、厌食、肝大及易出血等症状。引起维生素 A 中毒的原因一般是因为鱼肝油服用过多所致。

## 二、维生素D

### （一）化学性质与活性形式

维生素 D 又称抗佝偻病维生素，属类固醇衍生物，又名钙化醇。植物中含有维生素 $D_2$（麦角钙化醇 ergocalciferol）；动物性食品如鱼油、蛋黄、肝等富含维生素 $D_3$（胆钙化醇 cholecalciferol）。

维生素 D 为淡黄色晶体，对热稳定，在 200℃下仍能保持生物学活性，但易被紫外光破坏。因此，含维生素 D 的药剂均应保存在棕色瓶中。维生素 D 在酸性环境中加热会逐渐分解，通常的加工烹调不会造成维生素 D 的损失。

维生素 D 被吸收后经肝、肾的羟化作用，生成其活性形式 1，25- 二羟维生素 $D_3$[1，25-（OH）$_2$-$D_3$]。

### （二）来源

皮肤中的胆固醇脱氢生成 7- 脱氢胆固醇后，在紫外光的照射下可转变成维生素 $D_3$，故适当的户外光照足以满足人体对维生素 D 的需要；酵母和植物油中的麦角固醇不能被人体吸收，在紫外光照射后转变为可被吸收的维生素 $D_2$，故 7- 脱氢胆固醇和麦角固醇被称为维生素 D 原。

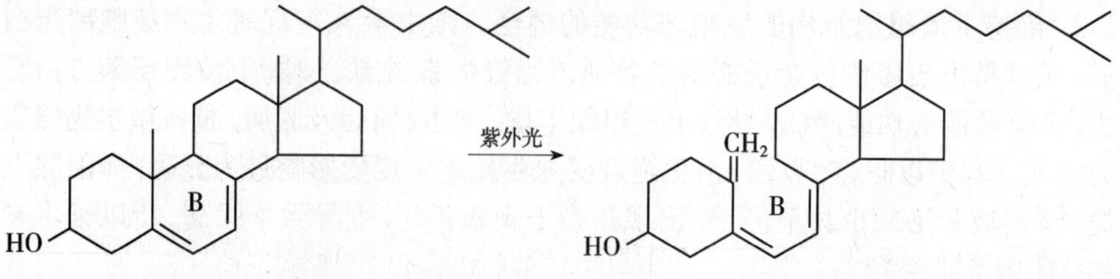


7-脱氢胆固醇　　　　维生素$D_3$

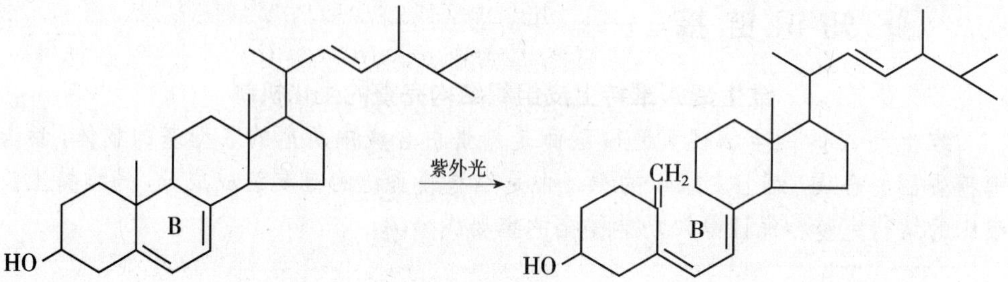


麦角固醇　　　　维生素$D_2$

**知识链接**

鱼肝油是由鱼类肝脏炼制的油脂，也包括鲸、海豹等海兽的肝油。常温下呈黄色透明的液体状，稍有鱼腥味。主要成分为维生素A和D。制造方法主要有蒸煮法、淡碱消化法、萃取法。常用于防治夜盲症、角膜软化、佝偻病和骨软化症等。

### （三）生化功能及缺乏症

1. 1，25-（OH）$_2$-$D_3$可促进钙、磷的吸收，有利于新骨的生成和钙化。当缺乏维生素D时，儿童可导致佝偻病，成人则引起软骨病。

2. 1，25-（OH）$_2$-$D_3$具有对抗1型和2型糖尿病的作用，对某些肿瘤细胞还具有抑制增殖和促进分化的作用。因此，维生素D缺乏还可引起自身免疫性疾病。

服用过量的维生素D可引起高钙血症、高钙尿症、高血压及软组织钙化等。

**案例分析**

**案例**：1岁患儿，出生后用牛奶喂养，未加辅食，晒太阳少，平日易腹泻。体检：发育、营养中等，无特殊外貌，有肋骨串珠，轻度鸡胸。

**分析**：上述案例中患儿的症状是佝偻病的表现，主要是由于缺乏维生素D而引起的。后续检查应化验血钙、血磷、碱性磷酸酶等指标，已明确诊断。

## 三、维生素E

### （一）化学性质与活性形式

维生素E又名生育酚，主要分为生育酚和生育三烯酚，每类又根据其甲基的数目和位置不同，分为α、β、γ、δ四种。自然界以α-生育酚分布最广，活性最高。

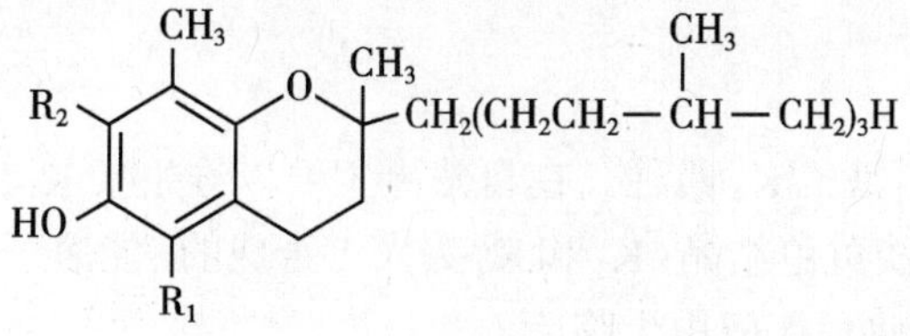

生育酚

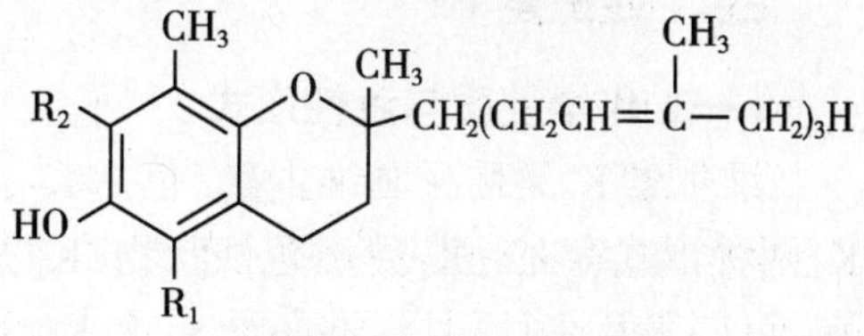

生育三烯酚

维生素E为微带黏性的淡黄色油状物，在无氧条件下对热稳定，甚至加热至200℃以上也不被破坏；但其对氧十分敏感，易被氧化，因此能保护其他物质不被氧化，故具有抗氧化作用。

**（二）来源**

维生素E主要存在于植物油、油性种子和麦芽及绿叶蔬菜中。

**（三）生化功能及缺乏症**

1. 抗氧化作用，维持生物膜的结构与功能　机体生物膜上含有较多的不饱和脂肪酸，易被氧化生成过氧化脂质，使膜结构破坏、功能受损。维生素E结构上的酚羟基易氧化脱氢，并能捕捉过氧化脂质自由基，从而保护生物膜的完整及正常功能。维生素E缺乏时，红细胞膜的不饱和脂肪酸被氧化破坏，容易发生溶血。因此临床上，维生素E可用于防治心肌梗死、动脉硬化、巨幼红细胞贫血等。

2. 缺乏维生素E的动物可导致生殖器官受损而不育　实验证明，缺乏维生素E的动物，会出现睾丸病变，其精子生成与繁殖能力降低；但维生素E对人类生殖功能的影响尚不是很明确。现今，临床上常用维生素E治疗先兆流产、习惯性流产等。

3. 促进血红素代谢　维生素E能提高血红素合成过程中关键酶的活性，促进血红素合成，从而促进血红蛋白的生成。新生儿缺乏维生素E时，可引起贫血，所以孕妇、哺乳期妇女及新生儿应注意补充。

4. 其他功能　维生素E是一种很重要的血管扩张剂和抗凝血剂，可抑制血小板聚集，防止血栓形成、从而降低心肌梗死和脑梗死的危险性。维生素E是肝细胞生长的重要保护因子，可对多种急性肝损伤具有保护作用，对慢性肝纤维化也具有延缓和阻断作用。维生素E还可保护肺泡细胞，降低肺部及呼吸系统感染的概率。此外，维生素E在抗肿瘤和延缓衰老方面也具有一定的作用。

由于一般食品中的维生素E含量充分，易于吸收，且在体内保存时间较长，故不易发生维生素E缺乏症。维生素E与维生素A、D不同，即使一次服用高出常用量50倍的剂量，也不会发生中毒现象。

**知识链接**

目前市场上有天然VE和合成VE两类。科学家们发现，天然维生素E其实更符合人体的需要。天然维生素E保持了维生素E原有的生理活性和天然属性，更容易被人体吸收利用，而且安全性也高于合成维生素E，更适于长期服用。天然维生素E的抗氧化和抗衰老性能指标都数十倍于合成的维生素E。近来还发现维生素E可抑制眼睛晶状体内的过氧化脂反应，使末梢血管扩张，改善血液循环。

## 四、维生素K

### （一）化学性质与活性形式

维生素K又称凝血维生素，包括$K_1$、$K_2$、$K_3$、$K_4$四种。在自然界主要以维生素$K_1$、$K_2$两种形式存在。$K_1$是黄色油状物，$K_2$是淡黄色结晶；$K_3$和$K_4$为人工合成的，能溶于水，可口服及注射，且活性高于$K_1$和$K_2$，因此现被应用于临床。

维生素K化学性质较稳定，能耐热耐酸，但易被碱和紫外线分解，故应避光保存。

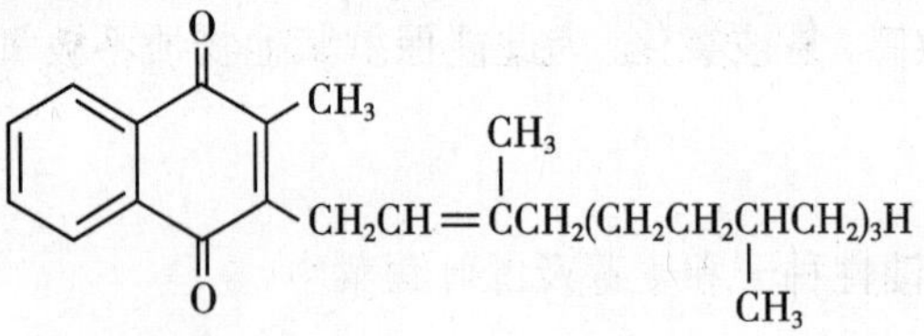


维生素$K_1$

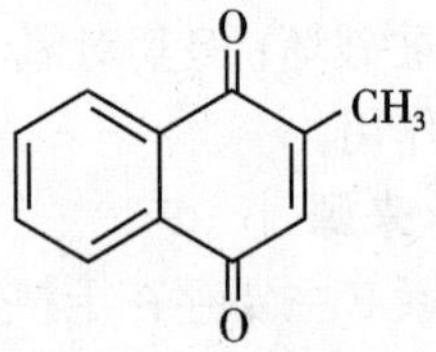


2–甲基1,4–萘醌($K_3$)

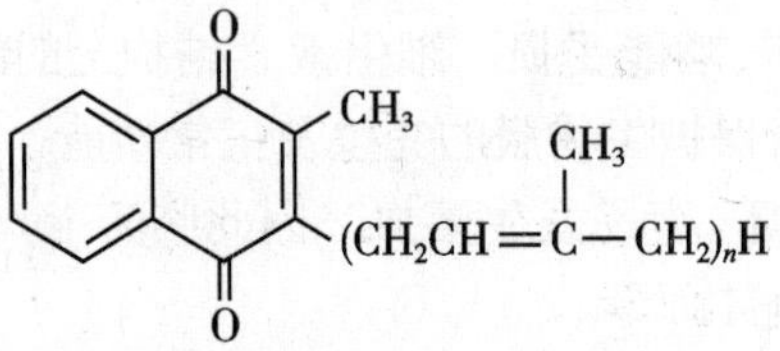


维生素$K_2$

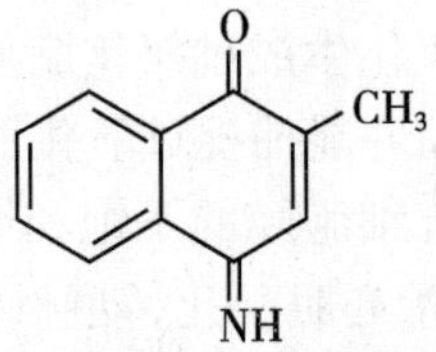


4亚氨基2甲基萘醌($K_4$)

### （二）来源

维生素K在肝、鱼、肉和绿叶蔬菜中含量丰富，主要在小肠吸收，经淋巴入血，并转运至肝储存。

### （三）生化功能及缺乏症

1. 促进凝血因子的合成，参与凝血作用　维生素K是肝内凝血因子Ⅱ、Ⅶ、Ⅸ、Ⅹ合成所需的γ-谷氨酰羧化酶的辅酶，可促进四种凝血因子的合成，从而加速血液凝固。

当维生素K缺乏时，凝血因子合成障碍，凝血时间延长，易引起凝血障碍和发生皮下、肌肉及内脏出血。维生素K是目前常用的止血剂之一。

2. 参与骨盐代谢　维生素K参与骨钙蛋白的γ-羧化反应，羧化后的骨钙蛋白与钙的代谢关系密切。

近年来，维生素K的临床新应用越来越广泛。如维生素$K_1$可解除微循环障碍，减轻心脏负荷，兴奋呼吸中枢，改善大脑微循环，还能解除气管、支气管痉挛，降低呼吸道阻力，增加肺泡通气，有利于呼吸衰竭的纠正，降低重症肺炎的病死率，因此已被应用于治疗重症肺炎并发症；肌内注射或静脉滴注维生素$K_3$，能有效的止喘；口服维生素$K_4$对治疗血管神经性头痛有较好的效果等。

维生素K在绿色植物中含量丰富，且体内肠菌也能合成，故一般不易缺乏。但因维生素K不能通过胎盘，新生儿出生后肠道内又无细菌，故新生儿有可能引起维生素K的缺乏，具有出血倾向，尤其是颅内出血，应注意补充。另外胰腺疾病、胆道疾病、小肠黏膜萎缩、脂肪便、长期应用抗生素及肠道灭菌药等均可能引起维生素K缺乏。此外，严重肝脏疾患时易出现维生素K的合成障碍。

**点 滴 积 累**

1. 脂溶性维生素包括维生素A、D、E、K四种。

2. 维生素A，其活性形式包括视黄醇、视黄醛和视黄酸；缺乏维生素A导致夜盲症、干眼病。

3. 维生素D，其活性形式为1,25-$(OH)_2$-$D_3$；当缺乏时，儿童可导致佝偻病，成人则引起软骨病。

4. 维生素E，具有抗氧化作用；缺乏维生素E的动物可导致生殖器官受损而不育，临床上常用维生素E治疗先兆流产、习惯性流产等。

5. 维生素K，包括$K_1$、$K_2$、$K_3$、$K_4$四种。维生素K是目前常用的止血剂之一。

## 第三节 水溶性维生素

水溶性维生素包括B族维生素和维生素C。它们溶于水，可随尿排出体外，很少在体内蓄积，因此很少出现中毒现象，但必须从膳食中不断供给。B族维生素在体内的主要作用是构成酶的辅酶或辅基参加体内多种代谢反应；维生素C则在一些氧化还原及羟化反应中起作用。

### 一、维生素$B_1$

#### （一）化学性质与活性形式

维生素$B_1$又称抗神经炎或抗脚气病维生素，其是由含硫的噻唑环和嘧啶环组成的化合物，故又称硫胺素。维生素$B_1$纯品为白色结晶，极易溶于水，酸性环境中稳定，加热至120℃也不被破坏，但遇碱易分解，氧化剂和还原剂均可使其失活，故应避光冷藏，不宜久贮。

维生素$B_1$经氧化后转变为脱氢硫胺素（又称硫色素），后者在紫外光下呈现蓝色荧光，可用于维生素$B_1$的检测及定量测定。

维生素$B_1$的活性形式是其在体内经磷酸化作用后生成的焦磷酸硫胺素（thiamine pyrophosphate，TPP）。结构如下：

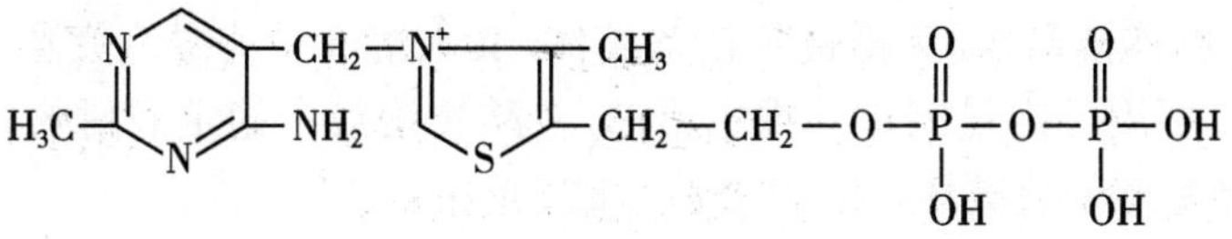


焦磷酸硫胺素(TPP)

#### （二）来源

谷类、豆类的种皮、酵母、干果、蔬菜中含有丰富的维生素$B_1$；动物的肝、肾、脑、瘦肉及蛋类中的维生素$B_1$含量也较高；精白米和精白面粉中维生素$B_1$含量远不及标准米、标准面粉的含量高。

**课堂活动**

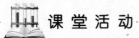

在实际生活中，淘米是淘的次数越多越好吗，如果不是，为什么？如何淘米才能保证粮食中的营养素不丢失？

### （三）生化功能及缺乏症

1. 参与构成α- 酮酸氧化脱羧酶的辅酶　TPP 是α- 酮酸氧化脱羧酶的辅酶。α- 酮酸氧化脱羧酶（如丙酮酸、α- 酮戊二酸）在糖代谢中发挥着重要的作用，当维生素 $B_1$ 缺乏时，TPP 减少，糖有氧氧化受阻，一方面影响神经组织的能量供应，另一方面使糖代谢的中间产物（如丙酮酸、乳酸）在神经组织周围堆积而刺激神经末梢，从而导致慢性末梢神经炎及其他神经病变；严重时，心肌能量供应也减少，出现心跳加快、心力衰竭、下肢水肿等症状，临床上称为脚气病。

2. 影响乙酰胆碱的生成和分解　乙酰胆碱是一种神经递质，由乙酰 COA 和胆碱合成，在胆碱酯酶的作用下被分解。一方面 TPP 参与乙酰 COA 的生成，间接参与乙酰胆碱的生成，另一方面维生素 $B_1$ 可抑制胆碱酯酶的活性。因此，当缺乏维生素 $B_1$ 时，可导致乙酰胆碱生成减少，分解加强，致使神经细胞内乙酰胆碱含量减少，结果导致迷走神经冲动传导受阻，主要表现为消化液分泌减少，胃肠蠕动减弱，食欲不振、消化不良等。

3. TPP 是磷酸戊糖途径中转酮醇酶的辅酶　当维生素 $B_1$ 缺乏时，磷酸戊糖途径受阻，5- 磷酸核糖生成减少，导致核苷酸合成及神经髓鞘中鞘磷脂的合成受影响，也可导致末梢神经炎和其他神经病变。

**课堂互动**

脚气病和脚气是一回事吗？如何防治脚气病？

## 二、维生素 $B_2$

### （一）化学性质与活性形式

维生素 $B_2$ 也称核黄素，为橙黄色针状晶体，其水溶液呈黄绿色荧光，其强弱与核黄素含量成正比，可用于定量测定。维生素 $B_2$ 在酸性溶液中稳定而耐热，在碱性溶液中不耐热，且对光敏感易被破坏，故应用棕色瓶避光保存。

维生素 $B_2$ 的活性形式是黄素单核苷酸（flavin mononucleotide，FMN）和黄素腺嘌呤二核苷酸（flavin adenine dinucleotide，FAD）。被人体吸收后的核黄素在小肠黏膜黄素激酶催化下转变成 FMN，FMN 在焦磷酸化酶催化下进一步生成 FAD。

### （二）来源

维生素 $B_2$ 广泛存在于动植物中。奶与奶制品、肝、蛋类和肉类等是维生素 $B_2$ 的丰富来源。

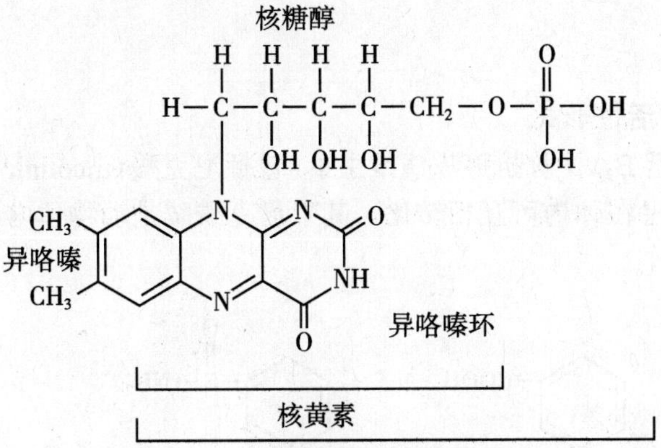

黄素单核苷酸(FMN)

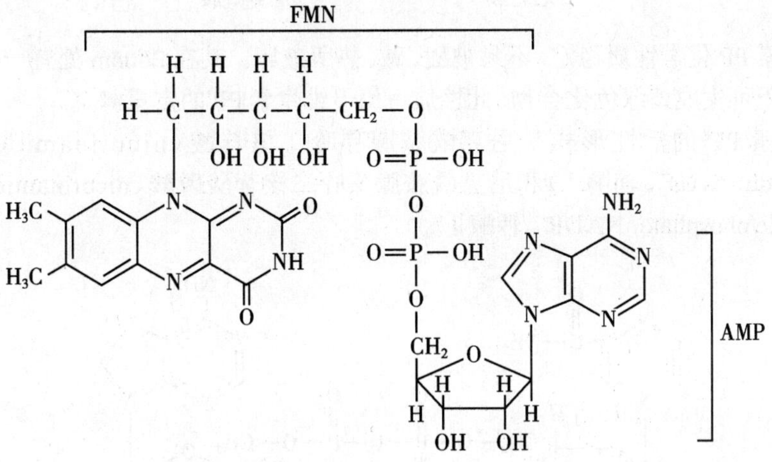

黄素腺嘌呤二核苷酸(FAD)

## （三）生化功能及缺乏症

FMN 和 FAD 是体内氧化还原酶的辅基，起递氢作用。FMN 和 FAD 分子中异咯嗪环上的 $N_1$ 和 $N_5$ 能可逆地加氢和脱氢（图 5-2），广泛参与体内各种氧化还原反应，能促进糖、脂肪、蛋白质代谢。以 FNM 或 FAD 为辅基的酶称为黄素蛋白或黄素酶，如琥珀酸脱氢酶、脂酰辅酶 A 脱氢酶、L- 氨基酸氧化酶及黄嘌呤氧化酶等。

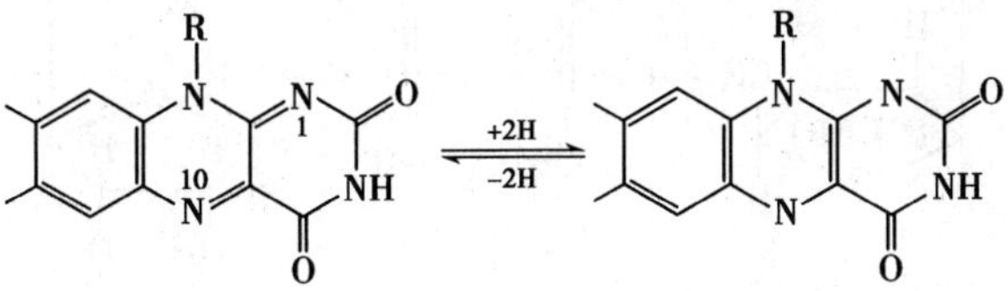

图 5-2 FMN 和 FAD 的氧化还原反应

此外，维生素 $B_2$ 对维持皮肤、黏膜和视觉的正常功能均有一定的作用。缺乏维生素 $B_2$ 时，组织呼吸减慢，代谢强度降低，可引起口角炎、唇炎、舌炎、结膜炎、视觉模糊、阴囊炎等。用光照疗法治疗新生儿黄疸时，在破坏皮肤胆红素的同时，核黄素也可同时遭到破坏，进而引起新生儿维生素 $B_2$ 缺乏症。因此，对于新生儿黄疸，在治疗原发病的同时，还应注意补充维生素 $B_2$。

## 三、维生素PP

### （一）化学性质与活性形式

维生素PP（维生素$B_3$）又称抗癞皮病维生素，包括尼克酸（nicotinic acid）和尼克酰胺（nicotinamide），两者在体内可互相转化。其中尼克酰胺是动物体内维生素PP的主要存在形式。

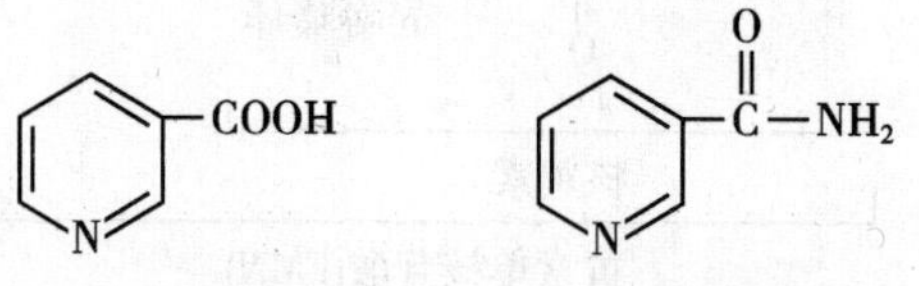


尼克酸　　尼克酰胺

维生素PP化学性质稳定，不易被酸、碱、热所破坏。其在260nm处有一吸收峰，与溴化氰作用可生成黄绿色化合物，此性质可用于维生素PP的定量测定。

维生素PP的活性形式是尼克酰胺腺嘌呤二核苷酸（nicotinamide adenine dinucleotide，$NAD^+$，辅酶Ⅰ）和尼克酰胺腺嘌呤二核苷酸磷酸（nicotinamide adenine dinucleotide phosphate，$NADP^+$，辅酶Ⅱ）。

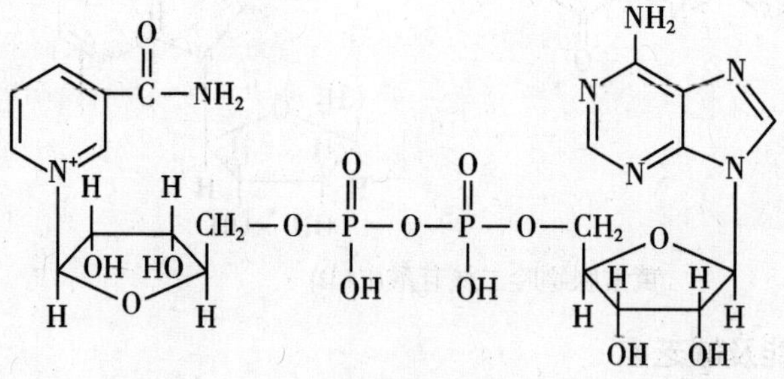

$NAD^+$的结构

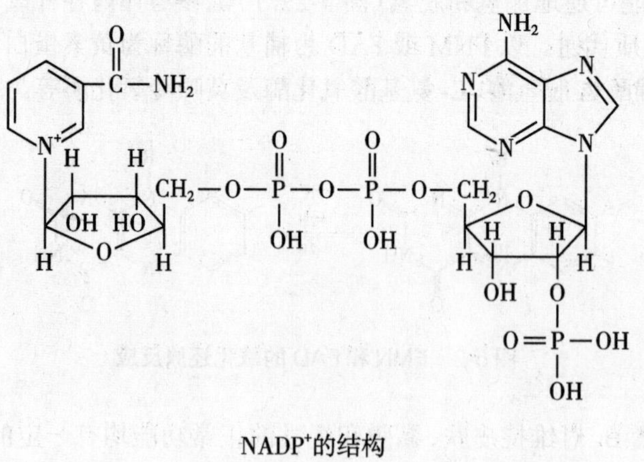

$NADP^+$的结构

### （二）来源

维生素PP广泛存在于动、植物食物中，尤以肉、鱼、酵母、谷类及花生中含量丰富；人体可以利用色氨酸合成少量的维生素PP，但转化效率较低，不能满足人体需要。

### （三）生化功能及缺乏症

1. 构成多种不需氧脱氢酶的辅酶 $NAD^+$ 和 $NADP^+$ 在人体的生物氧化过程中作为递氢体能可逆的加氢和脱氢，广泛参与体内各种代谢。尼克酰胺分子的吡啶氮为五价，能够可逆地接受电子变成三价，其对侧的碳原子性质活泼，能可逆的加氢或脱氢（图 5-3）。尼克酰胺每次可接受一个质子和两个电子，另一个质子游离于介质中。

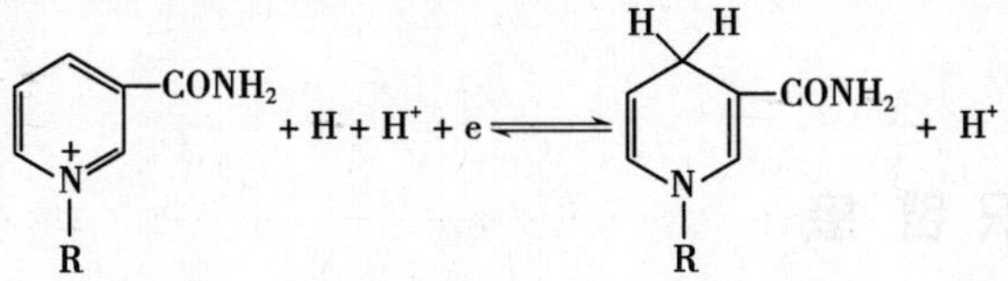


图 5-3 $NAD^+$ 和 $NADP^+$ 的氧化还原反应

2. 尼克酸作为药物用于临床治疗高脂血症 尼克酸能抑制脂肪动员，使肝中极低密度脂蛋白（VLDL）合成下降，降低血浆甘油三酯；尼克酸还可降低胆固醇。但大量服用尼克酸或尼克酰胺（每日 1～6g）可引起血管扩张、脸颊潮红、痤疮及胃肠不适等症状。而长期大剂量服用（日服用量超过 500mg），则会引起肝损伤。

此外，尼克酸对复发性非致命的心肌梗死也有一定程度的保护作用，但尼克酰胺无此作用。缺乏维生素 PP 时，可引起癞皮病，其临床表现为体表暴露部分发生对称性皮炎，神经营养障碍引起的神经炎（导致痴呆），胃肠功能失常引起的胃肠炎和腹泻。玉米中既缺乏尼克酸又缺乏色氨酸，长期单食玉米有可能造成维生素 PP 缺乏。再者，抗结核药异烟肼与维生素 PP 结构相似，可对维生素 PP 起拮抗作用，所以长期服用异烟肼者，应注意补充维生素 PP。

## 四、维生素 $B_6$

### （一）化学性质与活性形式

维生素 $B_6$ 为吡啶衍生物，包括吡哆醇、吡哆醛和吡哆胺。天然维生素 $B_6$ 为无色晶体，易溶于水，微溶于脂溶剂，在酸性溶液中稳定，但在碱性溶液中和遇光、紫外线易被破坏。维生素 $B_6$ 与三氯化铁作用呈红色，与对氨基苯磺酸作用呈橘红色，此两种性质可用于维生素 $B_6$ 的定量测定。

吡哆醛和吡哆胺在体内可互相转变（图 5-4），且经磷酸化后转变为磷酸吡哆醛和磷酸吡哆胺，是维生素 $B_6$ 的活性形式。

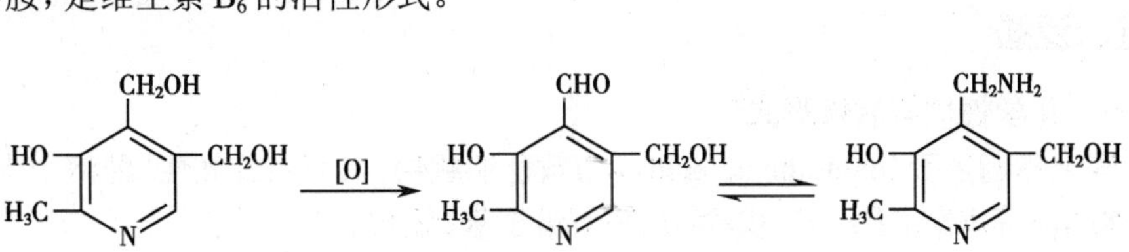


图 5-4 吡哆醛和吡哆胺相互转换

### （二）来源

维生素 $B_6$ 在动植物中分布广泛，麦胚芽、米糠、大豆、酵母、蛋黄、肝、肾、肉、鱼中及绿叶蔬菜中含量丰富。肠道细菌可合成维生素 $B_6$，但只有少量被吸收、利用。

### （三）生化功能及缺乏症

1. 磷酸吡哆醛作为脱羧酶的辅酶，参与氨基酸代谢　如谷氨酸脱羧酶可催化谷氨酸脱羧产生γ-氨基丁酸（GABA）。GABA是一种抑制性神经递质，能降低中枢神经兴奋性。维生素$B_6$作为谷氨酸脱羧酶的辅酶，可促进GABA的生成。因此，临床上常用维生素$B_6$治疗婴儿惊厥、妊娠呕吐和精神焦虑等。磷酸吡哆醛和磷酸吡哆胺还是氨基酸转氨酶的辅酶，二者之间相互转变，起传递氨基的作用，对氨基酸代谢十分重要。

**知 识 链 接**

**维生素$B_6$依赖性惊厥**

维生素$B_6$依赖性惊厥是常染色体隐性遗传病，该病是由于维生素$B_6$不能与谷氨酸脱羧酶的酶蛋白结合，使GABA的生成减少，造成惊厥。现有临床观察表明，当惊厥发作时，静脉注射维生素$B_6$每日100mg，数分钟后惊厥发作可停止。

2. 磷酸吡哆醛是δ-氨基γ-酮戊酸（ALA）合酶的辅酶　ALA合酶是血红素合成的限速酶。所以维生素$B_6$缺乏，可影响血红蛋白合成，进而可造成低色素小细胞性贫血和血清铁增高。

3. 磷酸吡哆醛是同型半胱氨酸分解代谢酶的辅酶　维生素$B_6$缺乏时，同型半胱氨酸分解受阻，引起高同型半胱氨酸血症，可导致心脑血管疾病，如血栓生成、高血压、动脉硬化等。

人类至今尚未发现维生素$B_6$缺乏的典型病例。抗结核药异烟肼可与吡哆醛结合形成腙从尿中排出，引起维生素$B_6$缺乏症。所以，在服用异烟肼时，应注意补充维生素$B_6$。

维生素$B_6$过量服用可发生中毒，日摄入量超过200mg可引起神经损伤，表现为周围感觉神经病。

**课 堂 活 动**

服用异烟肼还可导致哪种维生素的缺乏？

## 五、泛酸

### （一）化学性质与活性形式

泛酸又称遍多酸（pantothenic acid），为黄色油状物，具有右旋光性，能溶于水、乙酸乙酯、冰醋酸等，略溶于乙醚、戊醇，几乎不溶于苯、氯仿。

泛酸在中性溶液中耐热，对氧化剂及还原剂极为稳定，但在酸、碱溶液中加热时易分解破坏。

泛酸在肠道内被吸收进入人体后，经磷酸化并获得巯基乙胺而生成4′-磷酸泛酰巯基乙胺。4′-磷酸泛酰巯基乙胺构成辅酶A（CoA）及酰基载体蛋白（ACP），为泛酸在体内的活性形式。辅酶A结构如下：

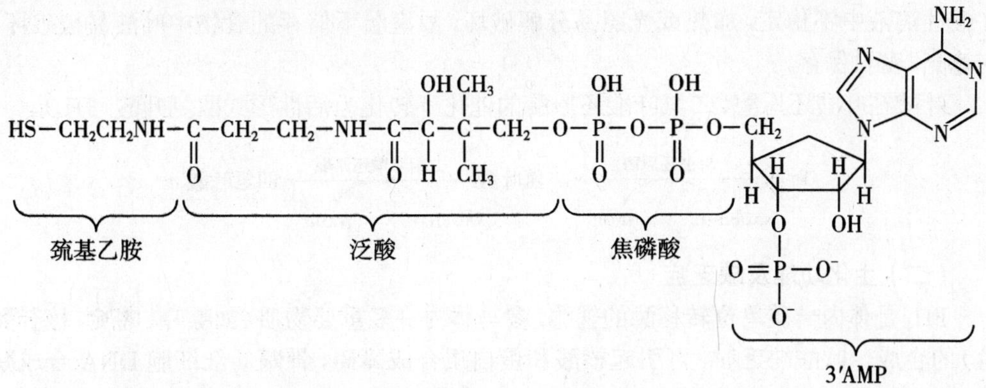


### （二）生化功能及缺乏症

在体内，CoA 及 ACP 是构成酰基转移酶的辅酶，广泛参与糖、脂类、蛋白质代谢及肝脏的生物转化作用。CoA 携带酰基的部位是分子中巯基乙胺的—SH，故常以 HSCoA 表示。

因泛酸广泛存在于生物界，单纯的泛酸缺乏症很罕见。

## 六、生物素

### （一）化学性质与活性形式

自然界中存在的生物素为无色长针状晶体，其本身就具有生理活性，至今发现的生物素至少有两种：一种是 α- 生物素，存在于蛋黄中；另一种是 β- 生物素，存在于肝脏中。它们的生理功能基本相同。

生物素耐酸而不耐碱，氧化剂及高温可使其失活。

### （二）生化功能及缺乏症

生物素是体内多种羧化酶的辅基，在糖、脂肪、蛋白质和核酸代谢过程中参与羧化反应。近年研究证明，生物素还参与细胞信号转导和基因表达，影响细胞周期、转录和 DNA 损伤的修复。

生物素在动植物界分布广泛，如肝、肾、蛋黄、酵母、蔬菜、谷类中含量丰富，人体肠道细菌也能合成，故很少出现缺乏症。长期大量食用生鸡蛋，由于蛋清中有抗生物素蛋白（加热后这种蛋白被破坏），妨碍生物素吸收，可造成生物素缺乏；还有长期使用抗生素可抑制肠道细菌生长，也可造成生物素缺乏。生物素缺乏的主要症状是疲乏、恶心、呕吐、食欲不振、皮炎及脱屑性红皮病。

**课堂活动**

1. 长期服用抗生素，可造成体内哪种维生素的缺失？
2. 长期大量食用生鸡蛋有对人体有益吗？

## 七、叶酸

### （一）化学性质与活性形式

叶酸（folic acid，F）因在绿叶植物中含量丰富而得名。叶酸为黄色结晶，微溶于水，在酸性溶液中不稳定，加热或光照易分解破坏，故室温下储存的食物中叶酸易被破坏，应遮光，密封保存。

叶酸在叶酸还原酶、二氢叶酸还原酶的催化下转化为活性形式四氢叶酸($FH_4$)。

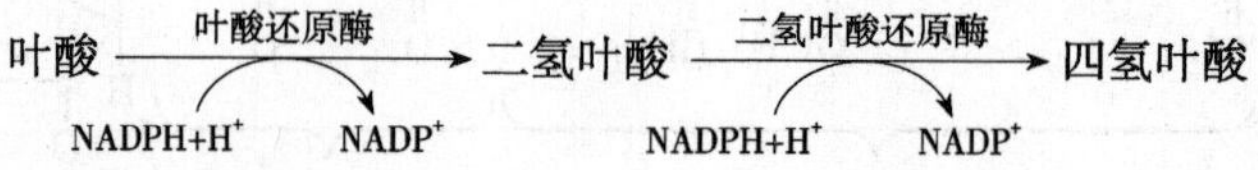


**(二)生化功能及缺乏症**

$FH_4$是体内一碳单位转移酶的辅酶，参与体内许多重要物质(如嘌呤、嘧啶、核苷酸等)的合成。叶酸缺乏时，可引起核酸和蛋白质合成障碍，骨髓幼红细胞DNA合成减少，细胞分裂速度降低，细胞体积增大，造成巨幼红细胞性贫血。

叶酸缺乏还可影响同型半胱氨酸甲基化生成甲硫氨酸，引起高同型半胱氨酸血症，加速动脉粥样硬化、血栓生成和增加高血压的危险性。此外，叶酸缺乏可引起DNA低甲基化，增加某些癌症(如结肠、直肠癌)的危险性。

食物中叶酸含量丰富，人体肠细菌也能合成，所以一般不发生缺乏症。孕妇、哺乳期妇女因快速分裂细胞增加或因授乳而致代谢较旺盛，需要叶酸增加，应注意补充叶酸；口服避孕药或抗惊厥药会干扰叶酸吸收及代谢，长期服用此类药物时，应考虑补充。

**课堂活动**

哪种维生素缺乏还能引起高同型半胱氨酸血症，它们的机制是一样吗？

## 八、维生素$B_{12}$

**(一)化学性质与活性形式**

维生素$B_{12}$又称钴胺素，是唯一含金属元素的维生素。维生素$B_{12}$为粉红色的结晶，其水溶液在弱酸中十分稳定，但遇强酸、强碱极易分解。日光、氧化剂及还原剂均可破坏维生素$B_{12}$，故应用棕色瓶避光密闭保存。

维生素$B_{12}$在体内因结合的基团不同，可有多种存在形式，如氰钴胺素、羟钴胺素、甲钴胺素、5′-脱氧腺苷钴胺素等，后两者是维生素$B_{12}$的活性形式，也是血液中存在的主要形式。甲钴胺素和5′-脱氧腺苷钴胺素具有辅酶的功能，又称辅酶$B_{12}$($CoB_{12}$)。

**(二)来源**

肝、肾、瘦肉、鱼及蛋类食物中的维生素$B_{12}$含量较高，肠道细菌也能合成。

**(三)生化功能及缺乏症**

1. 甲钴胺素作为转甲基酶的辅酶，参与甲基的转移　甲硫氨酸合成酶催化$N^5$-$CH_3$-$FH_4$和同型半胱氨酸之间的转甲基反应，产生$FH_4$和蛋氨酸，通过增加$FH_4$的利用可影响核酸、蛋白质的合成，促进红细胞的发育和成熟。

当维生素$B_{12}$缺乏时，叶酸利用率降低，造成叶酸相对缺乏，影响核酸和蛋白质合成，可引起巨幼红细胞性贫血。

## 课堂互动

为什么叶酸和维生素 $B_{12}$ 缺乏都能引起巨幼红细胞性贫血，两者的机制是否一样，有何相关性？

2. 甲钴胺素促进蛋氨酸的再利用 蛋氨酸可作为甲基供体促进胆碱和磷脂的合成，有助于肝脏中脂类的代谢。

3. 5′-脱氧腺苷钴胺素是 L-甲基丙二酰 CoA 变位酶的辅酶 该酶催化 L-甲基丙二酰 CoA 转变为琥珀酰 CoA。当维生素 $B_{12}$ 缺乏时，可导致 L-甲基丙二酰 CoA 大量堆积，影响脂肪酸代谢，造成髓鞘质变性退化，引发进行性脱髓鞘。所以维生素 $B_{12}$ 具有营养神经的作用。

正常膳食者很难发生维生素 $B_{12}$ 缺乏。维生素 $B_{12}$ 吸收需要一种由胃壁细胞分泌的高度特异的糖蛋白，称为内因子，它和维生素 $B_{12}$ 结合后才能被小肠吸收。故维生素 $B_{12}$ 缺乏偶见于有严重吸收障碍疾患的患者和长期素食者。

## 九、硫辛酸

硫辛酸是一个含硫的八碳酸，在食物中常与维生素 $B_1$ 同时存在。

硫辛酸在糖有氧氧化代谢中可作为 α-酮酸氧化脱羧酶和转羟乙醛酶的辅酶。此外，硫辛酸还具有抗脂肪肝和降低血胆固醇，以及保护巯基酶免受金属离子损害的作用。

## 十、维生素 C

### （一）化学本质

维生素 C 又称 L-抗坏血酸，是一种含六碳原子的不饱和酸性多羟基内酯化合物，其 $C_2$ 和 $C_3$ 烯醇式羟基上的氢，极易解离出 $H^+$ 而显示酸性，也能脱去氢原子而生成 L-脱氢抗坏血酸（氧化型维生素 C），见图 5-5。因此，维生素 C 既有较强的酸性，也有较强的还原性。

维生素 C 是无色晶体，水溶液呈酸性，化学性质较活泼，易被氧化，遇热、光照和重金属离子更易氧化分解，故应避光阴凉处保存。

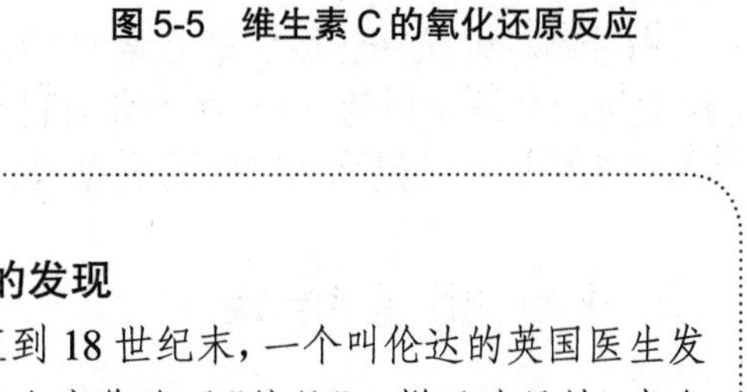


图 5-5 维生素 C 的氧化还原反应

## 知识链接

**维生素 C 的发现**

15～16 世纪，坏血病曾波及整个欧洲，直到 18 世纪末，一个叫伦达的英国医生发现，给病情严重的患者每天吃一个柠檬，这些人竟像吃了“仙丹”一样迅速见效，半个月全都恢复了健康。然而从柠檬汁中提取这种物质，科学家们却花了 100 多年的时间。1924 年英国科学家齐佛、1932 年匹兹堡大学的 Charles Glen King 和 W. A.Waugh

从柠檬汁中提取到一种白色晶体即维生素C,它比浓缩的柠檬汁抗坏血病的效力高出300倍。1928年,生物化学家森特•哲尔吉,从牛的肾上腺皮质及橘子、白菜等多种植物汁液中发现并分离出一种还原性有机酸,后来发现这种物质对治疗和预防坏血病有特殊功效。直到1933年,瑞士科学家Reichstem等人用葡萄糖作原料,首次人工合成了维生素C,维生素C才真正登上了历史舞台,成为人类健康的使者。

**(二)来源**

维生素C广泛存在于新鲜的蔬菜和水果中,尤以番茄、柑橘类、鲜枣、山楂等含量丰富。植物中的抗坏血酸氧化酶能将维生素C氧化灭活为二酮古洛糖酸,所以久存的水果和蔬菜中维生素C含量会大量减少。

**(三)生化功能及缺乏症**

1. 在体内羟化反应中起重要的辅助因子作用,参与体内多种羟化反应。

(1)促进胶原蛋白的合成:维生素C是胶原合成中脯氨酸羟化酶、赖氨酸羟化酶的辅助因子,可促进胶原蛋白的合成,为维持结缔组织、骨及毛细血管壁结构所必需。

当维生素C缺乏时,胶原蛋白合成不足,伤口愈合较慢、牙齿易松动,微血管的通透性和脆性增加,易破裂出血,严重时可内脏出血,此一系列症状称为坏血病。

(2)参与胆固醇的转化:维生素C是胆固醇转化为胆汁酸过程中的限速酶7α-羟化酶的辅酶。

(3)参与芳香族氨基酸的代谢:苯丙氨酸羟化生成酪氨酸,酪氨酸羟化、脱羧生成对羟苯丙酮酸的反应及形成黑尿酸的反应,均需要维生素C的参与。

2. 维生素C是一种强有力的抗氧化剂,参与体内氧化还原反应。

(1)保护巯基作用:作为供氢体,维生素C能使蛋白质分子及巯基酶中的—SH维持还原状态,也能使氧化型谷胱甘肽(G-S-S-G)还原为还原型谷胱甘肽(G-SH);后者可与重金属离子结合将其排出体外。故维生素C常用于防治铅、汞、砷、苯等的慢性中毒。此外,G-SH可使脂质过氧化物还原,从而起到保护细胞膜的作用。

(2)使红细胞高铁血红蛋白还原为血红蛋白:维生素C能使$Fe^{3+}$还原为$Fe^{2+}$,使血红蛋白恢复对氧的运输能力。同样可将食物中三价铁转变为二价铁,易于吸收,可用于缺铁性贫血治疗。

(3)保护其他维生素:维生素C能使维生素A、维生素E及维生素B免遭氧化,还能促进叶酸转变为$FH_4$。

3. 抗病毒、抗癌作用　维生素C能增加淋巴细胞的生成,提高吞噬细胞的吞噬能力,促进免疫球蛋白的合成,提高机体的免疫力;维生素C还具有较好的抗癌作用,可能与其可阻断强致癌物亚硝胺的形成、抗自由基、胶原蛋白防癌扩散等因素有关。

**知识链接**

维生素虽为生素类药物,对机体较为安全,但任意使用也是不可取的。维生素摄入过多可造成急、慢性中毒。维生素的使用原则可归纳为:①要区分治疗性用药和补充摄入量不足的预防性用药，在治疗性用药时，维生素的使用指征应明确；②要严格掌握维生素的剂量和疗程；③明确维生素缺乏症的致病因素，针对病因积极治疗而不应单纯依赖维生素的补充；④掌握用药时间，一般餐后服用维生素有利于其吸收。

维生素C对维生素$B_{12}$有破坏作用，且能与食物中的锌、铜离子结合，阻碍其吸收，严重时能造成维生素$B_{12}$、铜、锌等的缺乏；叶酸与维生素C合用会减弱各自的作用，如果遇到必须使用时，也不得同时服用，服用时间应至少间隔半小时。此外，不宜与维生素C同时服用的药物还包括磺胺类药、链霉素、青霉素、阿司匹林、异烟肼、氨茶碱等。

## 点 滴 积 累

1. 水溶性维生素包括B族维生素和维生素C。

2. 维生素$B_1$活性形式是焦磷酸硫胺素（TPP）；缺乏可导致脚气病。

3. 维生素$B_2$活性形式是FMN和FAD；二者可作为体内氧化还原酶的辅基，起递氢作用；缺乏维生素$B_2$时，可引起口角炎、唇炎、舌炎、结膜炎、视觉模糊、阴囊炎等。

4. 维生素PP活性形式是$NAD^+$（辅酶Ⅰ）和$NADP^+$（辅酶Ⅱ）；二者是构成多种不需氧脱氢酶的辅酶；缺乏维生素PP时，可引起癞皮病。

5. 维生素$B_6$包括吡哆醇、吡哆醛和吡哆胺，临床上常用维生素$B_6$治疗婴儿惊厥、妊娠呕吐和精神焦虑等。

6. 叶酸的活性形式是四氢叶酸；叶酸缺乏，可造成巨幼红细胞性贫血。维生素$B_{12}$是体内唯一含金属元素的维生素，缺乏也可引起巨幼红细胞性贫血。

7. 维生素C又称L-抗坏血酸；缺乏可引起坏血病。

**维生素总结表**

| 分类 | 名称 | 来源 | 主要功能 | 活性形式 | 缺乏症 |
|---|---|---|---|---|---|
| 脂溶性维生素 | 维生素A（视黄醇） | 肝、蛋黄、牛奶、绿叶蔬菜、胡萝卜（β-胡萝卜素）、玉米等 | 1. 构成视紫红质<br>2. 维持上皮组织结构的完整<br>3. 促进生长发育 | 11-顺视黄醛、视黄醛、视黄酸 | 夜盲症、干眼病、皮肤干燥、毛囊丘疹 |
| | 维生素D（钙化醇） | 肝、蛋黄、牛奶、鱼肝油、皮下7-脱氢胆固醇在紫外线照射下转化 | 1. 调节钙、磷代谢，促进钙、磷吸收<br>2. 促进骨盐代谢与骨的正常生长 | $1,25\text{-}(OH)_2\text{-}D_3$ | 佝偻病（儿童）软骨病（成人） |
| | 维生素E（生育酚） | 植物油、豆类及绿叶蔬菜 | 1. 抗氧化作用<br>2. 保护生物膜<br>3. 维持生殖功能<br>促血红素合成 | 生育酚 | 人类未发现缺乏症，临床用于治疗习惯性流产 |
| | 维生素K（凝血维生素） | 肝、绿色蔬菜、肠道细菌合成 | 促进肝合成凝血因子 | 2-甲基1，4-萘醌 | 皮下出血、肌肉及胃肠道出血 |

续表

| 分类 | 名称 | 来源 | 主要功能 | 活性形式 | 缺乏症 |
|---|---|---|---|---|---|
| 水溶性维生素 | 维生素 $B_1$（硫胺素） | 酵母、豆、瘦肉、谷类外壳、皮及胚芽 | 1. α- 酮酸氧化脱羧酶的辅酶<br>2. 抑制胆碱酯酶活性<br>3. 转酮基反应 | TPP | 脚气病、末梢神经炎 |
| | 维生素 $B_2$（核黄素） | 肝、蛋黄、牛奶、绿叶蔬菜 | 构成黄素酶的辅酶，参与生物氧化体系 | FMN、FAD | 口角炎、舌炎、唇炎、阴囊炎 |
| | 维生素 PP（尼克酸、尼克酰胺） | 肉、酵母、谷类、花生、胚芽、肝 | 构成脱氢酶的辅酶，参与生物氧化体系 | $NAD^+$、$NADP^+$ | 癞皮病 |
| | 维生素 $B_6$（吡哆醇、吡哆醛、吡哆胺） | 谷类胚芽、肝 | 1. 氨基酸脱羧酶和转氨酶的辅酶<br>2. ALA 合酶的辅酶 | 磷酸吡哆醛<br>磷酸吡哆胺 | 人类未发现缺乏症 |
| | 泛酸（遍多酸） | 动、植物细胞中均含有 | 构成辅酶 A 的成分，参与体内酰基的转移 | CoA、酰基载体蛋白（ACP） | 人类未发现缺乏症 |
| | 叶酸 | 肝、酵母、绿叶蔬菜人类肠道细菌也能合成叶酸 | 以 $FH_4$ 的形式参与一碳单位的转移，与蛋白质、核酸合成，红细胞、白细胞成熟有关 | 四氢叶酸 | 巨幼红细胞贫血 |
| | 生物素 | 动、植物组织中均含有 | 构成羧化酶的辅酶，参与 $CO_2$ 的固定 | | 人类未发现缺乏症 |
| | 维生素 $B_{12}$ | 肝、肉、鱼、牛奶 | 1. 促进甲基转移<br>2. 促进 DNA 的合成<br>3. 促进红细胞成熟 | 甲钴胺素<br>5′- 脱氧腺苷钴胺素 | 巨幼红细胞贫血 |
| | 维生素 C | 新鲜水果、蔬菜，特别是番茄和柑橘 | 1. 参与体内羟化反应<br>2. 参与氧化还原反应<br>3. 促进铁吸收 | 抗坏血酸 | 坏血病 |

## 目 标 检 测

### 一、选择题

#### （一）单项选择题

1. 下列关于维生素的叙述正确的是（　　）
   A. 维生素是一类高分子有机化合物
   B. 维生素每天需要量约数克
   C. B 族维生素的主要作用是构成辅酶或辅基
   D. 维生素参与机体组织细胞的构成
2. 有关维生素 A 的叙述错误的是（　　）
   A. 维生素 A 缺乏可引起夜盲症
   B. 维生素 A 是水溶性维生素
   C. 维生素 A 可由 β- 胡萝卜素转变而来
   D. 维生素 A 参与视紫红质的形成

3. 儿童缺乏维生素D时易患（　　）

A. 佝偻病　　B. 骨质软化症

C. 坏血病　　D. 恶性贫血

4. 脚气病由于缺乏下列哪种维生素所致（　　）

A. 钴胺素　　B. 硫胺素

C. 生物素　　D. 遍多酸

5. 维生素$B_6$辅助治疗小儿惊厥和妊娠呕吐的原理是（　　）

A. 作为谷氨酸转氨酶的辅酶成分　　B. 作为丙氨酸转氨酶的辅酶成分

C. 作为蛋氨酸脱羧酶的辅酶成分　　D. 作为谷氨酸脱羧酶的辅酶成分

6. 唯一含金属元素的维生素是（　　）

A. 维生素$B_1$　　B. 维生素$B_2$

C. 维生素C　　D. 维生素$B_{12}$

7. 抗干眼病维生素是（　　）

A. 维生素A　　B. 维生素D

C. 叶酸　　D. 维生素E

8. 坏血病是由于缺乏哪种维生素引起的（　　）

A. 维生素C　　B. 维生素D

C. 维生素K　　D. 维生素E

9. 临床治疗习惯性流产、先兆流产应选用（　　）

A. 维生素$B_1$　　B. 维生素E

C. 维生素$B_{12}$　　D. 维生素$B_6$

10. 长期食用精米和精面的人容易得癞皮病，这是因为缺乏（　　）

A. 尼克酸　　B. 泛酸

C. 磷酸吡哆醛　　D. 硫辛酸

11. 关于水溶性维生素的叙述错误的是（　　）

A. 在人体内只有少量储存

B. 易随尿排出体外

C. 在人体内主要储存于脂肪组织

D. 当膳食供给不足时，易导致人体出现相应的缺乏症

12. 关于脂溶性维生素的叙述错误的是（　　）

A. 溶于脂溶剂　　B. 可随尿排出体外

C. 在肠道中与脂肪共同吸收　　D. 长期摄入量过多可引起中毒

13. 肠道细菌可合成的维生素是（　　）

A. 维生素A和维生素D　　B. 维生素K和维生素$B_6$

C. 维生素C和维生素E　　D. 泛酸和尼克酰胺

**（二）多项选择题**

1. 下列属于水溶性维生素的有（　　）

A. 维生素C　　B. 维生素$B_2$

C. 叶酸　　D. 维生素E

E. 维生素$B_{12}$

2. 缺乏时引起高同型半胱氨酸血症的维生素是（ ）
A. 维生素 $B_2$
B. 维生素 $B_{12}$
C. 维生素 $B_6$
D. 叶酸
E. 生物素

3. 缺乏时引起巨幼红细胞贫血的维生素是（ ）
A. 维生素 $B_2$
B. 维生素 $B_{12}$
C. 维生素 PP
D. 叶酸
E. 维生素 K

4. 能在人体肠道中合成的维生素是（ ）
A. 维生素 $B_6$
B. 维生素 $B_{12}$
C. 生物素
D. 叶酸
E. 维生素 K

5. 服用抗结核药异烟肼时应补充的维生素是（ ）
A. 维生素 $B_6$
B. 维生素 $B_{12}$
C. 维生素 PP
D. 叶酸
E. 生物素

6. 具有抗氧化作用的维生素是（ ）
A. 维生素 $B_6$
B. 维生素 A
C. 维生素 D
D. 维生素 E
E. 维生素 C

7. 含有维生素 $B_2$ 的辅基或辅酶是（ ）
A. $NAD^+$
B. FAD
C. FMN
D. TPP
E. $FH_4$

8. 巨幼红细胞性贫血是因为缺乏（ ）
A. 生物素
B. 维生素 $B_2$
C. 叶酸
D. 维生素 E
E. 维生素 $B_{12}$

9. 下列维生素的组合中正确的有（ ）
A. 维生素 $B_1$—TPP—脚气病
B. 维生素 C—钴胺素—贫血
C. 维生素 $B_2$—FAD—口角炎
D. 维生素 $B_6$—$FH_4$—夜盲症
E. 维生素 PP—$NAD^+$—癞皮病

## 二、简答题

1. 引起维生素缺乏症的常见原因有哪些？
2. 脂溶性维生素和水溶性维生素在体内的代谢各有何特点？
3. 维生素 A 缺乏时，为什么会患夜盲症？
4. 维生素 $B_1$ 缺乏，为什么会患脚气病？
5. 为什么叶酸和维生素 $B_{12}$ 缺乏时患巨幼红细胞贫血？
6. 试列举出几种维生素缺乏症的名称。
7. 抗结核治疗时应注意补充哪种维生素？

### 三、实例分析

2000多年前，古罗马帝国的军队渡过突尼斯海峡远征非洲。在沙漠上，士兵们吃不到水果和蔬菜，他们的脸色由苍白变为暗黑，紫红的血从牙缝中一丝一丝地渗出来，浑身上下青一块、紫一块，两腿肿胀、关节疼痛，双脚麻木而不能行走，纷纷栽倒在沙漠中。

试问：1. 案例中，士兵所患的症状是由于缺乏何种维生素引起的？

2. 为什么会引起上述症状？

（何旭辉）

# 第六章 糖 代 谢

生物体内糖类、脂类、蛋白质等物质按一定规律不断进行着新陈代谢，即物质代谢的同时伴有能量代谢。物质代谢包括合成代谢和分解代谢，二者处于动态平衡中。物质代谢途径是由许多酶促反应有组织、有次序、一个接一个地依次衔接起来的连续化学反应，也称代谢通路。其中几个不可逆的关键反应决定反应总速度，催化这些不可逆反应的酶称关键酶。关键酶在调节物质代谢通路、代谢过程中起着重要的作用。

糖(carbohydrate)是由多羟基醛或多羟基酮以及它们的衍生物或多聚物组成的一类有机化合物。糖广泛存在于生物体内，其中以植物中含量最为丰富，约占其干重的85%～95%。人类食物中的糖类主要是淀粉，在酶的作用下水解为单糖，主要是葡萄糖，才能被人体吸收。人体内的糖主要是葡萄糖和糖原。葡萄糖是糖在体内的运输和利用形式；糖原是葡萄糖的多聚体，是糖在体内的储存形式。

## 第一节 概 述

### 一、糖的生理功能

糖在体内有多种重要的生理功能。其主要功能是氧化供能，人体每日所需的能量大约60%是由糖氧化分解供给的。其次，糖还是机体重要的碳源，糖分解代谢的中间产物可在体内转变成多种其他非糖物质，如非必需氨基酸、脂肪和核苷等。同时糖也是构成人体组织结构的重要成分，如糖与蛋白质结合形成的糖蛋白或蛋白聚糖是构成结缔组织的成分；与脂类结合形成的糖脂是构成神经组织和细胞膜的成分；核糖、脱氧核糖则分别是RNA和DNA的组成成分。另外，糖还参与构成体内一些重要生理活性物质，如某些激素、酶、免疫球蛋白、血浆蛋白等中都含有糖。

### 二、糖在体内的代谢概况

糖代谢主要是指葡萄糖在体内的一系列复杂的化学变化。在不同的生理条件下，葡萄糖在组织细胞内代谢的途径也不同。供氧充足时，葡萄糖能彻底氧化生成$CO_2$、$H_2O$并释放能量；缺氧时，葡萄糖分解生成乳酸；在一些代谢旺盛的组织，葡萄糖可通过磷酸戊糖途径代谢。体内血糖充足时，肝、肌肉等组织可以把葡萄糖合成糖原储存；反之则进行糖原分解。同时，有些非糖物质如乳酸、丙酮酸、生糖氨基酸、甘油等能经糖异生作用转变成葡萄糖；葡萄糖也可转变成其他非糖物质。糖在体内代谢概况总结如图 6-1。

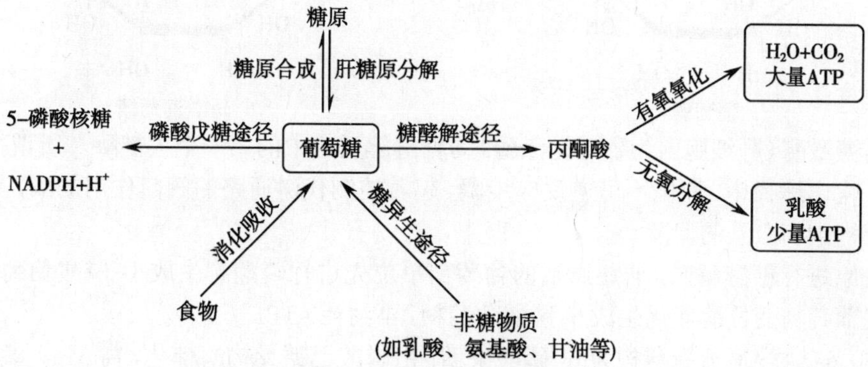


图 6-1 糖在体内代谢概况

**点 滴 积 累**

1. 糖主要的生理功能是在机体代谢中提供能量和碳源，也是细胞和组织结构的重要组成成分。

2. 糖（主要是葡萄糖）在体内的分解代谢途径主要有三条：糖酵解、糖有氧氧化和磷酸戊糖途径。

# 第二节 糖的分解代谢

糖的分解代谢是指生物体将糖（主要是葡萄糖）分解生成小分子物质的过程。体内糖的氧化分解代谢途径主要有无氧分解、有氧氧化和磷酸戊糖途径三种方式。

## 一、糖的无氧分解

糖的无氧分解（anaerobic oxidation）是指葡萄糖或糖原在无氧或缺氧条件下，分解生成乳酸和少量 ATP 的过程。因这一过程与酵母菌使糖生醇发酵相似，故又称为糖酵解（glycolysis）。糖酵解在全身各组织细胞的胞液中均可进行，尤以红细胞和肌肉组织中活跃。

### （一）糖酵解的反应过程

糖酵解的反应过程可分为两个阶段：第一阶段是葡萄糖（或糖原）分解生成丙酮酸，称为糖酵解途径；第二阶段是丙酮酸还原生成乳酸。

1. 糖酵解途径

（1）葡萄糖磷酸化生成 6- 磷酸葡萄糖：葡萄糖在己糖激酶（在肝细胞内是葡萄糖激酶）催化下，需 $Mg^{2+}$ 作为激活剂，消耗 ATP，生成 6- 磷酸葡萄糖，这是糖酵解途径中的第一次磷酸化反应。此反应不可逆。

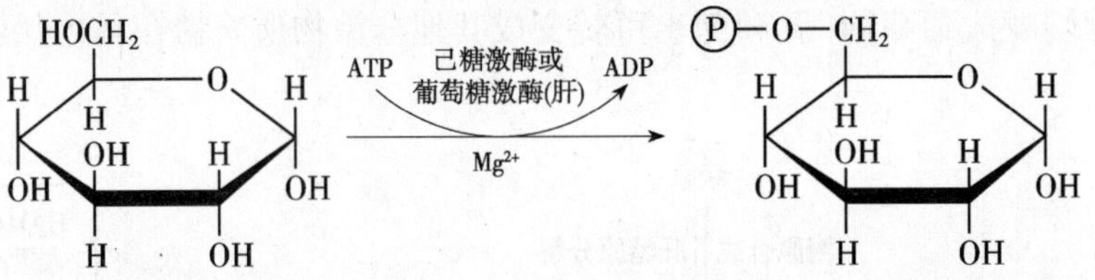


葡萄糖　　　　6–磷酸葡萄糖

己糖激酶(肝细胞内为葡萄糖激酶)为糖酵解反应中的第一个关键酶。所谓关键酶是指在代谢途径中，催化不可逆反应步骤、起着控制代谢通路的阀门作用的酶，其活性受到变构剂和激素的调节。

糖原进行糖酵解时，非还原端的葡萄糖单位先进行磷酸解生成 1- 磷酸葡萄糖，再经磷酸葡萄糖变位酶催化生成 6- 磷酸葡萄糖，不消耗 ATP。

(2) 6- 磷酸葡萄糖异构为 6- 磷酸果糖：由磷酸己糖异构酶催化，需 $Mg^{2+}$ 参与，反应可逆。

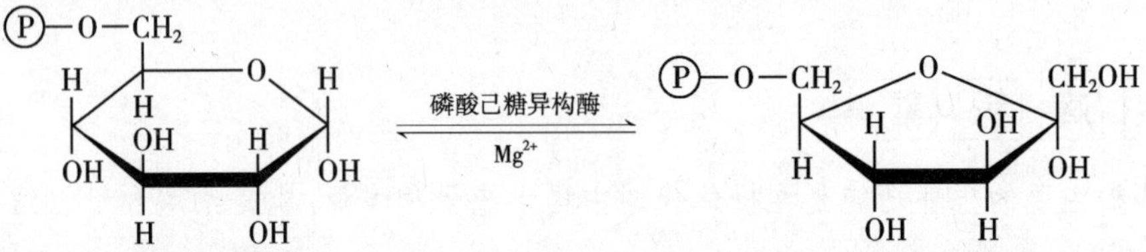


6–磷酸葡萄糖　　　　6–磷酸果糖

(3) 6- 磷酸果糖磷酸化生成 1，6- 二磷酸果糖：此反应不可逆，消耗 ATP。6- 磷酸果糖激酶 -1 为糖酵解反应中的第二个关键酶，因其在糖酵解反应中催化效率最低，故为糖酵解代谢途径的限速酶。

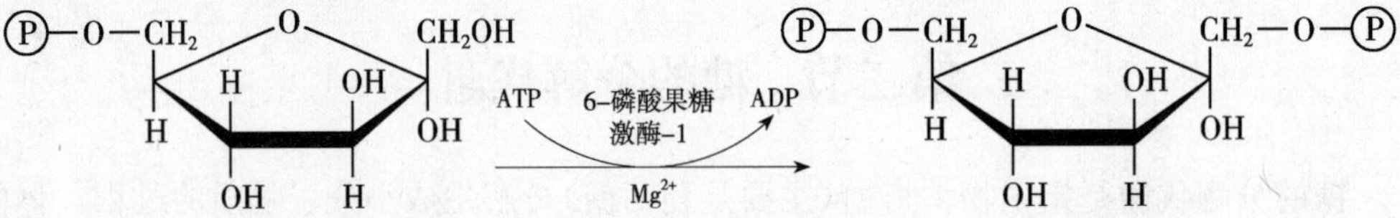


6–磷酸果糖　　　　1,6–二磷酸果糖

(4) 1，6- 二磷酸果糖裂解生成 2 分子的磷酸丙糖：含 6 个碳的 1，6- 二磷酸果糖经醛缩酶催化裂解生成 2 分子含 3 个碳的磷酸丙糖——磷酸二羟丙酮和 3- 磷酸甘油醛。二者为同分异构体，在异构酶的催化下可以互相转变。当 3- 磷酸甘油醛在下一步反应中被消耗时，磷酸二羟丙酮可迅速转变成 3- 磷酸甘油醛，继续在糖酵解途径中参与代谢，故 1 分子 1，6- 二磷酸果糖相当于裂解成为 2 分子的 3- 磷酸甘油醛。

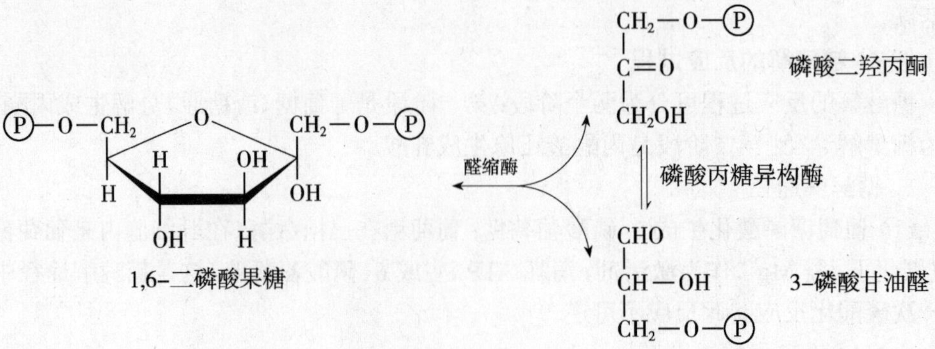

（5）3- 磷酸甘油醛氧化生成 1，3- 二磷酸甘油酸：在 3- 磷酸甘油醛脱氢酶的催化下，3- 磷酸甘油醛脱氢并磷酸化生成含有高能磷酸键的 1，3- 二磷酸甘油酸，反应脱下的氢由辅酶 $NAD^+$ 接受生成 $NADH+H^+$。此步反应可逆，是糖酵解反应过程中唯一的一次脱氢反应。

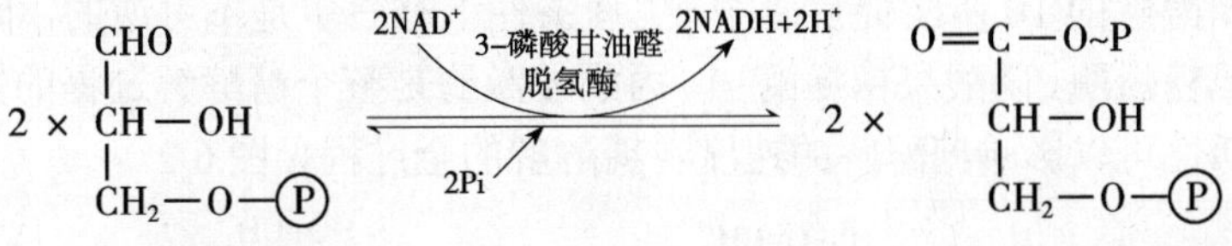


3-磷酸甘油醛　　　　1,3-二磷酸甘油酸

（6）1，3- 二磷酸甘油酸转变为 3- 磷酸甘油酸：1，3- 二磷酸甘油酸的高能磷酸键在磷酸甘油酸激酶催化下，转移给 ADP 生成 ATP，自身转变为 3- 磷酸甘油酸。此种由底物分子中的高能磷酸键直接转移给 ADP 而生成 ATP 的方式，称为底物水平磷酸化。

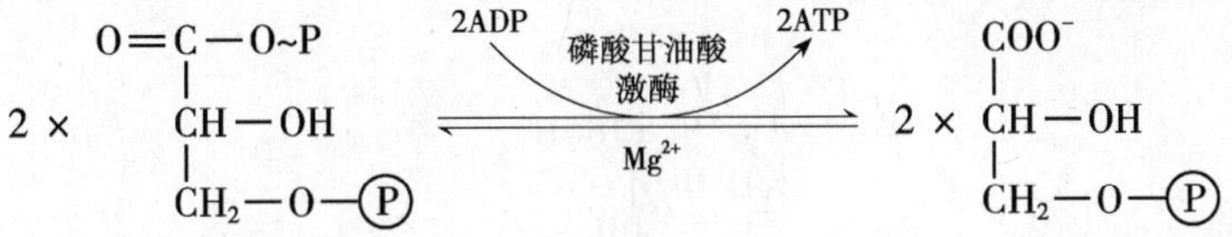


1,3-二磷酸甘油酸　　　　3-磷酸甘油酸

（7）3- 磷酸甘油酸转变为 2- 磷酸甘油酸

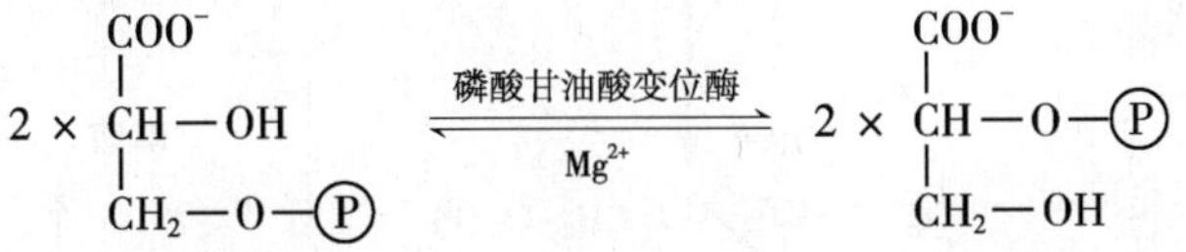


3-磷酸甘油酸　　　　2-磷酸甘油酸

（8）2- 磷酸甘油酸脱水生成磷酸烯醇式丙酮酸：2- 磷酸甘油酸经烯醇化酶催化进行脱水的同时，分子内部的能量重新分配，生成含有高能磷酸键的磷酸烯醇式丙酮酸。

2-磷酸甘油酸　　　　磷酸烯醇式丙酮酸

（9）丙酮酸的生成：在丙酮酸激酶催化下，磷酸烯醇式丙酮酸上的高能磷酸键转移给 ADP 生成 ATP，自身则生成丙酮酸。这是糖酵解途径中的第二次底物水平磷酸化。此反应不可逆，丙酮酸激酶为糖酵解反应中的第三个关键酶。

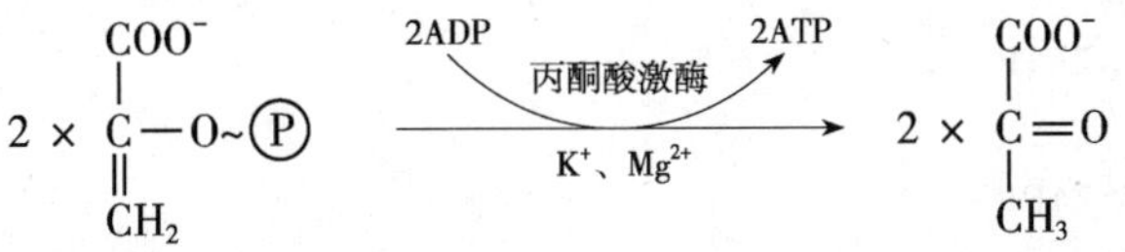


磷酸烯醇式丙酮酸　　　　丙酮酸

2．丙酮酸还原生成乳酸　机体缺氧时，在乳酸脱氢酶（LDH）催化下，由 3- 磷酸甘油醛脱氢反应生成的 $NADH+H^+$ 作为供氢体，将丙酮酸还原生成乳酸。$NADH+H^+$ 重新转变成 $NAD^+$，糖酵解才能继续进行。

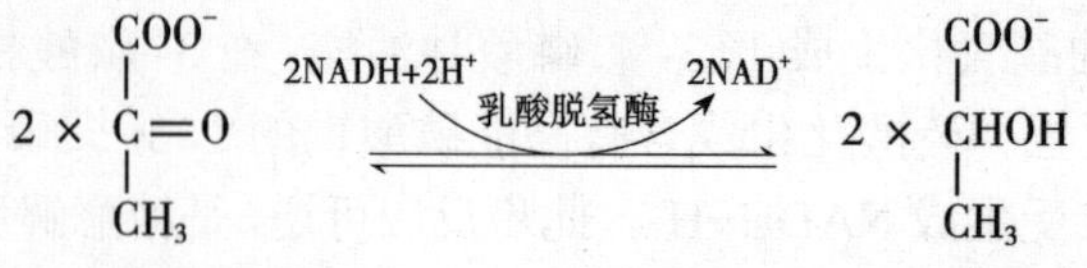


丙酮酸　　　　乳酸

在整个糖酵解的 10 步酶促反应中，生理条件下有三步是不可逆的，催化这三步反应的酶——己糖激酶、磷酸果糖激酶 -1、丙酮酸激酶是整个糖酵解过程的关键酶，调节这三个酶的活性可以影响糖酵解的速度。糖酵解的全过程见图 6-2。

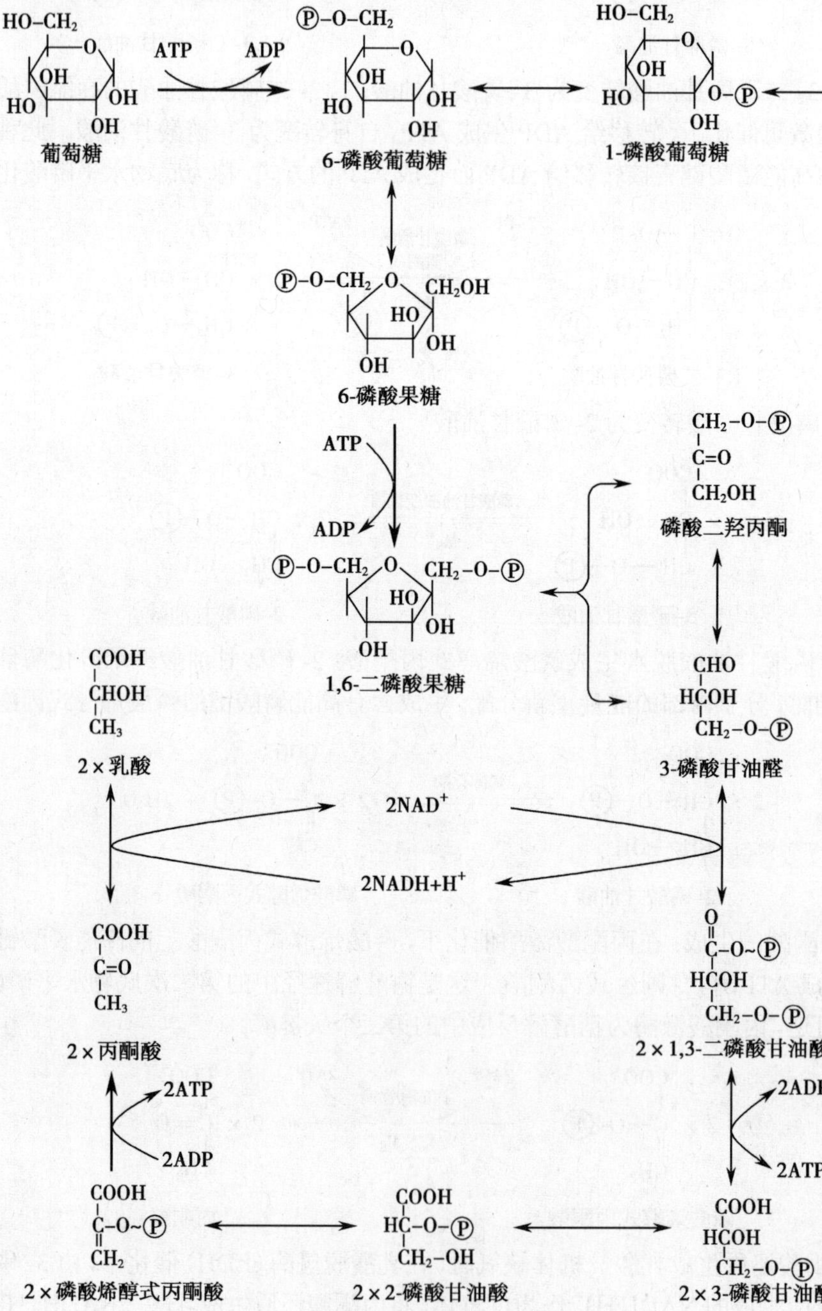


图 6-2 糖酵解的全过程

**课堂活动**

为什么剧烈运动后，肌肉常有酸疼的感觉？

### （二）糖酵解的生理意义

1 分子葡萄糖经糖酵解净生成 2 分子 ATP（见表 6-1）；若从糖原开始，每个葡萄糖单位净生成 3 分子 ATP。糖酵解虽然产生的能量不多，但生理意义特殊。

表 6-1 糖酵解过程中 ATP 的生成

| 反应 | 生成 ATP 数 |
|---|---|
| 葡萄糖→6-磷酸葡萄糖 | −1 |
| 6-磷酸果糖→1，6-二磷酸果糖 | −1 |
| 2×1，3-二磷酸甘油酸→2×3-磷酸甘油酸 | 2×1 |
| 2×磷酸烯醇式丙酮酸→2×烯醇式丙酮酸 | 2×1 |
| 净生成 | 2 |

1. 缺氧时的主要供能方式　如在剧烈运动时，肌肉局部血流不足相对缺氧，必须通过糖酵解供能。在应急时即使不缺氧，葡萄糖进行有氧氧化的过程比糖酵解长得多，不能及时满足生理需要，肌肉通过糖酵解可迅速获得能量。某些病理情况，如严重贫血、大量失血、呼吸障碍、循环衰竭等，因供氧不足，长时间依靠糖酵解供能，可导致乳酸堆积，引起酸中毒。

2. 糖酵解是红细胞供能的主要方式　成熟的红细胞没有线粒体，完全依靠糖酵解供能。

3. 供氧充足时少数组织的能量来源　有些组织即便供氧充足，仍然依赖糖酵解供能，如视网膜、肾髓质、皮肤、睾丸、白细胞等代谢极为活跃的组织细胞常由糖酵解提供部分能量。

## 二、糖的有氧氧化

糖的有氧氧化（aerobic oxidation）是指葡萄糖或糖原在有氧条件下，彻底氧化分解生成 $CO_2$ 和 $H_2O$ 并产生大量 ATP 的过程。有氧氧化是糖氧化分解供能的主要方式，绝大多数细胞都通过这一途径获得能量。

### （一）有氧氧化的反应过程

糖的有氧氧化分为三个阶段：第一阶段是葡萄糖或糖原在胞液中循糖酵解途径分解生成丙酮酸；第二阶段是丙酮酸进入线粒体氧化脱羧生成乙酰 CoA；第三阶段是乙酰 CoA 经三羧酸循环彻底氧化生成 $CO_2$、$H_2O$ 和 ATP。葡萄糖有氧氧化概况如图 6-3。

1. 丙酮酸的生成　此过程与糖酵解途径相同。反应在胞液中进行，但反应中生成的 $NADH+H^+$ 不参与丙酮酸还原为乳酸的反应，而是被转运至线粒体经呼吸链氧化生成水并释放出能量。

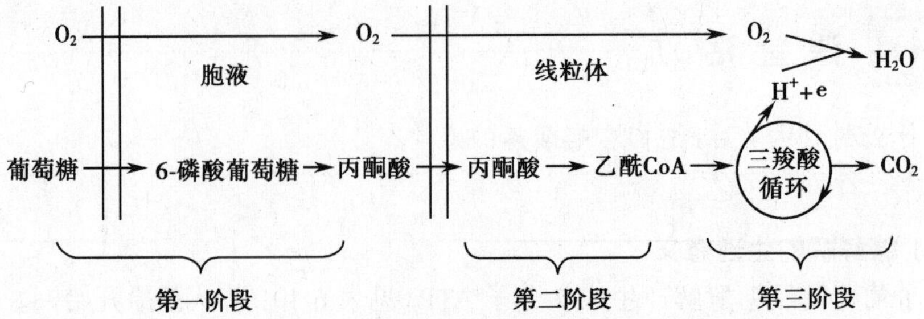


图 6-3 葡萄糖有氧氧化概况

2. 乙酰 CoA 的生成　丙酮酸由胞液进入线粒体，在丙酮酸脱氢酶复合体的催化下，进行脱氢（氧化）和脱羧（脱去 $CO_2$），并与辅酶 A（HSCoA）结合生成乙酰 CoA。整个反应是不可逆的。

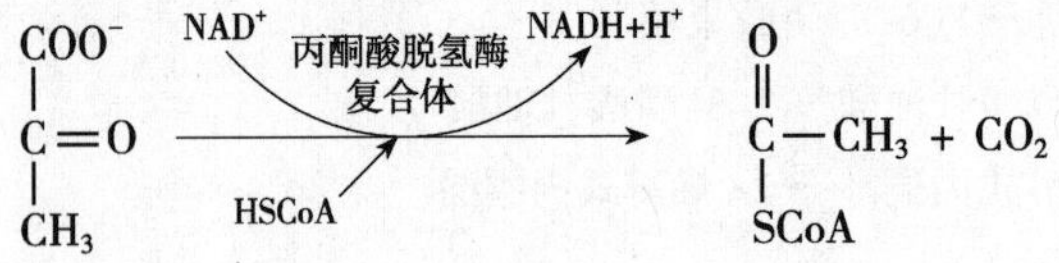


丙酮酸　　　　　　　　　乙酰CoA

丙酮酸脱氢酶复合体是关键酶，由丙酮酸脱氢酶、二氢硫辛酸转乙酰基酶、二氢硫辛酸脱氢酶 3 种酶组成；该酶复合体需要多种含 B 族维生素的辅助因子，如 TPP（含维生素 $B_1$）、二硫辛酸（含硫辛酸）、HSCoA（含泛酸）、FAD（含维生素 $B_2$）、$NAD^+$（含维生素 PP）等（见表 6-2）。

表 6-2 丙酮酸脱氢酶复合体的组成

| 酶 | 辅酶（所含维生素） |
|---|---|
| 丙酮酸脱氢酶 | TPP（$V.B_1$） |
| 二氢硫辛酸转乙酰基酶 | 硫辛酸、HSCoA（泛酸） |
| 二氢硫辛酸脱氢酶 | FAD（$V.B_2$）、$NAD^+$（V.PP） |

3. 三羧酸循环　反应在线粒体进行，以乙酰 CoA 与草酰乙酸缩合生成含有三个羧基的柠檬酸开始，经过一系列代谢反应，又生成草酰乙酸，故称三羧酸循环（tricarboxylic acid cycle，TAC 或称为 TCA 循环）或柠檬酸循环。由于最早由 Krebs 提出，也称 Krebs 循环。

**知识链接**

**Krebs 与三羧酸循环**

Hans Adolf Krebs（1900-1981），英籍德裔生物化学家。Krebs 经过 4 年研究发现食物在体内的变化顺序按柠檬酸、α- 酮戊二酸、琥珀酸、延胡索酸、苹果酸、草酰乙酸的顺序循环反应，他提出了对代谢有重大贡献的环式代谢途径的概念，即三羧酸循环，并因此于 1953 年获得诺贝尔生理学医学奖。

（1）柠檬酸的生成：乙酰 CoA 与草酰乙酸在柠檬酸合酶催化下缩合生成柠檬酸。此反应不可逆，柠檬酸合酶为 TCA 循环的第一个关键酶。

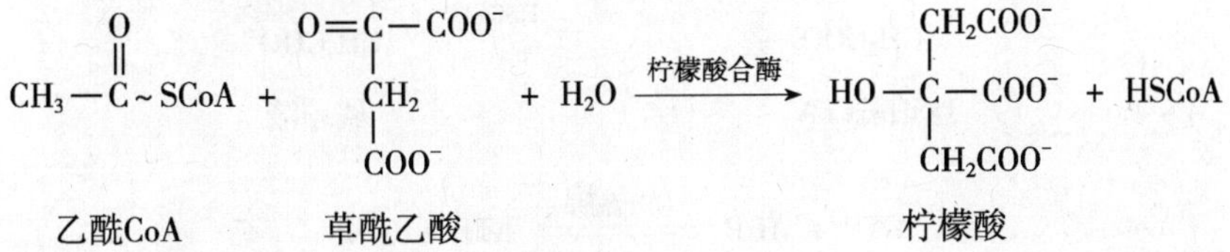


（2）柠檬酸异构生成异柠檬酸：在顺乌头酸酶的催化下，柠檬酸先脱水生成顺乌头酸，再加水异构成异柠檬酸，反应可逆。

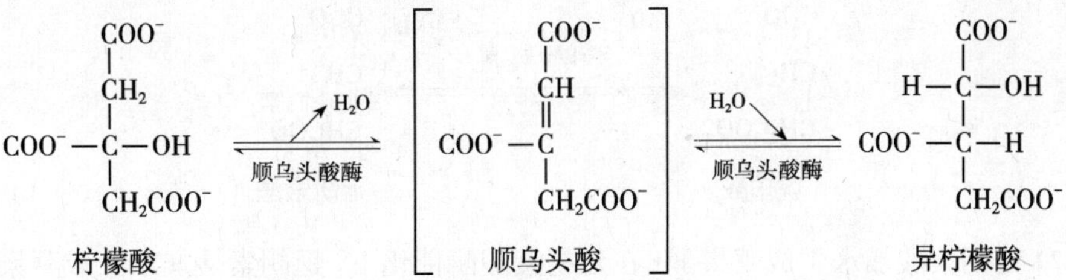


（3）异柠檬酸氧化脱羧生成 α- 酮戊二酸：在异柠檬酸脱氢酶催化下，异柠檬酸先脱氢再脱羧生成 α- 酮戊二酸，辅酶 $NAD^+$ 接受脱下的 2H 成为 $NADH+H^+$。此反应不可逆，异柠檬酸脱氢酶是 TCA 循环过程中的第二个关键酶，也是 TCA 循环过程中的限速酶。这是 TCA 循环反应中的第一次氧化脱羧。

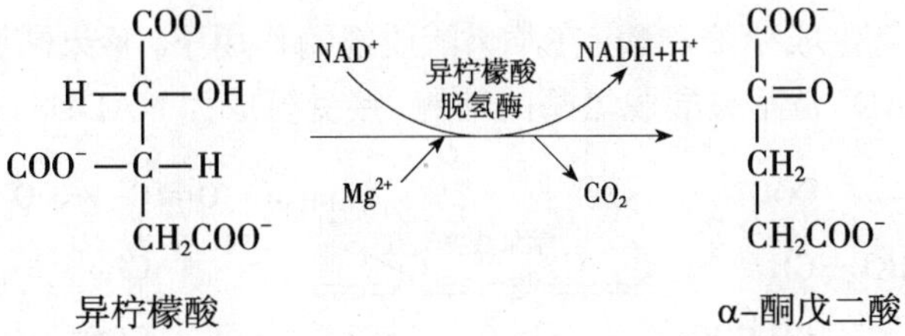


（4）α- 酮戊二酸氧化脱羧生成琥珀酰 CoA：在 α- 酮戊二酸脱氢酶复合体催化下，α- 酮戊二酸氧化脱羧生成琥珀酰 CoA，脱下的 2H 由 $NAD^+$ 接受成为 $NADH+H^+$，氧化产生的能量一部分储存于琥珀酰 CoA 的高能硫酯键中，所以琥珀酰 CoA 为高能化合物。此反应不可逆，该酶复合体是 TCA 循环的第三个关键酶，催化的反应不可逆。这是 TCA 循环反应中的第二次氧化脱羧。

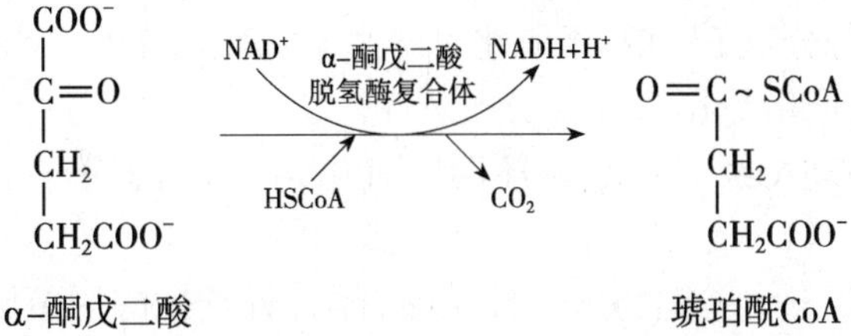


（5）琥珀酰 CoA 转变为琥珀酸：琥珀酰 CoA 受琥珀酰 CoA 合成酶（又称琥珀酸硫激酶）催化，将高能键转移给 GDP 生成 GTP，自身转变成琥珀酸，反应可逆。这是三羧酸循环中唯一的底物水平磷酸化步骤，GTP 又可将能量转移给 ADP 生成 ATP。

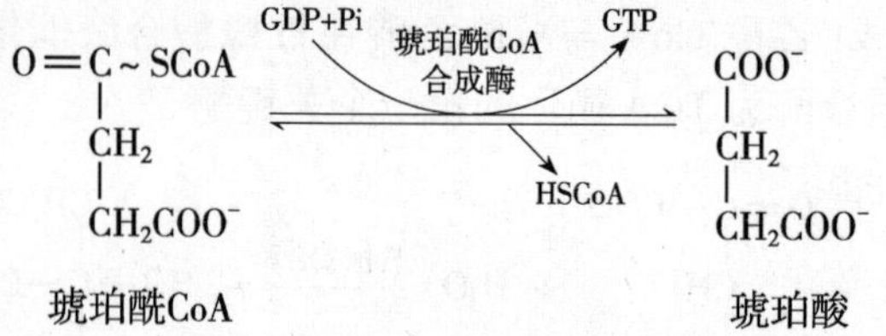


$$GTP + ADP \xrightleftharpoons{\text{GDP激酶}} ATP + GDP$$

(6) 琥珀酸脱氢生成延胡索酸：在琥珀酸脱氢酶催化下，琥珀酸脱氢生成延胡索酸。FAD是琥珀酸脱氢酶的辅酶，接受脱下的2H生成$FADH_2$。

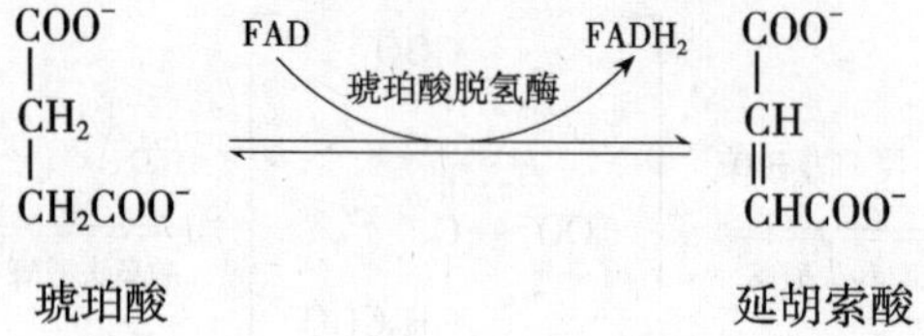


(7) 延胡索酸加水生成苹果酸：在延胡索酸酶催化下，延胡索酸加水生成苹果酸。

(8) 苹果酸脱氢生成草酰乙酸：在苹果酸脱氢酶作用下，苹果酸脱氢生成草酰乙酸完成一次循环。$NAD^+$是苹果酸脱氢酶的辅酶，接受氢成为$NADH+H^+$。

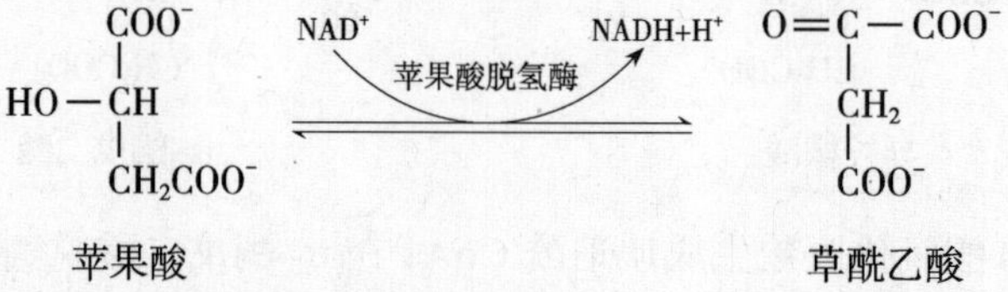


三羧酸循环是乙酰CoA彻底氧化的过程：

(1) 循环中1分子乙酰CoA经过2次脱羧，生成2分子$CO_2$，这是体内$CO_2$的主要来源；

(2) 4次脱氢，生成3分子$NADH+H^+$、1分子$FADH_2$，每分子$NADH+H^+$经氧化可产生2.5分子ATP，每分子$FADH_2$经氧化可产生1.5分子ATP；

(3) 1次底物水平磷酸化，生成1分子ATP。

故1分子乙酰CoA经三羧酸循环彻底氧化共生成10分子ATP（$3\times2.5+1\times1.5+1=10$）。

三羧酸循环中有三个关键酶——柠檬酸合酶、异柠檬酸脱氢酶、α-酮戊二酸脱氢酶复合体。它们所催化的反应在生理条件下是不可逆的，所以整个循环是不可逆的。三羧酸循环的中间物质可转变成其他物质，需要不断补充。

三羧酸循环反应过程见图6-4。

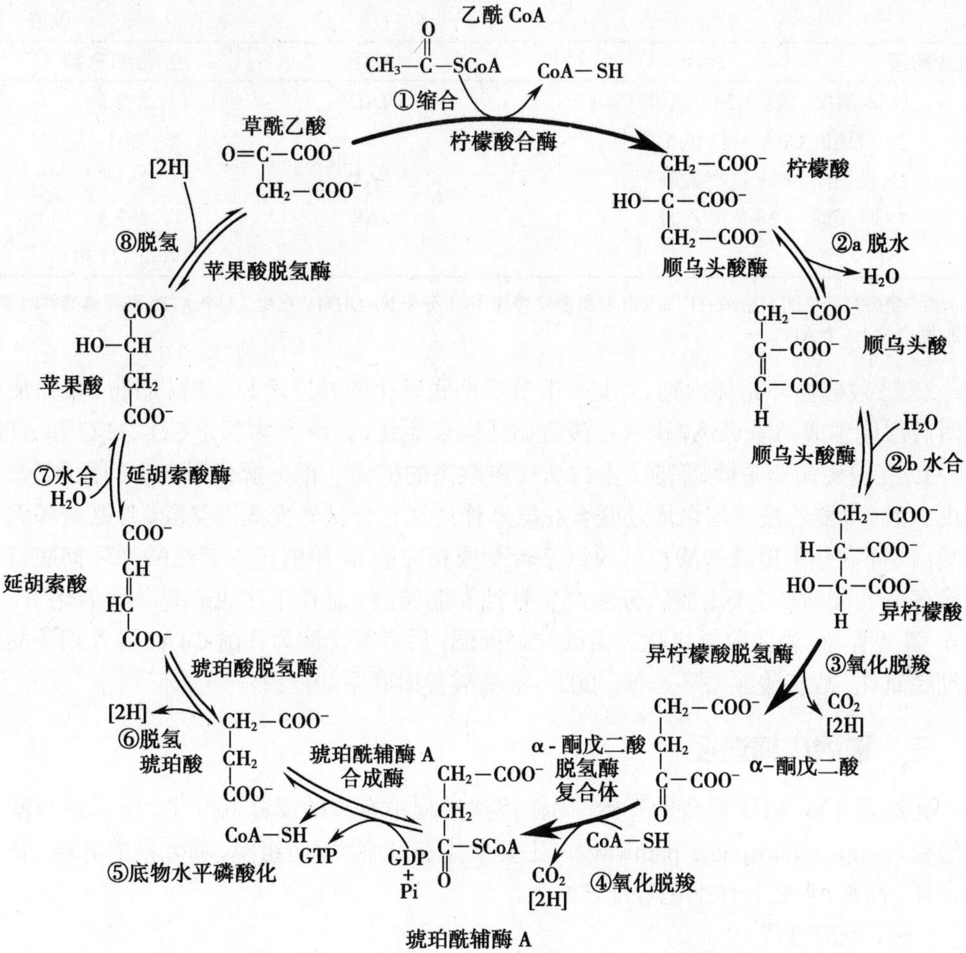


图6-4 三羧酸循环

### （二）糖有氧氧化的生理意义

1. 有氧氧化是机体供能的主要方式　1分子葡萄糖经有氧氧化生成 $CO_2$ 和 $H_2O$，能净生成30或32分子ATP（见表6-3）。

表6-3 有氧氧化过程中ATP的生成

| 反应阶段 | 反应 | 辅酶 | 生成ATP数 |
|---|---|---|---|
| 第一阶段: | | | |
| | 葡萄糖→6-磷酸葡萄糖 | | −1 |
| | 6-磷酸果糖→1，6-二磷酸果糖 | | −1 |
| | 2×3-磷酸甘油醛→2×1，3-二磷酸甘油酸 | $NAD^+$ | 2×2.5（或2×1.5）* |
| | 2×1，3-二磷酸甘油酸→2×3-磷酸甘油酸 | | 2×1 |
| | 2×磷酸烯醇式丙酮酸→2×烯醇式丙酮酸 | | 2×1 |
| 第二阶段: | | | |
| | 2×丙酮酸→2×乙酰CoA | $NAD^+$ | 2×2.5 |
| 第三阶段: | | | |
| | 2×异柠檬酸→2×α-酮戊二酸 | $NAD^+$ | 2×2.5 |

续表

| 反应阶段 | 反应 | 辅酶 | 生成ATP数 |
|---|---|---|---|
| | 2×α-酮戊二酸→2×琥珀酰CoA | $NAD^+$ | 2×2.5 |
| | 2×琥珀酰CoA→2×琥珀酸 | | 2×1 |
| | 2×琥珀酸→2×延胡索酸 | FAD | 2×1.5 |
| | 2×苹果酸→2×草酰乙酸 | $NAD^+$ | 2×2.5 |
| | | | 总计32（30） |

注：*糖酵解产生的$NADH+H^+$如果经苹果酸穿梭作用，1分子$NADH+H^+$产生2.5个ATP，若经磷酸甘油穿梭作用，则产生1.5个ATP。

2. 三羧酸循环是体内糖、脂肪、蛋白质彻底氧化的共同途径　糖、脂肪、蛋白质经代谢后都能生成乙酰CoA，进入三羧酸循环彻底氧化，最终产物都是$CO_2$、$H_2O$和ATP。

3. 三羧酸循环是糖、脂肪、蛋白质代谢联系的枢纽　糖分解代谢产生的丙酮酸、α-酮戊二酸、草酰乙酸等均可通过联合脱氨基作用逆行分别转变成丙氨酸、谷氨酸和天冬氨酸；同样这些生糖氨基酸也可脱氨基转变成相应的α-酮酸进入三羧酸循环彻底氧化或经草酰乙酸转变为糖；脂肪分解产生甘油和脂肪酸，前者在甘油磷酸激酶催化下，生成α-磷酸甘油，进而脱氢氧化为磷酸二羟丙酮，后者可降解为乙酰CoA，进入三羧酸循环彻底氧化，故三羧酸循环是糖、脂肪、氨基酸代谢联系的枢纽。

## 三、磷酸戊糖途径

此途径由6-磷酸葡萄糖开始，因在代谢过程中有磷酸戊糖的产生，所以称磷酸戊糖途径（pentose phosphate pathway）。主要发生在肝脏、脂肪组织、哺乳期的乳腺、肾上腺皮质、性腺、骨髓和红细胞等部位。

### （一）反应过程

磷酸戊糖途径在胞液中进行。全过程可分为两个阶段：第一阶段是氧化反应阶段，生成磷酸戊糖和$NADPH+H^+$；第二阶段是一系列的基团转移反应。

1. 磷酸戊糖的生成　6-磷酸葡萄糖经2次脱氢，生成2分子$NADPH+H^+$，一次脱羧反应生成1分子$CO_2$，自身则转变成5-磷酸核糖。6-磷酸葡萄糖脱氢酶是此途径的关键酶。如有些人先天缺乏6-磷酸葡萄糖脱氢酶，在食用蚕豆或某些药物后易诱发急性溶血性贫血（蚕豆病）。

2. 基团转移反应　第一阶段生成的5-磷酸核糖是合成核苷酸的原料，部分磷酸核糖通过一系列基团转移反应，进行酮基和醛基的转换，产生含3碳、4碳、5碳、6碳及7碳的多种糖的中间产物，最终都转变为6-磷酸果糖和3-磷酸甘油醛。它们可转变为6-磷酸葡萄糖继续进行磷酸戊糖途径，也可以进入糖的有氧氧化或糖酵解继续氧化分解。基本反应过程见图6-5。

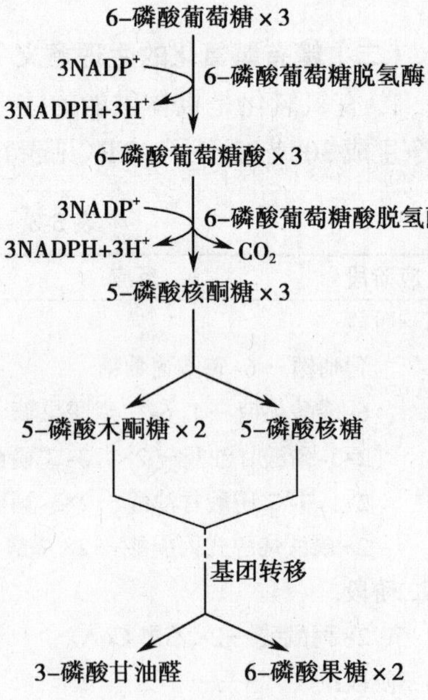

图6-5　磷酸戊糖途径

### （二）生理意义

1. 提供 5- 磷酸核糖 此途径是葡萄糖在体内生成 5- 磷酸核糖的唯一途径。5- 磷酸核糖是合成核苷酸的原料，核苷酸是核酸的基本组成单位。

#### 知识链接

**遗传性——6- 磷酸葡萄糖脱氢酶（G6PD）缺乏症**

俗称蚕豆病，常因食用蚕豆、服用或接触某些药物、感染等诱发血红蛋白尿、黄疸、贫血等急性溶血反应。原因是蚕豆、抗疟药、磺胺药等具有氧化作用，可使机体产生较多的 $H_2O_2$。正常人由于 6- 磷酸葡萄糖脱氢酶活性正常，服用蚕豆或药物时，可使磷酸戊糖途径增强，生成较多的 $NADPH+H^+$ 导致还原型谷胱甘肽（GSH）增加，这样可及时清除对红细胞有破坏作用的 $H_2O_2$，不会出现溶血。

而 6- 磷酸葡萄糖脱氢酶缺乏者，其磷酸戊糖途径不能正常进行，$NADPH+H^+$ 缺乏或不足，导致 GSH 生成减少。正常情况下，由于机体产生的 $H_2O_2$ 等物质不多，因此不会发病，与正常人无异。但当服用蚕豆或某些药物时，机体产生的 $H_2O_2$ 增多，不能及时清除，从而破坏红细胞膜，诱发溶血性贫血。

2. 提供 $NADPH+H^+$ $NADPH+H^+$ 与 $NADH+H^+$ 不同，它携带的氢不是通过呼吸链氧化磷酸化生成 ATP，而是参与许多代谢反应，发挥不同的作用。

（1）作为供氢体参与脂肪酸、胆固醇和类固醇激素的生物合成。

（2）是谷胱甘肽还原酶的辅酶：对维持还原型谷胱甘肽（GSH）的正常含量有很重要的作用。还原型谷胱甘肽是体内重要的抗氧化剂，能保护一些含巯基（—SH）的蛋白质和酶类免受氧化剂的破坏。在红细胞中还原型谷胱甘肽可以保护红细胞膜蛋白的完整性，当还原型谷胱甘肽（GSH）转化为氧化型谷胱甘肽（GSSG）时，则失去抗氧化作用。

（3）参与肝脏生物转化反应：与激素、药物、毒物等的生物转化作用有关。

## 点 滴 积 累

1. 糖酵解在胞液中进行，由葡萄糖或糖原产生乳酸和 ATP，1mol 葡萄糖（或糖原）净生成 2mol（或 3mol）ATP。

2. 三羧酸循环在线粒体中进行，经过 4 次脱氢，2 次脱羧，1 次底物水平磷酸化，3 个关键酶，1 分子乙酰 CoA 经三羧酸循环产生 10 分子 ATP。

3. 三羧酸循环是糖、脂肪和氨基酸代谢联系的枢纽，也是糖、脂肪、蛋白质最终代谢通路。

4. 有氧氧化是机体供能的主要方式，1mol 葡萄糖经有氧氧化生成 $CO_2$ 和 $H_2O$，能净生成 30 或 32mol ATP。

5. 磷酸戊糖途径主要提供 5- 磷酸核糖和 $NADPH+H^+$。

# 第三节　糖 原 代 谢

糖原（glycogen）是动物体内糖的储存形式，是以葡萄糖为基本单位聚合而成的带分支的大分子多糖。分子中葡萄糖主要以 α-1，4- 糖苷键相连形成直链，其中分支处以 α-1，6- 糖苷键形成支链，组成高度分支的大分子葡萄糖聚合物。糖原分支结构不仅增加了糖原的溶解度，也增加了非还原端数目，从而增加了糖原合成与分解时的作用点。糖原的结构见图 6-6。

体内肝脏和肌肉中糖原含量高，同时还有少量肾糖原。

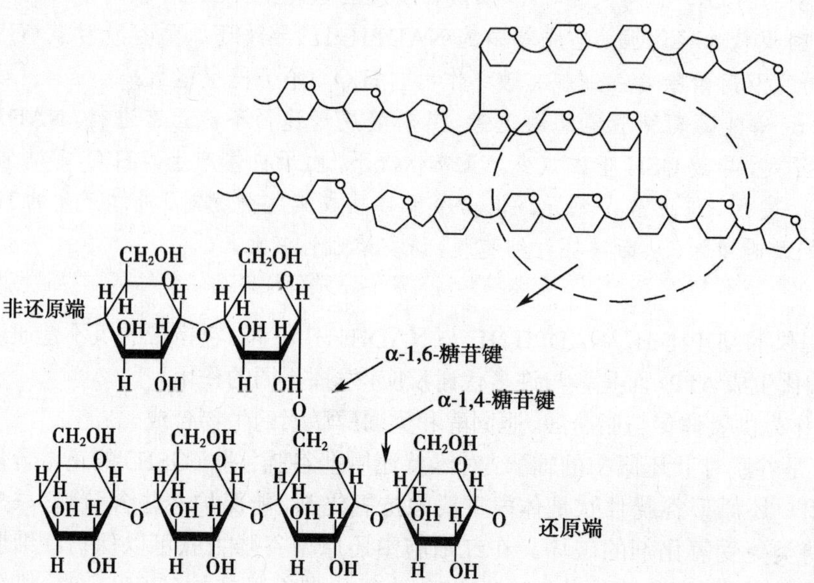


图 6-6　糖原的结构

## 一、糖原的合成

由单糖（主要是葡萄糖）合成糖原的过程称为糖原合成（glycogenesis）。反应主要在肝脏、肌肉组织等细胞的胞液中进行，糖原合酶为这一反应过程的限速酶，需要消耗 ATP 和 UTP。

### （一）糖原合成的反应过程

1．葡萄糖磷酸化生成 6- 磷酸葡萄糖　与糖酵解的第一步反应相同。

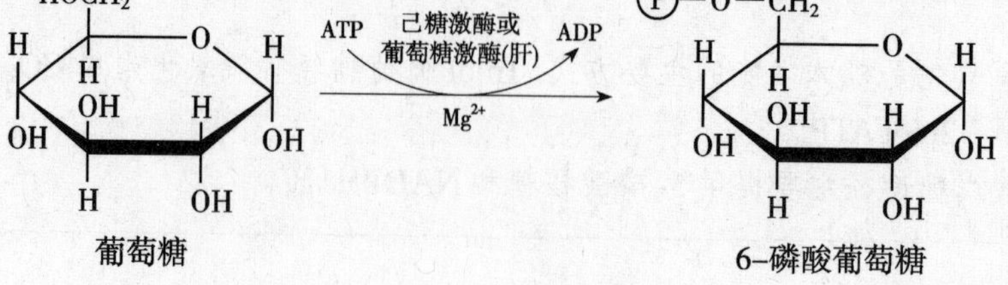

2. 6-磷酸葡萄糖转变为1-磷酸葡萄糖

6-磷酸葡萄糖　　　　1-磷酸葡萄糖

3. 1-磷酸葡萄糖生成二磷酸尿苷葡萄糖（UDPG）　在UDPG焦磷酸化酶的催化下，1-磷酸葡萄糖与三磷酸尿苷（UTP）反应生成UDPG和焦磷酸（PPi）。UDPG是葡萄糖的活性形式，可看成是“活性葡萄糖”，在体内作为葡萄糖供体。

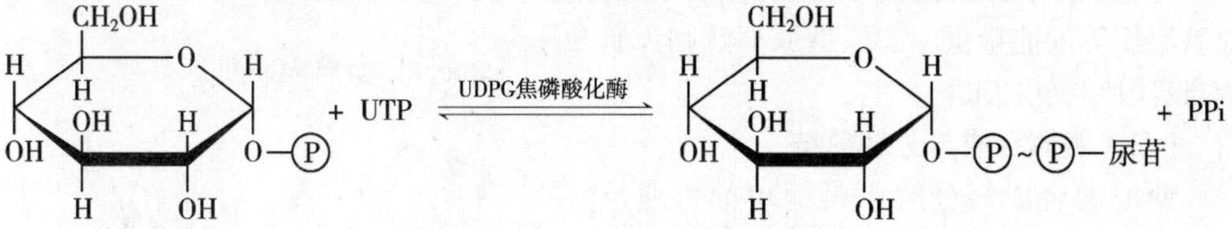


1-磷酸葡萄糖　　　　UDPG

4. 合成糖原　糖原合成时需要引物，糖原引物是指细胞内原有的较小的糖原分子。在糖原合酶催化下，UDPG与糖原引物反应，将UDPG上的葡萄糖基转移到引物上，以α-1,4-糖苷键相连。此反应不可逆，糖原合酶是关键酶。

$$\underset{(UDPG)}{\text{尿苷二磷酸葡萄糖}} + \underset{(Gn)}{\text{糖原“引物”}} \xrightarrow{\text{糖原合酶}} \underset{(UDP)}{\text{二磷酸尿苷}} + \underset{(Gn+1)}{\text{糖原}}$$

上述反应可在糖原合酶作用下反复进行，使糖链不断地延长，但不能形成分支。当链长增至12～18个葡萄糖残基时，分支酶就将长6～7个葡萄糖残基的寡糖链转移至另一段糖链上，以α-1,6-糖苷键相连形成糖原分子的分支。

**课堂活动**

糖原合成是一个耗能的过程，糖链每增加一个葡萄糖基，消耗多少分子ATP？机体在何种状态下，合成糖原旺盛？

### （二）糖原合成的生理意义

糖原合成是机体储存葡萄糖的方式，也是储存能量的一种方式。同时对维持血糖浓度的恒定有重要意义，如进食后机体将摄入的糖合成糖原储存起来，以免血糖浓度过度升高。

## 二、糖原的分解

由肝糖原分解为葡萄糖的过程，称为糖原分解（glycogenolysis）。肌糖原不能直接分解为葡萄糖，只能酵解生成乳酸，再经糖异生途径转变为葡萄糖。

### （一）糖原的分解过程

1. 糖原磷酸解为1-磷酸葡萄糖　磷酸化酶是糖原分解的关键酶，催化糖原非还原端的葡萄糖基磷酸化，生成1-磷酸葡萄糖。

$$糖原(Gn+1) + Pi \xrightarrow{磷酸化酶} 糖原(Gn)+1–磷酸葡萄糖$$

2. 1- 磷酸葡萄糖转变为 6- 磷酸葡萄糖

$$1–磷酸葡萄糖 \xleftrightarrow{磷酸葡萄糖变位酶} 6–磷酸葡萄糖$$

3. 6- 磷酸葡萄糖水解为葡萄糖　肝及肾中存在葡萄糖 -6- 磷酸酶，能水解 6- 磷酸葡萄糖生成葡萄糖。肌肉中缺乏此酶，因此只有肝（肾）糖原能直接分解为葡萄糖以补充血糖，肌糖原分解生成的 6- 磷酸葡萄糖只能进入糖酵解或有氧氧化。

$$6–磷酸葡萄糖 + H_2O \xrightarrow{葡萄糖–6–磷酸酶} 葡萄糖 + Pi$$

**（二）糖原分解的生理意义**

肝糖原分解能提供葡萄糖，既可在不进食期间维持血糖浓度的恒定，又可持续满足对脑组织等的能量供应。肌糖原分解则为肌肉自身收缩提供能量。

**（三）糖原合成与分解总结**

糖原的合成与分解不是简单的可逆反应，而是分别通过两条不同的途径进行，以便于进行精细的调节。

过程总结如图 6-7。

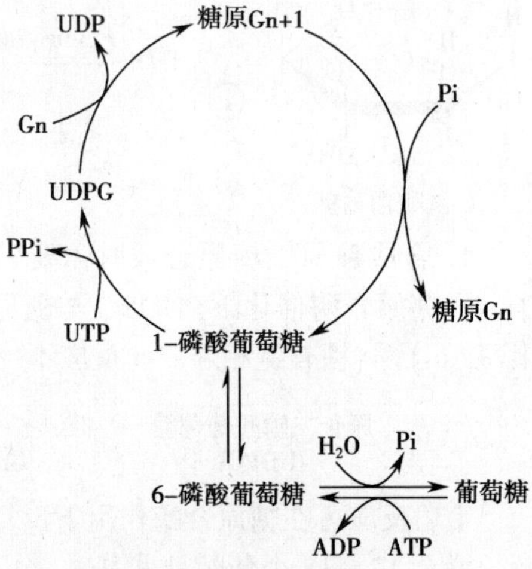

图 6-7　糖原的合成与分解

糖原合成和分解代谢的关键酶分别是糖原合酶和糖原磷酸化酶。这两种酶都存在有活性和无活性两种形式。机体通过激素介导的蛋白激酶 A 使两种酶都磷酸化，但活性表现不同，即磷酸化的糖原合酶处于无活性状态，而磷酸化的糖原磷酸化酶处于活性状态，从而调节糖原合成和分解的速率，以适应机体的需要。糖原合酶和糖原磷酸化酶活性调节均有共价修饰和别构调节两种快速调节方式，但以共价修饰调节为主。

**点 滴 积 累**

1. 肝糖原分解为葡萄糖的过程称为糖原分解，因肌肉中缺乏葡萄糖 -6- 磷酸酶，故肌糖原不能直接分解补充血糖。

2. 由单糖合成糖原的过程称为糖原的合成，UDPG 为糖原合成时活性葡萄糖供体。

3. 糖原合成与分解的关键酶分别为糖原合酶和糖原磷酸化酶。

## 第四节　糖异生作用

乳酸、丙酮酸、生糖氨基酸和甘油等非糖物质在体内可以转变为葡萄糖或糖原，此为糖异生作用。糖异生进行的主要场所在肝细胞的胞液和线粒体中，长期饥饿时，肾脏糖异生作用加强。

## 一、糖异生途径

非糖物质在肝脏转变成葡萄糖的具体反应过程称为糖异生(gluconeogenesis)。糖异生途径基本上是糖酵解途径的逆过程，但是糖酵解途径中有三步反应是不可逆的(称为“能障”)，所以糖异生途径必须通过另外的酶催化，才能绕过“能障”逆向生成葡萄糖或糖原。糖酵解途径与糖异生途径比较见图6-8。

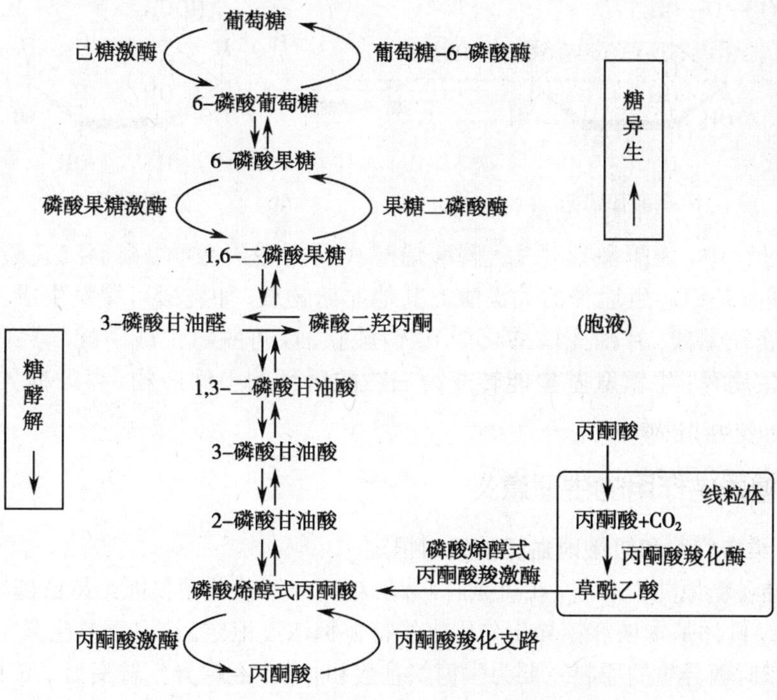


图6-8 糖酵解途径与糖异生途径

### (一)丙酮酸羧化支路

丙酮酸在丙酮酸羧化酶催化下生成草酰乙酸，草酰乙酸在磷酸烯醇式丙酮酸羧激酶催化下，生成磷酸烯醇式丙酮酸。此过程称为丙酮酸羧化支路。

$$\text{丙酮酸} + CO_2 \xrightarrow[\text{ATP}\ \text{生物素}\ \text{ADP+Pi}]{\text{丙酮酸羧化酶}} \text{草酰乙酸} \xrightarrow[\text{GTP}\ \ \text{GDP}]{\text{磷酸烯醇式丙酮酸羧激酶}} \text{磷酸烯醇式丙酮酸} + CO_2$$

催化第一步反应的酶是丙酮酸羧化酶，其辅酶是生物素，在 $CO_2$ 和ATP存在时，使丙酮酸羧化为草酰乙酸。由于丙酮酸羧化酶仅存在于线粒体内，故胞液中的丙酮酸必须进入线粒体，才能羧化成草酰乙酸。

参与第二步反应的酶是磷酸烯醇式丙酮酸羧激酶，由GTP供能催化草酰乙酸脱羧生成磷酸烯醇式丙酮酸。由于此酶主要存在于胞液中，故生成的草酰乙酸还需经过一系列反应转运出线粒体。克服此“能障”需消耗2分子ATP，整个反应不可逆。

### (二)1,6-二磷酸果糖转变为6-磷酸果糖

反应由果糖二磷酸酶催化，将1,6-二磷酸果糖水解为6-磷酸果糖。

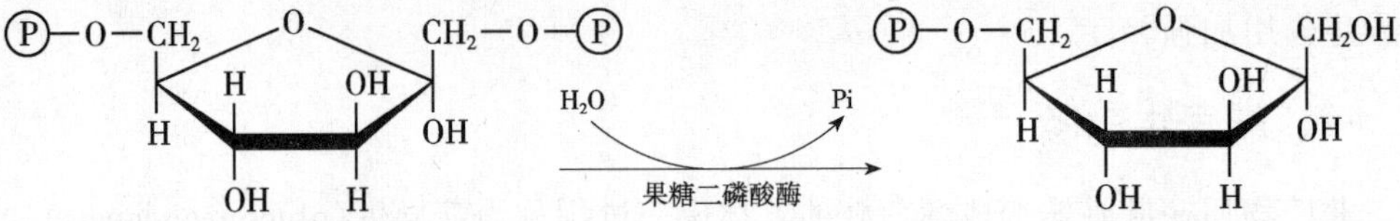


1,6–二磷酸果糖　　　　　　　　　　6–磷酸果糖

### （三）6-磷酸葡萄糖水解生成葡萄糖

反应由葡萄糖-6-磷酸酶催化，与肝糖原分解的第三步反应相同。

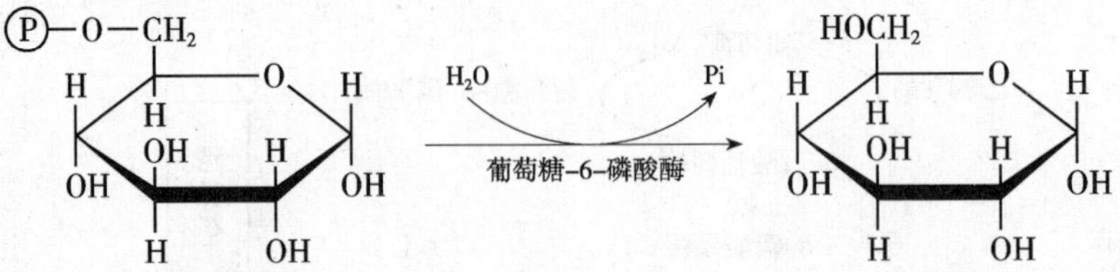


6–磷酸葡萄糖　　　　　　　　　　葡萄糖

上述过程中，丙酮酸羧化酶、磷酸烯醇式丙酮酸羧激酶、果糖二磷酸酶和葡萄糖-6-磷酸酶是糖异生途径的关键酶。其他非糖物质，如乳酸可脱氢生成丙酮酸，再循糖异生途径生糖；甘油先磷酸化为α-磷酸甘油，再脱氢生成磷酸二羟丙酮，从而进入糖异生途径；生糖氨基酸能转变为三羧酸循环的中间产物，再循糖异生途径转变为糖。

## 二、糖异生作用的生理意义

### （一）维持空腹和饥饿时血糖的相对恒定

人体储备糖原能力有限，在饥饿时，靠肝糖原分解葡萄糖仅能维持血糖浓度8～12小时，此后，机体基本依靠糖异生作用来维持血糖浓度恒定，这是糖异生最主要的生理功能。饥饿时糖异生的原料主要为生糖氨基酸和甘油，经糖异生转变为葡萄糖，维持血糖水平恒定，保证脑等重要组织器官的能量供应。

### （二）有利于乳酸的利用

在剧烈运动时，肌肉糖酵解生成大量乳酸，后者经血液运到肝脏，在肝脏内经糖异生作用合成葡萄糖；肝脏将葡萄糖释放入血，葡萄糖又可被肌肉摄取利用，这样就构成了乳酸循环（图6-9）。循环将不能直接分解为葡萄糖的肌糖原间接变为血糖，对于回收乳酸分子中的能量，更新肌糖原，防止乳酸引起的代谢性酸中毒均有重要作用。

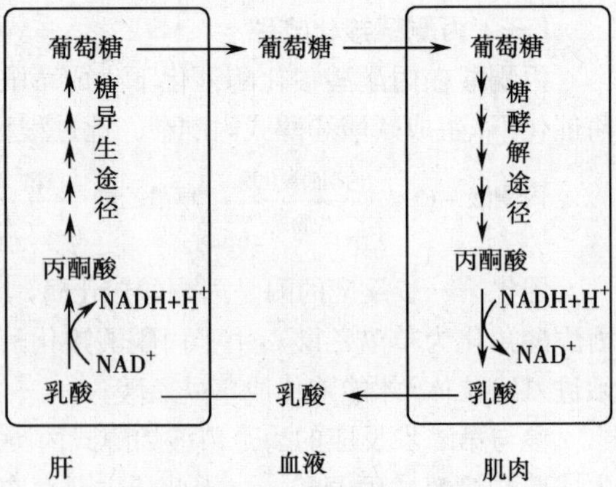


图6-9　乳酸循环

### （三）有利于维持酸碱平衡

在长期饥饿的情况下，肾脏的糖异生作用加强，可促进肾小管细胞的泌氨作用，$NH_3$与原尿中$H^+$结合成$NH_4^+$，随尿排出体外，降低原尿中$H^+$的浓度，加速排$H^+$

保 $Na^+$ 作用，有利于维持酸碱平衡，对防止酸中毒有重要意义。

**点 滴 积 累**

1. 肝脏是糖异生的主要场所，其次是肾脏。

2. 糖异生途径与糖酵解途径是方向相反的两条代谢途径，糖酵解中 3 个关键步骤分别由糖异生的 4 个关键酶催化。

3. 糖异生最主要的生理意义是在饥饿时维持血糖浓度的相对恒定，其次是回收乳酸能量、补充肝糖原和参与酸碱平衡调节。

## 第五节　血糖与血糖浓度的调节

血液中的葡萄糖，称为血糖（blood sugar）。血糖浓度随进食、活动等变化而有所波动。正常人空腹血糖浓度为 3.89～6.11mmol/L。血糖浓度的相对稳定对保证组织器官，特别是脑组织的正常生理活动具有重要意义。

血糖浓度的相对恒定依赖于体内血糖来源和去路的动态平衡。

### 一、血糖的来源和去路

#### （一）血糖的来源

血糖的来源包括：①食物中的糖类物质在肠道消化吸收入血是血糖的主要来源。②肝糖原分解的葡萄糖为空腹时血糖的来源。③非糖物质经糖异生作用转变的葡萄糖是饥饿时血糖的来源。

#### （二）血糖的去路

血糖的去路包括：①在组织细胞中氧化分解供能，这是血糖的主要去路。②在肝、肌肉等组织合成糖原贮存。③转变成其他糖类及非糖物质，如核糖、脱氧核糖、脂肪、有机酸、非必需氨基酸等。血糖浓度若高于肾糖阈时，尿中可出现葡萄糖，称为尿糖（为非正常去路）。

现将血糖的来源与去路总结于图 6-10。

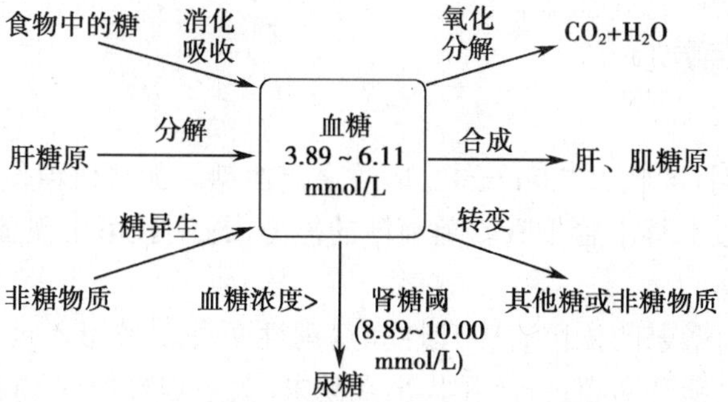


图 6-10　血糖的来源和去路

## 二、血糖浓度的调节

正常情况下，血糖浓度的相对恒定依赖于血糖来源与去路的平衡，这种平衡需要体内多种因素的协同调节，主要有神经、激素、组织器官等层次的调节。

### （一）激素的调节作用

调节血糖浓度的激素有两大类：一类是降低血糖浓度的激素——胰岛素；另一类是升高血糖浓度的激素——胰高血糖素、肾上腺素、糖皮质激素等。两类激素的作用相互对立、互相制约，它们通过调节糖原合成和分解、糖的氧化分解、糖异生等途径的关键酶或限速酶的活性或含量来调节血糖，保持血糖来源与去路的动态平衡。各激素的作用机制见表6-4。

表6-4 激素对血糖水平的调节

| 激素 | 作用机制 |
|---|---|
| 降低血糖的激素 | |
| 胰岛素 | 1. 促进组织细胞摄取葡萄糖 |
| | 2. 促进葡萄糖的氧化分解 |
| | 3. 促进糖原合成，抑制糖原分解 |
| | 4. 抑制糖异生 |
| | 5. 促进糖转变成脂肪 |
| 升高血糖的激素 | |
| 胰高血糖素 | 1. 促进肝糖原分解 |
| | 2. 抑制糖酵解，促进糖异生 |
| | 3. 激活激素敏感脂肪酶，加速脂肪动员 |
| 糖皮质激素 | 1. 抑制组织细胞摄取葡萄糖 |
| | 2. 促进糖异生 |
| 肾上腺素 | 1. 促进肝糖原和肌糖原分解 |
| | 2. 促进肌糖原酵解 |
| | 3. 促进糖异生 |

### （二）肝脏的调节作用

肝脏是体内调节血糖浓度的主要器官。它可以通过肝糖原的分解与合成、糖异生作用来升高或降低血糖。

## 三、糖代谢异常

### （一）高血糖

空腹血糖浓度持续超过 7.0mmol/L 时称之高血糖。如果血糖值超过肾糖阈 8.89～10.00mmol/L，超过了肾小管重吸收葡萄糖的能力，尿中就可出现葡萄糖，称为糖尿或尿糖。

引起高血糖和糖尿的原因有生理性和病理性两种。如摄入过多或输入大量葡萄糖、精神紧张，使血糖升高超过肾糖阈，出现糖尿，为生理性糖尿；病理性高血糖和糖尿多见于糖尿病等疾病。有些肾小管重吸收能力降低的人，肾糖阈比正常人低，即使血糖在正常范围，也可出现糖尿，称肾性糖尿，但患者血糖及糖耐量均正常。

## 知识链接

**糖耐量**

糖耐量是指人体对摄入的葡萄糖具有很大耐受能力的现象。也就是在一次性食入大量葡萄糖之后，血糖水平不会出现大的波动和持续性升高。临床上常用葡萄糖耐量试验（glucose tolerance test，GTT）检查人体对血糖的调节能力及作为诊断糖尿病的一项重要检查，分为口服或静脉注射两种糖耐量试验。口服方法先测定受试者清晨空腹血糖浓度，然后一次进食100g葡萄糖（或按每千克体重1.5～1.75g葡萄糖）。进食后每隔0.5、1、2和3小时再分别测血糖。以时间为横坐标，血糖浓度为纵坐标绘成糖耐量曲线（图6-11）。正常人的糖耐量曲线特点是：空腹血糖浓度正常；食糖后1小时内达高峰（一般不超过8.9mmol/L），此后血糖浓度迅速降低，在2小时内降至正常。

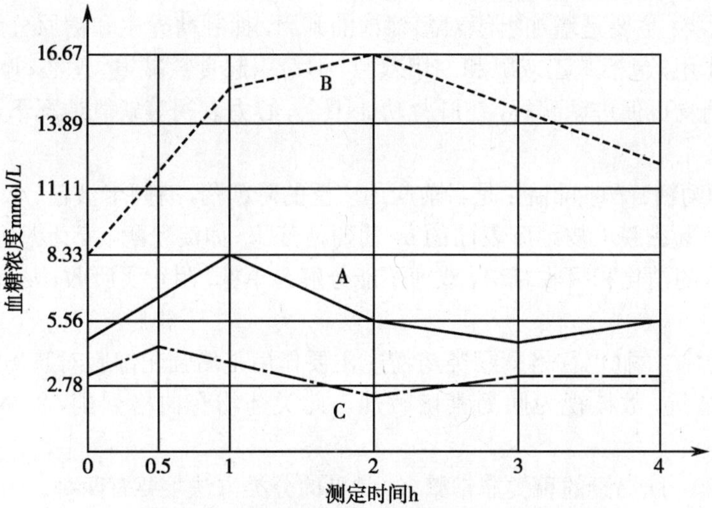


A. 正常人，B. 糖尿病患者，C. 肾上腺皮质功能低下患者

图6-11 糖耐量曲线

### （二）低血糖

空腹血糖浓度低于3.0mmol/L时称为低血糖。当血糖低于2.8mmol/L时可出现低血糖症。临床表现有交感神经过度兴奋症状，如出汗、颤抖、心悸（心率加快）、面色苍白、肢凉等虚脱症状。如果血糖持续下降至低于2.53mmol/L，可出现昏迷，称为低血糖休克，如不能及时给患者静脉滴注葡萄糖，可导致死亡。

出现低血糖的原因有：①糖摄入不足或吸收不良；②组织细胞对糖的消耗量太多；③严重肝脏疾患；④临床治疗时使用降糖药物过量；⑤胰岛素分泌过多、升高血糖的激素分泌不足等。

### （三）糖尿病及常用药物

糖尿病是由胰岛素绝对或相对缺乏或胰岛素抵抗所致的一组糖、脂肪和蛋白质代谢紊乱综合征，以持续性高血糖和糖尿为特征。根据其病因目前分为1型、2型、其他特殊类型糖尿病和妊娠期糖尿病。1型糖尿病主要是患者胰岛β细胞破坏，引起胰岛素绝对缺乏所致；2型糖尿病患者存在胰岛素抵抗和胰岛素分泌缺陷。临床以2型糖尿病为多见。糖尿病的典型症状为“三多一少”，即多饮、多尿、多食、体重减轻。但许多轻症2型糖尿病患者早期常无明显症状，而是在普查、健康检查或伴随其他疾病偶然发现，不少患者甚至以各种急性或慢性并发症而就诊。

治疗糖尿病的药物，有口服降糖药和注射胰岛素，它们对不同类型的糖尿病患者有其各自相应的适应证。

1. 口服降血糖药　目前有四大类：即磺脲类、双胍类、α-葡萄糖苷酶抑制剂及噻唑烷二酮（胰岛素增敏剂）。

（1）磺脲类：主要是促进胰岛β细胞释放胰岛素，以发挥降血糖的作用。最早使用的这类药物是甲苯磺丁脲（D860）、氯磺丙脲等，为第一代磺脲类，它们在体内发挥作用的时间短，现很少应用；第二代有格列本脲、格列吡嗪、格列齐特、格列美脲、格列喹酮等，其降血糖作用虽然强，但容易发生低血糖。

（2）双胍类：主要是增加组织对葡萄糖的利用，抑制糖异生和糖原分解，从而起到降低血糖的作用，包括苯乙双胍和二甲双胍，但可引起食欲减退、恶心、呕吐、腹泻等。由于双胍类药物可促进糖酵解，在肝肾功能不全、心力衰竭等缺氧情况下，易诱发乳酸酸中毒。

（3）α-葡萄糖苷酶抑制剂：是目前应用广泛的降糖药，有阿卡波糖、伏格列波糖等，它主要抑制小肠黏膜上皮细胞表面的α-葡萄糖苷酶（如淀粉酶、麦芽糖酶、蔗糖酶等）使糖在小肠内的消化和吸收减缓，双糖不能分解为单糖，阻止了吸收，从而起到降血糖作用。

（4）噻唑烷二酮（也称格列酮类药物）：主要作用是增强靶细胞对胰岛素的敏感性，减轻胰岛素抵抗，故被视为胰岛素增敏剂。此类药物有曲格列酮、罗格列酮和帕格列酮。

2. 胰岛素　胰岛素的种类非常繁多，常见的分类方法主要有两种。

（1）按照来源：可分为动物胰岛素、人胰岛素和胰岛素类似物。

1）动物胰岛素：是从动物胰腺（主要是猪或牛）提取并纯化的胰岛素。在胰岛素治疗的早期发挥过重要的作用，然而，由于生物种属的不同，动物胰岛素与人体内自然产生的人胰岛素在氨基酸结构上存在着差异，部分患者可产生胰岛素抗体。

2）人胰岛素：是用重组DNA技术或半人工合成方法生产的胰岛素。其结构与人体内胰岛素的结构完全相同，因而解决了免疫原性的问题。

3）胰岛素类似物：是一种与人胰岛素非常相似的新型生物合成胰岛素。比如赖脯胰岛素，就是使用重组DNA技术，将人胰岛素B链上天然氨基酸顺序28位与29位倒位，成为B28赖氨酸，B29脯氨酸。再如门冬胰岛素，是将人胰岛素B链28位的脯氨酸由天门冬氨酸替代。类似物与人胰岛素比较，有诸多益处，如吸收迅速、起效快、作用强等。

（2）根据起效作用快慢和维持作用时间长短：分为短效（速效）、中效、长效三类。速效的有——普通胰岛素和半慢胰岛素锌混悬液；中效的有——低精蛋白锌胰岛素和慢胰岛素锌混悬液；长效的有——精蛋白锌胰岛素注射液和特慢胰岛素锌混悬液。

## 案例分析

**案例**：患者，男性，59岁，已婚。于4个月前开始自觉口渴、多饮、多尿，不伴有尿急、尿痛及血尿。近一个月，上述症状明显加重，并出现严重乏力、消瘦（1个月内体重下降4kg），故前来就诊。

体格检查：体温36.5℃，脉搏74次/分，呼吸20次/分，血压120/80mmHg，身高170cm，体重80kg，肥胖体形。实验室检查：尿常规：糖(–)，酮体(–)，蛋白(–)，隐血(–)。空腹血糖7.0mmol/L。

**分析**：根据1997年WHO糖尿病诊断标准：症状+随机血糖≥11.1mmol/L或者空腹血糖≥7.0mmol/L，或者OGTT 2小时血糖≥11.1mmol/L。且上述指标在另一日重复检测时能被证实。

本病例初步诊断为2型糖尿病，诊断依据是：①具有多饮、多尿、消瘦等症状；②实验室检查：空腹血糖7.0mmol/L；③年龄偏大，肥胖体形。由于该患者空腹血糖刚好处于WHO的诊断标准临界值，为了确定诊断还需要做OGTT或餐后2小时血糖。

多尿是因血糖升高超过肾糖阈，经肾小球滤出的葡萄糖不能完全被肾小管重吸收，形成渗透性利尿，尿糖越高尿量越多。多饮是由于多尿，水分丢失过多，使血浆渗透压升高，刺激口渴中枢，导致口渴而多饮。糖尿病患者尽管食欲和食量正常或增加，但体重却下降，是由于机体不能充分利用葡萄糖，致脂肪和蛋白质分解加强，消耗过多。

## 点滴积累

1. 血糖的三个主要来源是肠道消化吸收、肝糖原分解、糖异生。三个主要去路是氧化分解、合成糖原、转变成其他糖类及非糖物质。
2. 调节血糖的激素：胰岛素是降血糖激素，而胰高血糖素、肾上腺素、糖皮质激素和生长素是升血糖激素。
3. 血糖浓度异常：有高血糖、低血糖、糖尿病等。

（张丽娟）

# 目标检测

## 一、选择题

### （一）单项选择题

1. 缺氧条件下，葡萄糖分解的产物是（　　）
   A. 丙酮酸　　B. 乳酸
   C. 磷酸二羟丙酮　　D. 苹果酸
2. 下列化合物中哪个是三羧酸循环的第一个产物（　　）

A. 苹果酸　　B. 草酰乙酸
C. 异柠檬酸　　D. 柠檬酸

3. FAD是下列哪种酶的辅酶（　　）
A. 琥珀酸脱氢酶　　B. α-酮戊二酸脱氢酶复合体
C. 苹果酸脱氢酶　　D. 异柠檬酸脱氢酶

4. $NAD^+$是下列哪种酶的辅酶（　　）
A. 异柠檬酸脱氢酶　　B. 琥珀酸脱氢酶
C. 柠檬酸合成酶　　D. 延胡索酸酶

5. 肌糖原不能分解为葡萄糖，是因为肌肉中缺乏（　　）
A. 己糖激酶　　B. 葡萄糖-6-磷酸酶
C. 葡萄糖-6-磷酸脱氢酶　　D. 磷酸果糖激酶

6. 糖原分解的关键酶是（　　）
A. 葡萄糖-6-磷酸酶　　B. 磷酸化酶
C. 磷酸葡萄糖变位酶　　D. 脱支酶

7. 糖原合成的关键酶是（　　）
A. 糖原合酶　　B. 分支酶
C. 磷酸葡萄糖变位酶　　D. UDPG焦磷酸化酶

8. 能降低血糖浓度的激素是（　　）
A. 胰高血糖素　　B. 肾上腺素
C. 胰岛素　　D. 糖皮质激素

9. 下列哪个化合物是糖原分解时，从非还原端分解下来的（　　）
A. 葡萄糖　　B. 1-磷酸葡萄糖
C. 6-磷酸葡萄糖　　D. UDPG

10. 一分子葡萄糖彻底氧化成$CO_2$和$H_2O$，可生成多少分子的ATP（　　）
A. 20　　B. 24
C. 28　　D. 32

**（二）多项选择题**

1. 磷酸戊糖途径产生的重要化合物是（　　）
A. 5-磷酸核糖　　B. 果糖
C. $NADH+H^+$　　D. $NADPH+H^+$
E. $FADH_2$

2. 糖酵解的关键酶是（　　）
A. 己糖激酶　　B. 丙酮酸激酶
C. 磷酸果糖激酶　　D. 丙酮酸脱氢酶
E. 3-磷酸甘油醛脱氢酶

3. 三羧酸循环的关键酶是（　　）
A. 柠檬酸合酶　　B. 异柠檬酸脱氢酶
C. 苹果酸脱氢酶　　D. α-酮戊二酸脱氢酶复合体
E. 琥珀酸脱氢酶

4. 糖异生作用的主要原料有（　　）

A. 丙酮酸　　B. 甘油
C. 果糖　　D. 乳酸
E. 生糖氨基酸

5. 升高血糖浓度的激素有（　）
A. 胰高血糖素　　B. 肾上腺素
C. 胰岛素　　D. 糖皮质激素
E. 甲状腺激素

**二、简答题**

1. 三羧酸循环有何特点？有何生理意义？
2. 试从以下几方面列表比较糖酵解和有氧氧化的异同。
（1）代谢部位
（2）反应条件
（3）生成 ATP 的方式
（4）产生 ATP 的数量
（5）终产物
（6）生理意义
3. 简述糖异生的原料、反应部位、关键酶及生理意义。

**三、实例分析**

患儿，女性，年龄 11 岁，主诉：尿多（尤其是晚上）、口渴、食欲极好、易疲劳、四肢无力。医生检查发现：患者明显消瘦、舌干、呈中度脱水，但无淋巴结病变。实验室检查：血糖 18mmol/L，尿糖（++++），尿酮体（++）。

请分析：初步诊断该患者有何疾病？结合所学知识解释患者体征及实验室检查结果。

（张丽娟）

# 实验七 血糖的测定（葡萄糖氧化酶法）

**【实验目的】**

1. 理解葡萄糖氧化酶法测定血糖的原理。
2. 学会运用葡萄糖氧化酶法测定血糖的基本方法。
3. 知道血糖正常值及解释血糖异常的临床意义。

**【实验原理】**

葡萄糖氧化酶（GOD）利用氧和水将葡萄糖氧化为葡萄糖酸，并释放过氧化氢。过氧化物酶（POD）在色原性氧受体存在时将过氧化氢分解为水和氧，并使色原性氧受体 4- 氨基安替比林和酚去氢缩合为红色的醌类化合物，即 Trinder 反应。其颜色深浅在一定范围内与葡萄糖浓度成正比。

**【实验内容】**

**（一）实验试剂及主要器材**

1. 试剂

（1）0.1mol/L 磷酸盐缓冲液（pH 7.0）：无水磷酸氢二钠 8.67g 及无水磷酸二氢钾 5.3g 溶解于 800ml 蒸馏水中，用 1mol/L 氢氧化钠（或 1mol/L 盐酸）调节 pH 至 7.0，然后用蒸馏水定容至1000ml。

(2) 酶试剂：取葡萄糖氧化酶1200单位，过氧化物酶1200单位，4-氨基安替比林10mg，叠氮钠100mg，溶于80ml上述磷酸盐缓冲液中，用1mol/L NaOH调节pH至7.0，加磷酸盐缓冲液定容至100ml。置4℃冰箱保存，至少可稳定3个月。

(3) 酚试剂：酚100mg溶于100ml蒸馏水中（酚在空气中易氧化成红色，可先配成500g/L的溶液，贮存于棕色瓶中，用时稀释）。

(4) 酶酚混合试剂：酶试剂及酚试剂等量混合，冰箱4℃可以存放一个月。

(5) 12mmol/L苯甲酸溶液：取1.4g苯甲酸溶解于约800ml蒸馏水中，加热助溶，冷却后加蒸馏水定容至1000ml。

(6) 100mmol/L葡萄糖标准贮存液：称取无水葡萄糖（预先置80℃烤箱内干燥恒重，移置于干燥器内保存）1.802g，以12mmol/L苯甲酸溶液溶解并移入100ml容量瓶内，再以12mmol/L苯甲酸溶液稀释至100ml刻度处，混匀，移入棕色瓶中，置冰箱内保存。

(7) 5mmol/L葡萄糖标准应用液：吸取葡萄糖标准贮存液5ml，于100ml容量瓶中，用12mmol/L苯甲酸溶液稀释至刻度，混匀。

2. 主要器材　试管及试管架、吸量管、水浴箱、721分光光度计。

**（二）实验操作**

1. 取3支16mm×10mm试管，按下表进行操作。

葡萄糖氧化酶法测定血液葡萄糖操作步骤

| 试剂（ml） | 测定管 | 标准管 | 空白管 |
|---|---|---|---|
| 血清 | 0.02 | — | — |
| 葡萄糖标准应用液 | — | 0.02 | — |
| 蒸馏水 | — | — | 0.02 |
| 酶酚混合试剂 | 3.0 | 3.0 | 3.0 |

混匀，置于37℃水浴中，保温15分钟，用分光光度计在波长505nm处比色，以空白管调零，分别读取测定管吸光度$A_u$及标准管吸光度$A_s$。

2. 计算

$$\text{血糖mmol/L} = \frac{A_u}{A_s} \times 5\ (\text{mmol/L})$$

**【实验注意】**

1. 配制葡萄糖标准液时应将葡萄糖在80℃烤箱内干燥，去除水分。

2. 新配制的葡萄糖溶液至少需放置2小时以上（最好放置过夜）再使用。

3. 酚试剂应于棕色瓶中储存，以免其氧化变色。

4. 溶血、严重黄疸、乳糜样血清，应先制备无蛋白血滤液，然后再进行测定，否则影响测定结果。

**【实验结果】**

**（一）数据记录**

$A_u$=?　　　　$A_s$=?

**（二）结果计算**

**（文 程）**

# 第七章 脂类代谢

脂类(lipids)是广泛存在于自然界的一类不溶于水而易溶于有机溶剂，并能为机体所利用的有机化合物，包括脂肪和类脂两大类。脂肪是由1分子甘油与3分子脂酸组成的酯，故称为三酯酰甘油或甘油三酯(triglyceride，TG)。类脂主要包括磷脂(phospholipid，PL)、糖脂(glycolipid，GL)、胆固醇(cholesterol，Ch)及胆固醇脂(cholesterol ester，CE)等，是细胞膜结构的重要组分。

## 第一节 概 述

### 一、脂类的主要生理功能

#### (一)储能与供能

脂肪主要的生理功能是储能与供能。1g脂肪在体内完全氧化时可释放出38.9kJ(9.3kcal)的能量，比1g糖原或蛋白质所放出的能量多一倍以上。人体活动所需要的能量20%～30%由脂肪所提供。体内脂肪组织可储存大量的脂肪，约占体重的10%～20%。脂肪在体内储存时几乎不结合水，所占体积小，因此，脂肪是体内能量最有效的储存形式，当机体需要时，脂肪组织中贮存的脂肪可动员出来分解供给机体能量。

#### (二)维持正常生物膜的结构与功能

类脂是生物膜的主要组成成分，构成疏水性的“屏障”，分隔细胞水溶性成分和细胞器，维持细胞正常结构与功能。磷脂是含有磷酸的脂类，包括由甘油构成的甘油磷脂(phosphoglycerides)和由鞘氨醇构成的鞘磷脂(sphingomyelin)。糖脂是含有糖基的脂类。细胞膜含胆固醇较多，而亚细胞结构的膜含磷脂较多。

#### (三)保护内脏和防止体温散失

内脏周围的脂肪组织具有软垫作用，能缓冲外界的机械撞击，对内脏有保护作用。因脂肪不易导热，分布于皮下的脂肪可防止过多的热量散失而保持体温。

#### (四)转变成多种重要的生理活性物质

脂类在体内可转变成多种重要的生理活性物质，如磷脂分子中的花生四烯酸可转变成前列腺素、白三烯及血栓素等多种生物活性物质。胆固醇还是胆汁酸盐和维生素$D_3$以及类固醇激素合成的原料，对于调节机体脂类物质的吸收，尤其是脂溶性维生素的吸收以及钙磷代谢等均起着重要作用。近年来发现磷脂酰肌醇的一系列中间代谢产物具有信息传递作用，是重要的信息物质，参与构成非核苷酸信号通路。

**（五）必需脂酸的来源**

在脂类中，特别是磷脂分子中含有多不饱和脂酸。多数不饱和脂酸在体内能够合成，但亚麻酸、亚油酸等，动物机体自身不能合成，需从植物油摄取，它们是动物不可缺少的营养素，故称必需脂酸。

**知识链接**

位于北冰洋的格陵兰岛上，居住着以捕鱼为主的因纽特人，他们不但身体健康，而且在他们之中高血压、冠心病、脑中风、脑血栓、风湿性关节炎等疾病发病率很低。同样，在日本的北海道岛上，渔民的心脑血管疾病发病率明显低于其他区域，北海道渔民心脑血管疾病发病率只有欧美发达国家的1/10。在我国，也有研究发现浙江舟山地区渔民血压水平较低。上述这些人的膳食中以鱼类为主，鱼类富含长链的不饱和脂肪酸，这就是他们保持心血管健康的原因之一。

## 二、脂类在体内的分布

甘油三脂主要储存于脂肪组织，如大网膜、皮下及脏器周围、肠系膜等的脂肪细胞内，故称这些部位为脂库。脂肪占体重的10%～20%，女性稍多，成年人较老年人多。脂肪含量受营养状况、运动强度、健康状况等的影响而变化，因此又将脂肪称为可变脂。

类脂约占体重的5%。在体内的含量不受营养状况和机体活动的影响，因此又称固定脂或基本脂。类脂主要存在于细胞的各种膜性结构中，不同的组织中类脂的含量不同，以神经组织中较多，而一般组织中则较少。

**点滴积累**

1. 脂类的主要生理功能为储能与供能，另外还有维持正常生物膜结构与供能，保护内脏，转变为其他生理活性物质等作用。
2. 甘油三脂主要储存于脂肪细胞内，类脂主要存在于各种膜结构中。

# 第二节 血脂与血浆脂蛋白

## 一、血脂

血浆中所含的脂类称为血脂，主要包括甘油三酯、磷脂、胆固醇、胆固醇酯及游离脂酸等。各种脂类在血脂中所占比例不同，正常人血脂含量见表7-1。血脂按其来源分为外源性和内源性两种，外源性是由食物中的脂类经消化吸收进入血液；内源性是由肝、脂肪等组织合成或由脂库中动员释放入血。血液中的脂类随血液运至全身各组织被利用。血脂的去路除了氧化功能以外，其余的则进入脂库贮存、构成生物膜以及转变为其他物质。

表 7-1 正常成人空腹时血浆中脂类的主要组成及含量

| 组成 | 血浆含量 | | 空腹时主要来源 |
|---|---|---|---|
| | mmol/L | mg/ml | |
| 总脂 | | 400～700(500) | |
| 甘油三酯 | 0.11～1.69(1.13) | 10～150(100) | 肝 |
| 总胆固醇 | 2.59～6.47(5.17) | 100～250(200) | 肝 |
| 胆固醇酯 | 1.81～5.17(3.75) | 70～250(200) | |
| 游离胆固醇 | 1.03～1.81(1.42) | 40～70(55) | |
| 总磷脂 | 48.44～80.73(64.58) | 150～250(200) | 肝 |
| 卵磷脂 | 16.1～64.6(32.3) | 50～200(100) | 肝 |
| 神经磷脂 | 16.1～42.0(22.6) | 50～130(70) | 肝 |
| 脑磷脂 | 4.8～13.0(6.4) | 15～35(20) | 肝 |
| 游离脂酸 | | 5～20(15) | 脂肪组织 |

正常人空腹血脂的含量远不如血糖恒定，血脂的含量受年龄、性别、膳食、运动及代谢等多种因素的影响，波动范围比较大。例如，进食高脂肪膳食后，可使血脂含量大幅度上升，但这种变化只是暂时的，通常在 12 小时之内逐渐趋于正常。正是由于这种原因，临床上作血脂测定时要在空腹 12～14 小时后采血。血脂只占机体脂类的极少一部分，但在一定的程度上反映了机体脂质代谢状况，血脂含量的测定，在临床上可作为高脂血症、动脉硬化及冠心病等的辅助诊断。

## 二、血浆脂蛋白的分类与组成

由于脂类难溶于水，在水中呈现乳浊状。然而正常人血浆含脂类虽多，但却仍清澈透明，说明血脂在血浆中不是以游离状态存在的，而是与某种物质进行结合，以可溶性形式存在。血浆脂类物质主要是与载脂蛋白等进行结合形成脂蛋白(lipoprotein，LP)而可溶，并以脂蛋白形式运输。

### (一) 血浆脂蛋白的分类

血浆脂蛋白由脂类和蛋白质两部分组成，但不同的脂蛋白所含的脂类和蛋白质有很大的差异，故其密度、颗粒大小、表面电荷、电泳行为以及免疫性均有所不同。根据这种差异可采用适当的方法将它们分离开。通常分离血浆脂蛋白的方法有两种，即电泳法和超速离心法。

1. 电泳法　电泳法是分离血浆脂蛋白最常用的一种方法。由于不同的脂蛋白中脂类和蛋白质所占的比例不同，因此它们的颗粒大小及表面所带的电荷量不同，在电场中具有不同的电泳迁移率。分离血浆脂蛋白常用的电泳方法包括醋酸纤维膜电泳和琼脂糖凝胶电泳，用这两种电泳方法都可将血浆脂蛋白分成四条区带，由正极到负极依次为：α- 脂蛋白泳动最快，相当于 $\alpha_1$- 球蛋白的位置；前 β- 脂蛋白次之，相当于 $\alpha_2$- 球蛋白位置；β- 脂蛋白泳动在前 -β 脂蛋白之后，相当于 β- 球蛋白的位置；乳糜微粒停留在点样的位置上(图 7-1)。

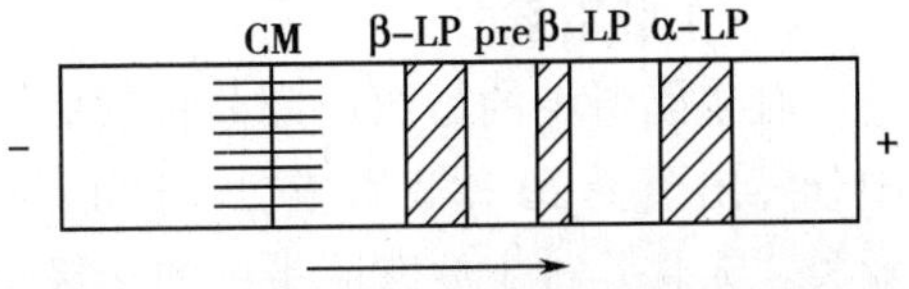


图 7-1 血浆脂蛋白琼脂糖凝胶电泳图谱

2. 超速离心法(密度分离法)　依据

不同的脂蛋白中，蛋白质和各种脂类所占的比例不同，因而其密度不同（甘油三酯含量多者密度低，蛋白质含量多者分子密度高）。血浆在一定密度的盐溶液中进行超速离心时，表现出不同的沉浮情况，用这种方法可将血浆脂蛋白分为四类：乳糜微粒（chylomicra，CM）、极低密度脂蛋白（very low density lipoprotein，VLDL）、低密度脂蛋白（low density lipoprotein，LDL）和高密度脂蛋白（high density lipoprotein，HDL），分别相当于电泳分离中的乳糜微粒、前β-脂蛋白、β-脂蛋白和α-脂蛋白，见（图 7-2）。

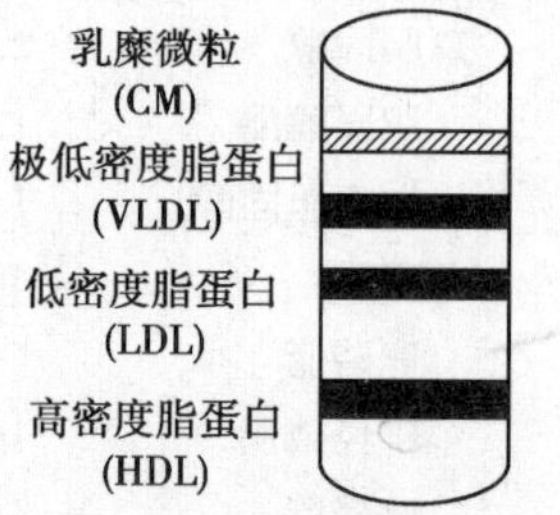


图 7-2　脂蛋白超速离心结果

除上述几类脂蛋白以外，还有一种中间密度脂蛋白（intermediate density lipoprotein，IDL）其密度位于 VLDL 与 LDL 之间，这是 VLDL 代谢的中间产物。

**（二）血浆脂蛋白的组成**

血浆脂蛋白主要由蛋白质、甘油三酯、磷脂、胆固醇及胆固醇酯组成。各种血浆脂蛋白都含有这五种成分，但不同的血浆脂蛋白中各种脂类和蛋白质所占的比例和含量不同。乳糜微粒颗粒最大，含甘油三酯最多，占 80%～95%，蛋白质最少，仅 1%，故密度最小，<0.95，血浆静止即可漂浮。VLDL 也富含甘油三酯，达 50%～70%，但其蛋白质含量（约 10%）高于 CM，故密度比 CM 大，近于 1.006。LDL 含胆固醇酯最多，为 40%～50%，密度高于 VLDL。HDL 含蛋白质量最多，约 50%，故密度最高，颗粒最小。

各种血浆脂蛋白的性质、组成和功能见表 7-2。

表 7-2　各种血浆脂蛋白的性质、组成和功能

| 分类 | 超速离心法<br>电泳法 | CM<br>CM | VLDL<br>preβ-LP | LDL<br>β-LP | HDL<br>α-LP |
|---|---|---|---|---|---|
| 性质 | 电泳位置 | 原点 | $\alpha_2$- 球蛋白 | β- 球蛋白 | $\alpha_1$- 球蛋白 |
| | 密度 | <0.95 | 0.95～1.006 | 1.006～1.063 | 1.063～1.210 |
| | 颗粒直径（nm） | 80～500 | 25～80 | 20～25 | 7.5～10 |
| 组成（%） | 蛋白质 | 0.5～2 | 5～10 | 20～25 | 50 |
| | 脂类 | 98～99 | 90～95 | 75～80 | 50 |
| | 甘油三酯 | 80～95 | 50～70 | 10 | 5 |
| | 磷脂 | 5～7 | 15 | 20 | 25 |
| | 总胆固醇 | 4～5 | 15～19 | 48～50 | 20～23 |
| | 游离胆固醇 | 1～2 | 5～7 | 8 | 5～6 |
| | 胆固醇酯 | 3 | 10～12 | 40～42 | 15～17 |
| | 合成部位 | 小肠黏膜细胞 | 肝细胞及小肠黏膜细胞 | 血中由 VLDL 转化 | 肝细胞及小肠黏膜细胞 |
| | 功能 | 转运外源性甘油三酯 | 转运内源性甘油三酯 | 转运胆固醇到肝外组织 | 逆转运肝外胆固醇回肝 |

**（三）载脂蛋白**

血浆脂蛋中的蛋白质部分称载脂蛋白（apolipoprotein，apo），到目前为止已从血浆中分离出至少 20 种载脂蛋白，分为 apoA、B、C、D、E 五类。某些载脂蛋白又分为若干亚类。人体几种主要载脂蛋白的一级结构和空间结构、染色体定位都已清楚。如 apoE 是由 299 个氨基酸残基组成的单链蛋白质，apoB100 由 4536 个氨基酸残基组成，是目

前已知一级结构最长的蛋白质。

载脂蛋白的主要功能是参与脂类物质的转运及稳定脂蛋白的结构。此外，某些载脂蛋白还有其特殊的功能，例如apoAⅠ能激活卵磷脂胆固醇脂酰转移酶（lecithin cholesterol acyl transferase，LCAT），促进胆固醇的酯化；apoCⅡ能激活脂蛋白脂肪酶（lipoprotein lipase，LPL），促进CM和VLDL中的甘油三酯降解；apoB100及apoE参与LDL受体的识别，促进LDL的代谢。

**（四）血浆脂蛋白代谢**

1. 乳糜微粒（CM） CM的主要功能就是转运外源性甘油三酯。小肠黏膜细胞利用食物中消化吸收的脂类、胆固醇及其酯与载脂蛋白合成新生的CM，在血液中变为成熟CM。成熟CM在脂蛋白脂肪酶（LPL）反复作用下，将甘油三酯逐渐水解，释放出的甘油与脂酸被组织细胞摄取利用。CM逐渐变小，最后，肝细胞将以含胆固醇酯为主的乳糜微粒吞噬。

2. 极低密度脂蛋白（VLDL） VLDL的主要功能是运输内源性的甘油三酯。VLDL主要在肝脏内生成，VLDL的主要成分是肝细胞利用糖和脂酸（来自脂动员或乳糜微粒残余颗粒）自身合成的甘油三酯与肝细胞合成的载脂蛋白加上少量磷脂和胆固醇及其酯。小肠黏膜细胞也能生成少量VLDL。VLDL经血液运输到组织，组织毛细血管内皮细胞表面的LPL将VLDL中的甘油三酯水解，VLDL颗粒逐渐变小，组成成分不断改变，形成中间密度脂蛋白（IDL）。IDL有两条去路：一是可通过肝细胞膜上的受体而被吞噬利用，另外还可进一步被水解生成LDL。

3. 低密度脂蛋白（LDL） LDL代谢的功能是将肝脏合成的内源性胆固醇运到肝外组织，保证组织细胞对胆固醇的需求。LDL由VLDL转变而来，是正常成人空腹血浆中的主要脂蛋白，约占血浆脂蛋白总量的2/3。LDL含有丰富的胆固醇及其酯。血浆LDL增高的人，易诱发动脉粥样硬化。

**知 识 链 接**

1974年，美国德克萨斯大学的Michael Brown和Joseph Goldstein在研究家族性高胆固醇血症的致病机制时，发现了在人成纤维细胞膜上的LDL受体。家族性高胆固醇血症患者LDL受体功能部分或完全缺乏，当某些因素引起细胞表面LDL受体减少时，血液中的胆固醇含量增加，并聚集在动脉壁引起动脉粥样硬化，导致心脏病和中风的发生。LDL受体的发现为动脉粥样硬化的防治提供了新的思路。两人因此发现而获得了1985年诺贝尔生理学或医学奖。

4. 高密度脂蛋白（HDL） HDL在肝脏和小肠中生成。正常人空腹血浆中HDL含量约占脂蛋白总量的1/3。HDL的主要功能是将肝外细胞释放的胆固醇转运到肝脏，这样可以防止胆固醇在血中聚积，防止动脉粥样硬化，血中HDL的浓度与冠状动脉粥样硬化呈负相关。

## 三、血浆脂蛋白代谢异常

**（一）高脂蛋白血症**

血浆脂蛋白代谢紊乱可以表现为高脂蛋白血症和低脂蛋白血症，后者较少见。由于脂类在血液循环中以脂蛋白的形式运输，因此高脂血症实际上就是高脂蛋白血症。血浆中的脂类高于正常人上限即为高脂血症。正常人上限标准因地区、膳食、年龄、劳动状况、职业以及测定方法不同而存在差异。目前判断高脂蛋白血症一般以成人空腹12～14 小时血中胆固醇总浓度超过 6.0mmol/L 或甘油三酯浓度超过 2.2mmol/L，儿童胆固醇超过 4.14mmol/L 为标准。1970 年世界卫生组织（WHO）对 Fredrickson 提出的高脂蛋白血症分型进行了补充和修订，建议将高脂蛋白血症分为六型。WHO 的高脂蛋白血症分型主要是根据临床化验结果，很少考虑患者的病因和体征。各型高脂蛋白血症的血脂及脂蛋白的变化见表 7-3。

表 7-3 高脂蛋白血症的分型

| 类型 | 脂蛋白变化 | 血脂变化 | 发病率 |
|---|---|---|---|
| Ⅰ | CM ↑ | TG ↑↑↑ | 罕见 |
| Ⅱa | LDL ↑ | TC ↑↑ | 常见 |
| Ⅱb | VLDL 及 LDL ↑ | TC ↑，TG ↑ | 常见 |
| Ⅲ | IDL ↑ | TC ↑，TG ↑ | 罕见 |
| Ⅳ | VLDL ↑ | TG ↑↑ | 常见 |
| Ⅴ | CM 及 VLDL ↑ | TG ↑↑↑，TC ↑ | 较少 |

高脂蛋白血症可分为原发性与继发性两大类。原发性高脂蛋白血症是原因不明的高脂血症，也称家族性高脂蛋白血症，多为先天性遗传性疾病，可有家族史，已证明与脂蛋白的组成和代谢过程中有关的载脂蛋白、酶和受体等的先天性缺陷有关；而继发性高脂蛋白血症发病于某种病症的病理基础上，或某些药物所引起的脂代谢异常，临床表现为各原发病的特点或者有用特殊药物史，同时伴有血脂增高。如糖尿病、肾病、肝病及甲状腺功能减退等。

### （二）高脂血症与动脉粥样硬化

动脉粥样硬化（atherosclerosis，AS）是一种常见病。虽然动脉硬化形成因素是多方面的，但许多实验证明高脂血症与动脉粥样硬化有密切关系。通常来说高脂血症常伴有动脉粥样硬化。据资料统计，血浆胆固醇含量超过 6.7mmol/L 者，比低于 5.7mmol/L 者的冠状动脉粥样硬化发病率高 7 倍。用高胆固醇膳食喂养家兔，可获得高胆固醇血症和动脉粥样硬化的实验模型。由于血浆中的胆固醇主要存在于 LDL 中，因此 LDL 增高与动脉粥样硬化的关系最为密切。血浆胆固醇水平升高，不仅可造成血管内皮细胞损伤，而且还可刺激血管平滑肌细胞内胆固醇酯堆积而转变成泡沫细胞。泡沫细胞是动脉粥样硬化的典型损害之一。除高胆固醇外，高甘油三酯也可促进动脉粥样硬化的形成。

HDL 具有抗动脉粥样硬化的作用，这是由于 HDL 既能清除周围组织的胆固醇，又能保护内膜不受 LDL 损害。目前的一些调查研究证实，血浆 HDL 较高的人不仅长寿，而且很少发生心肌梗死。相反，血浆 HDL 较低的人，即使血浆总胆固醇含量不高，也容易发生动脉粥样硬化。糖尿病患者及肥胖者血浆中的 HDL 均比较低，因此容易患冠心病。高血压、家族性糖尿病和高血糖症及长期吸烟者均可致动脉内皮细胞损伤，有利于胆固醇沉积，可导致动脉粥样硬化。

## 案例分析

**案例：**患者，男，52 岁，2008 年 4 月 18 日，因身体不适，到医院检查，检查结果为重度脂肪肝（脂肪含量超过 30%），询问既往史得知，患者平时喜欢过量饮酒，饮酒史长达 32 年。

**分析：**根据乙醇在体内代谢的基本途径可知，长期过量饮酒可致重度脂肪肝（图 7-3）。

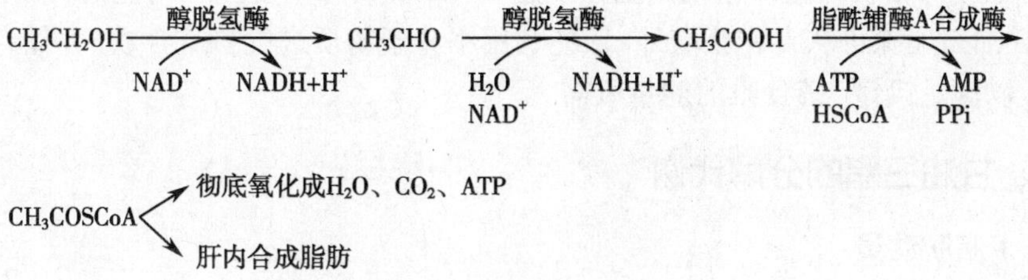


图 7-3 乙醇在体内代谢途径

### （三）常用的降血脂药物

1. 氯苯丁酯（安妥明） 能抑制胆固醇和甘油三酯的合成。促进胆固醇的排泄，降低甘油三酯较降低胆固醇作用显著。还可降低血液黏度，降低血浆纤维蛋白原含量，有抗血栓作用。

2. 烟酸类 主要用于治疗单纯性血清三酰甘油水平增高者。也可用于治疗以血清三酰甘油水平增高为主，并伴有血清总胆固醇水平轻度增高者。这类药物包括烟酸、烟酸肌醇酯等。烟酸肌醇酯在体内逐渐分解为烟酸和肌醇而发挥作用，其副作用比烟酸大为减少。

3. 考来烯胺（消胆胺） 是降胆固醇作用较强的药物。它是一种高分子量季铵类阴离子交换树脂。能与肠内胆酸结合，阻碍了胆酸的重吸收，使胆酸的排泄量增加，促使肝内胆固醇转化为胆酸。同时，由于胆酸为肠道吸收胆固醇所必需的物质，该药与肠内胆酸结合后，肠内胆酸量降低，故减少了食物中胆固醇的吸收，由此导致血中胆固醇和低密度脂蛋白降低。

4. 他汀类 他汀类（statins）是羟甲基戊二酰辅酶 A（HMG-CoA）还原酶抑制剂，通过竞争性抑制内源性胆固醇合成限速酶（HMG-CoA）还原酶，阻断细胞内羟甲戊酸代谢途径，使细胞内胆固醇合成减少，从而反馈性刺激细胞膜表面低密度脂蛋白（LDL）受体数量和活性增加，使血清胆固醇清除增加、水平降低。

近年来临床研究证明，许多中药都具有降低血脂的作用，且副作用小，如草决明、泽泻、何首乌、蒲黄、山楂、大黄、红花、银杏叶、虎杖、月见草、茵陈、麦芽等。

## 点滴积累

1. 血浆中所含的脂类称为血脂，血脂的含量受多种因素的影响。

2. 血浆脂蛋白分类的方法有电泳法和超速离心法，血浆脂蛋白主要由蛋白质、甘油三酯、磷脂、胆固醇及胆固醇酯组成。

3. 血浆脂蛋白代谢紊乱可以表现为高脂蛋白血症，常伴有动脉粥样硬化。

# 第三节 甘油三酯的代谢

甘油三酯的代谢包括分解和合成两个方面。甘油三酯通过分解代谢不仅可以产生大量的能量，供给机体生命活动所需，还能产生许多具有重要生理功能的代谢产物；机体内的甘油三酯除可从食物获取外，还能利用小分子物质进行自身合成，并储存在脂肪组织中，以满足饥饿、禁食时的能量所需。

## 一、甘油三酯的分解代谢

### （一）脂肪动员

储存在脂肪细胞中的甘油三酯，被脂肪酶逐步水解为游离脂酸（free fatty acid，FFA）和甘油，并释放入血，以供其他组织氧化利用的过程称为脂肪动员（图 7-4）。

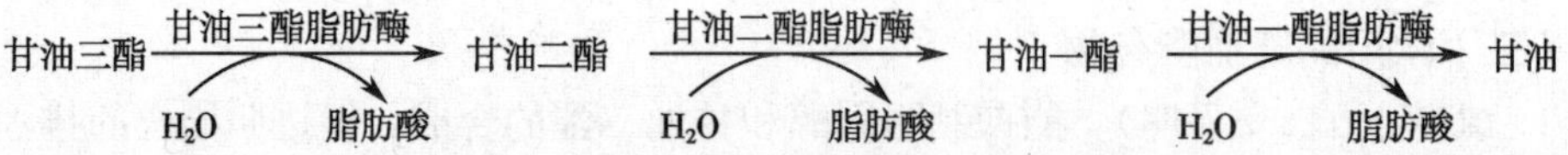


图 7-4 甘油三酯水解过程

在脂肪动员中，脂肪细胞内激素敏感性甘油三酯脂肪酶（HSL）起决定性作用，是脂肪分解的限速酶，它受多种激素的调控。能促进脂肪动员的激素为脂解激素，如肾上腺素、胰高血糖素、生长激素、去甲状腺激素（TSH）等，能增加该酶的活性，促进甘油三酯分解；胰岛素、前列腺素 $E_2$ 及烟酸等抑制脂肪的动员，为抗脂解激素。

脂解作用使储存在脂肪细胞中的脂肪分解成游离脂酸及甘油，然后释放入血。血浆清蛋白具有结合游离脂酸的能力，每分子清蛋白可结合 10 分子 FFA。FFA 不溶于水，与清蛋白结合后由血液运送至全身各组织，主要由心、肝、骨骼肌等摄取利用。甘油溶于水，直接由血液运送至肝、肾、肠等组织。主要是在肝甘油激酶作用下，转变为 α- 磷酸甘油；然后脱氢生成磷酸二羟丙酮，循糖代谢途径进行分解或转变为糖。脂肪细胞及骨骼肌等组织因甘油激酶活性很低，故不能很好地利用甘油。

### （二）甘油的代谢

脂肪动员产生的甘油扩散入血，随血液循环运往肝、肾等组织被摄取利用。甘油在细胞内经甘油激酶催化，消耗 ATP，生成 α- 磷酸甘油。α- 磷酸甘油在 α- 磷酸甘油脱氢酶催化下转变为磷酸二羟丙酮，磷酸二羟丙酮是糖酵解途径的中间产物，可沿糖酵解途径继续氧化分解并释放能量，也可沿糖异生途径转变为糖原或葡萄糖。因此，甘油是糖异生的原料之一（图 7-5）。

甘油激酶主要存在于肝、肾及小肠黏膜细胞，肌肉和脂肪细胞内的甘油激酶活性很低，因此肌肉和脂肪细胞不能很好地利用甘油，而要经血液循环运往肝、肾及小肠黏膜细胞等被氧化分解或进行糖异生作用。

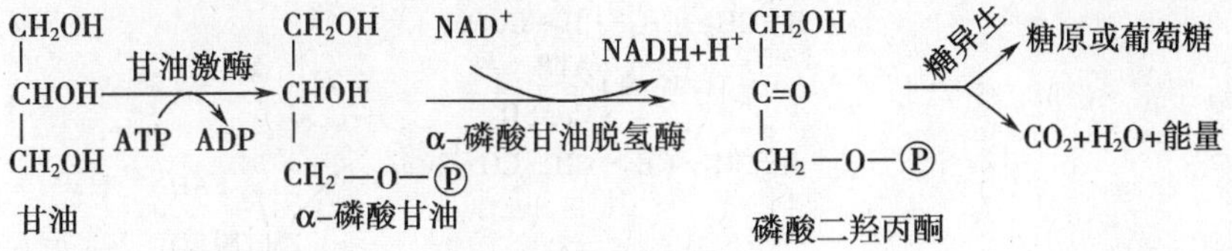


图 7-5　甘油的代谢

### （三）脂酸的β-氧化

脂酸是人体重要的能源物质，在氧供给充足的条件下，脂酸在体内可彻底氧化分解产生 $CO_2$ 和 $H_2O$ 并释放大量能量。除成熟红细胞和脑组织外，几乎所有的组织都能够氧化利用脂酸，但以肝和肌肉组织最为活跃。脂酸氧化过程可大致分为脂酸的活化、脂酰 CoA 进入线粒体、β-氧化过程及乙酰 CoA 的彻底氧化等四个阶段。

1．脂酸的活化　脂酸的活化是指脂酸转变为脂酰 CoA 的过程。脂酸的活化在胞液中进行。在 ATP、HSCoA 和 $Mg^{2+}$ 存在的条件下，游离脂酸由存在于内质网及线粒体外膜上的脂酰 CoA 合成酶催化生成脂酰 CoA。

$$\underset{\text{脂酸}}{RCOOH}+HSCoA+ATP \xrightarrow[Mg^{2+}]{\text{脂酰CoA合成酶}} \underset{\text{脂酰CoA}}{RCO\sim SCoA}+AMP+PPi$$

脂酰 CoA 分子中含有高能硫酯键，这样就使得脂酸的代谢活性明显提高。反应过程中生成的焦磷酸（PPi）立即被细胞内的焦磷酸酶水解，阻止了逆向反应的进行。因此 1 分子脂酸的活化，实际上消耗了两个高能磷酸键。

2．脂酰 CoA 进入线粒体　催化脂酸氧化的酶系存在于线粒体基质内，因此活化的脂酰 CoA 必须进入线粒体内才能代谢，而脂酰 CoA 不能自由通过线粒体内膜，需借助膜外侧的肉碱脂酰转移酶Ⅰ和内侧的肉碱 - 脂酰肉碱转位酶、肉碱脂酰转移酶Ⅱ的作用，由肉碱携带至线粒体内。肉碱脂酰转移酶Ⅰ是脂酸 β-氧化的限速酶，脂酰 CoA 进入线粒体是脂酸 β-氧化的主要限速步骤。

3．脂酰 CoA 的 β-氧化　脂酰 CoA 进入线粒体基质后，从脂酰基的 β-碳原子开始，进行脱氢、加水、再脱氢和硫解等四步连续反应，详细过程见图 7-6。

（1）脱氢：脂酰 CoA 在脂酰 CoA 脱氢酶的催化下，α 和 β 碳原子上各脱去一个氢原子，生成 α、β 烯脂酰 CoA，脱下的 2H 由 FAD 接受生成 $FADH_2$。

（2）加水：α、β 烯脂酰 CoA 在水化酶的催化下，加 1 分子水，生成 β-羟脂酰 CoA。

（3）再脱氢：β-羟脂酰 CoA 在 β-羟脂酰 CoA 脱氢酶的催化下，脱去 2H 生成 β-酮脂酰 CoA，脱下的 2H 由 $NAD^+$ 接受，生成 $NADH+H^+$。

（4）硫解：β-酮脂酰 C0A 在 β-酮脂酰 CoA 硫解酶的催化下，需 1 分子 HSCoA 参加，α 与 β 碳原子之间的化学键断裂，生成 1 分子乙酰 CoA 和 1 分子比原来少两个碳原子的脂酰 CoA。后者又可再次进行脱氢、加水、再脱氢和硫解反应，如此反复进行，直到脂酰 CoA 全部分解成乙酰 CoA。

4．乙酰 CoA 的彻底氧化　脂酸 β-氧化过程中生成的乙酰 CoA 除可在肝细胞线粒体缩合生成酮体外，主要通过三羧酸循环彻底氧化分解成 $CO_2$ 和 $H_2O$，并释放出能量。脂酸在体内氧化分解伴随大量的能量释放，是体内能量的重要来源之一。体内少数奇数碳原子脂酰 CoA 经 β-氧化，最终产生 1 分子丙酰 CoA，丙酰 CoA 经 β-羧化酶及异构酶的作用可转变为琥珀酰 CoA，然后参加三羧酸循环而被氧化。

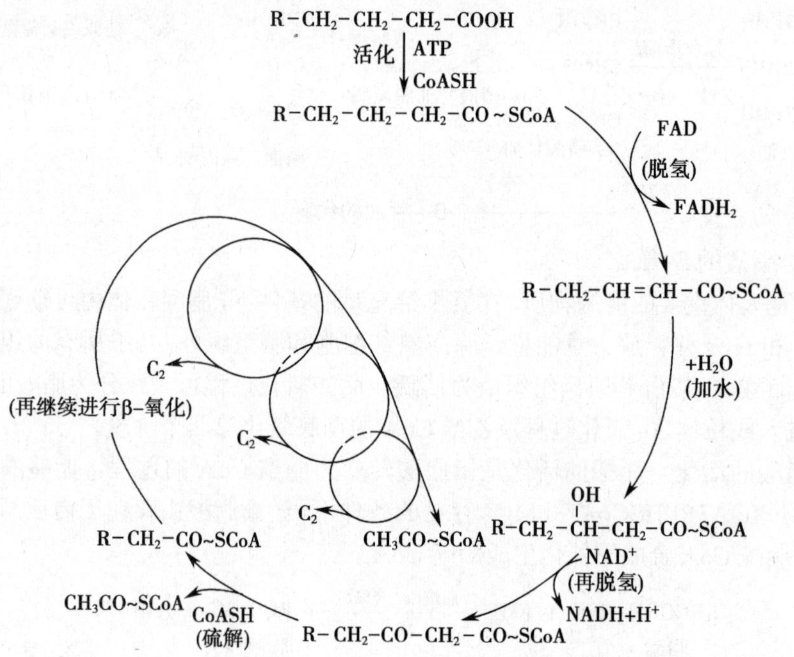


图 7-6 脂酸的β-氧化反应过程

以含 16 个碳原子的软脂酸为例：进行 7 次 β- 氧化，生成 7 分子 $FADH_2$、7 分子 $NADH+H^+$ 及 8 分子的乙酰 CoA。每分子 $FADH_2$ 通过呼吸链氧化产生 1.5 分子 ATP，每分子 $NADH+H^+$ 氧化产生 2.5 分子 ATP，每分子乙酰 CoA 通过三羧酸循环氧化产生 10 分子 ATP。因此，1 分子软脂酸彻底氧化共生成（8×10）+（7×1.5）+（7×2.5）=108 分子 ATP，减去脂酸活化时消耗的 2 分子 ATP，净生成 106 分子 ATP。其氧化的总反应式如下：

$$CH_3(CH_2)_{14}CO\sim7\ HSCoA+7\ FAD+7\ NAD^++7\ H_2O \longrightarrow$$
$$8\ CH_3COSCoA+7FADH_2+7\ NADH+7\ H^+$$

**（四）酮体的生成与利用**

体内脂酸的氧化分解以肝和骨骼肌最为活跃，而且在心肌和骨骼肌等组织中脂酸经 β- 氧化生成的乙酰 CoA 能够彻底氧化成 $CO_2$ 和 $H_2O$，但在肝细胞 β- 氧化生成的乙酰 CoA 则大部分缩合生成乙酰乙酸、β- 羟丁酸和丙酮，三者统称为酮体（ketone bodies）。其中以 β- 羟丁酸最多，约占酮体总量的 70%，乙酰乙酸占 30%，而丙酮的量极微。由于肝细胞内缺乏氧化利用酮体的酶，因此肝内生成的酮体必须通过细胞膜进入血液循环，运往肝外组织被利用。

1. 酮体的生成　酮体在肝细胞的线粒体内合成，合成原料为乙酰 CoA，主要来自脂酸的 β- 氧化。其合成过程如下：

（1）2 分子乙酰 CoA 在乙酰乙酰 CoA 硫解酶的催化下，缩合生成乙酰乙酰 CoA，并释放 1 分子 HSCoA。

（2）乙酰乙酰 CoA 再与 1 分子乙酰 CoA 缩合生成 β- 羟 -β- 甲基戊二酸单酰 CoA（HMGCoA），并释放 1 分子 HSCoA，反应由 HMGCoA 合成酶催化完成。

（3）HMGCoA 在 HMGCoA 裂解酶的催化下，裂解生成乙酰乙酸和乙酰 CoA。

(4) 乙酰乙酸在β-羟丁酸脱氢酶的催化下还原生成β-羟丁酸，反应所需的氢由$NADH+H^+$提供。

(5) 丙酮可由乙酰乙酸缓慢地自发脱去$CO_2$生成，也可由乙酰乙酸脱羧酶催化脱羧生成。丙酮是一种挥发性物质，当血液中含有大量丙酮时可挥发并由肺排出。

肝细胞线粒体内含有各种合成酮体的酶类，特别是HMGCoA合成酶，因此生成酮体是肝特有的功能(图7-7)，但肝脏不能利用酮体。

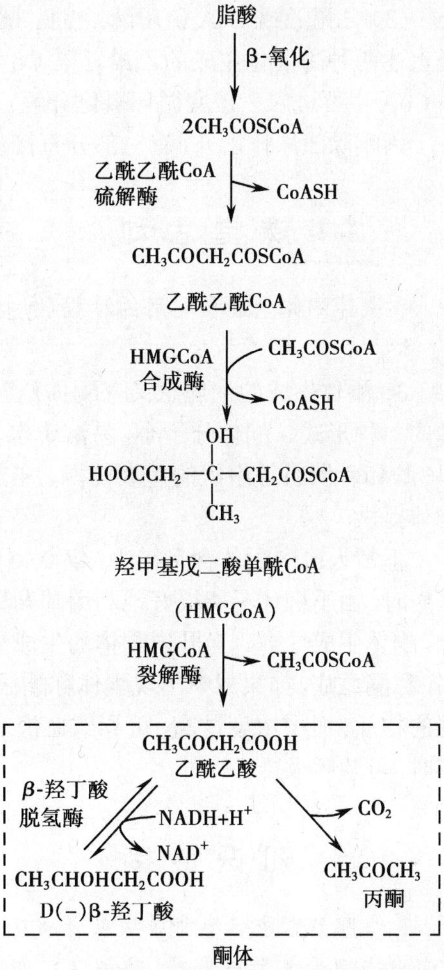


图7-7 酮体的生成过程

2. 酮体的利用　肝外组织，特别是心肌、骨骼肌及脑和肾等组织是利用酮体最主要的组织器官。在这些组织中酮体能够被彻底氧化成$CO_2$和$H_2O$，并获得能量。酮体的利用见图7-8。β-羟丁酸在β-羟丁酸脱氢酶的催化下，脱氢生成乙酰乙酸，然后转变成乙酰CoA被氧化。

(1) 琥珀酰CoA转硫酶：骨骼肌、心肌和肾脏中有琥珀酰CoA转硫酶(succinyl CoA thiophorase)，在琥珀酰CoA存在时，此酶催化乙酰乙酸活化生成乙酰乙酰CoA。

(2) 乙酰乙酰硫激酶：心肌、肾脏和脑中还有硫激酶，在有ATP和辅酶T存在时，此酶催化乙酰乙酸活化成乙酰乙酰CoA。

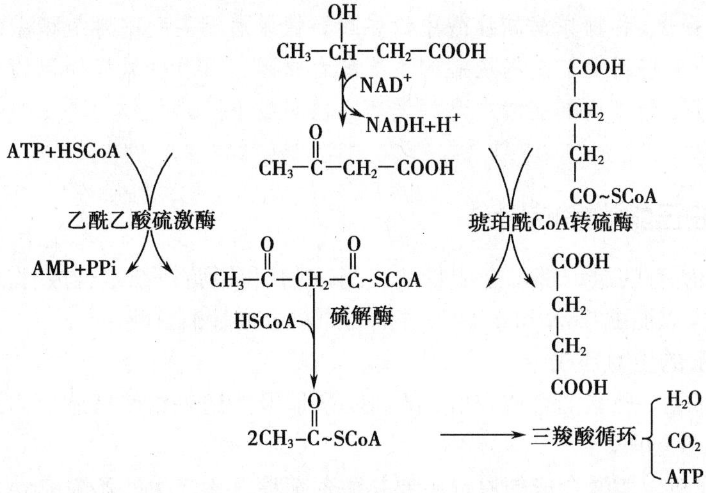


图7-8 酮体的利用

(3) 乙酰乙酰 CoA 硫解酶：心肌、肾脏和脑及骨骼肌中含有乙酰乙酰 CoA 硫解酶。经上述两种酶催化生成的乙酰乙酰 CoA 在硫解酶作用下，分解成 2 分子乙酰 CoA，乙酰 CoA 主要进入三羧酸循环氧化分解。

丙酮除随尿排出外，有一部分直接从肺呼出，代谢上不占重要地位。

**课堂活动**

试述酮体生成和利用的过程（包括主要部位、原料、反应过程及关键酶）。

3. 酮体生成的生理意义　酮体是肝内氧化脂酸的一种中间产物，是肝输出脂类能源的一种形式。酮体分子小，易溶于水，能够通过血脑屏障及肌肉的毛细血管壁，是心肌、脑和骨骼肌等组织的重要能源。长期饥饿状态下，脑组织所需要的能量约 75% 由酮体提供。

正常人血中酮体含量很少，仅 0.03～0.5mmol/L。但是在饥饿、低糖高脂膳食及糖尿病时，由于机体不能很好地利用葡萄糖氧化供能，致使脂肪动员增强，脂酸 β- 氧化增加，酮体生成过多。当肝内酮体的生成量超过肝外组织的利用能力时，可使血中酮体升高，称酮血症，如果尿中出现酮体称酮尿症。由于 β- 羟丁酸、乙酰乙酸都是一些酸性较强的物质，血中浓度过高，可导致血液 pH 下降，引起酮症酸中毒。丙酮在体内含量过高时，可随呼吸排出体外。

**知识链接**

当胰岛素依赖型糖尿病患者胰岛素治疗中断或剂量不足，非胰岛素依赖型糖尿病患者遭受各种应激时，糖尿病代谢紊乱加重，脂肪分解加快，酮体生成增多超过利用而积聚时，血中酮体堆积，称为酮血症，其临床表现称为酮症。当酮体积聚而发生代谢性酸中毒时称为糖尿病酮症酸中毒。

此时除血糖增高、尿酮体强阳性外，血 pH 下降，血 $CO_2$ 结合力降低。如病情严重时可发生昏迷，称糖尿病酮症酸中毒昏迷。糖尿病酮症酸中毒是糖尿病的严重并发症，在胰岛素应用之前是糖尿病的主要死亡原因。随着糖尿病知识的普及和胰岛素的广泛应用，糖尿病酮症酸中毒的发病率已明显下降。

## 二、甘油三酯的合成代谢

体内几乎所有的组织都可合成甘油三酯，但肝和脂肪组织是合成甘油三酯的主要场所。在体内，以脂酰 CoA 和 α- 磷酸甘油为原料合成甘油三酯。

### （一）脂酸的生物合成

1. 合成部位　脂酸的合成在肝、肾、脑、乳腺及脂肪等组织细胞液内进行，但肝是合成脂酸的主要场所。

2. 合成原料　脂酸合成的原料主要是由葡萄糖氧化产生的乙酰 CoA，另外还需要 $NADPH+H^+$ 供氢和 ATP 供能。但线粒体内生成的乙酰 CoA 必须进入胞液才能用于脂酸的合成。经研究已经证实，乙酰 CoA 不能自由通过线粒体内膜，但通过柠檬酸 - 丙酮酸循环，可将线粒体内生成的乙酰 CoA 转移到胞液。

3. 合成过程

（1）丙二酸单酰 CoA 的合成：脂酸合成时，除 1 分子乙酰 CoA 直接参与合成反应外，其余的乙酰 CoA 均需羧化生成丙二酸单酰 CoA 方可参与脂酸的生物合成。丙二酸单酰 CoA 由乙酰 CoA 羧化生成，反应由乙酰 CoA 羧化酶（为此反应的限速酶）催化，由碳酸氢盐提供 $CO_2$，ATP 提供羧化过程中所需的能量。

$$CH_3CO\sim SCoA+HCO_3^-+ATP \xrightarrow[\text{生物素、}Mg^{2+}]{\text{乙酰CoA羧化酶}} HOOC\ CH_2CO\sim SCoA+ADP+Pi$$

（2）软脂酸的合成：1 分子乙酰 CoA 和 7 分子丙二酸单酰 CoA 在脂肪酸合酶系的催化下，由 $NADPH+H^+$ 提供氢合成软脂酸。其总的反应式为：

$$CH_3CO\sim SCoA+7HOOCCH_2CO\sim SCoA+14NADPH+14H^+ \xrightarrow{\text{脂肪酸合酶系}}$$
$$CH_3(CH_2)_{14}CO\sim SCoA+6H_2O+7CO_2+8HSCoA+14NADP^+$$

软脂酸的合成过程是一个连续的缩合过程，每次碳链增加 2 个碳原子，16 碳的软脂酸的合成，需要经过连续的 7 次缩合反应。各种生物合成脂酸的过程基本相似，在大肠埃希菌中，此种缩合过程是由 7 种酶蛋白聚合构成的多酶体系所催化；而在高等动物中，这 7 种酶活性都在由一个基因编码的一条多肽链上，属于多功能酶。在这条多肽链上还有一个酰基载体蛋白（acyl carrier protein，ACP），脂酸合成的过程实际上是以 ACP 为核心，从而完成 7 种酶催化的反应，重复进行缩合、还原、脱水、再还原等步骤，每重复一次使肽链延长 2 个碳原子，经过 7 次循环形成 16 碳的软脂酰 ACP，最后经硫酯酶水解释放软脂酸。

4. 脂酸碳链的延长和缩短　组成人体的脂酸，其碳链长短不一，而脂肪酸合酶系催化的反应只能合成软脂酸或者说在胞液中只能合成软脂酸。碳链的进一步延长或缩短在线粒体或内质网中进行。碳链的缩短在线粒体内通过 β- 氧化进行，而碳链的延长则由存在于线粒体或内质网内的特殊酶体系催化完成。

### （二）α- 磷酸甘油的来源

体内 α- 磷酸甘油的来源有两条途径：主要途径是由糖酵解产生的磷酸二羟丙酮，在 α- 磷酸甘油脱氢酶的催化下，以 $NADH+H^+$ 为辅酶，还原生成 α- 磷酸甘油。另一条次要途径是在肝、肾、肠等组织，甘油在甘油激酶的催化下，消耗 ATP 生成 α- 磷酸甘油（图 7-9）。

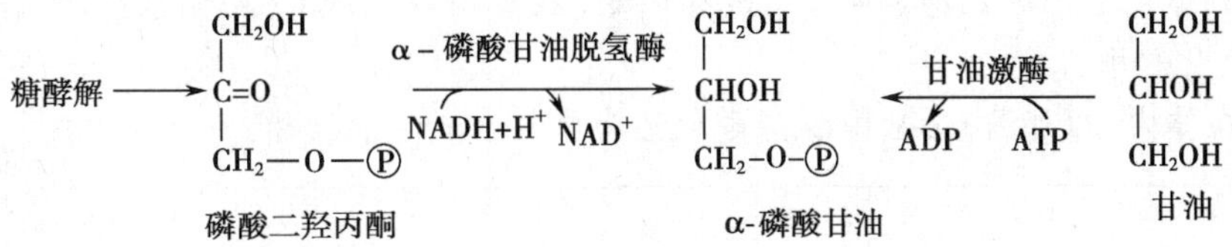


图 7-9　α- 磷酸甘油的合成

### （三）甘油三酯的合成

肝、脂肪组织及小肠是合成甘油三酯的主要场所，以肝的合成能力最强。但是肝细胞能合成脂肪，却不能储存脂肪。如肝细胞合成的甘油三酯因营养不良、中毒、必需脂酸缺乏、胆碱缺乏或蛋白质缺乏不能形成 VLDL 分泌入血时，会聚集在肝细胞浆中，形成脂肪肝。

合成甘油三酯所需的甘油及脂酸主要由葡萄糖代谢提供。脂肪的合成有两种途径：

1. 甘油一酯途径　由小肠黏膜细胞主要利用消化吸收的甘油一酯和脂酸再合成甘油三酯。

2. 甘油二酯途径　在肝细胞及脂肪细胞内进行，甘油是由葡萄糖循糖酵解途径生成的 α- 磷酸甘油提供，脂酸是以脂酰 CoA 的形式提供，二者在脂酰 CoA 转移酶催化下合成甘油三酯（图 7-10）。

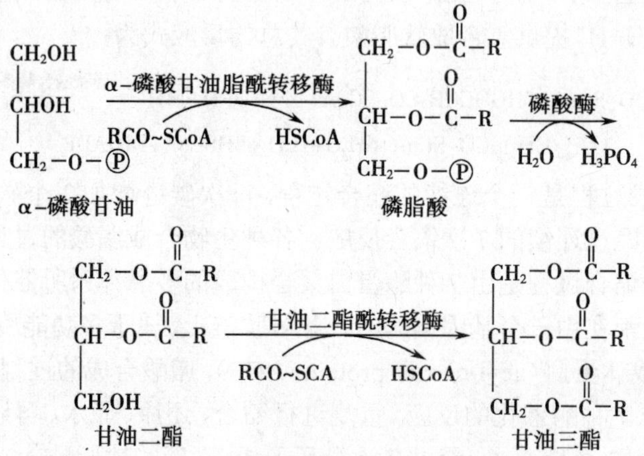


图 7-10　甘油三酯的合成

肝、肾等组织含有甘油激酶，能利用游离甘油，使之磷酸化生成 α- 磷酸甘油，而脂肪细胞缺乏甘油激酶因而不能利用甘油合成脂肪。

## 点滴积累

1. 甘油三酯逐步水解为游离脂酸和甘油供其他组织氧化利用的过程称为脂肪的动员。

2. 脂肪酸 β- 氧化生成的乙酰 CoA 除合成酮体外，主要通过三羧酸循环彻底氧化分解成 $CO_2$ 和 $H_2O$，并释放出能量。

3. 酮体包括乙酰乙酸、β- 羟丁酸和丙酮，在肝内以乙酰 CoA 为原料合成，在肝外组织被氧化利用。

4. 在体内，以脂酰 CoA 和 α- 磷酸甘油为原料合成甘油三酯。

# 第四节　胆固醇代谢

胆固醇是体内重要的脂类物质之一，它最早是由动物胆石中分离出来的具有羟基的固体醇类化合物，故称为胆固醇（cholesterol），所有固醇（包括胆固醇）均具有环戊烷多氢菲的基本结构，不同固醇的区别是碳原子数及取代基不同。胆固醇在人体内以游离型和酯型两种形式存在。

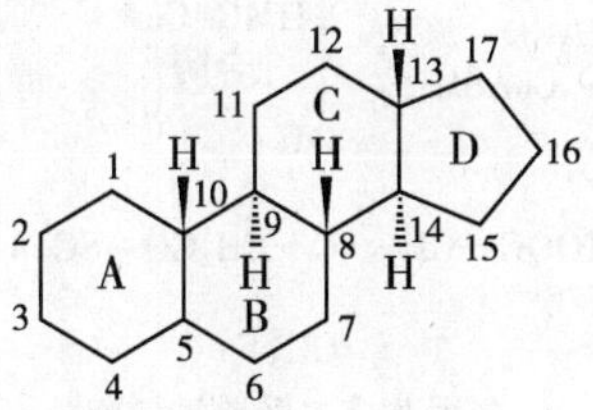

环戊烷多氢菲

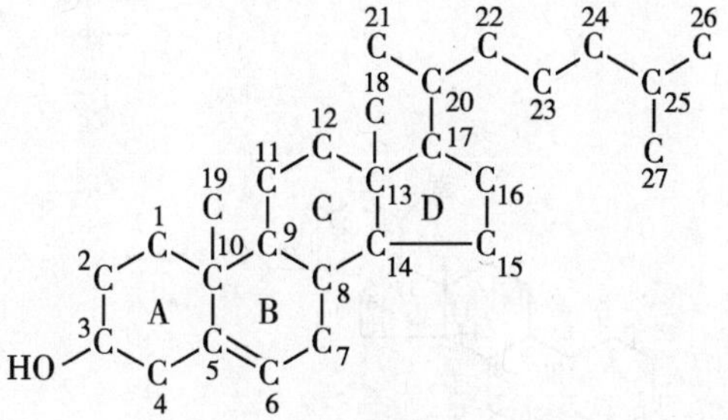

胆固醇

正常成年人体内胆固醇总重约为140g，平均含量约为2g/kg体重。胆固醇广泛分布于体内各组织，但分布极不均一，大约1/4分布于脑及神经组织，约占脑组织的2%。肝、肾、肠等内脏组织中胆固醇的含量也比较高，每100g组织含200～500mg，而肌肉组织中胆固醇的含量较低，每100g组织含100～200mg。肾上腺皮质、卵巢等组织胆固醇含量最高，可达5%～10%。

胆固醇是生物膜的重要组成成分，在维持膜的流动性和正常功能中起重要作用。膜结构中的胆固醇均为为游离胆固醇，而细胞中储存的都是胆固醇酯。胆固醇代谢发生障碍可使血浆胆固醇增高，是形成动脉粥样硬化的一种危险因素。

体内的胆固醇一是由膳食摄入，二是由机体自身合成，正常人每天膳食中含胆固醇300～500mg，主要来自动物内脏、蛋黄、奶油及肉类。植物性食品不含胆固醇，而含植物固醇如β-谷固醇、麦角固醇等，它们不易为人体所吸收，摄入过多还可抑制胆固醇的吸收。

## 一、胆固醇的生物合成

### （一）合成部位

成人除脑组织及成熟红细胞外，几乎全身各组织均可合成胆固醇，每天可合成1～1.5g，其中肝是体内合成胆固醇最主要的场所，占总合成量的70%～80%，胆固醇合成酶系存在于胞液及内质网膜上，因此，胆固醇的合成主要在胞液及内质网中进行。

### （二）合成原料

乙酰CoA是胆固醇合成的直接原料，它来自葡萄糖、脂酸及某些氨基酸的代谢产物。另外，还需要ATP供能和NADPH供氢。每合成1分子胆固醇需要18分子乙酰CoA，36分子ATP及16分子NADPH+$H^+$。乙酰CoA分子中两个碳原子是合成胆固醇的唯一碳源。

### （三）胆固醇合成的基本过程

胆固醇的合成过程比较复杂，有近30步酶促反应，整个过程大致可分为甲羟戊酸（mevalonic acid，MVA）的生成、鲨烯合成和胆固醇的合成三个阶段（图7-11）。

1. 甲羟戊酸的生成　在胞液中，3分子乙酰CoA经硫解酶及HMGCoA合成酶催化生成HMGCoA，此过程在胞液中进行。此过程是不可逆的，HMG还原酶是胆固醇合成的限速酶。

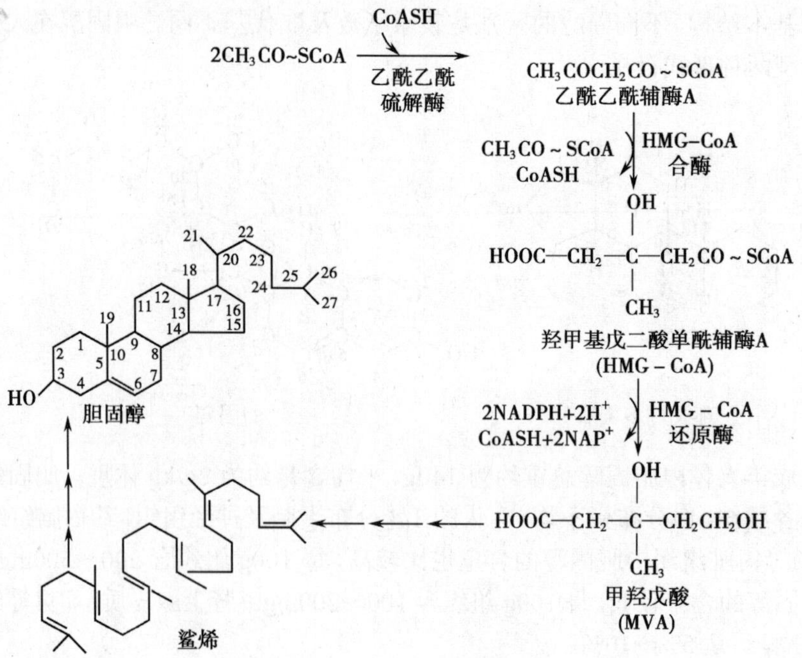


图 7-11 胆固醇的生物合成

2. 鲨烯的合成　甲羟戊酸在胞液中的一系列酶的催化下，由 ATP 提供能量，经磷酸化、脱羧、脱羟基等作用生成活泼的异戊烯焦磷酸及其异构物二甲基丙烯焦磷酸，他们都是含 5 碳的中间产物。然后 3 分子活泼的 5 碳化合物进一步缩合成 15 碳的焦磷酸法尼酯。2 分子 15 碳的焦磷酸法尼酯在内质网鲨烯合成酶的催化下，经缩合还原成 30 碳的鲨烯。

3. 胆固醇的生成　含 30 碳的鲨烯，经内质网环化酶和加氧酶催化生成羊毛脂固醇，后者再经氧化还原等多步反应最后失去了 3 个碳，合成 27 碳的胆固醇。

## 二、胆固醇的酯化

细胞内和血浆中的游离胆固醇都可以被酯化成胆固醇酯。

在组织细胞内，游离胆固醇可在脂酰辅酶 A 胆固醇脂酰转移酶（ACAT）的催化下，接受脂酰辅酶 A 的脂酰基形成胆固醇酯。

血浆中，在卵磷脂胆固醇脂酰转移酶（LCAT）的催化下，卵磷脂（即磷脂酰胆碱）第 2 位碳原子的脂酰基（一般多是不饱和脂酰基），转移至胆固醇 3 位羟基上，生成胆固醇酯及溶血磷脂酰胆碱。

## 三、胆固醇在体内的转变与排泄

胆固醇与糖、脂肪和蛋白质不同，它在体内既不能彻底氧化成 $CO_2$ 和 $H_2O$，也不能作为能源物质提供能量，可是胆固醇在体内能转变成某些重要的生理活性物质。胆固醇在体内除构成膜的组分外主要有四条代谢去路。

### （一）转变为胆汁酸

胆固醇在肝中转变为胆汁酸是胆固醇在体内的主要代谢去路，也是机体清除胆固醇的主要方式。正常人每天合成的胆固醇约有 40% 在肝中转变为胆汁酸，随胆汁排入肠道。胆汁酸含有亲水基团又含有疏水基团，能降低油水两相间的张力，促进肠道内脂类的消化吸收。

**（二）转变为维生素 $D_3$**

人体皮肤细胞内的胆固醇经酶促脱氢氧化生成 7- 脱氢胆固醇，7- 脱氢胆固醇经紫外光照射后转变成维生素 $D_3$。

**（三）转变为类固醇激素**

胆固醇是肾上腺皮质、睾丸及卵巢等内分泌腺合成类固醇激素的原料。肾上腺皮质细胞中储存大量的胆固醇酯，含量可达 2%～5%，其中 90% 来自血液，10% 由自身合成。肾上腺皮质以胆固醇为原料，在一系列酶的催化下合成醛固酮、皮质醇及少量性激素。性激素主要在性腺合成，睾丸间质细胞合成雄激素，主要是睾酮；卵巢的卵泡内膜细胞及黄体可合成雌二醇及孕酮；妊娠期胎盘合成的雌三醇也属于类固醇激素。

**（四）胆固醇的排泄**

胆固醇在肠道内受肠道细菌作用还原生成粪固醇随粪便排出体外。

## 点滴积累

1. 胆固醇是以乙酰辅酶 A 为原料，主要在肝细胞胞液及内质网合成的大分子，合成过程中的关键酶为 HMG-CoA 还原酶。

2. 体内胆固醇在 ACAT 或 LCAT 的催化下可酯化生成胆固醇酯，也能转变成胆汁酸、类固醇激素、维生素 $D_3$ 等，还能转变成粪固醇排出体外。

（张春蕾）

## 目标检测

### 一、选择题

**（一）单项选择题**

1. 下列物质中密度最低的是（　　）

A. 乳糜微粒　　B. β- 脂蛋白

C. 前 β- 脂蛋白　　D. α- 脂蛋白

2. 脂酸 β- 氧化的终产物是（　　）

A. 尿酸　　B. 乳酸

C. 丙酮酸　　D. 乙酰辅酶 A

3. 合成胆固醇所需的氢由下列哪种物质提供（　　）

A. $NADH+H^+$　　B. $NADPH+H^+$

C. $FADH_2$　　D. $FMNH_2$

4. 致人体动脉粥样硬化的真正危险因子是（　　）

A. LDL　　B. CM

C. VLDL　　D. HDL

5. 合成酮体的主要器官是（　　）

A. 肝脏　　B. 心脏
C. 肾脏　　D. 脾脏

6. 脂酸β-氧化反应的场所是（　　）
A. 细胞质内　　B. 细胞核内
C. 高尔基体内　　D. 线粒体内

7. 血浆总胆固醇显著增高属哪型高脂蛋白血症（　　）
A. Ⅰ型　　B. Ⅱ型
C. Ⅲ型　　D. Ⅳ型

8. 目前已知一级结构最长的蛋白质是（　　）
A. apoB100　　B. apoAⅠ
C. apoAⅡ　　D. apoB48

9. 酮体合成的限速酶是（　　）
A. HMGCoA 裂解酶　　B. HMGCoA 合酶
C. 硫解酶　　D. HMGCoA 还原酶

10. 参与脂酸合成的乙酰 CoA 主要来自（　　）
A. 胆固醇　　B. 葡萄糖
C. 丙氨酸　　D. 酮体

11. 转运内源性甘油三酯的血浆脂蛋白是（　　）
A. CM　　B. VLDL
C. HDL　　D. LDL

12. 要真实反映血脂的情况，常在饭后（　　）
A. 3～6 小时采血　　B. 8～10 小时采血
C. 12～14 小时采血　　D. 24 小时后采血

13. 有防止动脉粥样硬化作用的脂蛋白是（　　）
A. CM　　B. VLDL
C. LDL　　D. HDL

14. 脂酰 CoAβ-氧化的反应顺序是（　　）
A. 脱氢、加水、硫解、再脱氢　　B. 硫解、再脱氢、脱氢、加水
C. 脱氢、加水、再脱氢、硫解　　D. 脱氢、硫解、加水、再脱氢

**（二）多项选择题**

1. 酮体包括（　　）
A. 乳酸　　B. β-羟丁酸
C. 乙酰乙酸　　D. 丙酮酸
E. 丙酮

2. 组成生物膜的主要物质有（　　）
A. 葡萄糖　　B. 胆固醇
C. 卵磷脂　　D. 心磷脂
E. 牛磺酸

3. 脂解激素是（　　）
A. 肾上腺素　　B. 胰高血糖素

C. 胰岛素　　D. 促甲状腺素

E. 甲状腺素

4. 脂酸氧化产生乙酰 CoA，不参与下列哪些代谢（　　）

A. 合成葡萄糖　　B. 再合成脂酸

C. 合成酮体　　D. 合成胆固醇

E. 参与鸟氨酸循环

5. 下列哪些生理或病理因素可引起酮症（　　）

A. 饥饿　　B. 高脂低糖膳食

C. 糖尿病　　D. 过量饮酒

E. 肝脏病变

6. 乙酰 CoA 可以来源于下列哪些物质的代谢（　　）

A. 葡萄糖　　B. 脂酸

C. 酮体　　D. 胆固醇

E. 柠檬酸

**二、简答题：**

1. LDL 受体缺陷时，为什么会引起血浆总胆固醇显著增高？

2. 为什么 VLDL 含量减少时会导致脂肪肝？

3. 脂酸 β- 氧化反应的步骤包括哪些？

**三、实例分析**

患者，女性，42 岁，糖尿病史 5 年，平时每天皮下注射胰岛素治疗。2 小时前因发热伴神志不清入院，入院查体示：体温 38.5℃，血压 110/70mmHg，呼吸 27 次 / 分，脉搏 108 次 / 分，深大呼吸，呼出气为烂苹果味。辅助检查示：血糖 21mmol/L，尿糖（++++），尿酮体（++++）；动脉血气分析：pH 7.21，$HCO_3^-$ 8mmol/L。

问题：试分析患者身患何病，并阐述该病的生化发生机制。

（张春蕾）

# 第八章　生 物 氧 化

糖、脂肪、蛋白质等营养物质在体内进行氧化分解释放能量，这些能量用于生物体各种生命活动所需（如肌肉收缩、神经传导、体温维持、细胞分裂、生物合成、物质转运等）。其中有相当一部分能量驱动ADP磷酸化生成ATP，后者是细胞直接利用的主要能量形式，是机体能量生成和利用的核心。其余的能量以热能的形式释放，主要用于维持体温。这个过程是在组织细胞内进行的，并伴随消耗氧和产生$CO_2$，故生物氧化又称为细胞呼吸。

## 第一节　概　　述

### 一、生物氧化的概念

生物氧化（biological oxidation）即物质在生物体内进行的氧化。主要是糖、脂肪、蛋白质等在体内氧化分解生成$CO_2$和$H_2O$，并逐步释放能量的过程。

### 二、生物氧化的特点

生物氧化中物质的氧化方式有加氧、脱氢、失电子，遵循氧化还原反应的一般规律。生物氧化与同类物质在体外氧化都消耗氧，生成$CO_2$和$H_2O$并释放能量，但体内生物氧化又具有其特点。

生物氧化是在pH（7.35～7.45）近中性、体温（37℃）、温和的水环境中，在一系列酶的催化下逐步进行的酶促反应；体内$CO_2$是由有机酸脱羧生成的，水是有机物分子脱下来的氢经一系列传递反应，最终与氧结合生成的；生物氧化中，能量逐步释放，其中一部分与磷酸化作用偶联，以ATP形式贮存和利用，另一部分以热能形式释放。

**点 滴 积 累**

1. 物质在生物体内进行的氧化，称为生物氧化。
2. 生物氧化与同类物质在体外氧化显著不同。

## 第二节　线粒体氧化体系

在线粒体内的生物氧化体系中，代谢物脱下的成对氢原子（2H），通过线粒体内膜上的一系列酶和辅酶所催化的连锁反应逐步传递，最终与氧结合生成水，并伴随能量的释放。此过程与细胞摄取氧的呼吸过程有关，故称为呼吸链。在呼吸链中，酶和辅酶按一定顺序排列在线粒体内膜上。其中传递氢的酶和辅酶称为递氢体，传递电子的酶和辅酶称为递电子体。无论是递氢体还是递电子体都起到传递电子的作用（$2H \rightleftharpoons 2H^{+}+2e$），所以呼吸链又称为电子传递链。

## 一、呼吸链

### （一）呼吸链的主要组分

组成呼吸链的主要成分有：$NAD^{+}$、黄素蛋白、铁硫蛋白、辅酶 Q 及细胞色素等五类，根据呼吸链各组分的功能可将其分为四种具有传递电子功能的复合体（complex），分别为复合体Ⅰ、复合体Ⅱ、复合体Ⅲ、复合体Ⅳ（表 8-1）。因 CoQ 极易从线粒体内膜分离，细胞色素 Cyt c 呈水溶性，故它们均不包含在复合体中。

表 8-1 人线粒体呼吸链复合体的组成

| 复合体 | 酶名称 | 辅酶或辅基 | 作用 |
|---|---|---|---|
| 复合体Ⅰ | NADH-泛醌还原酶 | FMN，Fe-S | 将电子从 NADH 传递给泛醌 |
| 复合体Ⅱ | 琥珀酸-泛醌还原酶 | FAD，Fe-S，细胞色素 b | 将电子从琥珀酸传递给泛醌 |
| 复合体Ⅲ | 泛醌-细胞色素 c 还原酶 | 细胞色素 b，$c_1$，Fe-S | 将电子由泛醌传给 Cyt c |
| 复合体Ⅳ | 细胞色素 c 氧化酶 | 细胞色素 a，$a_3$，Cu | 将电子由 Cyt c 传递给 $O_2$ |

1. 复合体Ⅰ，NADH-泛醌还原酶　辅基为 FMN（Fe-S），其功能是将电子从还原型的 NADH 传递给泛醌。复合体Ⅰ中含有以黄素单核苷酸（FMN）为辅基的黄素蛋白和以铁硫簇为辅基的铁硫蛋白。黄素蛋白和铁硫蛋白均具有催化功能。

$$NADH \longrightarrow \boxed{FMN, Fe\text{–}S_{N\text{-}1a,b}\ Fe\text{–}S_{N\text{-}4}\ Fe\text{–}S_{N\text{-}3}\ Fe\text{–}S_{N\text{-}2}} \longrightarrow CoQ$$

复合体Ⅰ的电子传递

$NAD^{+}$ 或 $NADP^{+}$ 分子中烟酰胺的氮为五价，能接受电子成为三价氮。此时其对侧的碳原子可进行加氢反应。烟酰胺在加氢反应时只能接受 1 个氢原子和 1 个电子，将另一个 $H^{+}$ 游离出来，因此将还原型的 $NAD^{+}$ 或 $NADP^{+}$ 分别写成 $NADH+H^{+}$（NADH）和 $NADPH+H^{+}$（NADPH）（图 8-1）。

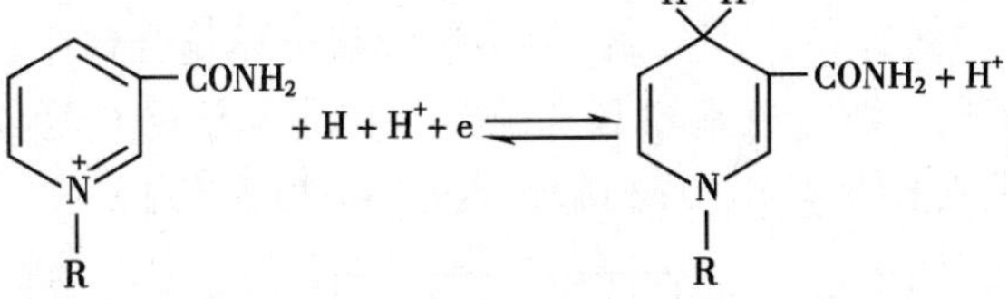


图 8-1 $NAD^{+}$ 的加氢和脱氢反应

FMN 中含有核黄素（维生素 $B_2$），其发挥功能的结构是异咯嗪环。氧化型 FMN 可接受 1 个质子和 1 个电子形成不稳定的 FMNH•，再接受 1 个质子和 1 个电子转变为还原型 FMN（$FMNH_2$）（图 8-2）。

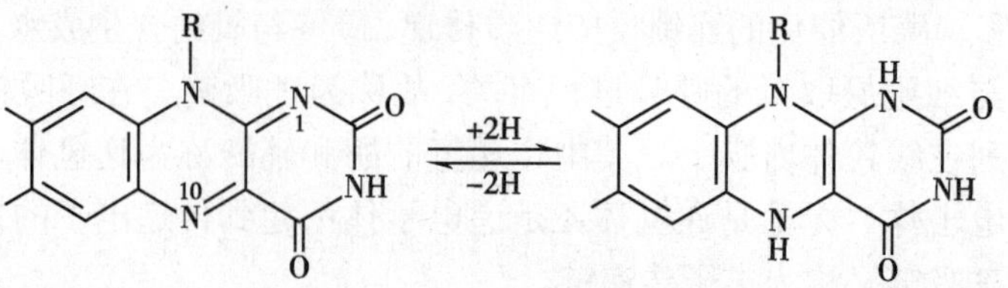

图 8-2 FMN 的加氢和脱氢反应

铁硫蛋白中辅基铁硫簇（Fe-S）含有等量铁原子和硫原子，通过其中的铁原子与铁硫蛋白部分的半胱氨酸残基的硫相连接。

其中铁原子可进行 $Fe^{2+} \rightleftharpoons Fe^{3+}+e$ 反应传递电子，在复合体Ⅰ中，其功能是将 $FMNH_2$ 的电子传递给泛醌。

泛醌是一种脂溶性醌类化合物。它由多个异戊二烯连接形成较长的疏水侧链。人 CoQ 侧链由 10 个异戊二烯单位组成，用 $CoQ_{10}$（$Q_{10}$）表示。泛醌接受 1 个电子和 1 个质子还原成半醌型泛醌，再接受 1 个电子和 1 个质子还原成二氢泛醌，后者也可脱去 2 个电子和 2 个质子被氧化为泛醌（图 8-3）。

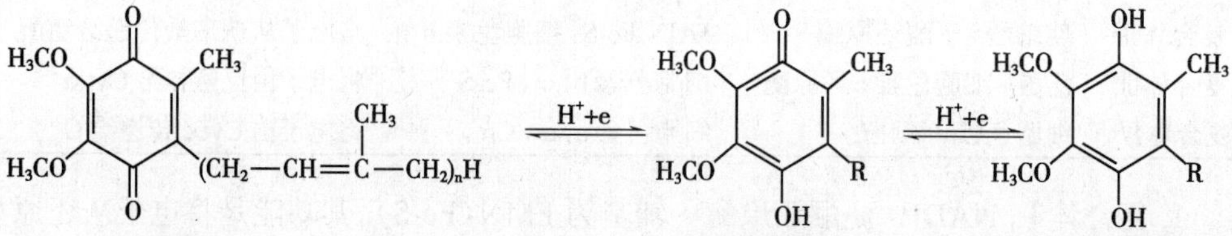

泛醌（醌型或氧化型）　泛醌H·（半醌型）　二氢泛醌（氢醌型或还原型）

图 8-3 泛醌的加氢和脱氢反应

2. 复合体Ⅱ，琥珀酸 - 泛醌还原酶　辅基为 FAD（Fe-S），其功能是将电子从琥珀酸传递给泛醌。

$$NADH \longrightarrow \boxed{Fe\text{-}S_1, b_{560}, FAD, Fe\text{-}S_2, Fe\text{-}S_3} \longrightarrow CoQ$$

复合体Ⅱ的电子传递

细胞色素是一类以铁卟啉为辅基的催化电子传递的酶类，根据它们吸收光谱不同而分为细胞色素 a、b、c（Cyt a，Cyt b，Cyt c，）三类。Cyt c 呈水溶性，与线粒体内膜外表面结合不紧密，极易与线粒体内膜分离，故不包含在上述复合体中。

3. 复合体Ⅲ，泛醌 - 细胞色素 C 还原酶　将电子从泛醌传递给细胞色素 C。人复合体Ⅲ中含有细胞色素 b（$b_{562}$，$b_{566}$）、细胞色素 $C_1$ 和铁硫蛋白。

$$QH_2 \longrightarrow \boxed{b_{562}, b_{566}, Fe\text{-}S, C_1} \longrightarrow Cyt\ c$$

复合体Ⅲ的电子传递

4. 复合体Ⅳ，细胞色素氧化酶　将电子从细胞色素 C 传递给氧。人复合体Ⅳ中含有 $Cu_A$、$Cu_B$、Cyt a 和 Cyt $a_3$，由于两者结合紧密很难分离，故称之为 Cyt $aa_3$。根据 $Cu_A$、$Cu_B$、Cyt a 和 Cyt $a_3$，的氧化还原电位不同。其电子传递顺序如下。

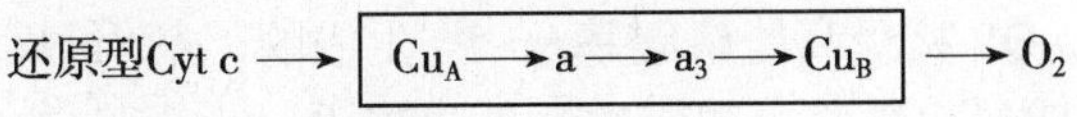


复合体Ⅳ的电子传递

### （二）呼吸链组分的排列顺序

根据标准氧化还原电位的高低以及呼吸链拆开和重组的体外实验结果确定呼吸链各组分的排列顺序，标准氧化还原电位越小的电子传递体，其供电子能力越大，就处于传递链的前列，反之，则排列在传递链的后面。现已确定呼吸链中各传递体的排列顺序，根据其顺序发现体内有两条重要的呼吸链，即NADH氧化呼吸链和琥珀酸氧化呼吸链（图8-4）。两条呼吸链在把电子传递给$O_2$，并与介质中$2H^+$结合生成$H_2O$的过程中，都伴有能量的释放，用以合成ATP。

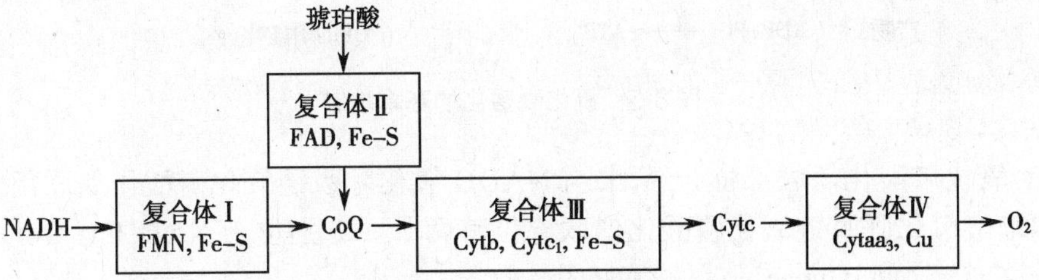


**图8-4 NADH氧化呼吸链和琥珀酸氧化呼吸链**

1. NADH氧化呼吸链　这条呼吸链是由复合体Ⅰ、CoQ、复合体Ⅲ、Cyt c、复合体Ⅳ组成。以$NAD^+$为辅酶接受氢生成$NADH+H^+$开始，然后$NADH+H^+$脱下的2H经复合体Ⅰ传给CoQ，生成还原型$CoQH_2$，后者把2H中的$2H^+$释放到介质中，而将2e经复合体Ⅲ传给Cyt c，然后再将2e经复合体Ⅳ传给$O_2$生成$O^{2-}$，最后$O^{2-}$与介质中的$2H^+$结合生成$H_2O$，同时产生ATP。这是体内最主要的一条呼吸链，也是体内物质氧化生成水的主要途径。以下物质如异柠檬酸、苹果酸、丙酮酸、α-酮戊二酸、β-羟脂酰CoA、β-羟丁酸、L-谷氨酸等脱下的2H按NADH氧化呼吸链传递生成水。

2. 琥珀酸氧化呼吸链　这条呼吸链是由复合体Ⅱ、CoQ、复合体Ⅲ、Cyt c、复合体Ⅳ组成。以FAD为辅酶接受2H生成$FADH_2$开始，然后把2H经复合体Ⅱ传给CoQ，再将2H分成两个电子和两个质子，电子依次传给Cyt b、Cyt $c_1$、Cyt c、Cyt $aa_3$，Cyt $aa_3$将两个电子传递给氧使其成为$O^{2-}$，后者再与游离在介质中的$2H^+$生成水。琥珀酸、脂酰CoA及线粒体内α-磷酸甘油等脱下的氢经此呼吸链传递生成$H_2O$。

**课堂活动**

试比较NADH氧化呼吸链和琥珀酸氧化呼吸链的异同。

## 二、ATP的生成

体内最主要的高能化合物是ATP。在生物氧化过程中所释放的能量约60%以热能形式散发，用以维持体温，约40%以化学能的形式贮存在高能化合物（主要是ATP）中，当机体需要能量时再释放出来。

体内 ATP 是由 ADP 接受高能磷酸基（～P）生成的，这个过程称为 ADP 的磷酸化。磷酸化有两种方式，即氧化磷酸化和底物水平磷酸化。

**（一）氧化磷酸化**

1. 氧化磷酸化的概念　在物质氧化分解代谢过程中，代谢物脱下的氢经呼吸链传递氧化生成 $H_2O$ 的同时，偶联 ADP 的磷酸化生成 ATP，此过程称为氧化磷酸化。这种方式生成的 ATP 数量占体内生成 ATP 总数的 95% 以上，故是维护生命活动所需能量的主要来源（图 8-5）。

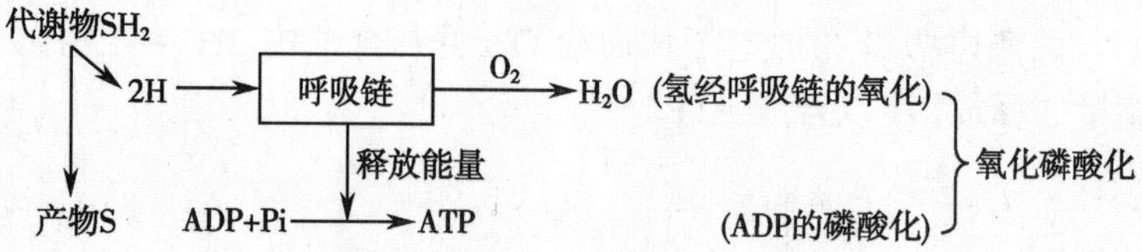


**图 8-5　氧化磷酸化的基本机制**

2. 氧化磷酸化偶联部位　经测定，NADH 氧化呼吸链氧化磷酸化偶联部位有三个，琥珀酸氧化呼吸链氧化磷酸化偶联部位有两个。分别位于 NADH 与 CoQ 之间、CoQ 与 Cyt c 之间、Cyt $aa_3$ 与 $O_2$ 之间（图 8-6）。

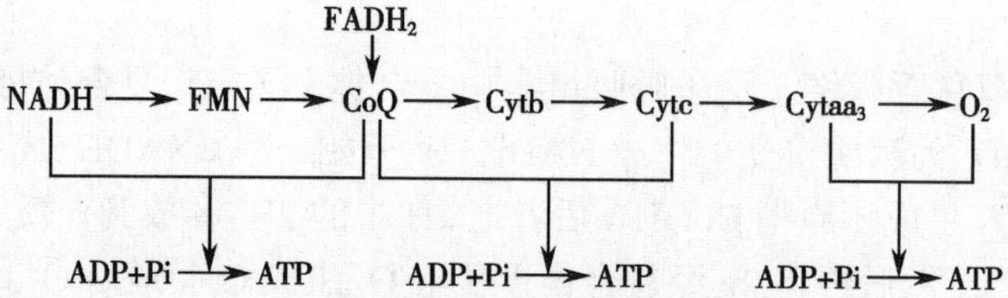


**图 8-6　氧化磷酸化偶联部位示意图**

根据下述实验结果可以大致确定氧化磷酸化的偶联部位，即 ATP 生成的部位。

（1）P/O 比值（磷氧比值）：指物质氧化时，每消耗一摩尔的氧原子所消耗无机磷的摩尔数，也就是消耗 ADP 的摩尔数或产生 ATP 的摩尔数。将不同的底物（β- 羟丁酸、琥珀酸、抗坏血酸等）、ATP、$H_3PO_4$、$Mg^{2+}$ 和分离得到的较完整的线粒体在模拟细胞内液环境中的密闭小室内相互作用。发现在消耗氧气的同时消耗磷酸。测定氧和无机磷（或 ADP）的消耗量，即可计算出 P/O 比值（见表 8-2）。代谢物脱氢经琥珀酸呼吸链产生的 P/O 接近 2，经 NADH 氧化呼吸链的 P/O 接近 3。近年来实验证实，一对电子经 NADH 氧化呼吸链传递 P/O 比值约为 2.5，一对电子经琥珀酸氧化呼吸链传递 P/O 比值约为 1.5。从而可根据电子传递过程的差异分析偶联部位。

**表 8-2　线粒体立体实验测得的一些底物的 P/O 比值**

| 底物 | 呼吸链的组成 | P/O 比值 | 生成 ATP 数 |
|---|---|---|---|
| β- 羟丁酸 | $NAD^+ \rightarrow FMN \rightarrow UQ \rightarrow Cyt \rightarrow O_2$ | 2.4～2.8 | 2.5 |
| 琥珀酸 | $FMN \rightarrow UQ \rightarrow Cyt \rightarrow O_2$ | 1.7 | 1.5 |
| 抗坏血酸 | Cyt c → Cyt $aa_3 \rightarrow O_2$ | 0.88 | 1 |
| Cyt c（$Fe^{2+}$） | Cyt $aa_3 \rightarrow O_2$ | 0.61～0.68 | 1 |

（2）自由能变化：根据热力学公式，pH7.0 时，自由能变化与还原电位之间的关系为：

$$\Delta G^{\circ\prime}=-n\mathrm{F}\Delta E^{\circ\prime}$$

$\Delta G^{\circ\prime}$ 为自由能变化；$n$ 为电子传递数；F 为法拉第常数（96.5kJ/mol·V）；$\Delta E^{\circ\prime}$ 为氧化还原电位。计算相应的 $\Delta G^{\circ\prime}$ 分别为 −69.5、−36.7、−112kJ/mol，而生成每摩尔 ATP 需能约 30.5kJ（7.3kcal），可见以上三部位均足够提供生成 ATP 所需的能量。

因此，代谢物脱下的一对氢原子经 NADH 氧化呼吸链可产生 2.5 分子的 ATP，经琥珀酸氧化呼吸链可产生 1.5 分子的 ATP。

3．氧化磷酸化的影响因素

（1）细胞内 ADP/ATP 浓度比值：此比值是调节线粒体内氧化磷酸化最重要的因素。体内经氧化磷酸化合成 ATP 时需要 ADP、Pi 以及能量，而消耗 ATP 时又水解为 ADP 和 Pi，同时释放能量。

$$\mathrm{ADP + Pi +} 能量 \rightleftharpoons \mathrm{ATP + H_2O}$$

由此可见，当机体利用 ATP 增大时，导致 [ADP] 浓度增高，致 [ADP]/[ATP] 比值升高，ADP 转入线粒体使磷酸化速度加快。相反，当消耗 ATP 减少时，氧化磷酸化减慢。这种调节使机体能合理使用能源，避免能源物质浪费。

### 知识链接

**能量合剂及临床应用**

能量合剂在临床上多作为能量补充剂，促进糖、脂、蛋白质的代谢，有助于病变器官功能的改善。可用于肾炎、肝炎、肝硬化及心衰等。

每支能量合剂含辅酶 A 50u、ATP 20mg 及胰岛素 4u。注射患者体内后，ATP 利用会增大，使 ADP 生成增多，导致 ADP/ATP 浓度比值升高，使氧化磷酸化速度加快。

（2）甲状腺激素：甲状腺激素诱导细胞膜上 $Na^+$，$K^+$–ATP 酶的生成，使 ATP 加速分解为 ADP 和 Pi，ADP 增多促进氧化磷酸化，甲状腺激素还可使解偶联蛋白基因表达增加，因而引起耗氧和产热均增加。

### 课堂活动

甲状腺功能亢进症患者有何临床症状？

（3）抑制剂：抑制剂对电子传递及 ADP 磷酸化均有抑制作用。

1）呼吸链抑制剂：此类抑制剂能阻断呼吸链中某些部位电子传递。例如鱼藤酮、粉蝶霉素 A 及异戊巴比妥等与复合体Ⅰ中的铁硫蛋白结合，从而阻断电子传递。抗霉素 A、二巯基丙醇（BAL）抑制复合体Ⅲ中 Cyt b 与 Cyt $c_1$ 间的电子传递。CO、氰化物（$CN^-$）、$N_3^-$ 及 $H_2S$ 抑制细胞色素氧化酶，使电子不能传给氧。

**案例分析**

**案例**：氰化物、CO中毒临床并不少见。为什么会引起中毒？又如何解毒？

**分析**：$CN^-$、CO这类抑制剂可与呼吸链中的细胞色素氧化酶牢固结合，使其丧失传递电子能力，迅速引起脑部损害，几分钟可致死。

临床抢救此类中毒，就是用亚硝酸异戊酯和注射亚硝酸钠，使部分血红蛋白氧化成高铁血红蛋白，当高铁血红蛋白含量达到总量的20%～30%，就能夺取已与细胞色素氧化酶结合的氰化物，恢复细胞色素氧化酶的功能。而高铁氰化血红蛋白又能很快解离释放出$CN^-$，此时再注射硫代硫酸钠，在肝脏中可使$CN^-$转变为无毒的硫氰化物，随尿排出。

2）解偶联剂：解偶联剂使氧化与磷酸化偶联过程脱离。它并不阻断氢和电子在呼吸链中的传递，而是使ADP磷酸化成ATP受到抑制，结果是物质氧化释放的能量不能贮存到ATP中去，而以热能形式释放，导致体温升高。

**案例分析**

**案例**：感冒或患传染性疾病时，为什么体温会升高？

**分析**：因为患病时，细菌或病毒产生一种解偶联剂，使代谢物氧化产生的能量较多地转变为热能形式散失，从而使体温升高。

冬眠动物和耐寒冷的哺乳动物中，由于氧化与磷酸化天然不发生偶联，线粒体是特殊的产热机构，可依此方式维持体温。

3）氧化磷酸化抑制剂：此类抑制剂可同时抑制电子传递和ADP磷酸化。例如，寡毒素可阻止质子从$F_0$质子通道回流，抑制ATP生成。此时由于线粒体内膜两侧质子电化学梯度增高影响呼吸链质子泵的功能，继而抑制电子传递。

**（二）底物水平磷酸化**

底物水平磷酸化是指在物质氧化分解代谢过程中，由于脱氢或脱水作用引起分子内部能量重新分布形成高能化合物，将高能磷酸基（～P）直接转移给ADP（或GDP）生成ATP（或GTP）的过程。它不涉及呼吸链。体内通过底物水平磷酸化生成ATP的量只占体内ATP生成总量的5%以下，故是体内生成ATP的次要方式。其通式如下：

$$\text{底物}\sim P + ADP \longrightarrow \text{产物} + ATP$$

**课堂活动**

能进行底物水平磷酸化的高能化合物有哪些？

## 三、能量的利用、转移和贮存

**（一）能量的利用**

生物氧化过程中释放的能量大约有40%以化学能的形式储存在高能磷酸键中，含高能磷酸键的化合物称为高能磷酸化合物，体内主要是 ATP，在肌肉内有磷酸肌酸，这是肌肉中贮能的形式，此外，体内还存在其他高能化合物。人的一切生命活动都需要消耗能量，食物中的糖、脂肪及蛋白质是满足人体能量需要的能源物质，但必须在体内转化为 ATP 才能被机体利用。ATP 是人体及各种生物所有生命活动的直接供能物质。

$$ATP + H_2O \longrightarrow ADP + Pi + \text{能量}$$
$$ATP + H_2O \longrightarrow AMP + PPi + \text{能量}$$

### （二）能量的转移

虽然 ATP 是生命活动的直接供能物质，但有些生物合成反应却需要其他三磷酸核苷供能。ATP 可将高能磷酸基（～P）转移给其他二磷酸核苷形成相应的三磷酸核苷（如 UTP、CTP、GTP 等分别用于糖原、磷脂、蛋白质等的合成）。

$$ATP + UDP \longleftrightarrow ADP + UTP$$
$$ATP + CDP \longleftrightarrow ADP + CTP$$
$$ATP + GDP \longleftrightarrow ADP + GTP$$

此外，当体内 ATP 消耗过多，例如肌肉剧烈收缩时，ADP 累积，在腺苷酸激酶的催化下由 ADP 转变为 ATP 被利用。当 ATP 需要量减少时反应向相反方向进行。

$$ADP + ADP \longleftrightarrow ATP + AMP$$

### （三）能量的贮存

ATP 是能量的直接利用形式，但不是能量的贮存形式。当 ATP 生成较多时，ATP 能将高能磷酸基（～P）转移给肌酸（C）生成磷酸肌酸（C～P），这是体内的贮能物质，但所含～P 不能被机体直接利用。

$$ATP + \text{肌酸}(C) \xrightleftharpoons{\text{肌酸磷酸激酶}} ADP + \text{磷酸肌酸}(C\sim P)$$

肌酸主要存在于肌肉和脑组织中，所以磷酸肌酸是肌肉和脑组织中能量的贮存形式。当体内 ATP 消耗过多而导致 ADP 增多时，磷酸肌酸将～P 转移给 ADP，生成 ATP，供生理活动之用（图 8-7）。

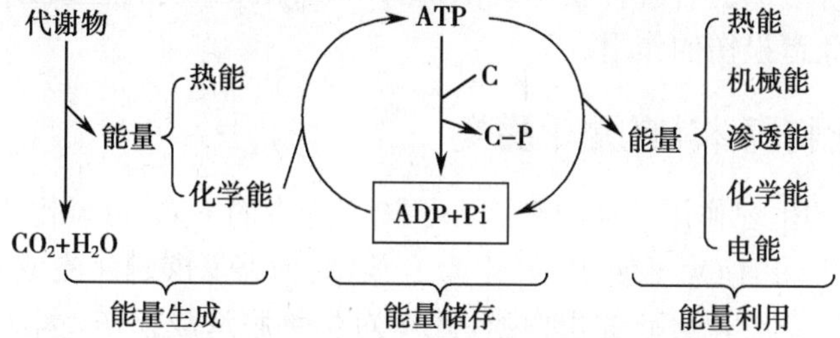


图 8-7 能量的生成、储存与利用

## 点 滴 积 累

1. 根据呼吸链各组分的功能可将其分为四种具有传递电子功能的复合体。
2. 体内有两条重要的呼吸链，即 NADH 氧化呼吸链和琥珀酸氧化呼吸链。
3. 体内 ATP 生成有两种方式，即氧化磷酸化和底物水平磷酸化。
4. ATP 是人体及各种生物所有生命活动的直接供能物质。

# 第三节 非线粒体氧化体系

除线粒体氧化体系外，细胞的微粒体和过氧化物酶体及胞液也存在其他氧化体系，但是在其氧化过程中不伴有偶联磷酸化，不能生成 ATP，主要与体内代谢物、药物和毒物的生物转化有关。

## 一、微粒体加单氧酶系

微粒体加单氧酶可催化一个氧原子加到底物分子上（羟化），另一个氧原子被氢（来自 $NADPH+H^+$）还原成水，故又称混合功能氧化酶或羟化酶。

$$RH + NADPH + H^+ + O_2 \xrightarrow{\text{微粒体加单氧酶}} ROH + NADP^+ + H_2O$$

此反应需要细胞色素 P450 参与，此酶在肝和肾上腺的微粒体中含量最多，参与类固醇激素，胆汁酸及胆色素等的生成，以及药物、毒物的生物转化过程。

## 二、超氧化物歧化酶

呼吸链电子传递过程中总是有少量的氧由于接受电子不足，可产生超氧离子（$O_2^-$），体内其他物质（如黄嘌呤）氧化时也可产生 $O_2^-$。$O_2^-$ 可进一步生成 $H_2O_2$ 和羟自由基（•OH），统称为反应氧族（ROS）。其化学性质活泼，可使磷脂分子中不饱和脂肪酸氧化生成过氧化脂质，损伤生物膜；过氧化脂质与蛋白质结合形成的复合物，积累成棕褐色的色素颗粒，称为脂褐素，与组织老化有关。

超氧化物歧化酶（SOD）可催化一分子 $O_2^-$ 氧化生成 $O_2$，另一分子 $O_2^-$ 还原生成 $H_2O_2$。SOD 是人体防御超氧离子损伤的重要酶。催化反应如下：

$$2O_2 + 2e \longrightarrow 2O_2^- \xrightarrow{\text{SOD}} H_2O_2 + O_2$$

体内还有一种含硒的谷胱甘肽过氧化物酶，可使 $H_2O_2$ 反应生成 $H_2O$。具有保护生物膜及血红蛋白免遭损伤的作用。

## 三、过氧化物酶体中的氧化酶类

$H_2O_2$ 有一定的生理作用。如粒细胞和吞噬细胞中的 $H_2O_2$ 可氧化杀死入侵的细菌；甲状腺细胞中产生的 $H_2O_2$ 可使 $2I^-$ 氧化为 $I_2$，进而使酪氨酸碘化生成甲状腺激素。但 $H_2O_2$ 若堆积过多，可氧化含硫的蛋白质，还可对生物膜造成损伤，因此需将 $H_2O_2$ 及时清除。过氧化物酶体中含有过氧化氢酶，可以处理利用 $H_2O_2$。

### （一）过氧化氢酶

过氧化氢酶又称触酶，其辅基含有 4 个血红素，催化反应如下：

$$2H_2O_2 \xrightarrow{\text{过氧化氢酶}} 2H_2O + O_2$$

### （二）过氧化物酶

过氧化物酶也是以血红素为辅基，它催化 $H_2O_2$ 直接氧化酚类或胺类化合物，反应如下：

$$R + H_2O_2 \xrightarrow{\text{过氧化物酶}} RO + H_2O \quad \text{或} \quad RH_2 + H_2O_2 \xrightarrow{\text{过氧化物酶}} R + 2H_2O$$

临床上判断粪便中有无隐血时，就是利用白细胞中含有过氧化物酶的活性，将联苯胺氧化成蓝色化合物。

**点 滴 积 累**

非线粒体氧化体系氧化过程中不伴有偶联磷酸化，不能生成 ATP，主要与体内代谢物、药物和毒物的生物转化有关。

（张春蕾）

## 目 标 检 测

### 一、选择题

**（一）单项选择题**

1. 下列对生物氧化描述错误的是（　　）
   A. 生物氧化几乎都是酶促反应
   B. 体内 $H_2O$ 由呼吸链传递氢给氧生成
   C. 体内 $CO_2$ 的生成是通过有机酸脱羧
   D. 生物氧化跟体外燃烧一样
2. 各种细胞色素在呼吸链中的排列顺序是（　　）
   A. $c \to b \to c_1 \to aa_3$　　B. $c \to c_1 \to b \to aa_3$
   C. $b \to c \to c_1 \to aa_3$　　D. $b \to c_1 \to c \to aa_3$
3. 代谢物每脱下 2H 经 NADH 氧化呼吸链传递可生成多少 ATP（　　）
   A. 1.5　　B. 2
   C. 2.5　　D. 3
4. 在调节氧化磷酸化的因素中，最主要的因素是（　　）
   A. [ADP]/[ATP] 浓度比值　　B. 氧
   C. 电子传递链数目　　D. NADH
5. 氧化磷酸化发生的部位是（　　）
   A. 胞液　　B. 线粒体
   C. 胞液和线粒体　　D. 微粒体
6. 解偶联剂的作用是（　　）
   A. 抑制 e 由细胞色素 $aa_3$ 传给 $O_2$
   B. 抑制呼吸链氧化过程中所伴有的磷酸化
   C. 抑制底物磷酸化过程
   D. 抑制 $H^+$ 的传递
7. 生物体内最主要的直接供能物质是（　　）
   A. ADP　　B. ATP
   C. 磷酸肌酸　　D. GTP
8. 细胞色素氧化酶是（　　）
   A. Cyt b　　B. Cyt c

C. Cyt $c_1$　　D. Cyt $aa_3$

9. 氰化物阻断呼吸链的机制是（　　）
   A. 与辅酶Q结合而影响电子的传递
   B. 抑制电子由Cyt $aa_3$向氧的方向传递
   C. 降低线粒体内膜对质子的通透性
   D. 抑制e由NADH到Cyt c之间的传递
10. ATP分子中高能磷酸键能储于（　　）
   A. 肌酸磷酸　　B. GTP
   C. UTP　　D. CTP

**（二）多项选择题**

1. 呼吸链中氧化磷酸化偶联部位是（　　）
   A. NADH→CoQ　　B. Cyt b→Cyt $c_1$
   C. Cyt $aa_3$→$O_2$　　D. Cyt $c_1$→Cyt c
   E. Cyt c→Cyt $aa_3$
2. ATP在能量代谢中的特点是（　　）
   A. 其化学能可转变成渗透能和电能等
   B. 主要在氧化磷酸化过程中生成ATP
   C. 生成、贮存、利用和转换都以ATP为中心
   D. 体内合成反应所需的能量只能由ATP直接提供
   E. 以上答案都对
3. 线粒体外生物氧化体系的特点有（　　）
   A. 氧化过程不伴有ATP生成　　B. 氧化过程伴有ATP生成
   C. 与体内某些物质生物转化有关　　D. 仅存在于微粒体中
   E. 仅存在于过氧化物酶体中
4. 影响氧化磷酸化的因素有（　　）
   A. 寡毒素　　B. 二硝基苯酚
   C. 氰化物　　D. ATP浓度
   E. 胰岛素
5. 关于辅酶Q的描述正确的是（　　）
   A. 是一种水溶性化合物　　B. 属于醌类化合物
   C. 可在线粒体内膜中迅速扩散　　D. 不参与呼吸链复合体
   E. 是NADH呼吸链和琥珀酸呼吸链的交汇点

**二、简答题**

1. 影响氧化磷酸化的因素有哪些？
2. 生物氧化有哪些特点？
3. 试写出NADH氧化呼吸链的排列顺序，并指出ATP偶联部位。

**三、实例分析**

机体饱食或休息时，如何调节来满足对能量的需求？

（张春蕾）

# 第九章　氨基酸代谢

蛋白质是生命的物质基础，每日必须摄入一定量的蛋白质以维持生长和各种组织蛋白质的补充更新。蛋白质的基本组成单位是氨基酸。蛋白质的合成、降解都需经过氨基酸来进行，所以氨基酸代谢是蛋白质代谢的中心内容。氨基酸代谢包括合成代谢和分解代谢。为适应体内蛋白质合成的需要，需通过体外摄入或体内合成方式，在质与量上保证各种氨基酸的供应。氨基酸也可进入分解途径，转变成一些生理活性物质、某些含氮化合物以及作为体内能量的来源。此外，蛋白质的营养作用亦在本章讨论。

## 第一节　蛋白质的营养作用

### 一、蛋白质的生理功能

蛋白质是人体的主要成分，它不仅是构成机体组织器官的基本成分，而且在生命活动过程中不断地进行自我更新。蛋白质主要的生理功能有：

1. 维持组织的生长、更新和修补　蛋白质是细胞、组织的主要组成成分。儿童的生长发育、成人组织蛋白的更新，以及机体组织损伤的修补，都需要从食物中获得足够的蛋白质原料。

2. 参与体内重要的生理活动　参与机体防御功能的抗体、催化代谢反应的酶、调节物质代谢和生理活动的某些激素和神经递质，有的是蛋白质或多肽类物质，有的是氨基酸转变的产物。此外，肌肉收缩、血液凝固、物质的运输等生理过程也是由蛋白质来实现的。

3. 氧化供能　每克蛋白质氧化分解约释放17kJ（约4kcal）的能量。一般成人每日约有18%的能量来自蛋白质。但糖与脂肪可以代替蛋白质提供能量，故氧化供能不是蛋白质的主要生理功能。

### 二、蛋白质的需要量

#### （一）蛋白质的营养价值

蛋白质的营养价值是指外源性蛋白质被人体利用的程度。它的高低与食物蛋白质所含必需氨基酸的种类和比例有关。一般来说，食物蛋白质所含必需氨基酸的种类和比例愈接近于人体蛋白质，其营养价值也就愈高。动物蛋白如肉类、蛋、乳均含8种必需氨基酸，又称优质蛋白。而植物蛋白如豆类蛋白质所含的必需氨基酸是不全的。两种或两种以上食物蛋白质混合食用，其中所含有的必需氨基酸取长补短，相互补充，以达到较好的比例，从而可提高蛋白质利用率，称为蛋白质互补作用。如谷物蛋白质中赖氨酸含量较少，而在豆类蛋白质中却很丰富，单独食用某一植物蛋白质营养价值不高，若混合食用就能提高其营养价值。根据蛋白质的互补作用，使食品种类多样化、合理化，对充分利用自然资源，更加合理地食用蛋白质，改善人体营养具有重要意义。

### （二）氮平衡

氮平衡是指氮摄入量和氮排出量之间的关系。因为食物中的含氮物质主要是蛋白质，而且蛋白质的含氮量基本恒定（约为16%），所以食物中氮的含量可以反映蛋白质的含量。从体内排出的含氮物质主要是蛋白质的分解产物，因此测定排泄物中的含氮量可以反映体内蛋白质的分解量，故可用氮平衡的状态来表示体内蛋白质的合成和分解情况。根据蛋白质在体内的代谢状况，氮平衡可出现三种情况。

1. 氮总平衡　氮摄入量等于氮排出量，称为氮总平衡。它表明体内蛋白质的合成和分解相当。如正常的成年人，机体不再生长，每日从食物中摄入的蛋白质，主要用来维持机体组织蛋白质的更新及修补，余下部分被氧化供能。

2. 氮正平衡　氮摄入量大于氮排出量，称为氮正平衡。它表明体内蛋白质的合成量大于分解量。如儿童、孕妇及恢复期的患者，食物中的蛋白质除维持组织蛋白的更新外，还要合成新的组织蛋白质。

3. 氮负平衡　氮摄入量少于氮排出量，称为氮负平衡。它表明体内蛋白质的合成量小于分解量。如营养不良及消耗性疾病的患者，蛋白质摄入量减少，体内蛋白质合成受影响，或者体内蛋白质消耗增加。

氮平衡可以反映出机体内蛋白质的代谢情况，它对研究食物蛋白质的营养价值和机体对蛋白质的需要量都具有重要的实用价值。

#### 案例分析

**案例：**对某危重患者的临床护理中，使用比例适当、营养价值高的混合氨基酸或必需氨基酸进行输液。

**分析：**危重患者对蛋白质摄入量减少，体内蛋白质合成受影响，为了维持患者体内氮平衡，保证体内氨基酸的需要，可以采用上述方法。

### （三）正常人体需要量

一般健康成人每天约分解20g的蛋白质。但每天进食20g左右的蛋白质，却不能维持氮的总平衡，仍出现氮负平衡，其主要原因是食物蛋白质与人体组织蛋白质有着质的差异，其利用率不能达到百分之百。实验证明，健康成人每天至少应从食物中摄取30～50g蛋白质才能保障各类代谢的正常进行。国家营养学会推荐正常成人每日蛋白质的需要量为80g，如需维持氮正平衡，蛋白质供应量应增加。

#### 点滴积累

1. 蛋白质生理功能有：维持组织的生长、更新和修补；参与体内重要的生理活动；氧化供能。

2. 蛋白质的营养价值是指外源性蛋白质被人体利用的程度。它的高低与组成蛋白质的氨基酸种类有关，还与食物蛋白质所含必需氨基酸的种类和比例有关。

3. 氮平衡是指氮摄入量和氮排出量之间的关系，包括氮总平衡、氮正平衡和氮负平衡。

## 第二节　蛋白质的消化、吸收与腐败

### 一、蛋白质的消化与吸收

#### （一）蛋白质的消化

食物蛋白质在胃、小肠和肠黏膜细胞中经一系列酶促水解反应分解成氨基酸及小分子肽的过程，称为蛋白质的消化。

1. 蛋白质在胃中的消化　食物蛋白质的消化从胃中开始。胃液中的胃蛋白酶在胃液的酸性条件下特异性较低地水解各种水溶性蛋白质，产物为多肽、寡肽和少量氨基酸。

2. 蛋白质在肠中的消化　肠道是蛋白质消化的主要场所。蛋白质在小肠腔和肠黏膜细胞经一系列消化酶催化进一步水解为氨基酸。主要有两类消化酶：①肽链外切酶：如羧肽酶A、羧肽酶B、氨基肽酶、二肽酶等；②肽链内切酶：如胰蛋白酶、糜蛋白酶、弹性蛋白酶等。

#### （二）蛋白质的吸收

氨基酸的吸收主要在小肠中进行。在肠黏膜细胞上存在主动转运载体，各种氨基酸主要通过氨基酸载体蛋白主动转运而吸收，氨基酸主动转运吸收需耗能。

### 二、蛋白质在肠道中的腐败

肠道细菌对肠道中未消化及未吸收的蛋白质或蛋白质消化产物的分解作用，称为腐败作用。分解作用包括水解、氧化、还原、脱羧、脱氨、脱巯基等反应。腐败作用可产生胺、醇、酚、吲哚、甲基吲哚、硫化氢、甲烷、氨、二氧化碳、脂肪酸和某些维生素等物质，其中除少量脂肪酸及维生素外，大部分对人体有毒性。正常情况下，上述有害腐败产物大部分随粪便排出，少量被吸收后，经肝脏代谢解除其毒性。下面介绍几种有害物质的生成过程：

1. 胺类　氨基酸在细菌氨基酸脱羧酶的作用下，脱羧基生成胺类。如精氨酸和鸟氨酸脱羧生成腐胺、赖氨酸脱羧生成尸胺、组氨酸脱羧生成组胺等。对于人体来说，胺是有毒的，如组胺具有降低血压作用；酪胺及色胺则有升高血压的作用等。若未经肝脏分解的酪胺和苯乙胺进入脑组织，可分别经β-羟化酶作用转化为β-羟酪胺和苯乙醇胺。它们的化学结构与儿茶酚胺类似，称为假神经递质。当肝功能障碍时，假神经递质增多，干扰儿茶酚胺正常神经递质的作用，导致大脑受到异常抑制，这可能是肝性脑病症状产生的原因之一。

2. 氨　肠道细菌使未被吸收的氨基酸脱氨基生成氨，是肠道氨的重要来源；另一来源是血液中尿素渗入肠道，受肠道细菌尿素酶的水解而生成氨。氨具有毒性，脑组织对氨尤为敏感，血液中 1% 的氨就会引起中枢神经系统中毒。正常情况下，这些氨大部分被吸收进入血液，在肝中合成尿素。

3. 其他有害物质　蛋白质分解还可产生其他有害物质，如苯酚、吲哚、甲基吲哚及硫化氢等。

**点　滴　积　累**

1. 蛋白质的消化是指食物蛋白质在胃、小肠和肠黏膜细胞中经一系列酶促水解反应分解成氨基酸及小分子肽的过程。

2. 在肠黏膜细胞上存在主动转运载体，可将氨基酸经耗能主动方式吸收。氨基酸的吸收主要在小肠中进行。

3. 腐败作用是指肠道细菌对肠道中未消化及未吸收的蛋白质或蛋白质消化产物的分解作用。

# 第三节　氨基酸的一般分解代谢

## 一、体内氨基酸的代谢概况

人体内组织蛋白的合成与降解处在一种动态平衡中，每天有 1%～2% 的蛋白质被降解产生氨基酸，这些氨基酸与肠道吸收的氨基酸混合在一起参与代谢，形成氨基酸代谢库或代谢池。由于氨基酸不能自由透过细胞膜，故在体内各处分布不均匀。肌肉细胞内的氨基酸约占整个代谢库的 50% 以上，肝细胞内占 10%，肾细胞内约占 4%，血浆中占 1%～6%。

氨基酸代谢库中的氨基酸主要有三个来源：①食物蛋白质的消化吸收；②组织蛋白的降解；③体内合成的非必需氨基酸。

体内氨基酸的去路也主要有三方面：①合成组织蛋白质。代谢库中的氨基酸 75% 被作为原料合成新的组织蛋白质；②转变为其他含氮化合物，如嘌呤、嘧啶、肾上腺素等；③氧化分解。氨基酸分解代谢的主要途径是通过脱氨基作用生成氨及相应的 α- 酮酸，二者还可继续进行代谢。小部分氨基酸通过脱羧基作用生成胺类和二氧化碳（图 9-1）。

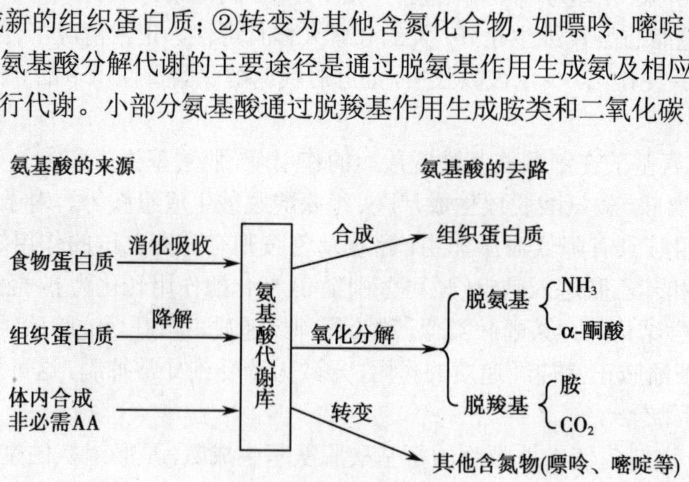


图 9-1　氨基酸的来源和去路

## 二、氨基酸的脱氨基作用

氨基酸在酶的作用下脱去氨基生成氨和α-酮酸的过程，称为氨基酸的脱氨基作用。从总量上看，这是体内氨基酸分解代谢的主要途径，目前发现体内有多种脱氨基的方式，包括转氨基、氧化脱氨基、联合脱氨基及嘌呤核苷酸循环等，其中以联合脱氨基最为重要。

1. 转氨基作用　氨基酸在氨基转移酶的催化下，将氨基转移到α-酮酸分子上转变为相应氨基酸，原来的氨基酸则转变生成α-酮酸，此过程称为转氨基作用。体内大多数氨基酸可参与转氨基反应，催化转氨基的酶为转氨酶，其辅酶为磷酸吡哆醛及磷酸吡哆胺（含维生素$B_6$）。转氨基反应过程如图9-2所示。

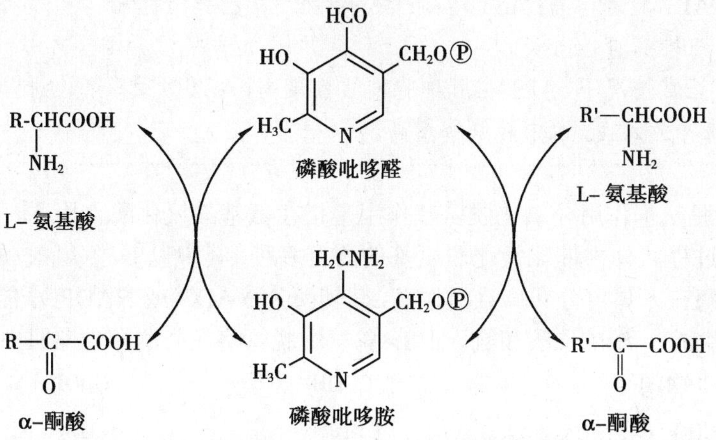


图9-2　转氨基作用

人体内转氨酶种类多，分布广，以丙氨酸氨基转移酶（alanine aminotransferase，ALT）与天冬氨酸氨基转移酶（aspartate aminotransferase，AST）最为重要，它们分别催化以下反应：

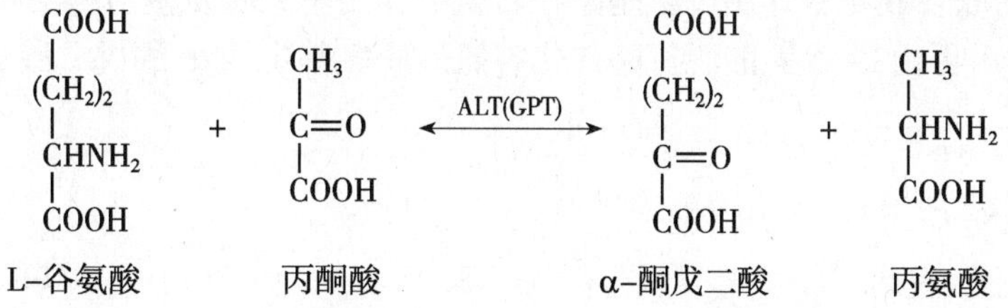


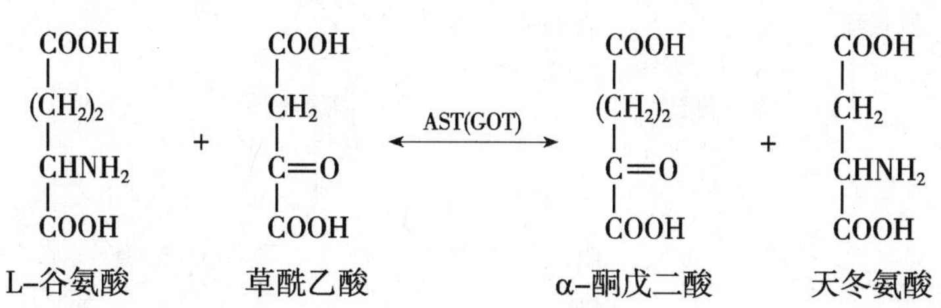


ALT与AST在体内各组织中含量不等。正常情况下，ALT在肝细胞内活性最高；AST在心肌细胞内活性最高，肝内次之。

转氨酶为胞内酶，正常情况下，血清中的活性很低，当细胞膜通透性增高或组织损伤、细胞破裂时，转氨酶可大量释放入血，致使血清中转氨酶活性明显升高。例如，急性肝炎患者血清中 ALT 活性显著增高，心肌梗死患者血清中 AST 明显上升。因此，在临床上测定血清中的 ALT 或 AST 含量可作为肝脏及心肌疾病诊断的指标之一。

转氨基反应是可逆的，是体内合成非必需氨基酸的重要途径。但转氨基作用只是氨基的转移，并未真正脱掉氨基。

### 案例分析

**案例：** 患者，男，38 岁，近日食欲减退，恶心厌油，全身疲乏无力，右上腹痛。

触诊：肝大，肝区叩痛。

肝功：ALT 显著增高；AST 增高；两对半正常（乙肝指标）。

诊断：急性病毒性肝炎。

**分析：** 正常情况下，ALT 在肝细胞内活性最高，AST 次之。急性肝功能损伤时，肝细胞内酶释放入血，血中转氨酶增高。

2. 氧化脱氨基作用　氧化脱氨基作用是指在氨基酸氧化酶作用下，氨基酸脱氢并脱去氨基的过程。体内催化氧化脱氨基的酶有多种，其中以 L- 谷氨酸脱氢酶最重要。谷氨酸脱氢酶在人体内分布广且活性高，其辅酶为 $NAD^+$（或 $NADP^+$），能催化 L- 谷氨酸氧化脱氨生成 α- 酮戊二酸和氨。但 L- 谷氨酸脱氢酶在心肌和骨骼肌中活性较低。

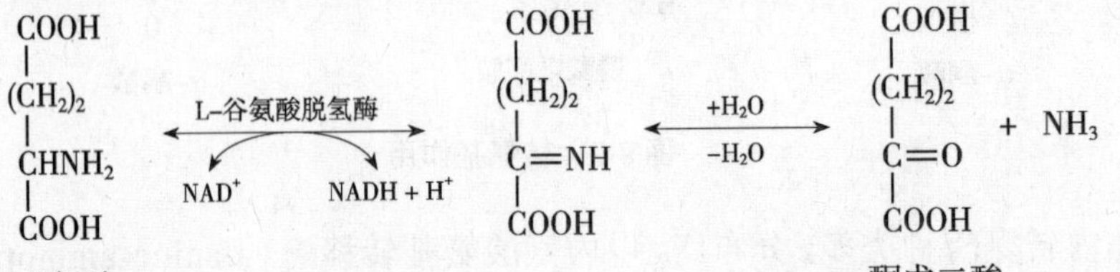


L–谷氨酸　　　　α–酮戊二酸

3. 联合脱氨基作用　在转氨酶和 L- 谷氨酸脱氢酶的联合作用下使氨基酸脱去氨基的作用称为联合脱氨基作用。氨基酸在转氨酶作用下先将氨基转移给 α- 酮戊二酸生成谷氨酸，然后再由 L- 谷氨酸脱氢酶催化谷氨酸脱氨基生成 α- 酮戊二酸和氨（图 9-3）。

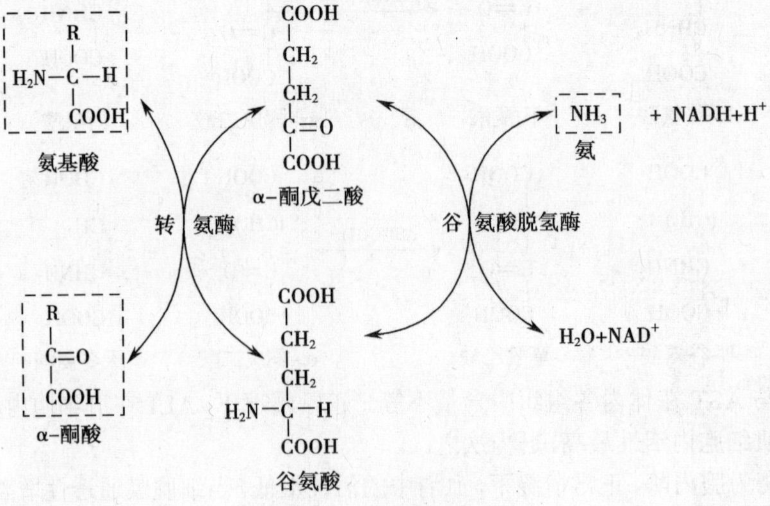


图 9-3　联合脱氨基作用

通过联合脱氨基作用，氨基酸分子中的氨基被真正脱去，生成了氨和相应的α-酮酸，因此联合脱氨基作用是体内多数组织脱氨基的主要方式。联合脱氨基作用的反应过程是可逆的，其逆反应是体内合成非必需氨基酸的主要途径。

由于谷氨酸脱氢酶在心肌和骨骼肌中的活性很低，该作用不能作为心肌和骨骼肌中氨基酸脱氨基的主要方式。

4. 嘌呤核苷酸循环　在肌肉细胞内存在一种特殊的联合脱氨基反应——嘌呤核苷酸循环。

## 三、α-酮酸的代谢

氨基酸脱氨基生成的α-酮酸主要有以下三条代谢途径：

1. 合成非必需氨基酸　α-酮酸经联合脱氨基的逆过程合成非必需氨基酸，是机体合成非必需氨基酸的重要途径。

2. 转变成糖及脂肪酸　有些氨基酸脱氨基后生成的α-酮酸可通过糖异生途径转变为葡萄糖或糖原，这类氨基酸称为生糖氨基酸，种类最多；有些能生成乙酰辅酶A或乙酰乙酸，这类氨基酸称为生酮氨基酸，如亮氨酸和赖氨酸；还有某些氨基酸既可转变为糖，也能生成酮体，称为生糖兼生酮氨基酸，如苯丙氨酸、酪氨酸、色氨酸、苏氨酸和异亮氨酸。

3. 氧化供能　α-酮酸在体内可通过三羧酸循环彻底氧化成 $CO_2$ 和水，同时释放出能量供机体需要。

**点滴积累**

1. 人体内组织蛋白的合成与降解处在一种动态平衡中。
2. 体内脱氨基的方式有转氨基、氧化脱氨基、联合脱氨基及嘌呤核苷酸循环。
3. α-酮酸可参与合成非必需氨基酸，也可氧化分解提供能量或转变成糖和脂肪。

## 第四节　氨的代谢

氨基酸脱氨基产生氨，氨具有神经毒性，大脑对氨尤其敏感，所以体内氨生成后，应迅速被转化才能使血氨维持在较低水平（图9-4）。正常人血氨一般不超过60μmol/L。

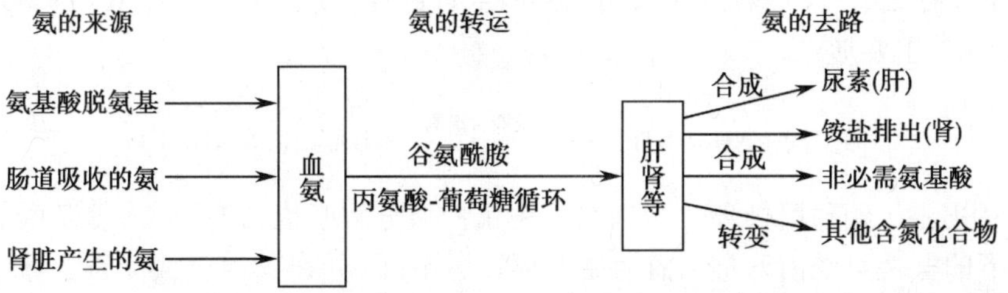


图9-4　氨的来源、去路和转运

### 案例分析

**案例：**某年7月12日，某厂酮苯脱蜡车间3号氨冷冻机开车时，由于液氨进入缸体，使二段缸打碎。爆裂碎片击伤在场协助开车的电工臀部，当即摔倒在地，大量氨逸出，使其中毒死亡。

**分析：**氨对人来说是一种毒性物质。氨进入呼吸道可引起剧烈咳嗽和窒息感，呼吸深而快，高浓度氨吸入，可引起喉炎、急性支气管炎、肺炎和肺水肿；有患者发生喉头水肿、喉痉挛而引起窒息，甚至可引起反射性呼吸停止、昏迷和休克。吸收进入血液后，可引起中枢神经损害，如头晕、头痛、痉挛、谵妄、精神错乱，甚至昏迷等；有些发生中毒性肝炎、肾脏损伤等。氨与皮肤接触可引起化学性烧伤，损伤组织较深。

爆裂缸体的碎片击伤了在场协助开车者的臀部，这并不是导致他死亡的原因，真正的原因是氨中毒，如果及时将患者救离中毒现场，死亡事故便不会发生。

## 一、氨的来源

体内氨的产生有以下几种方式：

1．氨基酸的脱氨基作用　由氨基酸脱氨基产生的氨是体内氨的主要来源，还有少量氨由胺类及嘌呤、嘧啶分解产生。

2．肠道吸收　肠道的氨可由两个渠道产生：①主要来自肠道细菌对蛋白质或氨基酸的腐败作用产生的氨；②血中尿素扩散入肠道，在肠道细菌脲酶作用下尿素水解产生氨；肠道产氨较多，每日约4g。$NH_3$比$NH_4^+$易透过细胞膜吸收入血，在肠道pH较高时，$NH_4^+$偏向于转变成$NH_3$，使氨的吸收加强。临床上对高血氨患者禁用碱性肥皂水灌肠，就是为了减少氨的吸收。

3．肾脏产生　肾小管上皮细胞中的谷氨酰胺在谷氨酰胺酶催化下水解，生成谷氨酸和$NH_3$，$NH_3$扩散入血形成血氨。

## 二、氨的转运

各种组织所产生的氨，在血液中主要以无毒的谷氨酰胺和丙氨酸两种形式运输。

1．谷氨酰胺的运氨作用　脑和肌肉等组织产生的氨经谷氨酰胺合成酶催化与谷氨酸结合生成谷氨酰胺，后者经血液运送到肝或肾进行代谢，此反应消耗ATP。这是体内贮氨、运氨的主要形式。

$$\text{谷氨酸} + NH_3 + ATP \xrightarrow{\text{谷氨酰胺合成酶}} \text{谷氨酰胺} + ADP + Pi$$

2．丙氨酸-葡萄糖循环　肌肉组织中蛋白质分解旺盛，产生较多氨基酸。这些氨基酸脱下的氨基可经丙氨酸-葡萄糖循环转运至肝，并在其内合成无毒的尿素。通过此循环，不仅使肌肉组织内产生的氨以无毒的丙氨酸形式运送到肝进行代谢，同时又为肌肉组织提供了能源。

## 三、氨的去路

氨在体内的代谢去路主要有四条：

### （一）合成尿素

体内氨的主要去路是在肝内合成尿素由尿排出。尿素合成的过程称为鸟氨酸循环。鸟氨酸循环在肝细胞的线粒体和胞液中进行，可分四个阶段。

1. 氨基甲酰磷酸的合成　在肝细胞线粒体内，1分子 $NH_3$ 和2分子 $CO_2$ 由氨基甲酰磷酸合成酶Ⅰ催化生成氨基甲酰磷酸。此反应为不可逆反应，消耗2个ATP。

$$NH_3 + CO_2 + H_2O + 2ATP \xrightarrow[\text{N-乙酰谷氨酸,}Mg^{2+}]{\text{氨基甲酰磷酸合成酶}} H_2N\text{-}COO\sim PO_3H_2 + 2ADP + Pi$$

2. 瓜氨酸的合成　在鸟氨酸氨基甲酰转移酶催化下，氨基甲酰磷酸与鸟氨酸缩合生成瓜氨酸，该反应不可逆，在线粒体中进行。

3. 精氨酸的合成　瓜氨酸生成后，被转运到胞液，在精氨酸代琥珀酸合成酶催化下，由ATP供能，与天冬氨酸作用生成精氨酸代琥珀酸。精氨酸代琥珀酸再经精氨酸代琥珀酸裂解酶催化，生成精氨酸和延胡索酸。通过此反应，天冬氨酸分子中的氨基转移至精氨酸分子内。精氨酸代琥珀酸合成酶为尿素合成的限速酶。

4. 精氨酸水解生成尿素　精氨酸在胞液中精氨酸酶催化下，水解为尿素与鸟氨酸。鸟氨酸再进入线粒体重复上述反应，构成鸟氨酸循环（图9-5）。

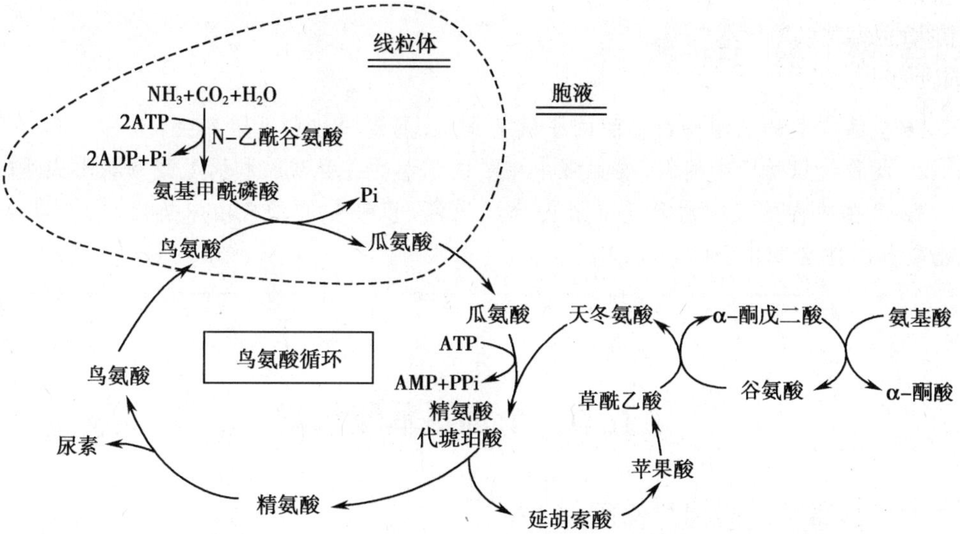


图9-5　鸟氨酸循环

尿素生成的总反应如下：

$$2NH_3+CO_2+3H_2O+3ATP \longrightarrow CO(NH_2)_2+2ADP+AMP+2Pi+PPi$$

可以看出，每合成一分子尿素能够清除2分子 $NH_3$，其中1分子 $NH_3$ 由氨基酸脱氨基产生，另1分子 $NH_3$ 直接来自天冬氨酸的氨基，而天冬氨酸中的氨基则来自其他氨基酸。尿素合成是耗能的过程，每合成1分子尿素消耗4个高能磷酸键。

**（二）以铵盐的形式由尿排出**

在肾小管上皮细胞内，谷氨酰胺在谷氨酰胺酶作用下，重新生成谷氨酸及 $NH_3$，$NH_3$ 大部分分泌至尿中，与 $H^+$ 结合形成 $NH_4^+$，随尿排出。

$$\text{谷氨酰胺} \xrightarrow{\text{谷氨酰胺酶}} \text{谷氨酸} + NH_3$$

$$NH_3 + H^+ \longrightarrow NH_4^+$$

**（三）氨的其他代谢途径**

氨可与α-酮酸结合生成非必需氨基酸，也可参与嘌呤和嘧啶等含氮化合物的合成。

## 四、高血氨症和氨中毒

正常情况下，血氨的来源和去路维持动态平衡，血氨浓度处于较低的水平。当肝功能严重损伤时，尿素合成障碍，血氨浓度增高，称为高血氨症。高血氨会导致人发生昏迷（称为肝性脑病），因为当氨进入脑组织，可与其中的α-酮戊二酸结合生成谷氨酸，并进一步与谷氨酸结合生成谷氨酰胺。上述反应使脑细胞中的α-酮戊二酸减少，导致三羧酸循环减弱，从而使脑组织中ATP生成减少，脑组织能量缺乏，引起大脑功能障碍，严重时可产生昏迷。

**点滴积累**

1. 机体中氨的来源有氨基酸的脱氨基作用、肠道吸收和肾脏产生。
2. 各种组织所产生的氨，在血液中主要以无毒的谷氨酰胺和丙氨酸两种形式运输。
3. 氨在体内的代谢去路是在肝内合成尿素，以铵盐的形式由尿排出，生成非必需氨基酸和其他含氮化合物。

# 第五节　个别氨基酸代谢

## 一、氨基酸的脱羧基作用

某些氨基酸在体内可以通过脱羧基作用生成相应的胺类。催化脱羧基作用的酶是氨基酸脱羧酶，其辅酶是磷酸吡哆醛。在正常情况下，胺在体内含量不高，但却具有重要的生理作用。

**（一）γ-氨基丁酸**

γ-氨基丁酸（GABA）是由谷氨酸脱羧生成的，催化此反应的酶是谷氨酸脱羧酶，该酶在脑及肾组织中活性强。

$$\text{谷氨酸} \xrightarrow[\searrow CO_2]{\text{谷氨酸脱羧酶}} \gamma\text{-氨基丁酸}$$

γ-氨基丁酸是抑制性神经递质，对中枢神经有抑制作用。临床上用维生素 $B_6$ 治疗妊娠性呕吐和小儿惊厥，就是因为维生素 $B_6$ 参与构成谷氨酸脱羧酶的辅酶磷酸吡哆醛，从而促进 GABA 的生成，使过度兴奋的神经受到抑制。

### （二）组胺

组胺是由组氨酸脱羧生成的。

$$\text{组氨酸} \xrightarrow[\searrow CO_2]{\text{组氨酸脱羧酶}} \text{组胺}$$

组胺在体内分布广泛，乳腺、肺、肝、肌肉及胃黏膜中含量较高。肥大细胞及嗜碱性细胞在过敏反应、创伤等情况下可产生过量的组胺。组胺是一种强烈的血管扩张剂，并能使毛细血管的通透性增加，造成血压下降，甚至休克；组胺可使平滑肌收缩，引起支气管痉挛而发生哮喘；组胺还可刺激胃蛋白酶及胃酸的分泌。

### （三）5-羟色胺

5-羟色胺（5-HT）是色氨酸的代谢产物。色氨酸通过色氨酸羟化酶的作用首先生成 5-羟色氨酸，再经脱羧酶作用生成 5-羟色胺。

$$\text{色氨酸} \xrightarrow{\text{色氨酸羟化酶}} \text{5-羟色氨酸} \xrightarrow[\searrow CO_2]{\text{5-羟色氨酸脱羧酶}} \text{5-羟色胺}$$

5-羟色胺广泛存在于体内各种组织中，特别是在脑中含量较高，胃肠、血小板及乳腺细胞中也有 5-羟色胺。脑中的 5-羟色胺是一种重要的神经递质，对中枢起抑制作用；在外周组织，5-羟色胺具有收缩血管的作用。

### （四）牛磺酸

牛磺酸是半胱氨酸的代谢产物。半胱氨酸首先氧化成磺酸丙氨酸，再经磺酸丙氨酸脱羧酶催化脱去羧基生成牛磺酸。牛磺酸是结合胆汁酸的组成成分。脑中含有较多牛磺酸。

$$\text{半胱氨酸} \xrightarrow{3[O]} \text{磺酸丙氨酸} \xrightarrow[\searrow CO_2]{\text{磺酸丙氨酸脱羧酶}} \text{牛磺酸}$$

**知识链接**

牛磺酸是 1827 年在牛的胆汁中发现的一类化合物。1976 年 Hayes 等人证明了它具有生物学功能，对人体，特别是婴幼儿具有十分重要的意义。牛磺酸能够保护心肌，增强心脏功能，对肝脏和肠胃都有保护作用，能增强人体的免疫功能，调节脑部的兴奋状态，并有助于修复角膜、保持视网膜的健康、预防白内障等。牛磺酸对婴儿生长，尤其是大脑和视网膜的发育更为重要。牛磺酸的缺少会影响到儿童的视力、心脏与脑的正常发育。

尽管牛磺酸广泛存在于动物体内，但一些较高级的动物自身合成牛磺酸的数量有限，不能满足机体需要，它们所需的牛磺酸主要从食物中获得。含量最丰富的是海鱼、贝类，如墨鱼、章鱼、虾，贝类的牡蛎、海螺、蛤蜊等。母亲的初乳中含有高浓度的牛磺酸，但牛奶中几乎不含牛磺酸，所以婴儿奶粉中应当添加牛磺酸。

#### （五）多胺

某些氨基酸经脱羧基作用可产生多胺类物质，例如鸟氨酸脱羧基生成腐胺，然后再转变成精脒和精胺。精脒和精胺是调节细胞生长的重要物质，凡属生长旺盛的组织，如胚胎、再生肝及癌瘤组织等，其多胺含量均有增高。在临床上，测定血液或尿液中多胺含量可作为肿瘤辅助诊断及病情变化监测的生化指标。

### 二、一碳单位的代谢

某些氨基酸在分解代谢过程中可以产生含有一个碳原子的有机基团，称为一碳单位，如甲基（$-CH_3$）、亚甲基（$-CH_2-$）、次甲基（$=CH-$）、甲酰基（$-CHO$）及亚氨甲基（$-CH=NH$）等。

#### （一）一碳单位的来源

一碳单位主要来源于某些氨基酸的分解代谢。丝氨酸、甘氨酸、组氨酸和色氨酸等在代谢过程中均可产生一碳单位。各种不同形式的一碳单位在一定条件下可相互转变。

#### （二）一碳单位的载体

一碳单位在体内不能单独存在，需要四氢叶酸（$FH_4$）作为载体。$FH_4$ 分子上的 $N^5$ 和 $N^{10}$ 是一碳单位的结合位点，二者结合后形成 $N^5$- 甲基四氢叶酸（$N^5$-$CH_3$-$FH_4$）、$N^5$, $N^{10}$- 亚甲四氢叶酸（$N^5$, $N^{10}$-$CH_2$-$FH_4$）、$N^5$, $N^{10}$- 次甲四氢叶酸（$N^5$, $N^{10}$=CH-$FH_4$）等形式在体内运输。

#### （三）一碳单位的生理作用

1. 一碳单位是嘌呤和嘧啶核苷酸合成的原料，在核酸生物合成中有重要作用，与细胞的增殖、组织生长和机体发育等重要过程密切相关。如果人体缺乏叶酸，一碳单位无法正常转运，核苷酸合成障碍，导致红细胞 DNA 及蛋白质合成受阻，可产生巨幼红细胞性贫血。

2. 一碳单位将氨基酸代谢与核酸代谢联系在一起。一碳单位来自蛋白质分解产生的某些氨基酸，又可作为核苷酸合成的原料，因此沟通了蛋白质与核酸的代谢。

### 三、芳香族氨基酸代谢

芳香族氨基酸包括苯丙氨酸、酪氨酸和色氨酸，苯丙氨酸和色氨酸为营养必需氨基酸。

#### （一）苯丙氨酸与酪氨酸的代谢

1. 苯丙氨酸羟化生成酪氨酸　正常情况下，苯丙氨酸的主要代谢是经苯丙氨酸羟化酶（phenylalanine hydroxylase）催化生成酪氨酸，然后再生成一系列代谢产物。苯丙氨酸羟化酶主要存在于肝等组织中，催化的反应不可逆，故酪氨酸不能转变成苯丙氨酸。

若苯丙氨酸羟化酶先天性缺失，则苯丙氨酸羟化生成酪氨酸这一主要代谢途径受阻，于是大量的苯丙氨酸循次要代谢途径，即转氨生成苯丙酮酸，导致血中苯丙酮酸含量增高，并从尿中大量排出，这即是苯丙酮酸尿症（phenylketonuria，PKU）。苯丙酮酸的堆积对中枢神经系统有毒性，使患儿智力发育受障碍，这是氨基酸代谢中最常见的一种遗传疾病，其发病率为8～10/10万，治疗原则是早期发现，并适当控制膳食中苯丙氨酸的含量。

**知识链接**

苯丙酮酸尿症患儿出生时大多表现正常，新生儿期无明显特殊的临床症状。未经治疗的患儿3～4个月后逐渐表现出智力、运动发育落后，头发由黑变黄，皮肤白，全身和尿液有特殊鼠臭味，常有湿疹。随着年龄增长，患儿智力低下越来越明显，年长儿约60%有严重的智能障碍。2/3患儿有轻微的神经系统体征，例如，肌张力增高、腱反射亢进、小头畸形等，严重者可有脑性瘫痪。约1/4患儿有癫痫发作，常在18个月以前出现，可表现为婴儿痉挛性发作、点头样发作或其他形式。约80%患儿有脑电图异常，异常表现以痫样放电为主，少数为背景活动异常。经治疗后血苯丙氨酸浓度下降，脑电图亦明显改善。

2．酪氨酸的代谢

（1）转化为一些激素和神经递质：酪氨酸在肾上腺髓质及神经组织经酪氨酸羟化酶催化生成3，4-二羟苯丙氨酸（DOPA，多巴）。酪氨酸羟化酶是以四氢蝶呤为辅酶的单加氧酶。多巴经多巴脱羧酶催化生成多巴胺（DA）。多巴胺是一种神经递质。帕金森病患者多巴胺生成减少。在肾上腺髓质，多巴胺的侧链再经β-羟化生成去甲肾上腺素，而后甲基化生成肾上腺素。去甲肾上腺素、肾上腺素等激素和神经递质，具有调节血压、血糖等作用。

（2）转化为黑色素：在黑色素细胞中酪氨酸经酪氨酸酶催化，羟化生成多巴，多巴经氧化变成多巴醌，再经脱羧环化等反应，最后聚合为黑色素。先天性酪氨酸酶缺乏的患者，因不能合成黑色素，患者皮肤毛发色浅或者是白色，称为白化病。患者对阳光敏感，易患皮肤癌。

（3）酪氨酸经尿黑酸转变成乙酰乙酸和延胡索酸：酪氨酸在酪氨酸转氨酶催化下，经转氨基而生成对羟苯丙酮酸，然后氧化脱羧生成尿黑酸，后者经过尿黑酸氧化酶及异构酶等作用进一步转变成延胡索酸和乙酰乙酸。二者分别沿糖和脂肪酸代谢途径变化。因此，酪氨酸、苯丙氨酸是生糖兼生酮氨基酸。尿黑酸氧化酶缺陷可使尿黑酸的氧化受阻，可出现尿黑酸症。

**（二）色氨酸的代谢**

色氨酸经羟化酶、脱羧酶等作用生成5-羟色胺。色氨酸分解可产生丙酮酸和乙酰乙酰CoA，故色氨酸为生糖兼生酮氨基酸。少部分色氨酸还可转变成烟酸。

点 滴 积 累

1. 某些氨基酸在体内可以通过脱羧基作用生成相应的胺类。胺在体内含量不高，但却具有重要的生理作用。

2. 一碳单位是指某些氨基酸在分解代谢过程中产生的含有一个碳原子的有机基团，其载体是四氢叶酸，一碳单位可参与体内多种重要物质的合成。

## 第六节 糖、脂类和蛋白质代谢的联系

### 一、在能量代谢上的相互联系

糖、脂类及蛋白质均可在机体内氧化供能。乙酰辅酶 A 是上述三大营养物（也是三大类产能物质）氧化分解共同的中间代谢物，而三羧酸循环是它们最后分解的共同途径，氧化分解释放出的能量一部分以 ATP 形式储存。

从能量供应的角度看，机体内糖、脂类及蛋白质这三大产能物质可以互相代替，并互相制约。这三类产能物质中任一类的氧化分解占优势则抑制和制约其他二类产能物质的降解。一般情况下，供能以糖及脂肪特别是糖为主，蛋白质是次要能源物。这是因为机体摄取的食物中一般以糖类为最多，占总热量的 50%～70%；脂肪摄入量在 10%～40% 内变动，是机体储能的主要形式；而蛋白质是机体内细胞最重要的组成成分，通常并无多余储存。由于糖、脂类、蛋白质分解代谢有共同的最终分解途径，脂肪分解增强，生成的 ATP 增多，ATP/ADP 比值增高，可变构抑制糖分解代谢中的关键酶——6- 磷酸果糖激酶活性，从而抑制糖氧化分解。相反，若供能物质不足，体内能量匮乏，ADP 积存增多，则可变构激活 6- 磷酸果糖激酶，加速体内糖的氧化分解。又如由于疾病不能进食，或无食物供给时，由于机体储存的肝糖原及肌糖原不够饥饿时 1 天的需要，为保证血糖浓度的相对恒定以满足脑组织对糖的需要，则肝中糖异生增强、相应蛋白质分解加强，以提供糖异生原料。如饥饿持续进行至 3～4 周，由于长期糖异生增强使蛋白质大量分解，势必威胁生命，因此机体通过调节作用转向保存蛋白质。这时，机体内各组织包括脑组织都以脂肪酸或酮体为主要能源，蛋白质的分解明显降低。

### 二、在物质代谢上的相互联系

机体内糖、脂类、蛋白质的代谢不是彼此独立的，而是相互关联的。它们通过共同的中间代谢物，即两种代谢途径汇合时的中间产物（乙酰辅酶 A）及三羧酸循环和生物氧化等连成一个整体。因此糖、脂类、蛋白质三类物质的代谢间可以互相转变。当一种物质代谢障碍时可引起其他物质代谢的紊乱，如糖尿病时糖代谢的障碍，可引起脂肪代谢、蛋白质代谢甚至水盐代谢的紊乱。

**（一）糖代谢与脂肪代谢间的相互联系**

如机体摄入的糖超过体内能量消耗所需，多余的糖除合成少量糖原储存在肝及肌肉中外，由糖代谢中三羧酸循环生成的柠檬酸及 ATP 可变构激活乙酰辅酶 A 羧化酶，使由糖代谢产生的大量乙酰辅酶 A 得以羧化成丙二酸单酰辅酶 A，进而合成脂肪酸及脂肪在脂肪组织中储存，即糖可以转变为脂肪。这就是机体摄取不含脂肪的高糖膳食也可使人肥胖及血中甘油三酯升高的原因。然而，脂肪绝大部分不能在体内转变为糖，因为脂肪酸经 β- 氧化产生的乙酰辅酶 A 不能转变为丙酮酸，即糖代谢中丙酮酸转变成乙酰辅酶 A 这步反应是不可逆的。尽管脂肪的分解产物之一甘油可以在肝、肾、肠等组织中在甘油激酶的作用下转变成 3- 磷酸甘油，进而经糖异生途径形成葡萄糖，但脂肪分解中产生的甘油量和脂肪中大量脂肪酸分解生成的乙酰辅酶 A 相比是微不足道的。此外，脂肪分解代谢的顺利进行，还有赖于糖代谢的正常进行来补充三羧酸循环的中间产物。当饥饿或糖供给不足或糖代谢障碍时，引起脂肪大量动员，脂肪酸进入肝 β- 氧化生成酮体量增加；同时由于糖的不足，致使三羧酸循环的重要中间产物草酰乙酸相对不足，引起三羧酸循环障碍，由脂肪酸分解生成的过量酮体不能及时通过三羧酸循环氧化分解，造成血中酮体升高，产生高酮血症。

**（二）糖代谢与蛋白质代谢间的相互联系**

组成机体蛋白质的 20 种氨基酸，除生酮氨基酸（亮氨酸、赖氨酸）外，都可通过脱氨作用生成相应的 α- 酮酸。这些 α- 酮酸可通过三羧酸循环氧化分解生成 $CO_2$ 及 $H_2O$ 并释放出能量生成 ATP，也可转变成某些中间代谢物如丙酮酸，循糖异生途径转变为糖。如精氨酸、组氨酸及脯氨酸均可转变成谷氨酸进一步氧化脱氨生成 α- 酮戊二酸，经草酰乙酸转变成磷酸烯醇式丙酮酸，再沿糖异生途径形成葡萄糖。

同时，糖代谢的一些中间代谢物，如丙酮酸、α- 酮戊二酸、草酰乙酸等也可经氨基化作用生成某些非必需氨基酸。但苏氨酸、甲硫氨酸、赖氨酸、亮氨酸、异亮氨酸、缬氨酸、苯丙氨酸及色氨酸 8 种氨基酸不能由糖代谢中间物转变而来，必须由食物供给，称为必需氨基酸。由此可见，20 种氨基酸中除亮氨酸及赖氨酸外均可转变为糖，而糖代谢中间代谢物仅能在体内转变成 12 种非必需氨基酸，其余 8 种必需氨基酸必须从食物摄取。因此食物中的蛋白质不能为糖、脂类所替代，而蛋白质却能替代糖和脂肪供能。

**（三）脂类代谢与蛋白质代谢间的相互联系**

无论生糖、生酮（亮氨酸、赖氨酸）或生酮兼生糖氨基酸（异亮氨酸、苯丙氨酸、色氨酸、酪氨酸、苏氨酸）分解后均生成乙酰辅酶 A，乙酰辅酶 A 是脂肪酸合成的原料，经还原缩合反应可合成脂肪酸进而合成脂肪，即蛋白质可转变为脂肪。乙酰辅酶 A 也可合成胆固醇以满足机体的需要。此外，氨基酸也可作为合成磷脂的原料，如丝氨酸脱羧可变为胆胺，胆胺经甲基化可变为胆碱。丝氨酸、胆胺及胆碱分别是合成丝氨酸磷脂、脑磷脂及卵磷脂的原料。但脂类基本不能直接转变为氨基酸，仅脂肪水解产生的甘油可通过生成磷酸甘油醛、糖异生途径生成糖，再由糖代谢的中间产物间接转变为某些非必需氨基酸。糖、脂肪、蛋白质代谢途径间的相互关系见图 9-6。

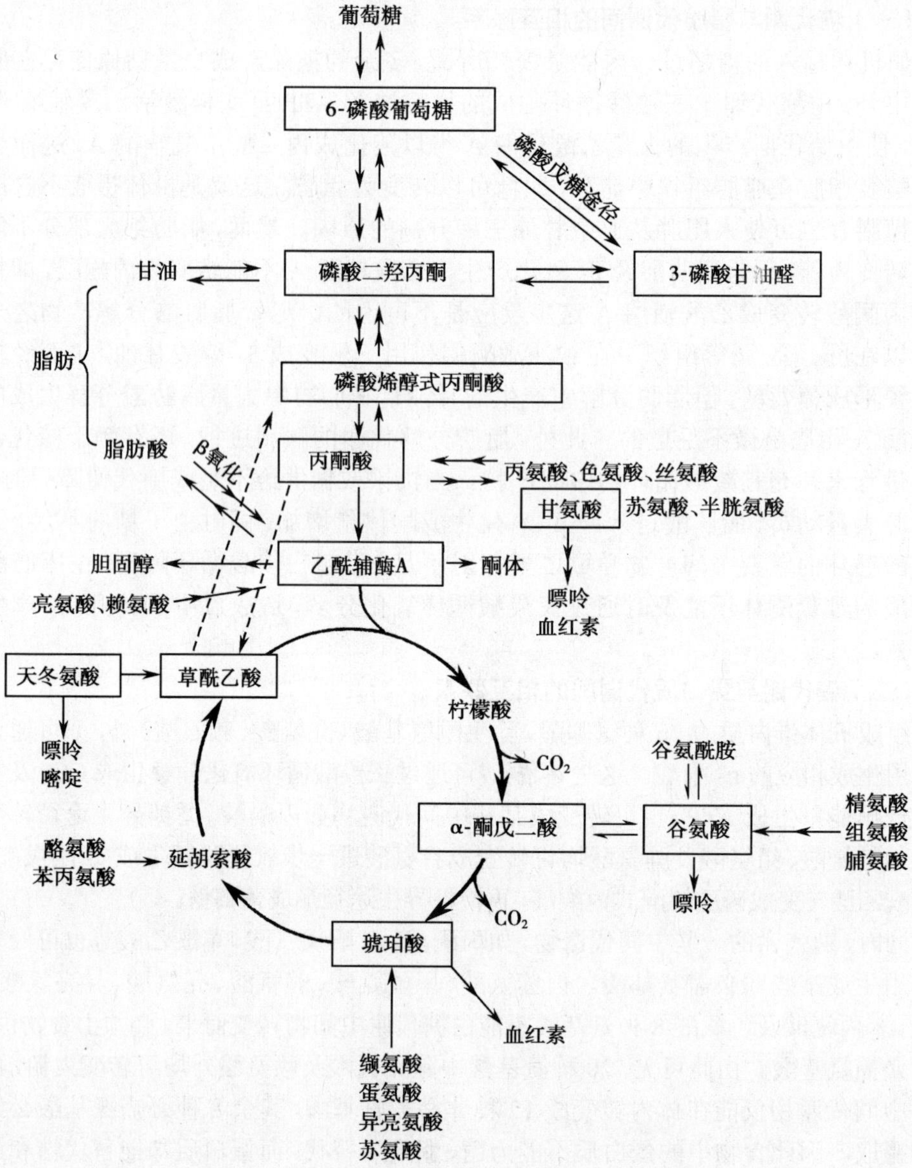


图 9-6　糖、脂肪、蛋白质代谢途径间的相互联系

□中为枢纽中间代谢物

## 点 滴 积 累

1. 从能量供应的角度看，机体内糖、脂类及蛋白质这三大产能物质可以互相代替，并互相制约。

2. 机体内糖、脂类、蛋白质通过共同的中间代谢物（乙酰辅酶 A）及三羧酸循环和生物氧化等联成一个整体，因此这三类物质代谢间可以互相联系。

# 目标检测

## 一、选择题

### （一）单项选择题

1. 通常在饮食适宜的情况下，儿童、孕妇及消耗性疾病康复期的人处于哪种平衡（　　）

A. 氮总平衡　　B. 氮正平衡
C. 氮负平衡　　D. 氮不平衡

2. 氨基酸在体内的主要去路是（　　）

A. 合成核苷酸　　B. 合成组织蛋白
C. 氧化分解　　D. 合成糖原

3. 心肌和骨骼肌脱氨基的主要方式为（　　）

A. 转氨酸　　B. 联合脱氨基
C. 氧化脱氨基　　D. 嘌呤核苷酸循环

4. 能直接进行氧化脱氨基的氨基酸是（　　）

A. 天冬氨酸　　B. 缬氨酸
C. 谷氨酸　　D. 丝氨酸

5. 能够构成转氨酶辅酶的是维生素（　　）

A. $B_1$　　B. $B_2$
C. $B_6$　　D. $B_{12}$

6. ALT 活性最高的组织是（　　）

A. 心肌　　B. 骨骼肌
C. 肝　　D. 肾

7. 尿素在哪个器官合成（　　）

A. 心　　B. 脾
C. 肝　　D. 肾

8. 血氨增高可能与下列哪个器官的严重损伤有关（　　）

A. 心脏　　B. 肝脏
C. 大脑　　D. 肾脏

9. 合成一分子尿素消耗高能键的数目为（　　）

A. 1　　B. 2
C. 3　　D. 4

10. 尿素的合成过程称为（　　）

A. 鸟氨酸循环　　B. 核蛋白质体循环
C. 柠檬酸循环　　D. 嘌呤核苷酸循环

11. 下列哪种氨基酸经脱羧后能生成一种扩张血管的化合物（　　）

A. 精氨酸　　B. 谷氨酰胺
C. 天冬氨酸　　D. 组氨酸

12. 一碳单位的载体是（　　）

A. 叶酸　　B. 二氢叶酸

C. 四氢叶酸　　D. $B_2$

13. 从下列哪一个角度看，糖、蛋白质和脂肪这三大类物质可相互替代并相互制约(　　)

A. 水分供应　　B. 物质转换

C. 能量供应　　D. 氧的消耗

14. 当机体摄入的糖量超过体内能量消耗时，多余的糖可大量地转变成(　　)

A. 无机盐　　B. 蛋白质

C. 脂肪　　D. 维生素

15. 糖代谢的中间产物能转变成组成机体蛋白质的(　　)氨基酸

A. 非必需　　B. 必需

C. 20　　D. 非编码

**(二) 多项选择题**

1. 参与转氨基作用的酶是(　　)

A. LCAT　　B. ALT

C. MAO　　D. AST

E. AKP

2. 关于转氨基作用描述正确的是(　　)

A. 氨基转移酶的辅酶是$NAD^+$

B. 催化α-氨基和α-酮酸之间进行氨基和酮基的互换

C. 反应消耗ATP

D. 反应是可逆的

E. 氨基转移酶的辅酶组成中有维生素$B_6$

3. 鸟氨酸循环进行的部位是肝细胞(　　)

A. 胞液　　B. 内质网

C. 线粒体　　D. 溶酶体

E. 细胞核

4. 属于一碳单位的是(　　)

A. CO　　B. $CO_2$

C. $-CHO$　　D. $CH_4$

E. $-CH_3$

5. 只能转变为酮体的氨基酸是(　　)

A. 亮氨酸　　B. 赖氨酸

C. 谷氨酸　　D. 色氨酸

E. 苯丙氨酸

6. α-酮酸的代谢去路包括(　　)

A. 合成非必需氨基酸　　B. 转变为必需氨基酸

C. 氧化供能　　D. 转变为糖

E. 转变为脂肪

## 二、简答题

1. 氨基酸脱氨基的方式有哪些？产物是什么？

2. 氨的来源去路有哪些？

3. 解释肝性脑病的氨中毒学说。

4. 什么是一碳单位？一碳单位代谢有何生理意义？

5. 长得胖的人是否一定是吃肥肉吃得多？为什么？运用物质代谢相互联系的知识进行说明。

**三、实例分析**

1. 试从蛋白质营养价值角度分析小儿偏食的害处。

2. 测定血清中谷丙转氨酶和谷草转氨酶各有何临床意义？

3. 试从蛋白质、氨基酸代谢角度分析严重肝功能障碍时肝性脑病的原因。

# 第十章 核苷酸代谢

食物中的核酸大多以核蛋白的形式存在。核蛋白在胃中受胃酸的作用，分解成核酸与蛋白质。核酸在小肠中受胰液和肠液中各种水解酶的作用逐步水解，最终生成碱基和戊糖。产生的戊糖被吸收参加体内的戊糖代谢；嘌呤和嘧啶碱主要被分解排出体外。食物来源的嘌呤和嘧啶很少被机体利用。

核苷酸是核酸的基本结构单位，人体内的核苷酸主要由机体细胞自身合成，核苷酸不属于营养必需物质。核苷酸在体内的分布广泛，细胞中主要以5′-核苷酸形式存在。细胞中核糖核苷酸的浓度远远超过脱氧核糖核苷酸。不同类型细胞中的各种核苷酸含量差异很大，同一细胞中，各种核苷酸含量也有差异，核苷酸总量变化不大。

## 第一节 嘌呤核苷酸的代谢

体内核苷酸的合成有两种途径，一种是利用磷酸核糖、氨基酸、一碳单位等简单物质，经一系列酶促反应合成核苷酸的途径，称为从头合成途径；另一种是利用体内现存的游离碱基或核苷作为前体，经简短的反应合成核苷酸的途径，称为补救合成途径。二者都是重要的合成途径，但组织不同，其主要合成途径有差别。

核苷酸分解产生戊糖、碱基和磷酸。戊糖可彻底氧化生成 $H_2O$ 和 $CO_2$，磷酸可再利用或排出体外，灵长类动物体内的嘌呤分解的终产物是尿酸。戊糖、碱基、核苷也可重新被利用合成核苷酸。

### 一、嘌呤核苷酸的合成代谢

#### （一）嘌呤核苷酸的从头合成

除少数细菌外，生物体内嘌呤核苷酸的从头合成过程基本相同。

1. 合成特征　肝是体内从头合成嘌呤核苷酸的主要器官，其次是小肠黏膜及胸腺。细胞并不是先合成嘌呤碱再与核糖和磷酸结合生成核苷酸，而是在5′-磷酸核糖的C1′上逐步合成次黄嘌呤核苷酸（IMP），由IMP再合成AMP和GMP。

2. 合成原料　1948年，Buchanan等采用同位素标记不同化合物喂养鸽子，并测定排出的尿酸中标记原子的位置，证实合成嘌呤的物质有氨基酸（甘氨酸、天冬氨酸、谷氨酰胺）、$CO_2$ 和一碳单位（$N^{10}$-甲酰-$FH_4$、$N^5$,$N^{10}$-甲炔-$FH_4$）。随后，由Buchanan和Greenberg等进一步弄清了嘌呤核苷酸的合成过程。嘌呤核苷酸中的5′-磷酸核糖来自磷酸戊糖途径。嘌呤环中元素的来源见图10-1。

3．合成过程 反应可分为两个阶段，首先合成次黄嘌呤核苷酸（IMP），然后由 IMP 转变成其他嘌呤核苷酸。反应需要 ATP 的参与。

（1）IMP 的合成：由葡萄糖经磷酸戊糖通路产生的 5′- 磷酸核糖（R-5′-P），经磷酸核糖焦磷酸激酶（PRPP 合成酶）催化生成 5′- 磷酸核糖焦磷酸。此反应需要 ATP 供能，是合成核苷酸的关键反应，ATP 激活 PRPP 合成酶。

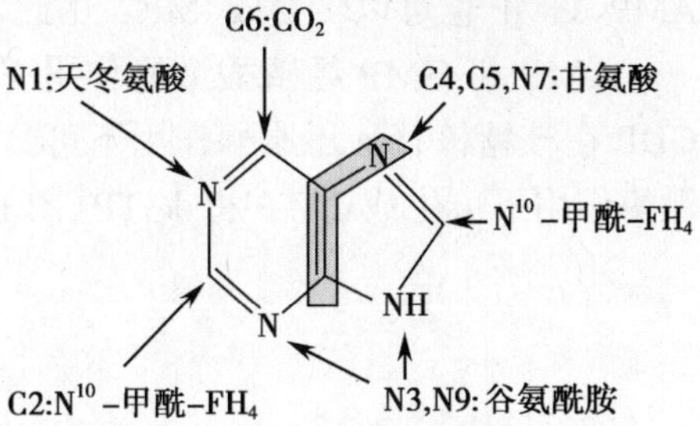


图 10-1 嘌呤环的元素来源

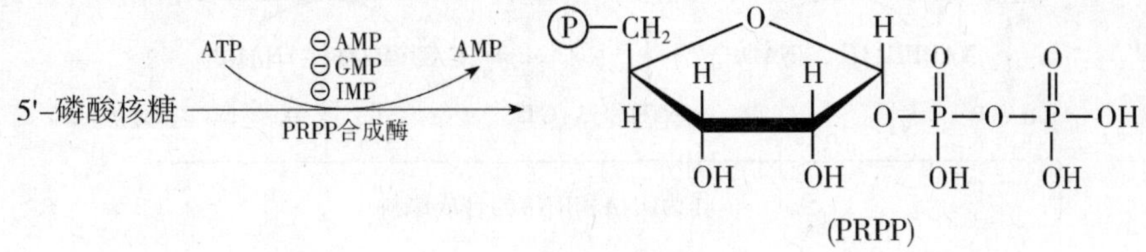


⊖为抑制剂

5′- 磷酸核糖焦磷酸再经加甘氨酸、羧化、脱水环化最终形成 IMP。

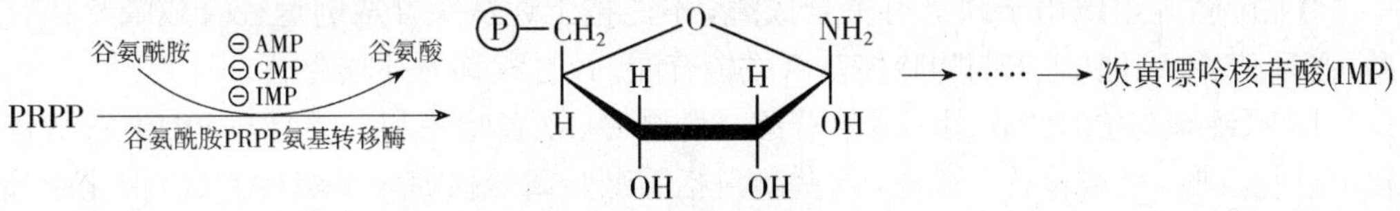


5′-磷酸核糖胺

⊖为抑制剂

（2）AMP 和 GMP 的合成：IMP 可进一步由天冬氨酸提供氨基，合成腺嘌呤核苷酸或氧化成黄嘌呤核苷酸（XMP），再由谷氨酰胺提供氨基，合成鸟嘌呤核苷酸。小肠黏膜、胸腺和肝等组织均通过此途径合成嘌呤核苷酸。

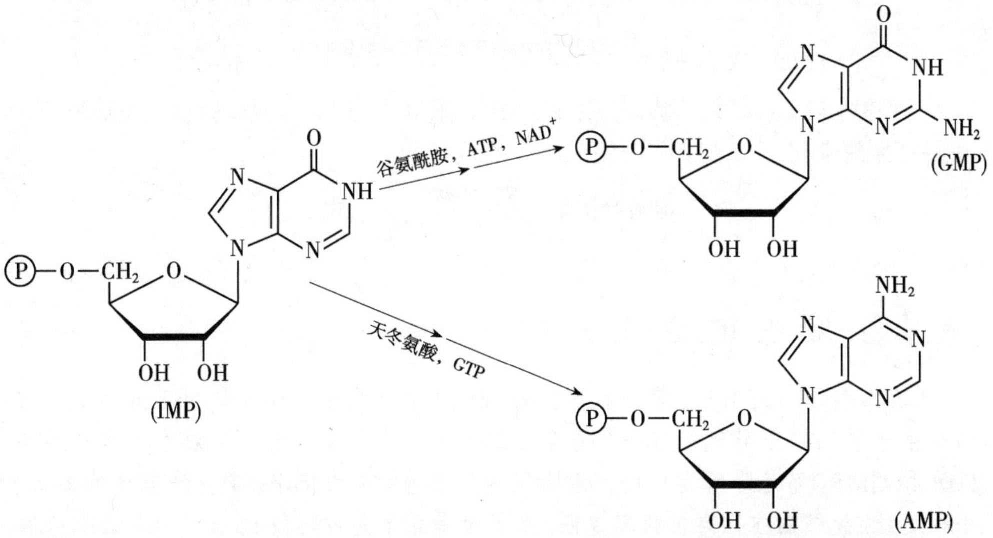


（3）体内嘌呤核苷酸的互变：前已述及，IMP 可以转变为 XMP、AMP 及 GMP，

AMP、GMP 也可以转变成 IMP。由此，AMP 和 GMP 之间也是可以相互转变的。

AMP 和 GMP 经磷酸激酶作用下可分别生成 ADP、GDP 和 ATP、GTP。ADP 和 GDP 在核糖核苷酸还原酶作用下可分别生成 dADP 和 dGDP。dADP 和 dGDP 在磷酸激酶作用下可生成 dATP 和 dGTP（图 10-2）。

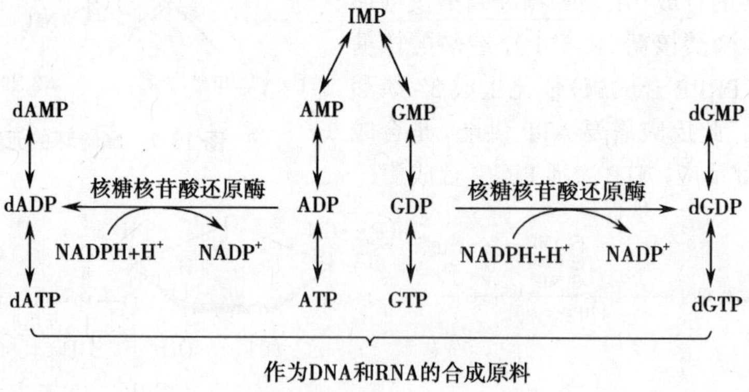


**图 10-2　体内嘌呤核苷酸的互变情况**

### （二）嘌呤核苷酸的补救合成

骨髓、脑等组织由于缺乏有关合成酶，不能按上述从头合成的途径合成嘌呤核苷酸，必须依靠从肝脏运来的嘌呤核苷合成核苷酸，该过程称为补救合成。

1. 嘌呤碱与 PRPP 作用生成核苷酸　腺嘌呤、次黄嘌呤和鸟嘌呤与 PRPP 在酶催化下进行反应，生成核苷一磷酸，这些酶包括腺嘌呤磷酸核糖转移酶（APRT）催化腺嘌呤生成 AMP；次黄嘌呤 - 鸟嘌呤磷酸核糖转移酶（HGPRT）催化次黄嘌呤、鸟嘌呤分别生成 IMP 和 GMP。PRPP 提供磷酸核糖。APRT 受 AMP 反馈抑制，HGPRT 受 IMP 和 GMP 的反馈抑制。

$$\mathrm{PRPP} + \text{腺嘌呤(A)} \xrightarrow{\text{腺嘌呤磷酸核糖转移酶(APRT)}} \mathrm{AMP} + \mathrm{PPi}$$

$$\mathrm{PRPP} + \text{鸟嘌呤(A)} \xrightarrow{\text{次黄嘌呤鸟嘌呤磷酸核糖转移酶(HGPRT)}} \mathrm{GMP} + \mathrm{PPi}$$

$$\mathrm{PRPP} + \text{次黄嘌呤(I)} \xrightarrow{\text{次黄嘌呤鸟嘌呤磷酸核糖转移酶(HGPRT)}} \mathrm{IMP} + \mathrm{PPi}$$

2. 腺嘌呤与 1′- 磷酸核糖作用生成 AMP　腺嘌呤与 1′- 磷酸核糖首先生成腺苷，然后在腺苷激酶催化下与 ATP 作用生成腺嘌呤核苷酸。

$$\text{腺嘌呤核苷} \xrightarrow[\mathrm{ATP} \quad \mathrm{ADP}]{\text{腺苷激酶}} \mathrm{AMP}$$

**知 识 链 接**

Lesch Nyhan 综合征，是一种遗传病，1964 年首先由 Lesch 和 Nyhan 报道。该病是由于基因缺陷导致 HGPRT 的完全缺失，使得次黄嘌呤和鸟嘌呤不能转换为 IMP 和 GMP，而是降解为尿酸。患者脑发育不全、智力低下，常咬伤自己的嘴唇、手和足趾，故该病亦称为自毁容貌征，患者大多死于儿童阶段。

## 二、嘌呤核苷酸的分解代谢

嘌呤核苷酸在人体内氧化分解为$H_2O$、$CO_2$、磷酸及尿酸等代谢废物排出体外，其简要过程如图 10-3。

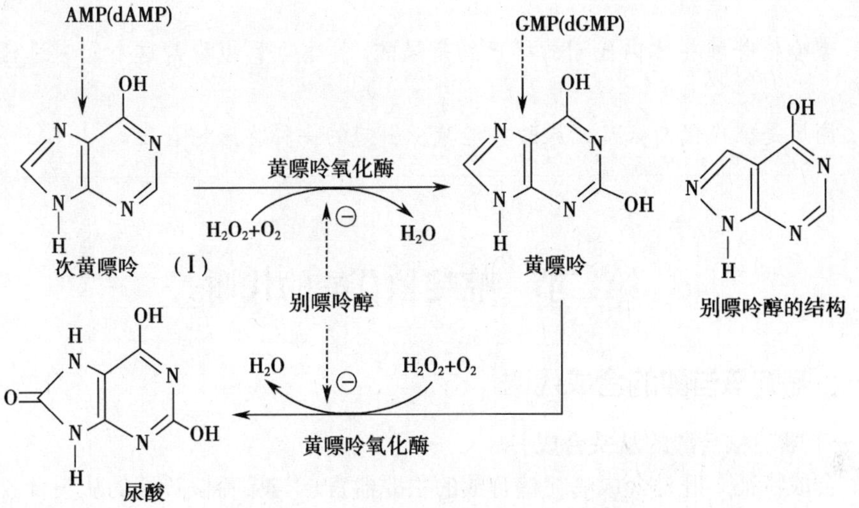


图 10-3　嘌呤核苷酸分解代谢示意图

⊖为抑制剂

尿酸是人类及灵长类动物嘌呤代谢的终产物。正常人血中尿酸含量为 0.12～0.36mmol/L。某些原因可造成嘌呤分解过于旺盛，尿酸生成过多或排泄障碍，致使血中尿酸含量增多，尿酸水溶性较差，易形成尿酸盐晶体，沉积于关节、软组织、软骨及肾等处，引起疼痛和功能障碍，称为痛风症。

### 知识链接

痛风是嘌呤代谢紊乱或尿酸排泄减少引起的一种临床综合征。其特点为高尿酸血症、特征性急性关节炎反复发作、痛风石沉积、痛风石性慢性关节炎，常累及肾脏。关节滑液尿酸盐晶体的检出或痛风石的出现为痛风确诊的依据。随着饮食结构和环境因素的改变、经济的发展及人类寿命的延长，痛风的发病率日益增高，成为当今世界尤其是中老年男性的常见病。

临床治疗痛风需要达到两个目的：一是及时控制痛风性关节炎的急性发作；二是长期治疗高尿酸血症，预防尿酸盐沉积及痛风急性复发，促进痛风石的吸收。

别嘌醇对治疗痛风有一定疗效，机制有两个方面：一是别嘌醇是黄嘌呤氧化酶的竞争性抑制剂，可抑制黄嘌呤的氧化，减少尿酸的生成；二是别嘌醇在体内与 PRPP 反应生成别嘌呤核苷酸，消耗 PRPP，使嘌呤核苷酸合成减少。

**点 滴 积 累**

1. 嘌呤核苷酸合成存在从头合成和补救合成两种途径。

2. 嘌呤核苷酸从头合成的主要原料包括：甘氨酸、天冬氨酸、谷氨酰胺、$CO_2$ 和一碳单位。

3. 嘌呤核苷酸在体内代谢的终产物是尿酸，黄嘌呤氧化酶是这个代谢过程中的重要酶。

4. 痛风是嘌呤代谢紊乱或尿酸排泄减少引起的一种临床综合征。

# 第二节 嘧啶核苷酸的代谢

## 一、嘧啶核苷酸的合成代谢

### （一）嘧啶核苷酸的从头合成

1. 合成特征 肝是合成嘧啶核苷酸的主要器官。与嘌呤核苷酸的从头合成途径不同，嘧啶核苷酸的合成先合成含有嘧啶环的乳清酸（OA）。OA 再与 PRPP 结合成为乳清酸核苷酸，然后再生成 UMP。胞嘧啶核苷酸、胸腺嘧啶核苷酸是由 UMP 转变而成。

2. 合成原料 研究证明，$CO_2$、谷氨酰胺、天冬氨酸和 5′- 磷酸核糖是嘧啶核苷酸从头合成的原料。同位素示踪技术证明，嘧啶核苷酸中嘧啶碱基的 6 个原子的来源如图 10-4 所示。

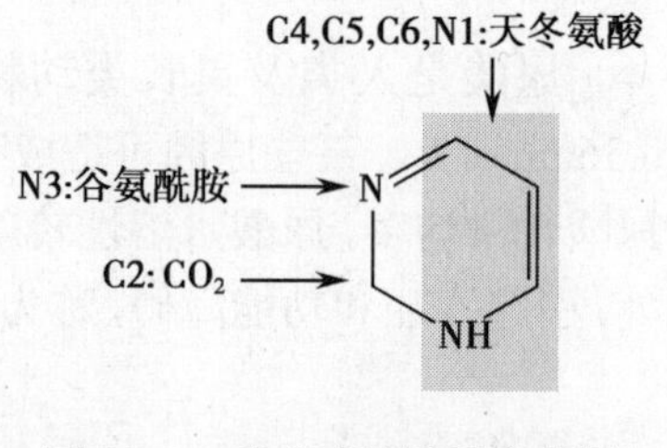


图 10-4 嘧啶碱基的元素来源

3. 合成过程 反应可分为两个阶段，首先合成尿嘧啶核苷酸（UMP），然后再由 UMP 转变为其他嘧啶核苷酸。反应需 ATP 参与。

（1）UMP 的合成：谷氨酰胺及 $CO_2$ 在氨基甲酰磷酸合成酶Ⅱ（CPSⅡ）的催化下，由 ATP 供能并提供磷酸基，生成氨基甲酰磷酸。后者与天冬氨酸结合成氨甲酰天冬氨酸，经过环化、脱氢生成乳清酸。再由 PRPP 提供磷酸核糖生成乳清酸核苷酸，乳清酸核苷酸脱羧后生成 UMP。UMP 是合成其他嘧啶核苷酸的前体。

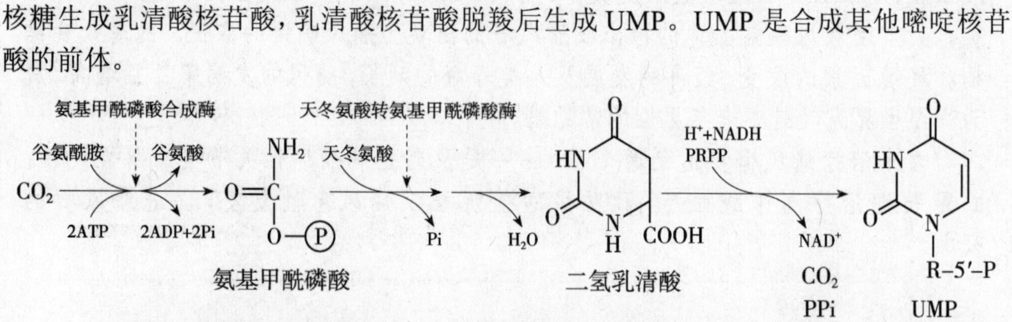


Ⓟ：磷酸基团 Pi：磷酸 R−5′−P：5′−磷酸核糖基团 PPi：焦磷酸

（2）CTP 的合成：UMP 经尿苷酸激酶催化生成 UDP，UDP 再经尿苷二磷酸核苷激酶催化生成 UTP。UTP 在 CTP 合成酶的催化下由谷氨酰胺提供氨基生成 CTP。

4. 嘧啶核苷酸的互变　体内 UMP 可转成其他嘧啶核苷酸，如图 10-5。

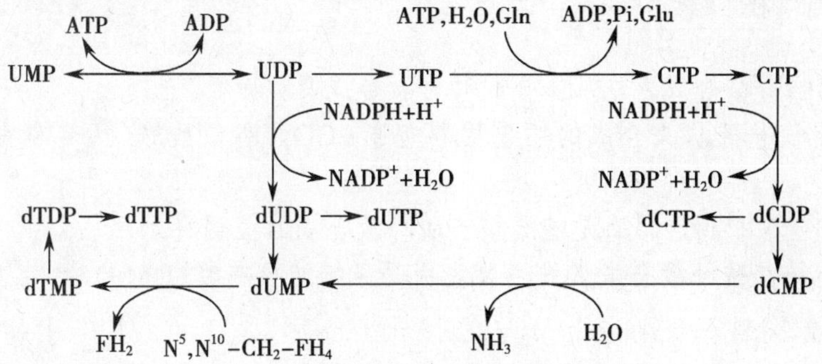


图 10-5　嘧啶核苷酸的互变

### （二）嘧啶核苷酸的补救合成

尿嘧啶及 PRPP 在尿嘧啶磷酸核糖转移酶的催化下，生成尿嘧啶核苷酸。尿苷及脱氧胸苷分别在尿苷激酶、胸苷激酶的催化下，生成尿苷酸、脱氧胸腺嘧啶核苷酸。通过补救合成方式生成的嘧啶核苷酸主要是尿嘧啶核苷酸（UMP），再由 UMP 转变成其他嘧啶核苷酸。参与补救合成的酶类有尿嘧啶磷酸核糖转移酶、尿苷（胞苷）激酶、脱氧胸苷激酶及胸苷激酶等，反应如下：

$$\text{尿嘧啶} + \text{PRPP} \xrightarrow{\text{尿嘧啶磷酸核糖转移酶}} \text{UMP} + \text{PPi}$$

$$\text{尿嘧啶核苷} + \text{ATP} \xrightarrow{\text{尿苷激酶}} \text{TMP} + \text{ADP}$$

$$\text{胸腺嘧啶核苷} + \text{ATP} \xrightarrow{\text{胸苷激酶}} \text{UMP} + \text{ADP}$$

## 二、嘧啶核苷酸的分解代谢

嘧啶核苷酸首先水解为嘧啶碱、戊糖和磷酸，嘧啶碱在体内分解生成为丙氨酸、β-氨基异丁酸，进一步分解成为 $NH_3$、$CO_2$ 和 $H_2O$。

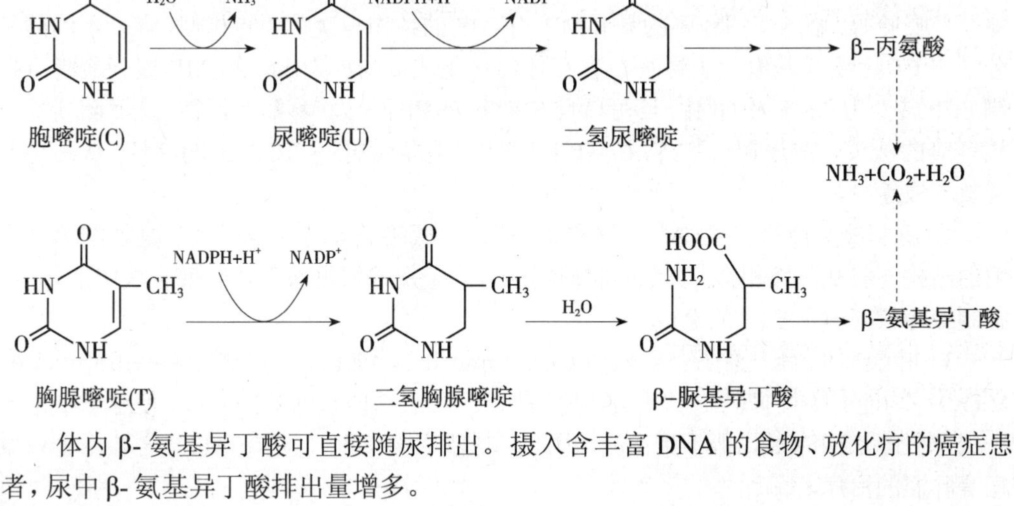


体内 β- 氨基异丁酸可直接随尿排出。摄入含丰富 DNA 的食物、放化疗的癌症患者，尿中 β- 氨基异丁酸排出量增多。

**点 滴 积 累**

1. 嘧啶核苷酸合成存在从头合成和补救合成两种途径。

2. 嘧啶核苷酸从头合成的主要原料包括：$CO_2$、谷氨酰胺、天冬氨酸和5′-磷酸核糖。

3. 嘧啶磷酸核糖转移酶是嘧啶核苷酸补救合成的主要酶。

4. 嘧啶核苷酸补救合成方式主要生成是尿嘧啶核苷酸（UMP），再由UMP转变成其他嘧啶核苷酸。

## 第三节　核苷酸的抗代谢物

核苷酸的抗代谢物是一些核苷酸合成代谢的底物或辅酶（如碱基、氨基酸、核苷和叶酸）的类似物。它们主要以竞争性抑制方式干扰或阻断核苷酸合成代谢，或以假乱真掺入核酸，从而阻止核酸以及蛋白质的合成。这些核苷酸的抗代谢物通过影响核酸和蛋白质的合成，进而抑制细胞的分裂和生长。处于快速增殖和生长旺盛的肿瘤细胞，它们能摄取较多的抗代谢物，这些抗代谢物作用于肿瘤细胞使其分裂受阻甚至死亡。核苷酸的抗代谢物也能抑制病毒的复制，因此，可作为抗肿瘤、抗病毒的药物。当然，这些药物对正常细胞也有一定的杀伤作用。

### 一、嘌呤核苷酸的抗代谢物

嘌呤核苷酸的抗代谢物是指嘌呤、氨基酸及叶酸等的类似物。它们主要通过竞争性抑制或"以假乱真"等方式干扰或阻断嘌呤核苷酸的合成，从而进一步阻止核酸及蛋白质的生物合成。肿瘤细胞的核酸和蛋白质的合成十分旺盛，因此，这些抗代谢物在临床上常用作抗肿瘤药物。

1. 嘌呤类似物　主要有6-巯基嘌呤（6-mercaptopurine，6-MP）、6-巯鸟嘌呤及8-氮杂鸟嘌呤等，临床应用较多的是6-MP。6-MP的结构与次黄嘌呤相似，唯一不同的是分子中C6上由巯基取代了羟基。它在体内可生成6-MP核苷酸，6-MP核苷酸既可抑制IMP转变为AMP及GMP，还可以反馈抑制PRPP酰胺转移酶的活性，从而阻断嘌呤核苷酸的从头合成途径。另外，6-MP核苷酸可竞争性抑制HGPRT的活性，从而抑制补救合成途径。

2. 氨基酸类似物　主要有谷氨酰胺、氮杂丝氨酸及6-重氮-5-氧正亮氨酸等。它们的结构与谷氨酰胺相似，以竞争性抑制的方式干扰谷氨酰胺在核苷酸合成中的作用，抑制嘌呤核苷酸及CTP的合成。

3. 叶酸类似物　主要有氨蝶呤（aminopterine，APT）、甲氨蝶呤（methotrexate，MTX）。均能竞争性抑制二氢叶酸还原酶的活性，阻断四氢叶酸的合成，使分子中来自一碳单位的C2和C8均得不到供应，因此抑制嘌呤核苷酸的合成。MTX主要用于白血病等肿瘤的治疗。

## 二、嘧啶核苷酸的抗代谢物

嘧啶核苷酸的抗代谢物是一些嘧啶、氨基酸及叶酸等的类似物，它们对代谢的影响以及抗肿瘤作用机制与嘌呤核苷酸抗代谢物相似。

1. 嘧啶类似物　主要有5-氟尿嘧啶（5-fluorouracil，5-FU），它的结构与胸腺嘧啶相似。5-FU本身并无生物活性，必须在体内转变成有活性的一磷酸脱氧核糖氟尿嘧啶核苷（FdUMP）及三磷酸氟尿嘧啶核苷（FUTP）后，才能发挥作用。FdUMP与dUMP结构相似，能抑制胸苷酸合成酶的活性，从而抑制dTMP的合成。FUTP可以FUMP的形式参入到RNA分子中，异常核苷酸的参入，破坏了RNA的结构与功能。

2. 氨基酸类似物　如氮杂丝氨酸与谷氨酰胺结构相似，抑制CTP的生成。

3. 叶酸类似物　如甲氨蝶呤与叶酸的结构相似，可阻断dUMP利用一碳单位甲基化生成dTMP，影响DNA的合成。

另外，如阿糖胞苷是改变了核糖结构的核苷类似物，它能抑制CDP还原成dCDP，影响DNA的合成。

**案例分析**

**案例：**在一项题为“5-氟尿嘧啶（5-FU）缓释微粒植入在预防肝癌切除术后复发的作用”研究中，研究人员将300例肝癌患者随机分为两组：植入组和对照组。植入组在肝癌切除术中将缓释5-FU微粒600mg植入肝创面，全部患者术后均行定期随访。结果：植入组术后2、3年肿瘤复发率分别为14.0%和23.3%，对照组为23.3%和34.7%（$P<0.05$）；植入组术后4、5年肿瘤复发率为32.0%和43.3%，对照组为47.3%和59.3%（$P<0.01$），两者比较有统计学意义。

**分析：**正是由于5-FU的抗肿瘤作用，5-FU缓释微粒的植入能有效地降低肝癌切除术后的局部复发率，提高手术治疗效果，并延长肝癌患者的生存期。

**点滴积累**

1. 嘌呤核苷酸类抗代谢物与嘧啶核苷酸类抗代谢物的作用机制相似，都主要是通过竞争性抑制方式干扰或阻断嘌呤核苷酸的合成，从而进一步阻止核酸及蛋白质的生物合成。
2. 嘌呤核苷酸类抗代谢物主要包括：嘌呤类似物、氨基酸类似物及叶酸类似物。
3. 嘧啶核苷酸类抗代谢物主要包括：嘧啶类似物、氨基酸类似物及叶酸类似物。

## 目标检测

### 一、选择题

#### （一）单项选择题

1. 体内进行嘌呤核苷酸从头合成最主要的组织是（　　）

A. 胸腺　　B. 小肠黏膜
C. 肝　　D. 脾

2. 嘌呤核苷酸从头合成时首先生成的是（ ）
A. GMP　　B. AMP
C. IMP　　D. ATP

3. 人体内嘌呤核苷酸分解代谢的主要终产物是（ ）
A. 尿素　　B. 肌酸
C. 肌酸酐　　D. 尿酸

4. 5- 氟尿嘧啶的抗癌作用机制是（ ）
A. 合成错误的 DNA　　B. 抑制尿嘧啶的合成
C. 抑制胞嘧啶的合成　　D. 抑制胸苷酸的合成

5. 哺乳类动物体内直接催化尿酸生成的酶是（ ）
A. 尿酸氧化酶　　B. 黄嘌呤氧化酶
C. 腺苷脱氨酸　　D. 鸟嘌呤脱氨酶

6. 6- 巯基嘌呤核苷酸不抑制（ ）
A. IMP → AMP　　B. IMP → GMP
C. PRPP 酰胺转移酶　　D. 嘧啶磷酸核糖转移酶

7. 下列哪种物质不是嘌呤核苷酸从头合成的直接原料（ ）
A. 甘氨酸　　B. 天冬氨酸
C. 谷氨酸　　D. $CO_2$

8. 氮杂丝氨酸干扰核苷酸合成，因为它是下列哪种化合物的类似物（ ）
A. 丝氨酸　　B. 甘氨酸
C. 天冬氨酸　　D. 谷氨酰胺

9. 催化 dUMP 转变为 dTMP 的酶是（ ）
A. 核苷酸还原酶　　B. 胸苷酸合成酶
C. 甲基转移酶　　D. 脱氨胸苷激酶

10. 下列化合物中作为合成 IMP 和 UMP 的共同原料是（ ）
A. 天冬酰胺　　B. 磷酸核糖
C. 甘氨酸　　D. 甲硫氨酸

**（二）多项选择题**

1. 嘌呤核苷酸从头合成的原料包括（ ）
A. 甘氨酸　　B. $CO_2$
C. 一碳单位　　D. 谷氨酰胺
E. 天冬氨酸

2. PRPP 参与的代谢途径有（ ）
A. 嘌呤核苷酸的从头合成　　B. 嘧啶核苷酸的从头合成
C. 嘌呤核苷酸的补救合成　　D. NMP → NDP → NTP
E. 嘧啶核苷酸的补救合成

3. 尿酸是下列哪些化合物分解的终产物（ ）
A. AMP　　B. UMP

C. IMP D. TMP

E. GMP

4. 下列哪些器官中可进行嘌呤核苷酸的从头合成（ ）

A. 脑 B. 肝

C. 小肠黏膜 D. 胸腺

E. 肾

5. 可从IMP产生的物质是（ ）

A. AMP B. GMP

C. XMP D. 尿酸

E. CMP

6. 嘧啶碱合成的原料是（ ）

A. 谷氨酸 B. 谷氨酰胺

C. 天冬氨酸 D. $CO_2$

E. 5′-磷酸核糖

**二、简答题**

1. 简述嘌呤核苷酸补救合成途径有何生理意义。

2. 查阅资料，总结抗肿瘤药物的种类和作用机制。

**三、实例分析**

患者，男性，51岁，经常因公出差或假期旅游，频频饮酒，兼之旅途劳顿，感受风寒，时感指、趾肿痛，因工作未做检查。每次吃海鲜、饮酒或劳累、受寒后有疼痛感且剧。数月来，关节反复出现红、肿、热、痛症状。某日饮酒后，午夜突然因关节剧痛惊醒，右侧第一跖趾关节肿痛尤为明显并伴有局部发热来院就诊。

查体：神志清楚，右侧踝、跟、指、肘及第一跖趾关节红肿。

化验：血清尿酸含量0.57mmol/L。

X线：关节非对称性肿胀。

诊断：痛风。

分析思考：

1. 患者血清尿酸含量升高的可能因素有哪些？

2. 痛风概况及临床特点是什么？

3. 痛风发病的生物化学机制是什么？

（彭 坤）

# 第十一章　基因信息的传递与表达

基因(gene)一词最早是由丹麦科学家 Johannsen 在 1909 年提出的，希腊文是“给予生命”的意思。1944 年，Avery 等人用肺炎双球菌转化实验证实基因位于 DNA 分子上；1953 年，Waston 和 Crick 用 DNA 双螺旋模型再次强有力地证实 DNA 是遗传物质。但是人们后来发现，有些简单生物如病毒，RNA 也可以是遗传物质。于是基因的定义经历了复杂的衍变。现在认为，基因是一段有特定功能的 DNA 或 RNA 序列。大多数生物的遗传信息储存于 DNA 分子的核苷酸序列中。

1958 年，Crick 提出基因信息传递的基本规律——中心法则(genetic central dogma)。即 DNA 可以通过自我复制将遗传信息传递给下一代；DNA 分子上的信息还可以通过转录的方式传递到 RNA 分子上；转录得到的 mRNA 又可以作为模板指导蛋白质的合成，此过程称为翻译。基因的转录或翻译又被称为基因表达，基因表达的产物既可以是蛋白质，也可以是各种 RNA。

20 世纪 70 年代，美国病毒学家 Temin 和 Baltimore 发现有些 RNA 病毒能以 RNA 为模板合成 DNA，称为逆转录或反转录；后来人们又发现有些 RNA 病毒能以自身为模板进行复制，称为 RNA 的复制。逆转录和 RNA 的复制被称为中心法则的补充。中心法则及补充如图 11-1 所示。

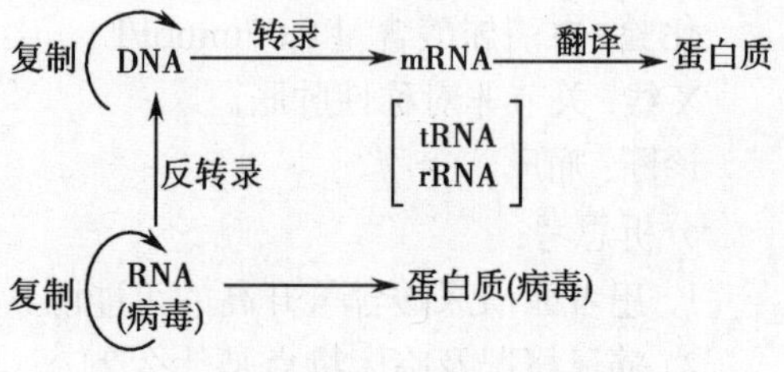


图 11-1　中心法则及补充

细胞或生物体全套染色体中所有的 DNA 称为基因组(genome)。生物体常有庞大的基因组，最简单的生物，如大肠埃希菌的基因组有 3000 个左右的基因；人类的基因组更加复杂，既有核基因组，又有线粒体基因组。2003 年，人类基因组测序全部完成，证实人有 3 万～4 万个基因。根据基因的功能不同，基因分为多种。能转录出 RNA 的基因称为结构基因。有些结构基因，在细胞或生物体中能够持续表达，不受时间和空间限制及外界环境因素干扰，称为管家基因，例如编码三羧酸循环中各个酶的基因。

下面就遵循中心法则的基本规律介绍基因信息的传递过程。

## 第一节　DNA 的生物合成

目前发现，生物体内 DNA 合成的方式有两种：复制和逆转录。复制是生物体 DNA

合成的最主要形式；逆转录只能由逆转录病毒在宿主细胞内完成。

## 一、DNA的复制

以亲代DNA为模板，按照碱基互补规律合成子代DNA分子的过程称DNA的复制（replication）。

### （一）复制的原料

DNA复制需四种dNTP，即dATP、dGTP、dCTP和dTTP作为原料。复制进行时，四种脱氧核苷三磷酸在酶的作用下各自水解掉两个高能磷酸键，生成的dNMP之间通过3′，5′-磷酸二酯键相连形成DNA多核苷酸链。

### （二）复制的模板

DNA复制需以DNA单链为模板。复制前DNA首先要在酶的作用下，将双螺旋结构解开形成两条单链，二者可分别作为模板进行DNA复制。复制时要求DNA单链模板的方向为3′→5′。

### （三）复制的方式——半保留复制

在提出DNA双螺旋模型的同时，Crick就提出DNA半保留复制的设想。但直到1958年才由Meselson和Stahl用同位素标记法和CsCl密度梯度离心实验证实该设想是正确的。他们发现，DNA复制时，双螺旋结构先解开形成两条单链，然后以每条单链为模板，按照碱基配对原则，各合成一条新的互补链。这样一条亲代DNA复制成两个完全相同的子代DNA。每个子代DNA分子中，一条链是来自亲代，另一条链是新合成的，保留了亲代的一半，故称为半保留复制（semiconservative replication），如图11-2所示。

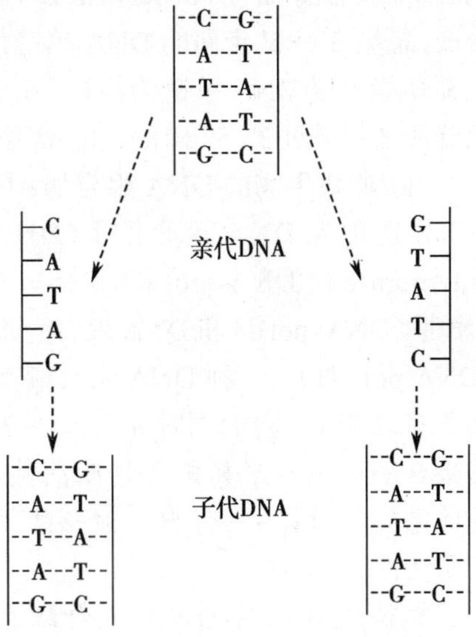

图11-2　DNA半保留复制模式图

### （四）复制相关的酶及蛋白因子

DNA复制是一个复杂的过程，因为DNA的碱基埋藏在分子内部，复制前要先解开双螺旋形成两条单链，才能分别作为模板进行复制。而解链过程涉及多种酶及蛋白因子共同解开、理顺DNA链，并维持DNA分子在一段时间内呈单链状态。此外，复制时还需小段RNA为引物提供3′-OH末端作为起点，引发DNA的聚合。

1. 解螺旋酶（helicase）　复制时解开高度螺旋的DNA双链是个关键性的难题。对大肠埃希菌的研究发现，解螺旋酶是由*dnaB*基因编码的一种蛋白质，称为DnaB，它能水解DNA两条链间的氢键，使DNA局部双链解开，形成两条单链，此过程需要ATP供能。

2. 拓扑异构酶（toposomerase）　拓扑一词是指物体或图像作弹性移位而保持物体原有的性质。拓扑异构酶广泛存在于原核和真核生物中，是一类通过切断3′，5′-磷酸二酯键、旋转和再连接而影响 DNA 拓扑性质的酶。最常见的有拓扑异构酶Ⅰ和Ⅱ两种。原核生物拓扑异构酶Ⅰ曾被称为 ω- 蛋白；真核生物拓扑异构酶Ⅰ曾用过多种名称：转轴酶、解缠酶、切口 - 封闭酶和松弛酶等。原核生物拓扑异构酶Ⅱ又称旋转酶（gyrase），真核生物拓扑异构酶Ⅱ又分好几种亚型。拓扑酶对 DNA 的作用是既能水解又能连接磷酸二酯键。拓扑异构酶Ⅰ能切断 DNA 一条链，理顺超螺旋，不需 ATP 供能；拓扑异构酶Ⅱ可同时切断两条 DNA 链，将扭结、拧转的超螺旋松解，需 ATP 供能。

3．DNA 单链结合蛋白（single strand binding protion，SSB）　SSB 能与解开的 DNA 单链结合，稳定 DNA 单链，同时保护其免受核酸酶水解。

4．引物酶（primase）　引物酶是复制起始时催化生成 RNA 引物（primer）的酶，但它不同于催化转录过程的 RNA 聚合酶，它们由不同的基因编码。引物酶是由 *dnaG* 基因编码的一种蛋白质，称为 DnaG，它能以 3′→5′ 走向 DNA 单链为模板，四种 NTP 为原料，按照碱基互补规律（A-U，T-A，C-G）以 5′→3′ 方向合成一段十几个核苷酸构成的 RNA 引物。RNA 引物可提供 3′-OH 末端，在后面进行 dNTP 间的聚合。

5．DNA 聚合酶　DNA 聚合酶是复制过程中起关键作用的酶，其本质是依赖 DNA 的 DNA 聚合酶（DNA dependent DNA polymerase，DDDP）。该酶不能从头催化 DNA 的合成，需要 3′→5′ 走向的 DNA 单链作模板，5′→3′ 走向的 RNA 或 DNA 作为引物。其主要功能是以 DNA 单链为模板，在引物的 3′-OH 末端后面，沿 5′→3′ 方向，催化脱氧核苷酸之间通过 3′，5′- 磷酸二酯键聚合形成多核苷酸链。

（1）原核生物的 DNA 聚合酶：目前发现原核生物大肠埃希菌的 DNA 聚合酶有三种，分别称为 DNA 聚合酶Ⅰ（DNA polymeraseⅠ，DNA -polⅠ）、DNA 聚合酶Ⅱ（DNA -polⅡ）和 DNA 聚合酶Ⅲ（DNA pol -Ⅲ）。三种 DNA 聚合酶都属于多功能酶，它们同时兼有 5′→3′ 的聚合酶和 3′→5′ 核酸外切酶活性。除此之外，polⅠ还具有 5′→3′ 核酸外切酶活性。

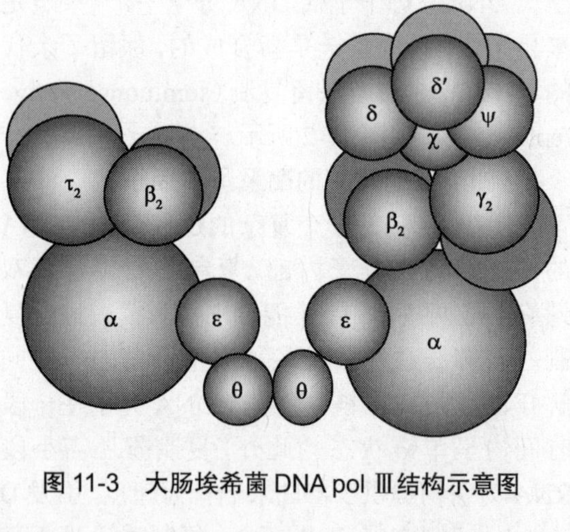

图 11-3　大肠埃希菌 DNA pol Ⅲ结构示意图

原核生物三种 DNA 聚合酶在 DNA 复制和修复过程的不同阶段发挥作用。实验证明，DNA-polⅢ是原核生物复制过程中延长子链最重要的酶，由 22 个亚基构成，其结构如图 11-3 所示。该酶形状类似半握的手掌状，便于结合模板 DNA；DNA-polⅡ在 DNA 损伤修复中起重要作用；而 DNA -polⅠ在切除引物、填补空隙、即时校对中起重要作用。

DNA -polⅠ在某些酶（如木瓜蛋白酶）的作用下能水解生成大小两个片段，近 C 端为大片段，又称 Klenow 片段，具有 DNA 聚合酶和 3′→5′ 核酸外切酶活性。该片段是基因工程中常用的工具酶。

表 11-1　大肠埃希菌 DNA 聚合酶

| DNA 聚合酶 | | DNA-pol Ⅰ | DNA-pol Ⅱ | DNA-pol Ⅲ |
|---|---|---|---|---|
| 活性 | 5′→3′ 聚合 | + | + | + |
| | 3′→5′ 外切 | + | + | + |
| | 5′→3′ 外切 | + | − | − |
| 主要功能 | | 校读作用；损伤修复；切除引物并填补空隙 | 损伤修复 | 延长子链主要酶；校读作用 |

(2) 真核生物的 DNA 聚合酶：目前已发现真核生物的 DNA 聚合酶有五种，分别命名为 α、β、γ、δ 和 ε。实验证明，DNA-polδ 是延长子链中起主要作用的酶；DNA-polγ 是线粒体 DNA 合成中起主要作用的酶；DNA-polα 具有引物酶活性；DNA-polβ 和 DNA-polε 主要在 DNA 损伤修复过程中起作用。

6. DNA 连接酶（ligase）　连接酶能催化结合于同一模板 DNA 上的两个 DNA 片段的 3′ 端与 5′ 端之间形成磷酸二酯键，从而把复制过程中随从链形成的多个相邻的 DNA 片段连成完整的 DNA 长链。连接酶作用方式如图 11-4 所示，这一反应需要消耗 ATP。

实验证明，连接酶可连接碱基互补双链中的单链缺口，但不能连接独立的 DNA 单链或 RNA 单链的缺口。

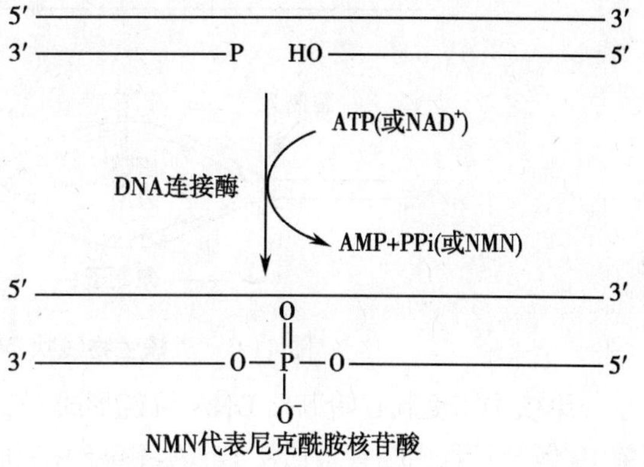


图 11-4　DNA 连接酶作用方式

7. 端粒酶（telomerase）　端粒酶常附着于真核生物线状染色体两头的端粒上，是由 RNA 和蛋白质构成的复合体，具有逆转录酶的活性，其中的 RNA 起逆转录模板的作用。真核生物的线状 DNA 复制时，两条新链 5′- 末端切除引物后留下的空缺，可由端粒酶催化 dNTPs 间的聚合补全。

## 知识链接

2009 年诺贝尔生理学或医学奖授予了加州大学旧金山分校的伊丽莎白·布莱克本、约翰霍普金斯大学卡萝尔·格雷德以及哈佛医学院杰克·绍斯塔克，她们发现了端粒和端粒酶保护染色体的机制。

伊丽莎白·布莱克本和杰克·绍斯塔克发现端粒的一种独特 DNA 序列能保护染色体免于退化。卡萝尔·格雷德和伊丽莎白·布莱克本则确定了端粒酶，端粒酶是端粒的成分。这些发现解释了染色体的末端是如何受到端粒的保护的。端粒及端粒酶的发现具有重要意义：一是揭示了细胞分裂的机制，端粒就像一顶高帽子置于染色体头上，被科学家称作“生命时钟”，在新细胞中，细胞每分裂一次，端粒就缩短一次，当端粒不能再缩短时，细胞就无法继续分裂而死亡。第二，端粒酶的研究揭示了某些遗传性疾病的机制。例如，在遗传性再生障碍性贫血中，有一种类型叫先天角化不良，其根源就是人体造血干细胞端粒酶发生了基因突变。第三，这三位科学家研究发现，大约 90% 的癌细胞都有着不断增长的端粒及相对数量较多的端粒酶。

### （五）复制的过程

真核和原核生物的DNA复制都是复杂的动态过程，常人为划分为起始、延长和终止三个阶段，现以原核生物为例说明DNA复制的基本过程。

1．起始　DNA复制是在特定的起始部位开始的，同时向两个方向进行，称为双向复制。原核生物DNA较小，呈环状，一般只有一个复制起始点（oriC），如图11-5所示；真核生物DNA庞大呈线性，含有多个起始点（ori），如图11-6所示。

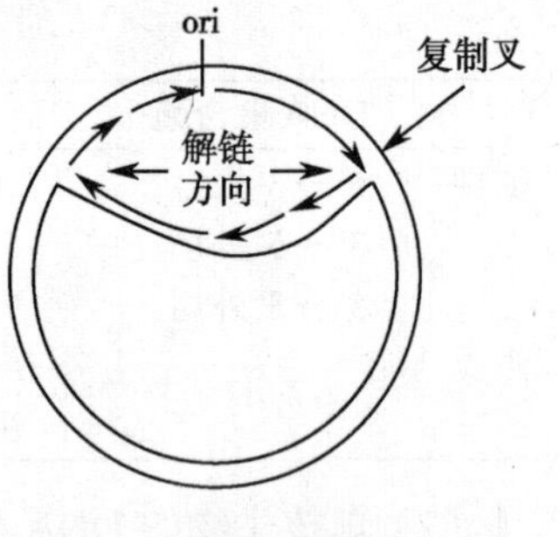


图11-5　原核生物环状DNA一个复制起始点

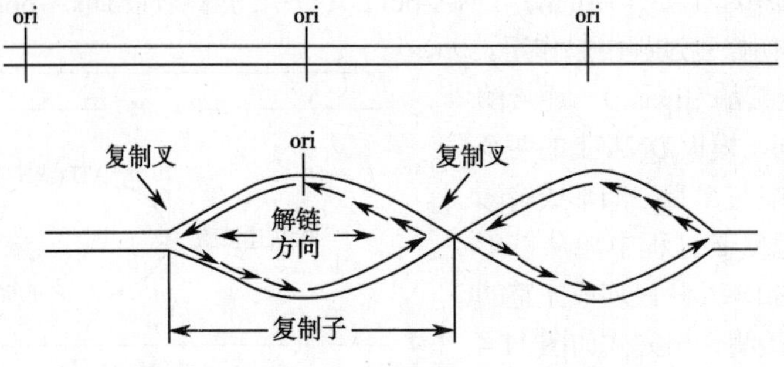


图11-6　真核生物线状DNA多个复制起始点

原核生物复制起始包括DNA解链形成复制叉、引发体形成及引物合成。在大肠埃希菌中，解链过程由三种蛋白质DnaA、DnaB和DnaC共同完成，它们分别由三种基因*dnaA*、*dnaB*和*dnaC*编码。首先由DnaA蛋白识别复制起始点（oriC）的特殊重复序列（AT区）并与之结合，使DNA构象发生改变，局部双链打开；然后DnaB蛋白（即解螺旋酶）在DnaC蛋白的协助下结合上去并沿解链方向移动，使双链解开一定长度足以进行复制，并由DnaB逐步替换取代DnaA。此时，DNA形成一叉状结构称为复制叉（replication fork），如图11-7所示。

解链至一定长度后，SSB结合于单链DNA模板上，从而在一定时间内保证复制叉有适宜的长度，利于核苷酸的聚合。此后，DnaG蛋白（引物酶）也结合于DNA模板上，形成由DnaG蛋白（引物酶）、DnaB蛋白、DnaC蛋白及DNA复制起始区域构成的复合结构，称为“引发体”。

由ATP供能，引发体的蛋白质组分在单链DNA模板上沿3′→5′移动，引物酶以DNA单链为模板，按照A-U、T-A、G-C的碱基配对原则，从5′→3′方向催化三磷酸核苷（NTP）间的聚合，形成十几个核苷酸的RNA引物。NTPs间聚合时，每个NTP脱去一个焦磷酸，NMP间通过3′，5′磷酸二酯键连接。

2．延长　RNA引物生成后，由其提供3′-OH末端，dNTP逐个在DNA-polⅢ催化作用下水解生成dNMP并通过3′，5′磷酸二酯键连接，聚合形成与模板链互补的DNA链。

两条反向平行的DNA双链解链后只能暴露一个3′末端作为起点，另一条链对应5′末端，不能立刻作模板进行复制。1968年，日本生物化学家冈崎提出，DNA两条链的复制过程不完全相同，一条链是连续复制的，并且链的延长方向与复制叉移动的方向相同，称为领头链（leading strand）或前导链，这条链一旦开始合成，则可连续聚合到链的末端；另一条链不连续合成，其延长方向与复制叉相反，称为随从链（lagging strand）或随后链。随后链必须等模板链解开至一定长度，才能以DNA单链的3′→5′方向为模板，按5′→3′方向合成引物并在引物后面延长子链。每解开一定长度的母链，就会合成一段引物加 DNA 片段。于是等双链完全解开时，常能形成多个结合于 DNA 模板上的、长度为 1000～2000 个核苷酸构成的不连续的 DNA 片段(真核生物一般形成的是 100～200 个核苷酸的 DNA 片段)，每个片段称为冈崎片段。此阶段催化 dNTP 间聚合主要依赖 DNA-polⅢ。

3．终止　DNA-polⅢ作用完成后，复制进入终止阶段。终止阶段的主要任务有三个：切除引物、填补空缺、连接 DNA 片段。首先由 DNA-polⅠ替换 DNA-polⅢ，切除 RNA 引物；然后继续由 DNA-polⅠ催化 dNTP 之间沿 5′→3′方向聚合，填补切除引物后的空隙，直到前一个冈崎片段的 5′- 端为止；最后由连接酶催化，将两个延长的冈崎片段之间的缺口(nick)通过 3′，5′- 磷酸二酯键相连。于是随从链的一个个片段被连接成为完整的长链，此过程需 ATP 供能。实际上此过程在子链延长中已陆续进行，不必等到最后终止才连接。复制过程如图 11-7 所示。

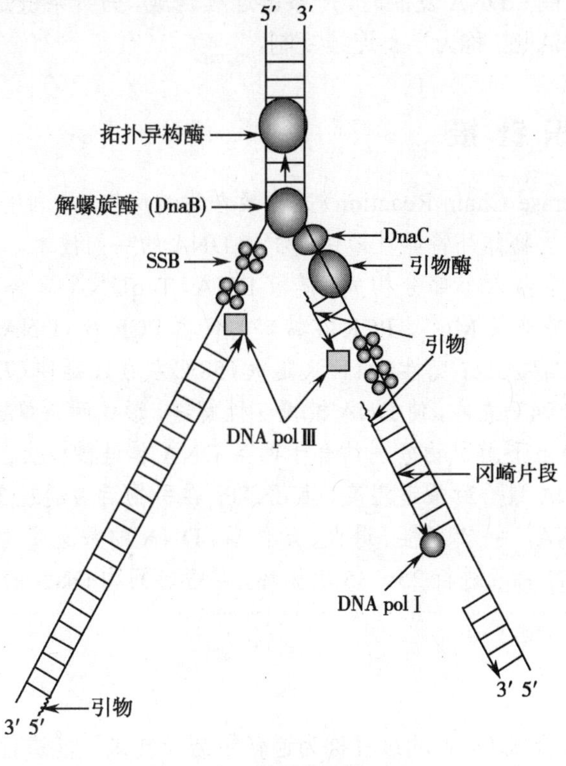


图 11-7 复制叉及复制过程

真核生物染色体 DNA 为线状，无论前导链还是随后链，在切除 3′末端引物后，均留下一段空缺。后来发现，这个空缺只能由端粒酶来补全。

## 课 堂 活 动 1

写出以下列 DNA 第一链为模板复制得到的另一条链。

**第一链**：5′……ATCTCGGTTGACCAGTAG……3′

**第二链**：3′……TACAGCCAACTGGTCATC……5′

### （六）复制的特点

1. 有特定的起始点 研究发现，DNA 复制总是从特定的核苷酸序列开始的，被称为复制的起始点。原核生物 DNA 上只有一个复制起始点，而真核生物 DNA 分子中常有多个复制起始点。

2. 双向复制 DNA 复制时，从起点向两个方向解链，由于 DNA 两条链是互补的，且复制模板的方向只能是 3′→5′，所以两条母链同时做模板时，形成的复制叉向两个方向同时进行，称为双向复制。

3. 半保留复制 如前所述，DNA 复制时以亲代两条链分别作模板，遵循碱基互补规律，生成与亲代完全相同的两条子链 DNA，并保留了亲代的一半。这种复制方式保证了亲代 DNA 中储存的遗传信息可准确无误地传递给子代，体现了遗传的忠实性和稳定性——高保真性，是物种稳定的分子基础。

4. 半不连续复制 DNA 复制时，一条链连续合成，另一条链是分段合成的，最后连接形成完整的 DNA 链，称为半不连续复制。

#### 知识链接

PCR（Polymerase Chain Reaction）又称聚合酶链反应，是利用 DNA 变性、复性及复制的性质，在生物体外特异性地快速扩增 DNA 的一门技术。

PCR 反应体系由六个部分构成：模板 DNA、TaqDNA 聚合酶、上下游引物、dNTPs、适宜的缓冲液及 $Mg^{2+}$。PCR 在特定的仪器 PCR 仪（DNA 扩增仪）中进行，包含三步连续的化学反应：变性（94℃）、退火（58℃左右）、延伸（72℃左右）。

首先，在高温 94℃左右，使 DNA 模板变性解链，形成两条单链；然后在 58℃左右复性（退火），使上下游引物分别结合于两条 DNA 单链模板上；最后温度在 72℃左右，这是 TaqDNA 聚合酶最适温度，使 dNTPs 在引物后面通过 3′，5′- 磷酸二酯键聚合形成双链 DNA。一次变性、退火、延伸后，DNA 的数量变为 $2^1$，$n$ 次循环后，DNA 数量变成 $2^n$。一般进行 25～35 次循环，在短时间内 DNA 的数量迅速增加。

## 二、逆转录

以 RNA 为模板合成 DNA 的过程称为逆转录或反转录。能进行逆转录作用的是逆转录病毒，它们是一类 RNA 病毒，当其侵染宿主细胞后，依靠宿主细胞的各种营养条件，以病毒自身 RNA 为模板，dNTP 为原料，在病毒体内逆转录酶作用下合成 DNA。

逆转录酶是一类依赖 RNA 的 DNA 聚合酶（RNA dependent DNA polymerase，RDDP），它兼有三种酶的活性：①逆转录酶活性，即催化以病毒 RNA 为模板，按照碱基互补规律，合成一条与之互补的 DNA 单链，于是形成 RNA-DNA 杂化双链。这条以 RNA 为模板合成的 DNA 单链叫做互补 DNA（complementary DNA，cDNA）。② RNA 酶的活性，即催化 RNA-DNA 杂化双链中 RNA 的水解。③ DNA 聚合酶的活性，即催化以 DNA 单链为模板合成与之互补第二条 DNA 单链，于是形成了一条双链 DNA，此双链 DNA 可以整合到宿主细胞的染色体 DNA 中，随宿主基因进行转录和翻译。逆转录过程如图 11-8 所示。

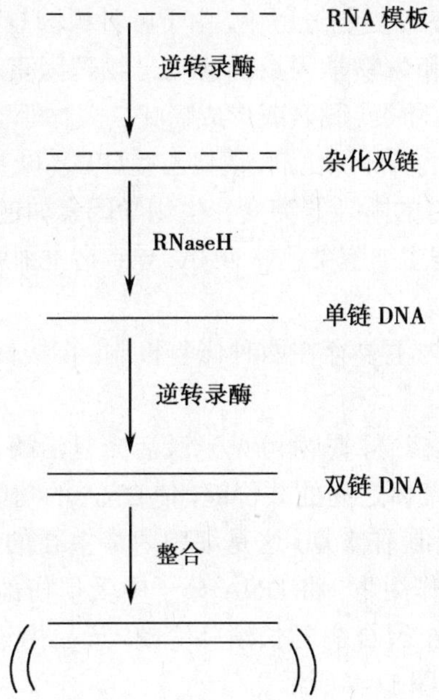


图 11-8　逆转录过程示意图

**知识链接**

人类免疫缺陷病毒（human immunodeficiency virus，HIV）属于逆转录病毒，是人类获得性免疫缺陷综合征（acquired immune deficiency syndrome，AIDS）——艾滋病的元凶。

当 HIV 侵染宿主细胞后，病毒核心颗粒释放入宿主细胞内，在逆转录酶的作用下，病毒基因组 RNA 被逆转录生成双链 DNA。此双链 DNA 可以整合到宿主细胞的染色体 DNA 中，利用宿主细胞的各种核苷酸、氨基酸及 ATP 等，通过转录和翻译，生成逆转录病毒的基因组 RNA 及蛋白质，再通过包装形成新的病毒并以出芽的方式将新的病毒颗粒释放到细胞外。随着 HIV 的大量繁殖，宿主细胞会因物质和能量的大量消耗而坏死。

## 三、DNA 的损伤与修复

DNA 分子组成和结构的高度稳定性是生物物种稳定遗传的基础，但生物体内外的各种环境因素不可避免地会导致 DNA 分子中碱基结构或排列顺序的改变，即损伤（damage），也叫突变。有些突变对生物体是无害或是有益的，但绝大部分突变是有害的，有些甚至是致死的。出于自身保护，在生物体内存在多种形式的修复机制，使绝大多数的损伤能及时修复（repair），从而保证生物体正常生命活动的顺利进行及种族的正常延续。

### （一）DNA 损伤的因素

导致 DNA 损伤的因素有很多，主要总结为以下几个方面：

1. 自发性突变　如DNA复制过程中，由于各种原因导致的碱基错配。

2. 环境中物理、化学和生物学因素的影响　物理因素如紫外线（UV）、电离辐射、各种宇宙射线等可使DNA断裂、脱氨或形成嘧啶二聚体等；化学诱变剂种类繁多，已检出的有6万多种，例如亚硝酸盐、烷化剂、溴化乙锭（EB）、碱基类似物等能造成碱基错配、缺失、插入、转换及DNA链的断裂等突变。生物学因素如逆转录病毒侵染宿主细胞，产生的双链cDNA可整合在宿主细胞染色体DNA，导致宿主细胞碱基排列顺序的改变等。

**（二）DNA损伤的修复**

目前已经了解生物体内主要存在四种修复机制：直接修复、切除修复、重组修复和SOS修复。

1. 直接修复　又称光修复，是由可见光激活光复活酶，然后由光复活酶切断由紫外线照射而形成的嘧啶二聚体之间的共价键，使DNA的功能恢复正常。

2. 切除修复　属于复制前修复，这是细胞内最主要的修复机制。所谓切除修复，就是首先在核酸内切酶的作用下，将DNA分子中受损伤部分（碱基、核苷酸或嘧啶二聚体等）切除掉，再由DNA聚合酶延长填补空缺，最后由连接酶将连接切口形成完整的DNA。切除修复过程如图11-9所示。

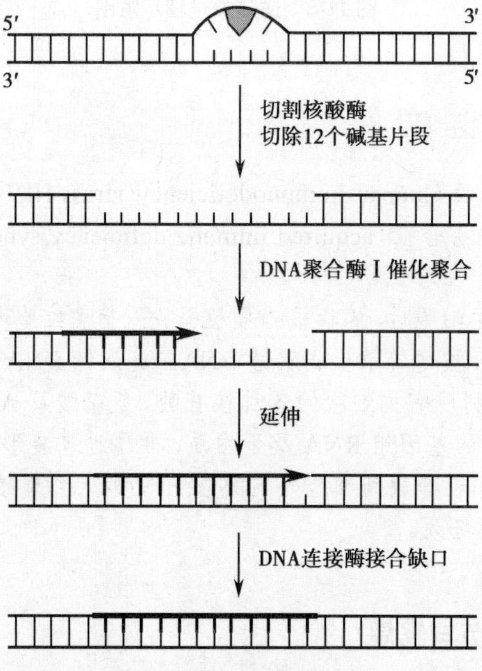


图11-9　切除修复示意图

**知识链接**

有些人由于先天性遗传缺陷，导致体内切除修复相关的酶无法合成，切除修复功能障碍。这种人对UV照射敏感，容易出现皮肤干燥、萎缩，角质化、色素沉积等，严重者可导致皮肤癌、多发性黑色素瘤等。

3. 重组修复　属于复制后修复，当DNA损伤范围较大时，由于损伤局部不能作为复制模板，从而造成新合成的一条DNA新链出现部分空缺，此时重组蛋白等识别有空隙的DNA，并使其与另一条单链发生重组交换，即先将与损伤处互补的正常母链段移至新链缺口处进行重组，形成完整新链；然后，再以与缺损母链互补的新链DNA为模板，由DNA-pol Ⅰ和连接酶作用完成修复。重组修复过程如图11-10所示。

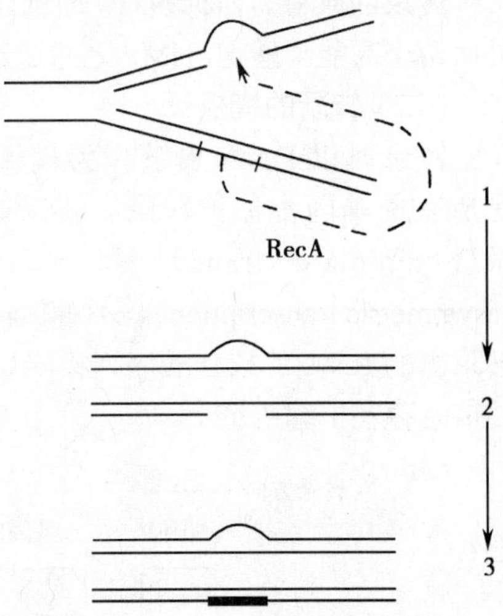


图11-10　重组修复示意图

1. ⌒示损伤部位，虚线箭头示片段交换；
2. 重组后，损伤链有缺陷单链，健康链带缺口；
3. 粗短线代表健康链复制复原

4. SOS修复　属于应急修复，是当DNA损伤广泛甚至发生多处损伤，使复制难以进行时而产生的抢救性修复。此时，能诱导多种与损伤修复相关的酶和蛋白质合成，包括切除和重组修复系统相关的酶。但这种修复的特点为快和粗糙，修复后错误概率大，细胞虽然能够生存，但可能导致广泛的突变。

**点 滴 积 累**

1. 生物体合成DNA的方式主要有三种：复制、逆转录和损伤修复。
2. 复制以dNTP为原料，3′→5′方向单链DNA为模板，由DnaA蛋白、DnaB蛋白（解螺旋酶）和DnaC蛋白、拓扑异构酶、SSB、引物酶（DnaG蛋白）、DNA聚合酶、连接酶、端粒酶等多种酶和蛋白质因子参与，按照碱基互补规律，合成沿5′→3′延长的新DNA链。
3. 复制分起始、延长、终止三个阶段；具备有特定的起始点、双向复制、半保留复制、半不连续复制四个特点；复制过程中连续合成的链称前导链和不连续合成的链称滞后链。
4. 逆转录由逆转录酶催化，此酶有三种酶的活性，产物为cDNA。
5. DNA损伤修复有直接修复、切除修复、重组修复和SOS修复四种类型，切除修复最为重要。

## 第二节　RNA的生物合成

在生物体内，以DNA为模板，NTP作为原料，按照碱基互补规律合成RNA的过程称为转录（transcription）。通过转录，将DNA分子上携带的遗传信息传递给RNA，这一过程是遗传信息传递中的重要环节，也是生物体RNA合成的主要方式。此外，一些逆转录病毒之外的RNA病毒，可以RNA为模板合成RNA，称为RNA的复制。

### 一、转录的体系

转录是在细胞核内进行的复杂反应过程，转录的体系主要有以下成分构成：

**（一）原料**

转录的原料为四种 NTP，即 ATP，GTP，CTP，UTP。在酶的作用下，NTP 水解掉最外面两个高能磷酸键，NMP 之间通过 3′，5′- 磷酸二酯键相连构成多核苷酸链。

**（二）转录的模板**

转录时以 DNA 单链作为模板，但 DNA 中含有庞大的遗传信息，每次转录不是所有的基因都能被转录。转录时，DNA 只有一条链可作为转录的模板，称为模板链（template strand）；另外一条链不同时作模板，这种转录方式称为不对称转录（asymmetric transcription）。不对称转录如图 11-11 所示。与转录模板互补的 DNA 链与转录出的 RNA 的核苷酸序列相同（只是 T 与 U 的区别），称编码链（coding strand），遗传信息存在于编码链上。

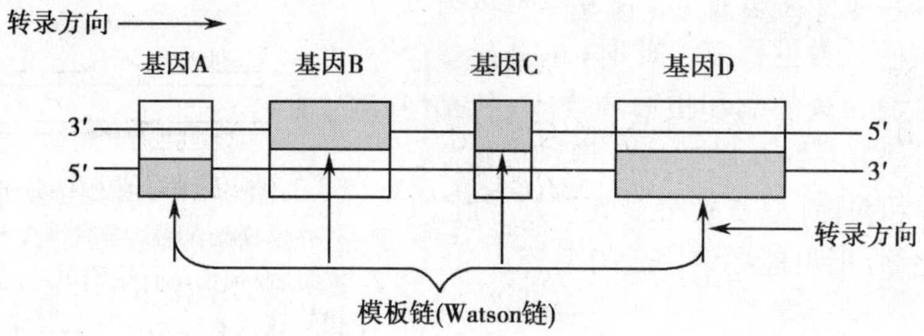


图 11-11　不对称转录

对于多个基因构成的 DNA 来说，每个基因的模板不一定位于同一条 DNA 链上，所以对不同次转录来说，模板链和编码链的划分不是绝对的。每次转录时，要求作为模板的 DNA 单链方向为 3′→5′，新生成的与之互补的 RNA 链的延长方向为 5′→3′。

**（三）转录相关的酶及蛋白因子**

1. RNA 聚合酶　是转录过程中的主要酶类，其本质是依赖 DNA 的 RNA 聚合酶（DDRP）或 RNA-pol。主要功能是催化以 DNA 单链为模板，按照碱基互补规律，将 NTP 水解生成 NMP 通过 3′，5′- 磷酸二酯键相连形成一条 RNA 链。

（1）原核生物 RNA 聚合酶：研究发现，原核生物大肠埃希菌的 RNA 聚合酶只有一种，全酶由 5 种亚基（$\alpha_2\beta\beta'\sigma$）构成。其中，σ 亚基的主要功能是识别转录的起始点，转录一旦开始，σ 亚基就与其他亚基分离，脱落下来。RNA 聚合酶全酶脱去 σ 亚基后，由 $\alpha_2\beta\beta'$ 四个亚基构成的酶分子仍有催化活性，称为核心酶。核心酶在整个新链延长过程中起主要催化作用。

抗结核杆菌药物利福平或利福霉素对原核生物 RNA 聚合酶有特异性抑制作用，它们均能通过非共价键与 β 亚基结合，阻止第一个 NTP 的进入，抑制 RNA 合成的起始。

（2）真核细胞 RNA 聚合酶：真核生物的细胞核内有三种 RNA 聚合酶（表 11-2），分别称为 RNA 聚合酶Ⅰ（RNA-polⅠ）、RNA 聚合酶Ⅱ（RNA-polⅡ）和 RNA 聚合酶Ⅲ（RNA-polⅢ）。RNA-polⅠ存在于核仁中，主要催化 rRNA 前体的生成；RNA-polⅡ存在于核基质中，能催化 mRNA 前体——hnRNA（核内不均一 RNA）的生成；RNA-polⅢ也存在于核基质中，能催化 tRNA 前体、5SrRNA 及小分子 RNA 的生成。

表 11-2　真核生物的 RNA 聚合酶

| 名称 | 细胞内定位 | 转录产物 |
| --- | --- | --- |
| RNA pol-Ⅰ | 核仁 | rRNA 前体 |
| RNA pol-Ⅱ | 核基质 | mRNA 前体（即 hnRNA） |
| RNA pol-Ⅲ | 核基质 | tRNA，5SrRNA 前体 |

2. 蛋白因子　转录有时还需要一些蛋白因子，如转录因子（transcription factors，TF）和 ρ 因子等。真核生物 RNA 聚合酶启动转录时，不能直接结合 DNA，需要先结合一些蛋白质因子，才能辨认和结合转录上游区段的 DNA 并启动转录。有些原核生物转录终止时，需要一类蛋白质——ρ 因子来识别终止信号以停止转录。

## 二、转录的过程

转录可分为起始、延长、终止三个阶段，现以原核生物大肠埃希菌为例说明转录的基本过程。

### （一）起始

转录有特定的起始点，转录开始时，首先由 RNA 聚合酶 σ 亚基识别启动子，然后 RNA 聚合酶结合于启动子上并启动转录。启动子（promoter）是转录起始点之前的一段特殊 DNA 序列，是 RNA 聚合酶能够识别、结合并启动转录的部位。

RNA 聚合酶结合后，在起点处 DNA 双螺旋结构解开大约 17 个碱基对，在电子显微镜下，能看到形成一个转录空泡结构，如图 11-12 所示。

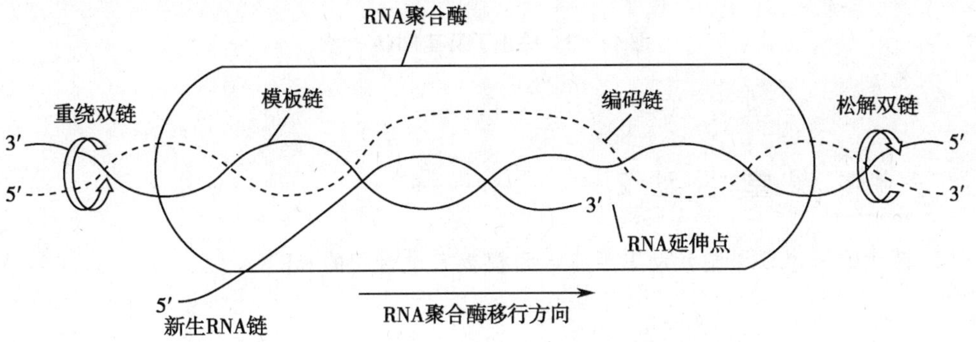


图 11-12　转录空泡结构

### （二）延长

在形成第一个磷酸二酯键后，σ 亚基脱离 DNA 模板和 RNA 聚合酶，核心酶沿着 DNA 单链模板由 3′→5′ 方向移动，并催化以 DNA 为模板，4 种 NTP 为原料，按照碱基互补规律，沿 5′→3′ 方向合成 RNA 链，直到转录终止。新合成的 RNA 链与 DNA 模板暂时形成杂化双链。随着核心酶沿模板不停移动，前方的 DNA 双螺旋不断解开为单链模板，核心酶后方打开的 DNA 双链则重新缔合形成双螺旋结构。

### （三）终止

当 RNA 聚合酶移动到 DNA 模板的特定部位——终止子（terminator）时，RNA 聚合酶就不再继续前进，聚合过程也就此停止。

原核生物转录的终止常有两种方式：依赖ρ因子的转录终止和非依赖ρ因子的转录终止。

1. 依赖ρ因子的终止　ρ因子（rho factor）是一种六聚体的蛋白质，具有ATP酶和解螺旋酶的活性。它能帮助RNA聚合酶识别终止子，并依赖ATP提供的能量，使已转录完成的RNA链与模板DNA分离。

2. 非依赖ρ因子的终止　非依赖ρ因子的终止子结构中有明显的特征，常有GC富集区组成的反向重复序列，此处转录后生成的mRNA有相应的发卡结构，能阻止RNA聚合酶继续向前移动。终止子中还常有AT富集区，使转录生成的RNA链的末端有多个连续的U。A-U配对更易水解，可促进新生成的RNA链与模板DNA分离，终止转录（如图11-13所示）。

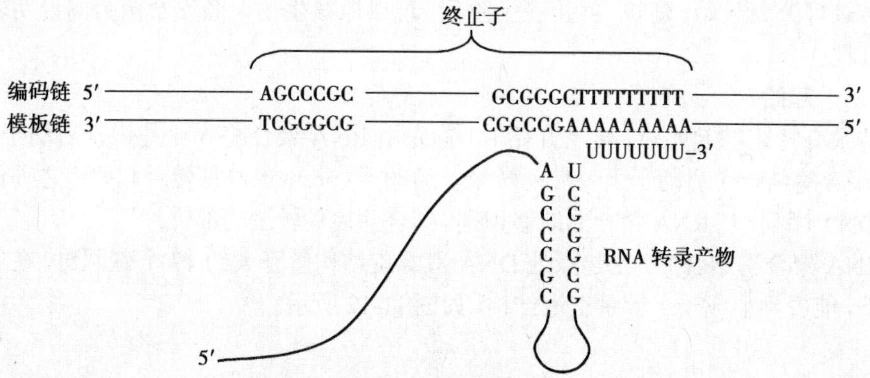


图11-13　终止子及其RNA产物

### 课堂活动2

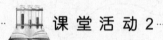

请大家写出以课堂活动1第二链为模板转录得到的mRNA。

## 三、转录的特点

1. 有特定的起点和终点　无论原核生物还是真核生物，每次转录只转录一个转录单位，都有明确的起始和终止部位，即启动子和终止子。

2. 单向性　每次转录只以DNA一条链作为模板，RNA聚合酶只能沿模板3′→5′方向移动，形成一条沿5′→3′方向延伸的RNA链。

3. 连续性　每次转录都从启动子开始到终止子结束，中间连续合成，没有间隔。

4. 不对称转录　如前所述，某一次转录只能以DNA一条链作为模板；非同次转录，模板可能在不同单链上。

复制与转录的区别见表11-3。

表 11-3　复制与转录的区别

| | 复制 | 转录 |
|---|---|---|
| 模板 | DNA 中的两条单链 | DNA 中的模板链的某个片段 |
| 原料 | dNTP | NTP |
| 聚合酶 | DNA 聚合酶（DDDP） | RNA 聚合酶（DDRP） |
| 是否需要引物 | 需要 | 不需要 |
| 产物 | DNA | RNA |
| 碱基配对关系 | A-T，G-C | A-U，T-A，G-C |
| 合成方式 | 半保留复制 | 不对称转录 |

## 四、真核生物 RNA 转录后的加工修饰

在真核细胞内，RNA 的合成要比原核细胞中的复杂得多。在转录中新合成的 RNA 往往是较大的前体分子，需要经过进一步的加工修饰，才能转变为具有生物学活性的、成熟的 RNA 分子，这一过程称为转录后加工修饰。转录后加工修饰包括剪切、剪接、添加和化学修饰等。

### （一）mRNA 的前体——hnRNA 的加工修饰

真核细胞转录后得到的是 hnRNA，必须经过一定的加工修饰才能转变成成熟的 mRNA。

1. 5′- 末端加帽　在酶的作用下，于 hnRNA 5′ 末端连上一个 $m^7$GpppG 的“帽子”结构。

2. 3′- 末端加尾　先由核酸酶切去 hnRNA3′- 末端的一些核苷酸，然后连接上一段由 80～250 个腺苷酸构成的多聚腺苷酸（poly A）的“尾巴”结构。

3. hnRNA 的剪接　真核生物的基因是由外显子（能编码的序列）和内含子（非编码的序列）相间隔排列而成，称为断裂基因。原核生物基因常没有内含子。真核生物转录时，外显子和内含子都被转录，生成大分子的 hnRNA。在酶的作用下，剪去内含子，将外显子连接起来形成完整、成熟 mRNA 的过程，称为剪接。如图 11-14 所示。

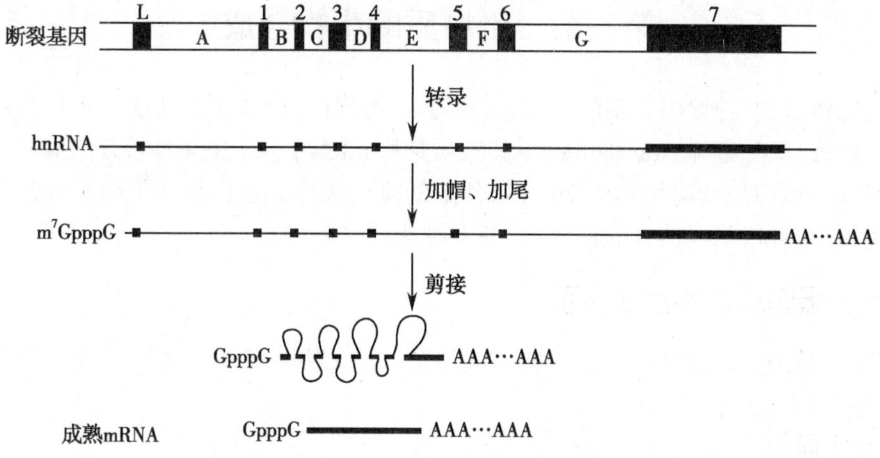


图 11-14　mRNA 的前体——hnRNA 加工修饰

4. 甲基化作用 真核生物 mRNA 中常有些甲基化核苷酸，是在 hnRNA 剪接前，通过甲基化修饰生成的。

5. RNA 编辑 近些年发现，某些 mRNA 的前体核苷酸序列需要加以改编，在转录产物中插入、删除或取代一些核苷酸，才能形成具有正确翻译功能的模板，这个过程称为 RNA 编辑。

#### （二）tRNA 前体的加工修饰

tRNA 前体的加工过程包括剪切、剪接、在 3′- 末端添加 CCA-OH 及碱基的修饰等。tRNA 中含有许多稀有碱基，均是在转录后由四种常见碱基经修饰酶催化，发生脱氨、甲基化、羟基化等化学修饰而生成的。

#### （三）rRNA 前体的加工修饰

真核细胞转录得到的是 45S rRNA 前体，在加工过程中，分子广泛进行甲基化修饰，随后逐步剪切为 18S、28S、5.8S 的成熟 rRNA，并与多种蛋白质组合形成核蛋白体。

### 点 滴 积 累

1. 转录以 NTP 为原料，DNA 某一条链某片段作模板，由 RNA 聚合酶催化合成 RNA。

2. 原核生物 RNA 聚合酶全酶只有一种，由 5 种亚基（$\alpha_2\beta\beta'\sigma$）构成，$\alpha_2\beta\beta'$ 为核心酶，σ 具有识别转录起始点的作用。真核生物 RNA 聚合酶有三种，RNA-pol Ⅰ、Ⅱ、Ⅲ，分别催化 rRNA、mRNA、tRNA 前体的生成。

3. 真核生物转录生成的各种 RNA 前体需要经过剪切、剪接、添加、化学修饰等才能转变为成熟的 RNA。

4. 转录过程分为起始、延长、终止三阶段。转录的特点为：有特定的起点（启动子）和终点（终止子）、单向性、连续性和不对称转录。转录时，DNA 双链有模板链和编码链之分。

## 第三节 蛋白质的生物合成

生物体以 20 种编码氨基酸为原料，mRNA 为模板，合成蛋白质的过程称为蛋白质的生物合成，又称翻译（translation）。其实质是将 mRNA 分子上 4 种核苷酸编码的遗传信息解读为蛋白质一级结构中 20 种氨基酸的排列顺序。蛋白质的生物合成是生物体内最为复杂、耗能最多的合成反应，需要多种物质的参与。

### 一、蛋白质生物合成体系

细胞内存在复杂的蛋白质生物合成体系，目前发现真核生物蛋白质的合成需要 300 多种生物大分子的参与。

#### （一）原料

20 种编码氨基酸是蛋白质生物合成的原料。在蛋白质合成前，每种氨基酸需要与其相应的载体 tRNA 结合形成活化的氨基酸，被转运到蛋白质合成的“装配机”——核蛋白体方能进行蛋白质合成。

### （二）三种 RNA

蛋白质生物合成过程中，三种 RNA 分别担当不同角色，协同作用，完成多肽链的组装。

1．mRNA　mRNA 含有 DNA 经转录而获得的遗传信息，是肽链合成的直接模板。在 mRNA 分子上，沿 5′→3′ 方向，从 AUG 开始，每三个相邻核苷酸构成的三联体，称为遗传密码或密码子（coden）。

5′…AUGCACGAUGCUGAAUGA…3′

构成 RNA 的四种核苷酸任意排列组合可形成 64 种不同组合的三联体密码（表 11-4）。这些密码中 61 个代表 20 种氨基酸；其中 5′ 端的 AUG 除代表蛋氨酸外还可代表蛋白质生物合成的起始信号，称为起始密码；UAA、UGA 和 UAG 不编码任何氨基酸，是蛋白质生物合成的终止信号，称为终止密码。

**表 11-4　遗传密码表**

| 第一个核苷酸（5′端） | 第二个核苷酸 U | 第二个核苷酸 C | 第二个核苷酸 A | 第二个核苷酸 G | 第三个核苷酸（3′端） |
|---|---|---|---|---|---|
| U | 苯丙氨酸 | 丝氨酸 | 酪氨酸 | 半氨酸 | U |
| | 苯丙氨酸 | 丝氨酸 | 酪氨酸 | 半氨酸 | C |
| | 亮氨酸 | 丝氨酸 | 终止信号 | 终止信号 | A |
| | 亮氨酸 | 丝氨酸 | 终止信号 | 色氨酸 | G |
| C | 亮氨酸 | 脯氨酸 | 组氨酸 | 精氨酸 | U |
| | 亮氨酸 | 脯氨酸 | 组氨酸 | 精氨酸 | C |
| | 亮氨酸 | 脯氨酸 | 谷氨酰胺 | 精氨酸 | A |
| | 亮氨酸 | 脯氨酸 | 谷氨酰胺 | 精氨酸 | G |
| A | 异亮氨酸 | 苏氨酸 | 天冬酰胺 | 丝氨酸 | U |
| | 异亮氨酸 | 苏氨酸 | 天冬酰胺 | 丝氨酸 | C |
| | 异亮氨酸 | 苏氨酸 | 赖氨酸 | 精氨酸 | A |
| | 蛋氨酸 * | 苏氨酸 | 赖氨酸 | 精氨酸 | G |
| G | 缬氨酸 | 丙氨酸 | 天冬氨酸 | 甘氨酸 | U |
| | 缬氨酸 | 丙氨酸 | 天冬氨酸 | 甘氨酸 | C |
| | 缬氨酸 | 丙氨酸 | 谷氨酸 | 甘氨酸 | A |
| | 缬氨酸 | 丙氨酸 | 谷氨酸 | 甘氨酸 | G |

注：* AUG 位于 mRNA 起始部位时是起始密码子，在真核生物编码蛋氨酸，原核生物编码甲酰蛋氨酸。

遗传密码有如下特点：

（1）方向性：密码的阅读方向是 5′→3′。从 mRNA 分子的 5′ 端 AUG 开始至 3′ 端终止密码之间的核苷酸序列常编码一条多肽链，称为开放阅读框架。蛋白质生物合成时，核蛋白体就是沿 mRNA 5′→3′ 移动并读码的。

（2）连续性：遗传密码无间隔，从 5′ 端的起始密码 AUG 开始，每 3 个一组连续向 3′ 端读下去，直至出现终止密码为止，此特点称为连续性。如果 mRNA 分子上出现碱基的插入或缺失，此后的读码顺序就会完全改变，导致由其编码的氨基酸序列的变化，称为移码突变。

例如：正常 mRNA：5′…AUGC**A**CGAUGCUGAAUGA…3′

由 AUG，CAC，GAU，GCU，GAA，UGA 等密码构成

编码的多肽链的氨基酸顺序为：蛋，组，天，丙，谷

缺失 **A** 后：5′…AUGCCGAUGCUGAAUGA…3′

则密码顺序变为：AUG，CCG，AUG，CUG，AAU

编码的多肽链的氨基酸顺序为：蛋，脯，蛋，亮，天胺

（3）通用性：自 1965 年遗传密码的生物学意义被确立以来，人们发现这套密码系统对原核生物和真核生物均通用，称为密码的通用性。只有少数例外，如动物细胞的线粒体内，AUA 编码蛋氨酸兼做起始密码，AGA、AGG 为终止密码等。密码的通用性证明了各种生物拥有共同的祖先。

（4）简并性：同一个氨基酸具有两种以上的密码子，称为密码的简并性。20 种氨基酸中，除色氨酸和蛋氨酸仅有一个密码外，其余均有 2～6 个数目不等的遗传密码。编码同一氨基酸的多个密码，其前两个核苷酸常相同，只有最后一个核苷酸存在差异。如精氨酸共有 6 个密码，其中 4 组 CGU、CGA、CGC、CGG 只有最后一个核苷酸不同，而另外两组密码 AGA 和 AGG 也是如此。如果突变发生在密码的最后一位，则其编码的多肽链中氨基酸的排列顺序不会改变，这种突变称为同义突变。

（5）摆动性：所谓摆动性是指 tRNA 分子上反密码的第 1 位碱基与 mRNA 分子上密码的第 3 位碱基在反向配对时，不是严格遵循碱基配对规律，但是其余两个碱基严格配对。例如，tRNA 反密码的第 1 位碱基为 I，则 mRNA 上密码第 3 位为 U、C 或 A 均可配对。常见的摆动配对关系如表 11-5 所示。

**表 11-5　摆动配对**

| tRNA 反密码的第 1 位碱基 | G | U | I |
|---|---|---|---|
| mRNA 密码的第 3 位碱基 | U C | A G | A C U |

2．tRNA　tRNA 是转运氨基酸的工具。tRNA 氨基酸臂 3′- 末端 CCA-OH 是氨基酸的结合位点。不同的氨基酸分别与其特异 tRNA 结合生成相应的氨基酰 -tRNA 的过程称为氨基酸活化。

$$\text{氨基酸+tRNA+ATP} \xrightarrow[Mg^{2+}]{\text{氨基酰-tRNA合成酶}} \text{氨基酰tRNA+AMP+PPi}$$

此反应在胞液中进行，由氨基酰 -tRNA 合成酶催化，ATP 供能，消耗 2 个高能键，最后使氨基酸的羧基被活化连接于 tRNA 3′- 末端 CCA-OH 上形成氨基酸的活性形式——氨基酰 tRNA，转运到核蛋白体，为多肽链的合成提供原料。

氨基酰 -tRNA 合成酶对底物氨基酸和 tRNA 的高度特异性，保证氨基酸与相应 tRNA 的结合，这是保证遗传信息准确编码蛋白质的关键步骤之一。

tRNA 反密码环最顶端 3 个相邻的核苷酸称为反密码，可以识别 mRNA 上的密码并与之反向互补配对。该反密码与 mRNA 上的哪个密码互补，此 tRNA 就携带该密码编码的氨基酸。例如，反密码为 AUC 的 tRNA，可以识别并结合 mRNA 上的密码 GAU，GAU 编码天冬氨酸，则该 tRNA 转运天冬氨酸（图 11-15）。

tRNA 可以通过反密码与 mRNA 上密码配对，将其所携带的氨基酸“对号入座”，按 mRNA 密码编排的顺序合成多肽链。

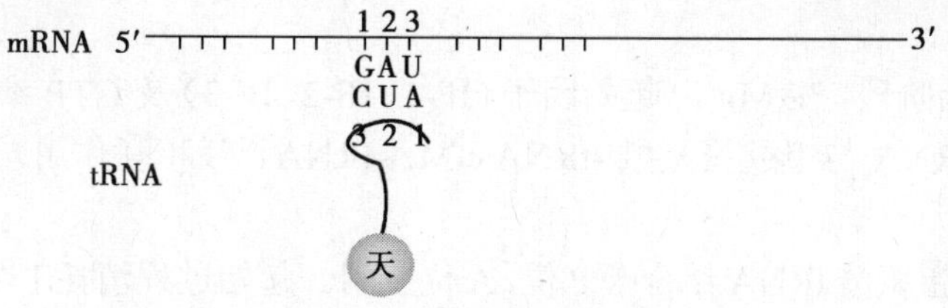


图 11-15　密码、反密码及氨基酸

一种氨基酸可以和几种不同的 tRNA 特异结合而转运，但一种 tRNA 只能转运一种氨基酸。

3. rRNA　rRNA 分子与多种蛋白质共同组成核蛋白体（核糖体），是蛋白质多肽链合成的场所，起“装配机”的作用。

原核生物和真核生物的核蛋白体均由大、小两个亚基构成。原核生物为 70S 的核蛋白体，由 30S 的小亚基和 50S 的大亚基构成；真核生物为 80S 的核蛋白体，由 40S 的小亚基和 60S 的大亚基共同组成。每个亚基均由不同类型 rRNA 及几十种蛋白质组合而成。

大小亚基之间有裂隙，是 mRNA 和 tRNA 的结合部位。核蛋白质体上有两个重要位点：P 位或称肽酰位，是肽酰 tRNA 结合的部位；A 位又称氨基酰位，是结合氨基酰 -tRNA 的部位。另外，还有一个 E 位，又称出位，是空载的 tRNA 脱落的部位。

### （三）相关的酶和其他物质

1. 相关的酶　蛋白质生成合成过程中重要的酶主要有氨基酰 tRNA 合酶、转肽酶和转位酶等。

（1）氨基酰 tRNA 合酶：氨基酰 -tRNA 合酶可催化氨基酸的羧基与相应 tRNA 3′ 末端的 -OH 脱水形成氨基酰 tRNA。

（2）转肽酶：转肽酶是构成大亚基的某些蛋白所具备的催化活性，它不仅能催化核蛋白体 P 位上的氨基酰基或肽酰基向 A 位转移，还能催化该氨基酰基与 A 位上的氨基酸之间通过肽键相连。

（3）转位酶：转位酶实际上是延长因子 EF-G（延长因子的一种）所具有的活性，可结合 GTP 并由其供能，使核蛋白体沿 mRNA 5′→3′ 方向移动相当于一组密码子的距离。

2. 其他物质　无论原核生物还是真核蛋白质合成过程中均有多种蛋白质因子的参与，包括多种起始因子（initiation factor，IF）、延长因子（elongation factor，EF）和释放因子（releasing factor，RF），它们分别参与蛋白质生物合成的起始、延伸和终止等过程，有些还具有酶的活性。

另外，蛋白质生物合成还需要 $Mg^{2+}$ 和 $K^{+}$ 的参与，ATP 和 GTP 作为供能物质。

## 二、蛋白质的生物合成过程

蛋白质的生物合成过程——翻译，是一个连续的动态过程，常被划分为三个阶段：①起始；②延长；③终止。通过此过程生成的是蛋白质的多肽链，需要经过一定的加工修饰后才能转变为有活性的蛋白质。现以原核生物为例介绍多肽链合成的基本过程。

### （一）起始

翻译的起始阶段，在 $Mg^{2+}$、起始因子（IF-1、IF-2、IF-3）及 GTP 参与下，核蛋白体的大小亚基、mRNA 与甲酰蛋氨酰 -tRNA（fMet-$tRNA^{fMet}$）相互作用，形成起始复合体（图 11-16）。

此时，甲酰蛋氨酰 tRNA 结合于 P 位，A 位空闲。起始过程消耗 1 个高能磷酸键。

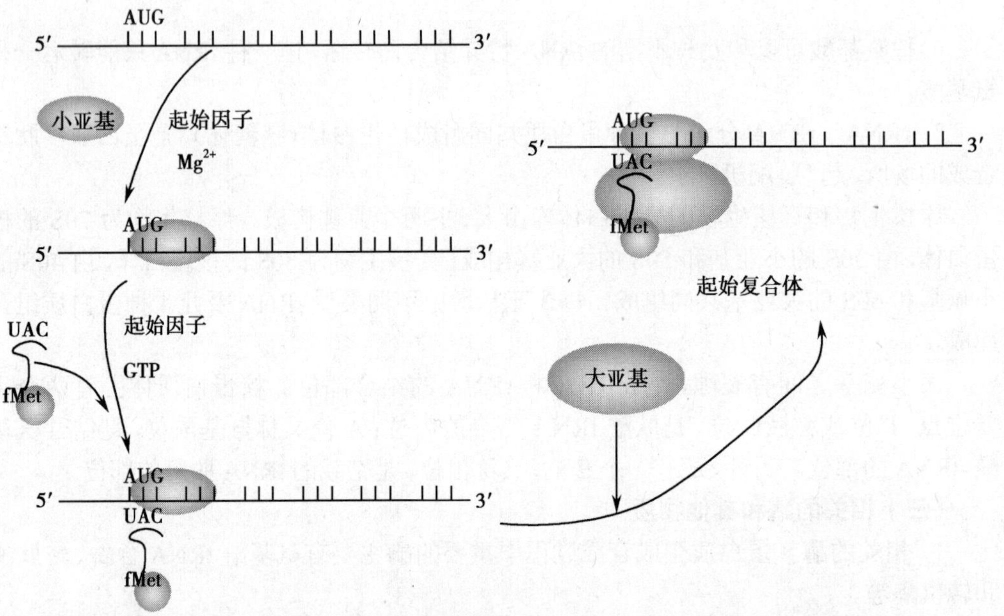


图 11-16　蛋白质合成中起始复合体的形成

### （二）肽链的延长——核蛋白体循环

肽链的延长是指起始复合物形成后，核蛋白体沿着 mRNA 分子 5′→3′ 移动，从 AUG 开始，将开放阅读框架编码区的信息翻译为多肽链中从 N 端→C 端氨基酸排列顺序的过程。此阶段由进位、成肽和转位三个连续的步骤循环进行，直至肽链合成终止，又称核蛋白体循环或核糖体循环（图 11-17）。

1. 进位　也称为注册。氨基酰 -tRNA 结合于 A 位上，该 tRNA 的反密码与 mRNA 分子上的密码识别并结合。此过程需要延长因子 EF-T 参与，GTP 供能，消耗了 1 个高能磷酸键。

2. 成肽　在转肽酶的催化下，P 位上的氨基酸或肽转移到 A 位，与 A 位上氨基酰 -tRNA 中氨基酸的氨基通过肽键相连，形成肽酰 -tRNA。此时 P 位只留下卸载的 tRNA，可直接脱落。

3. 转位　也称移位，在转位酶的催化下，核蛋白体沿 mRNA 5′→3′ 方向移动一个密码的距离。此过程需 EF-G、$Mg^{2+}$ 和 GTP 的参与，消耗 1 个高能磷酸键。转位结束，肽酰 -tRNA 占据 P 位，A 位空闲，以利于新的氨基酰 tRNA 进入 A 位，一次核蛋白体循环完成。

每循环一次，多肽链增加 1 个氨基酸残基，肽链由 N 端→C 端不断延长。

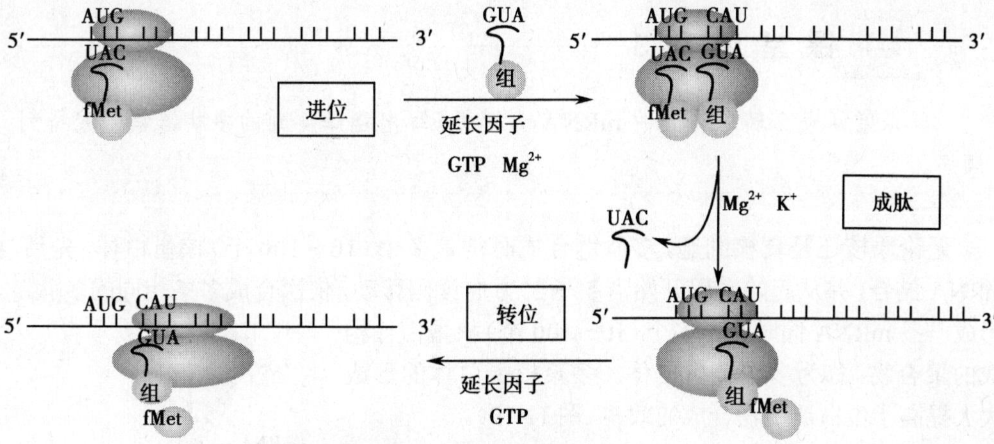


图 11-17　肽链的延长

## (三)肽链合成的终止

当核蛋白体移位至终止密码出现时，释放因子(RF1、RF2、RF3)识别终止密码，并与核蛋白体结合，使 P 位上肽酰 tRNA 水解释放多肽链，再由 GTP 供能，使 mRNA、RF 和 tRNA 相继从核蛋白体上脱离，此轮蛋白质合成终止(图 11-18)。

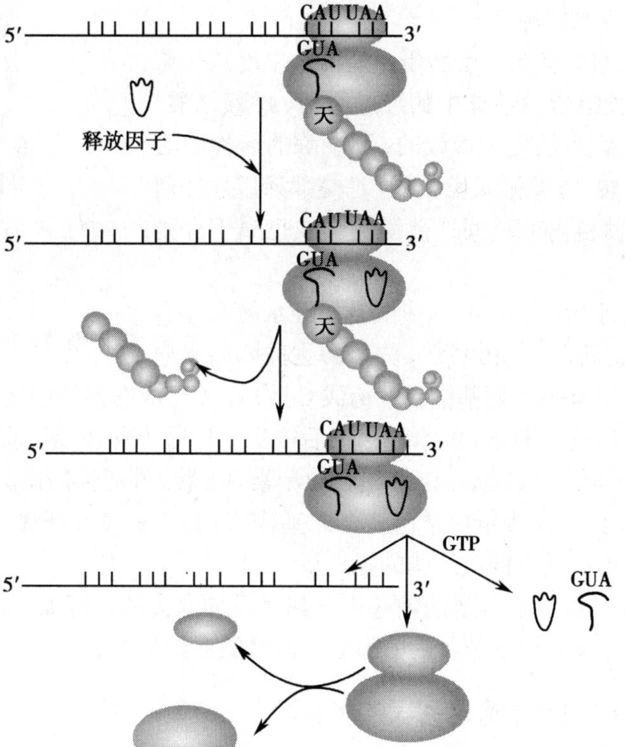


图 11-18　肽链合成的终止

**课堂活动3**

以课堂活动2转录得到的mRNA为模板，写出翻译得到的多肽链氨基酸排列顺序。

无论原核还是真核细胞，多肽链合成时常是多个（10～100个）核蛋白体，先后与mRNA结合，并从起始密码开始沿5′→3′方向读码移动，依次合成多条相同的多肽链，形成一条mRNA同时结合多个（10～100个）核蛋白体构成的聚合物，称为多聚核蛋白体。多聚核蛋白体的形成大大提高了蛋白质生物合成的效率（图11-19）。

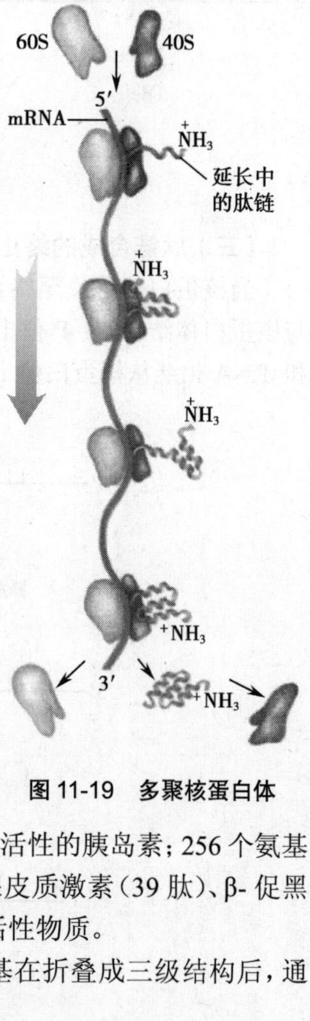

图11-19　多聚核蛋白体

### （四）翻译后的加工修饰

翻译合成的多肽链经加工修饰后才能转变为有活性的蛋白质。翻译后的加工修饰主要包括以下几个方面：

1. 新生肽链的折叠　新生肽链的N端在核蛋白体上一出现，肽链的折叠即开始，随着肽链的不断延长，逐步折叠成为天然的二级、三级结构。

2. 去除N-甲酰基或N-蛋氨酸　新生肽链N端常为甲酰蛋氨酸或蛋氨酸，在肽链延伸过程中或合成后，细胞内的某些酶可将其水解掉。

3. 个别氨基酸的修饰　有些蛋白质内常出现共价修饰的氨基酸，如胶原蛋白前体中的羟脯氨酸、羟赖氨酸，是在多肽链合成后经羟化所形成的；不少酶的活性中心有磷酸化的丝氨酸、苏氨酸及酪氨酸，也是翻译后才经磷酸化形成的；多肽链内或链间二硫键的形成也属于个别氨基酸的修饰。

4. 多肽链的水解修饰　有些多肽链需经水解后才有活性。例如，前胰岛素原（100肽），先水解生成胰岛素原（86肽），再水解掉30多个氨基酸残基构成C肽后，才形成有活性的胰岛素；256个氨基酸残基的鸦片促黑皮质激素，经水解修饰后能生成促肾上腺皮质激素（39肽）、β-促黑激素（18肽）、β-内啡肽（11肽）、β-脂酸释放激素（91肽）等活性物质。

5. 亚基的聚合　寡聚蛋白常由多个亚基构成，每个亚基在折叠成三级结构后，通过非共价键缔合形成具有四级结构的蛋白质。

6. 辅基连接　结合蛋白质的辅基也是翻译后加上去的。例如，血红蛋白4条多肽链各自与1分子血红素辅基结合后才形成有活性的血红蛋白。

## 三、蛋白质生物合成与医学的关系

### （一）分子病（molecular disease）

由于DNA分子上基因突变，导致蛋白质一级结构发生改变，进而使蛋白质功能改变而引起的疾病，称为分子病。例如镰刀型红细胞性贫血（sickle cell anemia）。患者体内血红蛋白β-珠蛋白基因异常，第6位氨基酸密码由GAA变为GTA，从而使血红蛋白β链第6个氨基酸残基由正常人的谷氨酸突变为缬氨酸，结果导致患者血红蛋白构象异常，在缺氧条件下，红细胞呈现镰刀状并极易破裂，产生贫血。如图11-20所示。

| | 正常人 | 镰刀型红细胞性贫血患者 |
|---|---|---|
| DNA | ……GAA…… | ……GTA…… |
| | ……CTT…… | ……CAT…… |
| mRNA | ……GAA…… | ……GUA…… |
| 编码的氨基酸 | …… 谷 …… | …… 缬 …… |

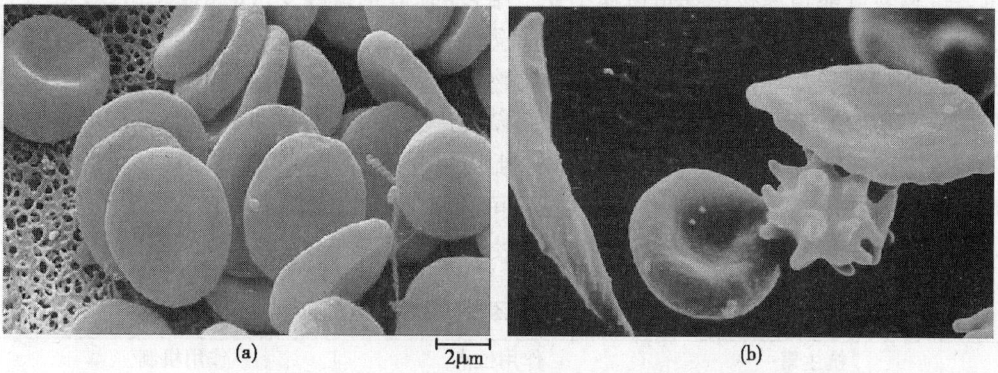


**图11-20　正常人与镰刀型血细胞性贫血患者的红细胞**

a. 正常人红细胞　b. 镰刀型血细胞性贫血患者的红细胞

## 知识链接

Linus Pauling（鲍林），1901年出生在美国俄勒冈州，两度获诺贝尔奖。他最早从事化学键的研究，20世纪40年代初，他开始研究氨基酸和多肽链，提出蛋白质二级结构的一种重要形式——α-螺旋，已在晶体衍射图上得到证实，这一发现为蛋白质空间构象的研究打下了理论基础。这些研究成果，是鲍林1954年荣获诺贝尔化学奖的项目。

鲍林是第一个提出“分子病”概念的人，他通过研究发现，镰刀型红细胞贫血症是由突变基因导致了血红蛋白分子的构象改变。即一个碱基错误，导致蛋白质一级结构中谷氨酸分子被缬氨酸替换，从而导致血红蛋白分子构象和功能异常，造成镰刀型细胞性贫血病。鲍林把这种病称为分子病。

1954年以后，鲍林开始转向大脑的结构与功能的研究，提出了有关麻醉和精神病的分子学基础。他认为，对精神病分子学基础的了解，有助于对精神病的治疗，从而为精神病患者带来福音。鲍林是第一个提出“分子病”概念的人，他通过研究发现，镰刀形细胞贫血症，就是一种分子病，包括了由突变基因决定的血红蛋白分子的变态。即在血红蛋白的众多氨基酸分子中，如果将其中的一个谷氨酸分子用缬氨酸替换，就会导致血红蛋白分子变形，造成镰刀形贫血病。鲍林通过研究，得出了镰刀形红细胞贫血症是分子病的结论。

### （二）干扰蛋白质生物合成的药物

现在，很多临床应用的药物是通过阻断病原微生物蛋白质合成的某个环节，引起其生长、繁殖障碍，发挥抗菌消炎作用的。应用比较广泛的有抗生素、干扰素等。

1. 抗生素　抗生素是微生物在代谢过程中产生的，在低浓度下就能抑制其他微生物生长甚至杀死其他微生物的化学物质。目前发现的抑制蛋白质生物合成的抗生素有多种，它们可分别抑制蛋白质合成的起始、进位、转肽及转位等各个环节，妨碍细菌的生长和繁殖。

四环素族，如金霉素等能与原核生物核蛋白体小亚基结合，阻止氨基酰-tRNA进位。链霉素等能与原核生物蛋白体小亚基结合，使其构象改变，引起读码错误，导致合成异常蛋白质。氯霉素等能与原核生物与原核生物大亚基结合，抑制转肽酶的活性，从而阻止肽键延长。红霉素能作用于原核生物大亚基，抑制转位酶，妨碍转位，使肽链延长中断。嘌呤霉素为氨基酰-tRNA类似物，可进入A位，并在肽链延长过程中使形成的肽酰嘌呤霉素易从核蛋白体上脱落，中断肽链合成。但它对真核和原核生物的蛋白质合成均有作用，在临床上不作为抗生素，可试用于肿瘤治疗。

一些抗生素的作用位点及作用机制如表11-6所示。

表 11-6　抗生素抑制蛋白质生物合成的机制

| 抗生素 | 作用位点 | 作用机制 |
|---|---|---|
| 四环素族（金霉素、新霉素、土霉素） | 原核核蛋白体小亚基 | 抑制氨基酰-tRNA与小亚基结合 |
| 链霉素、卡那霉素、新霉素 | 原核核蛋白体小亚基 | 改变构象引起读码错误、抑制起始 |
| 氯霉素、林可霉素 | 原核核蛋白体大亚基 | 抑制转肽酶、阻断延长 |
| 红霉素 | 原核核蛋白体大亚基 | 抑制转肽酶、妨碍转位 |
| 夫西地酸 | 真核核蛋白体大亚基 | 与EFG-GTP结合，抑制肽链延长 |
| 放线菌酮 | 真核核蛋白体大亚基 | 抑制转肽酶、阻断延长 |
| 嘌呤霉素（目前只做研究用） | 真核、原核核蛋白体 | 氨基酰-tRNA类似物，引发未成熟肽链脱落 |

2. 干扰素　干扰素是真核细胞被病毒感染后分泌的一类具有抗病毒作用的蛋白质。它能从两个方面抑制病毒蛋白质的合成过程。一方面干扰素能通过一系列酶促反应使真核宿主细胞内蛋白质合成过程中所需的起始因子（eIF-Ⅱ）失活，从而抑制病毒蛋白质的合成；另一方面，干扰素能间接活化核酸内切酶RNase L，RNase L可水解病毒mRNA，从而阻断病毒蛋白质合成。除此之外，干扰素还具有调节细胞生长分化、激活免疫系统等作用。基于以上原因，干扰素也是继胰岛素之后较早获批在临床上广泛使用的基因工程药物。

## 点 滴 积 累

1. 翻译是生物体内合成多肽链的过程，原料为20种编码氨基酸，模板为mRNA，实质是将核酸中核苷酸排列顺序转变为多肽链中氨基酸的排列顺序。

2. 三种RNA在蛋白质生物合成过程中起到重要作用，mRNA是蛋白质合成的直接模板；tRNA是氨基酸的转运工具；rRNA与蛋白质构成核糖体是作为多肽链生物合成的场所。

3. 遗传密码有64个，代表蛋白质合成的起始、终止信号及20种编码氨基酸。密码有方向性、连续性、简并性、通用性、摆动性。

4. 多肽链合成过程称为核蛋白体循环，分起始、延长、终止三个阶段。延长阶段又划分为进位、成肽、转位三个循环进行的步骤，每循环一次，加上一个氨基酸残基。蛋白质合成是耗能过程，除ATP供能外，主要的供能体还有GTP。

5. 镰刀型红细胞性贫血属于分子病。

## 目标检测

### 一、单项选择题

1. 需要以RNA为引物的过程是（　　）
   A. 复制　　B. 转录
   C. 翻译　　D. 逆转录

2. 复制时能连续合成的链称为（　　）
   A. 模板链　　B. 编码链
   C. 前导链　　D. 随从链

3. 参与转录的酶是（　　）
   A. 依赖DNA的RNA聚合酶　　B. 依赖DNA的DNA聚合酶
   C. 依赖RNA的DNA聚合酶　　D. 依赖RNA的RNA聚合酶

4. DNA损伤修复的主要方式为（　　）
   A. 直接修复　　B. 切除修复
   C. 重组修复　　D. SOS修复

5. 原核生物的RNA聚合酶核心酶的组成是（　　）
   A. $\alpha\alpha\beta'$　　B. $\alpha_2\beta\beta'\omega$
   C. $\alpha_2\beta\beta'$　　D. $\alpha\beta\beta'$

6. DNA上某段碱基顺序为5′-ACTAGTCAG-3′，转录后相应的碱基顺序为（　　）
   A. 5′-TGATCAGTC-3′　　B. 5′-UGAUCAGUC-3′
   C. 5′-CUGACUAGU-3′　　D. 5′-CTGACTAGT-3′

7. 蛋白质生物合成过程中除ATP外，还能作为供能体的是（　　）
   A. CTP　　B. ADP
   C. GTP　　D. UTP

8. 多肽链的合成过程称为（　　）
   A. 丙氨酸-葡萄糖循环　　B. 核蛋白质体循环
   C. 柠檬酸循环　　D. 嘌呤核苷酸循环

9. 以mRNA为模板合成蛋白质的过程是（　　）
   A. 复制　　B. 转录
   C. 翻译　　D. 逆转录

10. 遗传密码共有（　　）

A. 3种　　B. 20种
C. 61种　　D. 64种

11. 能识别mRNA分子上的密码UAC的反密码是（　　）
A. AUG　　B. GUA
C. UGC　　D. CAU

12. 能作为氨基酸转运工具的是（　　）
A. mRNA　　B. tRNA
C. rRNA　　D. DNA

13. rRNA的主要功能是（　　）
A. 作为蛋白质生物合成直接模板
B. 转运氨基酸的工具
C. 参与构成核蛋白体，作为蛋白质生物合成的场所
D. 遗传信息的载体

14. 由真核生物RNA聚合酶Ⅱ催化生成的是（　　）
A. mRNA前体　　B. tRNA前体
C. rRNA前体　　D. snRNA

15. 遗传信息传递的基本规律为（　　）
A. 蛋白质→DNA→RNA　　B. DNA→RNA→蛋白质
C. RNA→蛋白质→DNA　　D. RNA→DNA→蛋白质

16. 以RNA为模板合成DNA的过程称为（　　）
A. 复制　　B. 转录
C. 逆转录　　D. 翻译

17. 反密码存在于下列哪种分子上（　　）
A. mRNA　　B. tRNA
C. rRNA　　D. DNA

18. 复制过程中起到结合并稳定DNA单链模板作用的是（　　）
A. SSB　　B. DNA聚合酶
C. 连接酶　　D. 解螺旋酶

19. 能够解开DNA双螺旋的是（　　）
A. 解螺旋酶　　B. DNA聚合酶
C. 连接酶　　D. 引物酶

20. 转录时与模板链互补的那条链称为（　　）
A. 模板链　　B. 编码链
C. 前导链　　D. 随从链

## 二、多项选择题

1. 参与蛋白质生物合成的物质有（　　）
A. DNA　　B. mRNA
C. tRNA　　D. 氨基酸
E. GTP

2. 遗传密码具有以下特点（　　）

A. 方向性　　B. 间断性
C. 无序性　　D. 简并性
E. 通用性

3. 参与 DNA 复制的酶有（ ）
A. 解螺旋酶　　B. DNA 聚合酶
C. RNA 聚合酶　　D. 引物酶
E. 逆转录酶

4. 复制的特点不包括（ ）
A. 单向性　　B. 双向性
C. 半保留　　D. 半不连续性
E. 不对称性

5 下列哪些活性是逆转录酶具有的（ ）
A. 催化以 RNA 为模板合成互补的 DNA
B. 催化以 DNA 为模板合成互补的 DNA
C. 催化以 DNA 为模板合成互补的 RNA
D. 催化以 RNA 为模板合成多肽链
E. 催化以 DNA 为模板合成蛋白质

6. 基因表达的产物有（ ）
A. tRNA　　B. rRNA
C. mRNA　　D. DNA
E. 蛋白质

7. 属于转录特点的为（ ）
A. 单向性　　B. 对称性
C. 不对称性　　D. 连续性
E. 半不连续性

8. 属于 mRNA 前体加工修饰的是（ ）
A. 5′末端加多聚腺苷酸的帽子　　B. 3′末端加 -CCA
C. 3′末端加多聚腺苷酸尾巴　　D. 5′末端加 $m^7$GpppG 的帽子
E. 剪去内含子，连接外显子

9. 下列哪些是终止密码（ ）
A. AUG　　B. UAG
C. UGA　　D. CAU
E. UAA

10. 翻译后的加工修饰包括（ ）
A. 碱基修饰　　B. 辅基连接
C. 亚基聚合　　D. 个别氨基酸修饰
E. 加帽加尾

**三、简答题**

1. 简述遗传信息传递的中心法则。
2. 比较复制与转录的异同点。

3. 复制和转录各有何特点?
4. 什么是多聚核蛋白体?
5. 三种 RNA 在蛋白质生物合成中各有何作用?
6. 简述 mRNA 的前体——hnRNA 加工修饰主要包括哪几个方面。

（晁相蓉）

# 第十二章　水、电解质代谢

水和电解质是构成人体体液的主要成分，对维持人体正常结构和功能具有重要作用。正常情况下，水、电解质的含量、分布、组成都必须保持相对的稳定，以维持体液渗透压的相对恒定，确保细胞的正常代谢和功能。因此，水、电解质代谢又称水、电解质平衡。水、电解质平衡是维持机体正常生命活动的必要条件。某些疾病或外界环境的剧烈变化，常可引起水、电解质失衡，进而影响全身各器官系统的功能，如不及时纠正，将对机体造成各种不良影响，严重时可危及生命。

## 第一节　体　　液

### 一、体液的含义与组成

体液（body fluid）是指体内的水及溶解于其中的无机盐和有机物的总称，分为细胞内液和细胞外液，细胞外液包括血浆、细胞间液（即组织间液）。正常成年人体液占体重的 60%，其中细胞内液占体重的 40%，细胞外液占体重的 20%。在细胞外液中，血浆约占体重的 5%，细胞间液占体重的 15%。

- 体液(占体重的60%)
  - 细胞外液(占体重的20%)
    - 血浆(占体重的5%)
    - 细胞间液(占体重的15%)
  - 细胞内液(占体重的40%)

另外，胃肠道的消化液、尿液、汗液、淋巴液、渗出液、关节滑液、脑脊液和胸、腹膜腔液，这些特殊的液体大量丢失可影响细胞外液的容量、渗透压和酸碱平衡，故可认为它们是细胞外液的特殊成分。

血浆是沟通人体内、外环境和各部分内环境之间的重要转运体系，也是体内特殊细胞外液的主要来源，对维持生命活动极为重要。血容量急剧下降时，将导致脑组织缺氧，体内代谢废物潴留，肾功能衰竭乃至休克，甚至死亡。细胞间液是细胞外液的主要部分，且其体积有很大的伸缩性，因而可在一定范围内调节血容量和细胞内液容量，使它们达到恒定，从而保证血液循环和细胞的正常功能。

体液总量受年龄、性别和胖瘦等因素的影响，可发生很大的波动。年龄越小，体液占体重的百分比越大（见表 12-1）。成年男性体液量常多于同体重的女性。肥胖者比同体重的均衡型者的体液总量低。

表 12-1　不同年龄正常人的体液分布（占体重 %）

| 年龄 | 体液总量 | 细胞内液 | 细胞外液 | | |
|---|---|---|---|---|---|
| | | | 总量 | 细胞间液 | 血浆 |
| 新生儿 | 80 | 35 | 45 | 40 | 5 |
| 婴儿 | 70 | 40 | 30 | 25 | 5 |
| 儿童（2 岁～14 岁） | 65 | 40 | 25 | 20 | 5 |
| 成人 | 55～65 | 40～45 | 15～20 | 10～15 | 5 |
| 老年人 | 55 | 30 | 25 | 18 | 7 |

**知 识 链 接**

由于婴幼儿体内含水量较多，每日对水的需要量高，以每千克体重计算，可比成人高 2～4 倍，同时，婴幼儿每千克体重的体表面积比成年人大，水通过皮肤蒸发快，而调节水和电解质平衡的能力又差，因此，婴幼儿易发生水和电解质平衡紊乱。

## 二、体液电解质含量及分布特点

### （一）体液电解质含量及分布

体液中的无机盐、某些小分子有机物和蛋白质等常以离子状态存在，故又称为电解质。体液电解质按含量可分为主要电解质和微量元素两类，前者主要包括 $K^+$、$Na^+$、$Ca^{2+}$、$Mg^{2+}$、$Cl^-$、$HCO_3^-$、$HPO_4^{2-}$、有机酸根和蛋白质负离子等，后者主要包括铁、铜、锌、硒、碘、钴、钼、锰、氟、硅等微量元素。体液中主要的电解质含量见表 12-2。

表 12-2　体液中主要电解质的含量（mmol/L）

| 电解质 | 血浆 | | 细胞间液 | | 细胞内液（肌肉） | |
|---|---|---|---|---|---|---|
| | 离子 | 电荷 | 离子 | 电荷 | 离子 | 电荷 |
| 阳离子 | | | | | | |
| $Na^+$ | 145 | 145 | 139 | 139 | 10 | 10 |
| $K^+$ | 4.5 | 4.5 | 4 | 4 | 158 | 158 |
| $Ca^{2+}$ | 2.5 | 5 | 2 | 4 | 3 | 6 |
| $Mg^{2+}$ | 0.8 | 1.6 | 0.5 | 1 | 15.5 | 31 |
| 合计 | 152.8 | 156 | 145.5 | 148 | 186.5 | 205 |
| 阴离子 | | | | | | |
| $Cl^-$ | 103 | 103 | 112 | 112 | 1 | 1 |
| $HCO_3^-$ | 27 | 27 | 25 | 25 | 10 | 10 |
| $HPO_4^{2-}$ | 1 | 2 | 1 | 2 | 12 | 24 |
| $SO_4^{2-}$ | 0.5 | 1 | 0.5 | 1 | 9.5 | 19 |
| 蛋白质 | 2.25 | 18 | 0.25 | 2 | 8.1 | 65 |
| 有机酸 | 5 | 5 | 6 | 6 | 16 | 16 |
| 有机磷酸 | | — | | — | 23.3 | 70 |
| 合计 | 138.75 | 156 | 144.75 | 148 | 79.9 | 205 |

**难点释疑**

细胞内液离子总浓度高于细胞外液，为什么两者的渗透压相等？

细胞内液蛋白质含量高，其他电解质又以二价离子（$HPO_4^{2-}$、$SO_4^{2-}$、$Mg^{2+}$）较多，这些离子所产生的渗透压较小，因而细胞内液离子总浓度虽高于细胞外液，但两者产生的渗透压基本相等。正常人体液的渗透压在280～310 Osm/L之间。

**（二）体液电解质的分布特点**

1. 体液各部分阴、阳离子的摩尔电荷浓度相等，体液呈电中性。

2. 细胞内、外液的离子分布差异大。细胞外液的阳离子以$Na^+$为主，其含量占阳离子总量的90%以上，阴离子以$Cl^-$及$HCO_3^-$为主。细胞内液的阳离子以$K^+$为主，阴离子以有机磷酸根和蛋白质阴离子为主。

3. 体液电解质浓度若以mmol/L计算，细胞内液离子总浓度高于细胞外液，但两者的渗透压相等。

4. 血浆与细胞间液的电解质含量相近，但蛋白质含量不同。细胞间液蛋白质含量明显低于血浆，这种差异决定血浆的胶体渗透压高于细胞间液，对于维持血容量以及血浆与细胞间液之间的水分交换具有重要意义。

电解质含量与分布的特点与体液的酸碱平衡、电荷平衡、渗透压平衡以及物质交换等密切相关。

## 三、体液的交换

人体内各部分体液间每天不断地进行着交换，并保持动态平衡。组织间液是血浆和细胞内液进行物质交换的中转站。

**（一）血浆与细胞间液之间的交换**

血浆和细胞间液通过毛细血管壁进行交换。毛细血管管壁只有一层内皮细胞，具有半透膜的特性，其允许血浆和细胞间液中的水、无机盐和小分子溶质（如葡萄糖、氨基酸、尿素）等自由透过，但大分子蛋白质不易透过，导致细胞间液中的蛋白质浓度低于血浆蛋白质，故血浆的胶体渗透压高于细胞间液。

正常情况下，血管内液由毛细血管动脉端滤出形成组织间液（滤过），而组织间液从毛细血管静脉段回流入血浆（重吸收）。在滤过与重吸收过程中，实现了血浆与组织间液之间的物质交换。这种交换取决于四种力量的对比，即血管内的毛细血管血压和血浆胶体渗透压，以及血管外的细胞间液静水压和细胞间液胶体渗透压。其中毛细血管血压、细胞间液胶体渗透压是促使液体滤过的力量，而血浆胶体渗透压、细胞间液静水压是促使液体重吸收的力量。

上述四种力量的代数之和称为有效滤过压，有效滤过压可用下式表示：

有效滤过压＝（毛细血管血压＋细胞间液胶体渗透压）－（血浆胶体渗透压＋细胞间液静水压）

在毛细血管动脉端，促使液体滤过的力量大于促使液体重吸收的力量，有效滤过压为正值（+1.33kPa），故水和可透性物质自血浆流向细胞间液，使营养物质由血浆运送到细胞间液，再被细胞摄取利用。在毛细血管静脉端，由于毛细血管血压降低，滤过的力量小于重吸收的力量，有效滤过压为负值（−0.1064kPa），故水和可透性物质自细胞间液回流血浆，使细胞内的代谢废物运到血浆。此外，还有一部分体液由于淋巴管内的负压而经淋巴系统进入血液（图 12-1）。

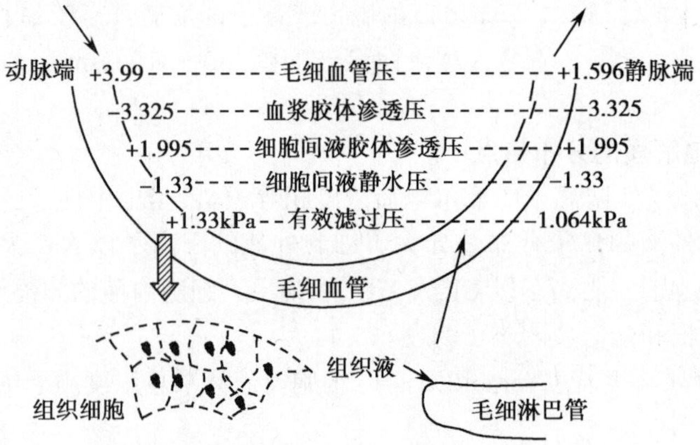


图 12-1　血浆与细胞间液之间的交换

正常情况下，体液从毛细血管壁的滤出量和重吸收量基本相等。血浆与细胞间液的交换十分迅速，并维持动态平衡。当血浆蛋白质浓度降低时，血浆的胶体渗透压下降，细胞间液回流到毛细血管内的量减小，体液在组织间隙潴留而发生水肿。

**（二）细胞间液与细胞内液之间的交换**

细胞间液与细胞内液之间通过细胞膜进行交换。细胞膜是一种功能极为复杂的半透膜，对物质的透过有高度的选择性。水分子及一些小分子有机物（如葡萄糖、氨基酸、尿素、肌酐等）、$CO_2$、$O_2$、$Cl^-$、$HCO_3^-$ 等较易通过细胞膜。但是蛋白质、$K^+$、$Na^+$、$Ca^{2+}$、$Mg^{2+}$ 则不易透过细胞膜，所以细胞内、外液的化学组成差异显著。

引起细胞间液与细胞内液交换的因素主要是细胞内、外液渗透压的大小。决定细胞内液渗透压的因素主要是钾盐，决定细胞外液渗透压的因素主要是钠盐。水可以自由透过细胞膜，故当细胞内液与细胞外液间存在渗透压差时，主要靠水的转移来维持细胞内外液的渗透压平衡。当细胞内外液的渗透压不平衡时，水自渗透压较低的一方向渗透压较高的一方流动，直到二者的渗透压相等为止。当细胞外液渗透压升高时，水从细胞内转移至细胞外，引起细胞皱缩；当细胞外液渗透压降低时，水从细胞外转移至细胞内，引起细胞肿胀。

**知识链接**

**与疾病的关系**

水肿：各种原因造成血浆与组织间液间的动态平衡失调，引起进入组织间隙的液体超过从组织间隙返回血管的液体量时，即可产生水肿。如心力衰竭时，毛细血管压力增大，组织间液回流发生障碍，水肿发生。肾病综合征患者因大量蛋白尿导致低蛋白血症；肝功能障碍者，清蛋白合成减少，血浆胶体渗透压降低，均可引发水肿。

脱水：当细胞外液钠盐浓度增加使渗透压升高时，水自细胞内流向细胞外，可引起细胞脱水皱缩。脱水量达体重的2%时为轻度脱水，表现为口渴；当脱水量达体重的4%时为中度脱水，表现为严重口渴、心率加快、体温升高、血压下降、疲劳；当脱水量达6%时则为严重脱水，此时可引起恶心、食欲丧失、易激怒、肌肉抽搐甚至出现幻觉、昏迷以及死亡。

水中毒：在病理或人为治疗因素的作用下或在短时间内大量饮水时，水在体内潴留过多，过多的水进入细胞内，使细胞内的水过多，则引起水中毒。水中毒的症状不一，轻者躁动、嗜睡、抽搐、尿失禁及丧失意识，重者有脑细胞水肿。中毒严重者若不及时抢救则危及生命。

细胞内液与细胞间液之间的相互交换，保证细胞不断地从细胞间液中摄取营养物质，排出细胞本身的代谢产物。

**点 滴 积 累**

1. 体液是指体内的水及溶解于其中的无机盐和有机物的总称，分为细胞内液和细胞外液（包括血浆、细胞间液）。
2. 体液电解质可分为主要电解质和微量元素，体液电解质的分布具有四个特点。
3. 血浆和细胞间液通过毛细血管壁进行交换；细胞间液与细胞内液通过细胞膜进行交换。

## 第二节　水　平　衡

### 一、水的生理功能

水是人体含量最多、最重要的无机物。体内水的存在形式有两种，一种是以结合水形式存在，指与蛋白质、核酸和蛋白多糖等物质结合而存在的水；另一种是以自由水（自由状态）形式存在。水是维持人体正常代谢的必需物质之一，具有很多重要的生理功能。

#### （一）参与和促进物质代谢

物质代谢的一系列化学反应都是在体液中进行的，水作为良好的溶剂，可促进代谢的进行；水还直接参与一些代谢反应，如水解、水化、脱水、脱氢等，在代谢过程中发挥着重要的作用。

#### （二）调节体温

水能调节体温，使机体不至于因外环境温度的变化而使体温明显波动。这主要是由水的三种特性决定的：水的比热大，吸收或释放较多的热量而本身温度变化不大，如1g水从15℃升至16℃时，需吸收4.2J（1cal）热量，比同质量固体或其他液体所需要的热量多；水的蒸发热大，蒸发少量的汗就能散发大量的热，如1g水在37℃时完全蒸发，需吸收2415J（575cal）的热量；水的流动性大，导热性强，代谢产生的热能随血液循环迅速均匀分布并通过体表散发。

### （三）运输作用

水的黏度小、易流动，有利于营养物质和代谢产物的运输。即使是某些难溶或不溶于水的物质，也能与血液中亲水性的载体蛋白结合而分散于水相中运输。

### （四）润滑作用

水具有润滑作用，能减少摩擦。如唾液有利于食物吞咽及咽部湿润，泪液可防止眼球干燥，有利于眼球的转动；关节滑液有助于关节活动；胸、腹腔浆液有助于胸廓的运动；呼吸道与胃肠道黏液有利于呼吸道与消化道的润滑等。

### （五）维持组织的正常形态与功能

体内的结合水因其无流动性，故对保持组织、器官的形态、硬度和弹性起到一定的作用，以保证组织器官具有独特的生理功能。如心肌含水约79%，比血液的含水量仅少约4%，两者水含量相差不大，但形态与功能却不同。心肌主要含结合水，可使心脏具有一定坚实的形态，保证心脏有力地推动血液循环；而血液主要含自由水，故能循环流动。

## 二、水的动态平衡

### （一）水的来源

正常成人每天所需的水量约为2500ml，其来源主要包括三个方面：

1．饮水　成人每天一般以饮水方式摄入的水量约1200ml。通过这种方式摄入的水量可受气候条件、生活习惯、劳动强度等多种因素的影响而有较大幅度的变化。

2．食物水　成人每天从食物中摄入的水量约1000ml。

3．代谢水　体内由糖、脂肪、蛋白质等营养物质经生物氧化所产生的水称为代谢水，其量比较恒定，每天体内约生成300ml。临床上，当急性肾衰竭的患者需严格限制水摄入量时，需将代谢水记入水的出入量。

### （二）水的去路

体内水的去路主要有：

1．肾排出　肾是体内排水的最主要器官，正常成人每天尿量约为1500ml。人体每日排尿量受饮水量、生活环境和劳动强度及其他途径排水量的影响较大。排尿除排出体内过多的水分外，更重要的是将体内的代谢终产物（如尿素、尿酸、肌酐等）排出体外。成人每天至少有35g固体代谢废物需随尿排出体外，每1g固体溶质至少需要15ml的水才能使之溶解。因此，成人每天至少排尿500ml才能将这些代谢废物排尽，故500ml为人体的最低尿量（minimal urine）。每日尿量低于500ml称为少尿，此时代谢废物将在体内潴留，造成尿毒症；每日尿量低于100ml称为无尿。临床上，患者出现少尿和无尿是急性肾功能衰竭的先兆。

2．肺排水　成人每天由肺呼吸以水蒸气形式排出的水量约350ml。当发热等情况引起呼吸加快时，排出的水分增加，可多达2000ml。

3．皮肤排水　皮肤排水有非显性汗和显性汗两种方式。非显性汗即体表水分的蒸发，成人每天由此排出的水量约500ml，因其中的电解质含量甚微，故可将其视为纯水。显性汗是通过汗腺分泌的汗液排水，通过这种方式排出的水量与环境温度、湿度及劳动强度有关，故不是机体必需的排水途径。

### 知识链接

汗液是一种低渗溶液，其中 $[Na^+]$ 为 40～80mmol/L，$[Cl^-]$ 为 35～70mmol/L，$[K^+]$ 为 3～5mmol/L。故高温作业或强体力劳动大量出汗后，除失水外，也有 $Na^+$、$K^+$、$Cl^-$ 等电解质的丢失，此时在补充水分的基础上还应注意电解质的补充。

4．消化道排水　正常成人每天从消化道随粪便排出的水约 150ml，这部分排水量主要来源于消化液。成人每天由各种消化腺分泌进入胃肠道的消化液，平均约 8000ml。正常情况下，这些消化液绝大部分被肠道重吸收，只有少量随粪便排出。因消化液含有大量水和电解质，因此在呕吐、腹泻、胃肠减压、肠瘘等情况下，消化液大量丢失，可导致体内水和电解质平衡紊乱，对婴幼儿危害更为严重。故临床补液时，应根据患者丢失消化液的性质与程度，及时补充水和相应的电解质。

正常情况下，成人每天排水量和摄水量是大致相等的，约为 2500ml（表 12-3）。为满足正常需要，成人每天需 2500ml 水（含代谢水 300ml）以维持水的平衡，故 2500ml 称为正常需水量。当机体由于种种原因不能进水时，人体每天仍可不断由肾、肺、皮肤、消化道排出水分约 1500ml，这是人体每日的必然丢水量。因此，除去人体每天产生的 300ml 代谢水，成人每天至少应补充 1200ml 的水量，才能维持最低限度的水平衡，因此 1200ml 为正常成人的最低需水量。

表 12-3　成人每天水的摄入与排出量

| 水的摄入 | （ml/天） | 水的排出 | （ml/天） |
|---|---|---|---|
| 饮水 | 1200 | 呼吸 | 350 |
| 食物水 | 1000 | 皮肤 | 500 |
| 代谢水 | 300 | 粪便 | 150 |
| | | 肾 | 1500 |
| 总计 | 2500 | | 2500 |

## 点滴积累

1．水的存在形式有两种，一种是以结合水形式存在，另一种是以自由水形式存在。

2．水的生理功能有参与和促进物质代谢、调节体温、运输作用、润滑作用、维持组织的正常形态与功能。

3．水的来源与去路时刻保持动态平衡：水的来源有饮水（1200ml）、食物水（1000ml）、代谢水（300ml）三条途径；体内水的去路主要有肾排出（尿量约为 1500ml，少于 500ml 为少尿，少于 100ml 为无尿）、肺排水（约 350ml）、皮肤排水（500ml），消化道排水（150ml）。

4．人体正常需水量为 2500ml；正常成人的最低需水量为 1200ml。

# 第三节　电解质平衡

体内的电解质主要为各种无机盐，其中主要阳离子为 $K^+$、$Na^+$、$Ca^{2+}$ 和 $Mg^{2+}$，主要阴离子为 $Cl^-$、$HCO^{3-}$ 和 $HPO_4^{2-}$ 等，这些离子在体液中需保持一定浓度以维持正常活动。

## 一、电解质的生理功能

### (一) 维持体液的渗透压和酸碱平衡

$Na^+$、$Cl^-$ 是维持细胞外液渗透压的主要离子；$K^+$、$HPO_4^{2-}$ 是维持细胞内液渗透压的主要离子。同时，体液中的某些电解质(如 $HCO_3^-$、$HPO_4^{2-}$ 等)是构成体液各种缓冲对的主要成分，是维持体液酸碱平衡的重要缓冲物质(详见第十三章酸碱平衡)。此外，$K^+$ 可通过细胞膜与细胞外液的 $H^+$ 和 $Na^+$ 进行交换，以维持和调节体液的酸碱平衡。

**难点释疑**

"钠泵"如何使细胞内外 $K^+$、$Na^+$ 分布呈现出显著的差异？

细胞内外 $K^+$、$Na^+$ 分布的显著差异，是由于细胞膜上 $Na^+$、$K^+$-ATP 酶(钠泵)的作用。该酶能逆浓度差主动把细胞内的 $Na^+$ 泵出细胞外，同时将细胞外的 $K^+$ 泵进细胞内，这一过程需要消耗 ATP。此外，这两种离子也可顺浓度梯度缓慢地通过细胞膜被动扩散进行交换。

### (二) 维持神经、肌肉的兴奋性

神经、肌肉的兴奋性与体液中多种离子的浓度和比例有关，这些离子的相互作用是维持神经、肌肉正常兴奋性的关键。

神经肌肉与离子浓度的关系式如下：

$$\text{神经、肌肉兴奋性} \propto \frac{[Na^+]+[K^+]}{[Ca^{2+}]+[Mg^{2+}]+[H^+]}$$

从上式可以看出，$Na^+$、$K^+$ 可使神经肌肉的兴奋性增高，而 $Ca^{2+}$、$Mg^{2+}$ 和 $H^+$ 使神经肌肉的兴奋性降低。当血 $K^+$ 浓度过低时，神经肌肉的兴奋性降低，可导致肌肉软弱无力、胃肠蠕动减弱、腹胀甚至肠麻痹等症状。而 $Ca^{2+}$、$Mg^{2+}$、$H^+$ 浓度升高时，神经肌肉的兴奋性降低，如 $Mg^{2+}$ 对中枢神经系统和神经 - 肌肉接头能起到镇静和抑制作用。血 $Ca^{2+}$ 浓度过低，会导致神经肌肉的应激性过高，故小儿缺钙时，常引起手足抽搐(痉挛)。

心肌与离子浓度的关系式如下：

$$\text{心肌兴奋性} \propto \frac{[Na^+]+[Ca^{2+}]}{[K^+]+[Mg^{2+}]+[H^+]}$$

从上式可以看出，$Na^+$、$Ca^{2+}$ 使心肌兴奋性增高，而 $K^+$、$Mg^{2+}$ 和 $H^+$ 使心肌兴奋性降低。当血 $K^+$ 浓度过高时，心肌的兴奋性降低，可导致心肌停跳于舒张期；$Na^+$ 和 $Ca^{2+}$ 可拮抗 $K^+$、$Mg^{2+}$ 对心肌的作用，故临床上常用钠盐或钙盐治疗高血钾或高血镁对心肌所致的毒性作用。

**（三）维持机体正常的新陈代谢**

体内许多无机离子作为酶的辅助因子或激活剂、抑制剂来维持或影响酶的活性，保证机体新陈代谢的正常进行。如 $Cl^-$ 是淀粉酶的激活剂，$K^+$ 是磷酸果糖激酶和巯基酶的激活剂，$Na^+$ 是丙酮酸激酶的抑制剂，$Ca^{2+}$、$Mg^{2+}$ 是醛缩酶的抑制剂。此外，还有些无机离子参与物质转运，细胞信号转导等。

**（四）构成组织细胞成分**

机体的所有组织细胞都含有电解质。如 $Ca^{2+}$、$Mg^{2+}$、$Na^+$、$PO_4^{3-}$ 等是骨骼和牙齿的主要成分。含硫酸根的蛋白多糖参与构成软骨、皮肤和角膜等组织。

**（五）参与体内有特殊功能化合物的构成**

如血红蛋白和细胞色素中含铁、维生素 $B_{12}$ 中含钴、甲状腺素中含碘、磷脂和核酸中含磷、胰岛素中含锌等。

## 二、重要电解质的代谢

**（一）钠的代谢**

1．钠的含量与分布　正常成人体内钠总量约为 1g/kg 体重，其中约 50% 分布于细胞外液，45% 分布于骨骼，其余分布于细胞内液。$Na^+$ 为细胞外液的主要阳离子，血清钠浓度为 135～145mmol/L，平均浓度为 142mmol/L；组织间液和淋巴液钠浓度为 140mmol/L。

2．钠的吸收与排泄　人体每天吸收的 $Na^+$ 主要来自食盐（NaCl），成人每天 NaCl 的需要量为 4.5～9.0g（相当 500～1000ml 生理盐水），其摄入量因个人饮食习惯不同而差别很大，但每天的摄入量也不应少于 0.5～1.0g。摄入的钠全部经胃肠吸收。

$Na^+$ 主要经肾随尿排出，少量经粪便及汗液排出。肾调节血 $Na^+$ 浓度的能力很强。正常成人每天由肾小球滤过的 $Na^+$ 达 20～40mol，而每天经肾排出的 $Na^+$ 仅为 0.01～0.2mol，重吸收率达 99.4%。当血中 $Na^+$ 浓度降低时，肾小管重吸收能力增强；当机体完全停止 $Na^+$ 的摄入时，肾排 $Na^+$ 趋向于零。肾对 $Na^+$ 排泄的高效调节可用“多吃多排、少吃少排、不吃不排”来概括。

**（二）氯的代谢**

1．氯的含量与分布　正常成人体内氯含量约 1.2g/kg 体重（33mmol/kg 体重），婴儿含氯较多，可达 52mmol/kg 体重。体内的氯 70% 分布于细胞外液。$Cl^-$ 是细胞外液的主要阴离子，占细胞外液阴离子总量的 67%。血清氯浓度为 98～106mmol/L。此外，还有少量 $Cl^-$ 分布于细胞内液，如 $Cl^-$ 在红细胞内的浓度为 45～54mmol/L，在其他组织细胞内为 1mmol/L。

2．氯的吸收与排泄　人体每天吸收的 $Cl^-$ 同样主要来自食盐（NaCl），因此，氯与钠一起被吸收、排泄。

**（三）钾的代谢**

1．钾的含量与分布　正常成人体内钾总量约为 2g/kg 体重（即 45mmol/kg 体重），婴儿约含钾 43mmol/kg 体重。体内 98% 的钾分布于细胞内液，2% 分布于细胞外液。

红细胞中钾的浓度约为 105mmol/L，血浆钾浓度为 3.5～5.5mmol/L。钾在细胞内外的分布除受细胞膜上 $Na^+$，$K^+$–ATP 酶的作用外，还受物质代谢和体液酸碱平衡等的影响。当细胞内进行蛋白质或糖原合成时，细胞外 $K^+$ 进入细胞内加快，使血钾浓度降低；反之，当蛋白质或糖原分解时，$K^+$ 转移至细胞外，使血钾浓度升高。临床上，对于高血钾患者，可采用注射葡萄糖溶液和胰岛素的方法，加速糖原合成，促使 $K^+$ 由细胞外液进入细胞内，以降低血钾浓度。在组织生长或创伤恢复期等情况下，蛋白质合成增强，可促使钾进入细胞，使血钾浓度降低，此时应注意钾的补充；而在严重创伤、感染、缺氧以及溶血等情况下，蛋白质分解增强，可促使细胞内钾释放到细胞外，如超过肾排钾能力时，则可导致高血钾，因此必须注意观察血钾情况。

**知识链接**

人体细胞内外可交换的 $K^+$ 可达 90% 以上。但钾透过细胞膜的速度比水缓慢，同位素静脉注射试验证明：经过 15 小时细胞内外的钾才能达到平衡，而心脏病患者则需要 45 小时左右才能达到平衡。因此临床上需要多次测定血清钾才能准确反映体内 $K^+$ 的含量，以防止假性高值的出现。

另外，当酸中毒时，细胞外 $H^+$ 浓度增高，$H^+$ 进入细胞内，$K^+$ 转移出细胞，可使血钾浓度升高；碱中毒时，血钾浓度则降低。

2. 钾的吸收与排泄　正常成人每天需钾量约 2.5g（60mmol）。体内的钾主要来源于食物，蔬菜与肉类（动物肌肉）含钾丰富，故日常膳食就能满足人体对钾的需要。正常成人摄入的钾约 90% 在短时间内就可经肠道吸收。

钾可随尿、粪、汗排出。正常情况下，80%～90% 的钾经肾随尿排出，肾对钾的排泄能力很强，钾摄入极少或大量丢失时，肾仍继续排钾。即使禁食钾 1～2 周，肾排钾仍可达每日 5～10mmol。故肾功能良好者口服钾不易引起血钾异常升高。少量未被吸收的钾可随粪便排出体外。腹泻时，随大便排出的钾量可达正常时的 10～20 倍。1 岁以下的婴儿，钾的摄入量并不会超过生长所需的钾量很多，且婴儿易患腹泻，故婴儿易患钾缺乏症。长期不能进食需由静脉补充营养的患者，应注意适当补钾。肾对钾排泄的特点可用“多吃多排，少吃少排，不吃也排”来概括。

**知识链接**

补钾原则：在治疗缺钾症过程中，很难在短时间内恢复机体的钾平衡。由于必须等到细胞恢复正常的代谢功能，钠泵才能恢复工作，将机体摄入的钾转运至细胞内，如摄入钾过多过快，则有发生高血钾的危险。因此补钾时应遵循不宜过浓、不宜过多、不宜过快、不宜过早、见尿补钾的原则，且以口服最安全。

**（四）镁的代谢**

1. 镁的含量与分布　成人体内镁的含量为 20～28g，其中 50%～60% 存在于骨组织中，吸附在羟磷灰石表面，20% 存在于肌肉细胞内，其余的则分布于肝、肾和脑等组织细胞内。

镁主要分布于细胞内，几乎不参与交换；细胞外液的镁只占总镁量的 1%。正常血镁浓度为 0.7～1.0mmol/L。许多食物都含有镁，尤其是绿色蔬菜和谷物。人体每天镁的需要量为 0.2～0.4g，正常饮食中的镁即可满足需要。

2. 镁的吸收与排泄　镁的吸收主要在小肠，吸收率约为 30%，其中以十二指肠的吸收率最高。镁吸收的特点是慢且不完全。镁的吸收量取决于食物中镁的含量及食物的性质。钙与镁的吸收有竞争作用，食物中含钙过多则妨碍镁的吸收；草酸、脂肪也能妨碍镁的吸收。维生素 D 和高蛋白饮食则可促进镁的吸收。

**知识链接**

镁的临床应用：镁可以作用于外周血管系统，引起血管扩张，因而有降低血压的作用，此种降压作用对正常人较之对高血压患者更明显。碱性镁如 $Mg(HCO_3)_2$ 等是良好的抗酸剂，可中和胃酸；$Mg^{2+}$ 在肠腔中吸收缓慢，能使水分潴留在肠腔内，故镁盐常作为导泻剂；当低渗硫酸镁溶液注入十二指肠时，在短时间内可增加胆汁排出，故可作为利胆剂。

镁主要是通过肠道和肾排泄。肾是维持镁摄入与排出平衡的主要器官。血浆中的可扩散镁可透过肾小球滤出，其中大部分可被肾小管重吸收，只有小部分随尿排出。60%～70% 未被吸收的镁从粪便排出。

## 三、体内主要微量元素的代谢

组成人体的元素，依含量不同可分为宏量元素和微量元素（trace element）。宏量元素是指占体重万分之一以上的元素，主要有碳、氢、氧、氮、磷、硫、钙、镁、钠、钾、氯等元素，占人体总重量的 99.95% 以上；微量元素是指占体重万分之一以下，每日需要量小于 100mg 的元素，目前公认的人体必需微量元素主要包括铁、锌、铜、硒、钴、锰、铬、碘、氟、镍、钒、钼、硅、锡等元素。微量元素主要来源于食物，虽然含量甚微，但对机体却具有十分重要的生理功能。

### （一）铁

1. 铁的含量与分布　铁是人体含量最多的微量元素，约占体重的 0.0057%。成年男性平均含铁量约为 50mg/kg 体重，女性约为 30mg/kg 体重，略低于男性。铁在体内分布很广，其中 75% 左右的铁存在于铁卟啉化合物（其中血红蛋白铁占 65%，肌红蛋白铁占 10%，各种酶类含铁约占 1%）中，其余 25% 左右以铁蛋白、含铁血黄素和未知铁化物等形式储存于肝、脾、骨髓、肌肉和肠黏膜等器官中，血浆中的铁仅占 0.1% 左右。

2. 铁的吸收与排泄　人体内铁的来源有两条途径：一是来源于食物，二是由体内 Hb 分解释放；后者的 80% 用于重新合成 Hb，20% 以铁蛋白等形式储存备用。

人体对铁的需要量和吸收量因年龄、性别和生理情况不同有较大差别。成年男性和绝经期妇女需铁约 1mg/d，青春期妇女约 2mg/d，妊娠妇女约 2.5mg/d，儿童约 1mg/d。

铁主要在十二指肠和空肠上段吸收，受多种因素的影响。在肠腔 pH 条件下，$Fe^{2+}$ 比 $Fe^{3+}$ 溶解度大，易被吸收；谷胱甘肽、维生素 C 和胃酸等能促进食物中的 $Fe^{3+}$ 还原成 $Fe^{2+}$，有利于铁的吸收；某些氨基酸、柠檬酸、苹果酸和胆汁酸等可与铁结合成可溶性螯合物，有利于铁的吸收；植酸、草酸和鞣酸等可与铁形成不溶性铁盐而阻碍铁的吸收；

此外，小肠黏膜细胞上的铁特异性受体也可根据体内铁的需要量适当调节铁的吸收。

正常情况下，铁的吸收与排泄保持动态平衡。成年男性排铁量为0.5～1.0mg/d，主要从胃肠道黏膜脱落细胞排出，少部分从泌尿生殖道和皮肤脱落的上皮中排出，生育期女性铁的排出较多，平均排出量约为2mg/d。

3. 铁的运输、储存和利用　从肠道吸收的$Fe^{2+}$在血浆铜蓝蛋白催化下被氧化生成$Fe^{3+}$，后与运铁蛋白（transfetrin，Tf）结合而运输。

**知识链接**

血浆铜蓝蛋白（也称亚铁氧化酶）是血浆中一种蓝色的铜蛋白，在肝合成后释放入血浆，铜蓝蛋白除将铜运至肝外组织外，还能将$Fe^{2+}$氧化成$Fe^{3+}$，促进铁与运铁蛋白结合而运输；故铜能影响铁的吸收，缺铜可出现贫血。

人体内的铁多以铁蛋白的形式贮存，大部分存在于肝、脾、骨髓和骨骼肌中，其次存在于肠黏膜上皮细胞中；铁在铁蛋白中以$Fe^{3+}$形式存在，在失血、铁摄入不足等情况下，储存铁可以释放，参与造血及其他含铁化合物的合成。含铁血黄素内的铁也可被利用，但不如铁蛋白内的铁易于动员，且含铁总量低于铁蛋白。

**知识链接**

运铁蛋白是一种结合三价铁的糖蛋白，由两条多肽链构成，每条多肽链有一个铁结合位点。运铁蛋白将90%以上的铁运到骨髓，用于合成血红蛋白；另外10%的铁，一部分运到各组织细胞合成肌红蛋白、含铁酶类等；还有一部分用于合成铁蛋白和含铁血黄素储存于网状内皮细胞系统和肝细胞中。

4. 功能与缺乏症

（1）铁主要是作为血红蛋白、肌红蛋白、过氧化氢酶、细胞色素的组成成分，参与体内氧和二氧化碳的运输，组成呼吸链参与氧化磷酸化作用。

（2）成人缺铁可导致贫血，未成年人缺铁可导致生长发育迟缓，免疫力低下，而出现易感染易疲劳等症状。

（3）铁剂摄入过多可引起中毒。急性铁摄入过多可出现急性胃肠道刺激症状及呕吐、黑便等；慢性铁摄入过多可出现肤色变深，甚至肝硬化等。

### （二）锌

1. 锌的含量与分布　成人体内含锌量为2～3g，遍布于所有组织，以皮肤、毛发含量最多，约占全身总含锌量的20%，故测定头发含锌量既可反映体内含锌总量，又可反映膳食锌的供给情况。血清锌的含量为0.1～0.15mmol/L。

许多天然食物中均含锌，肉类、贝类、肝和扁豆等尤为丰富。锌的需要量因人而异，生长发育期儿童、妊娠和哺乳期妇女的需锌量增加。

2. 锌的吸收与排泄　锌主要在小肠吸收，食物锌的吸收率为20%～30%。食物中的钙、镉、铜及植酸等可抑制其吸收；锌吸收入血后与金属蛋白载体结合而运至门静脉，然后再输送到全身各组织被利用。锌主要经胰分泌入肠腔，随粪排出，部分锌可随尿、汗、乳汁等排泄。

3. 功能与缺乏症

(1) 锌主要是参与体内各种含锌酶的合成，广泛参与糖、脂类、蛋白质和核酸代谢。如脱氢酶、碳酸酐酶、醛缩酶、肽酶、磷酸酶、DNA 聚合酶和 RNA 聚合酶等均是含锌酶。

(2) 锌极易与胰岛素结合，延长胰岛素的作用时间。

(3) 锌是脑内含量最高的微量元素，尤以人脑海马区的含锌量最高。$Zn^{2+}$ 能活化磷酸吡哆醛合成酶和抑制 γ- 氨基丁酸（GABA）合成酶的活性，对调节抑制性神经递质 GABA 浓度具有重要作用。

(4) 锌在基因调控中发挥重要作用，锌与许多蛋白质如各种反式作用因子、类固醇激素及甲状腺素受体的 DNA 结合区结合形成锌指结构，在转录水平调控基因的表达。

此外，锌还参与维持血浆维生素 A 水平及其在肝的代谢；锌与膜蛋白巯基、羧基结合后，对细胞膜结构的稳定和功能的完整均具有重要意义。

缺锌可导致多种功能障碍，引起伤口愈合不良、味觉丧失、食欲减退和性功能障碍。尤其儿童缺锌可引起生长发育停滞、生殖器官发育不全等；妊娠妇女缺锌可造成胎儿畸形、智力发育低下等。

**知识链接**

伊朗乡村病就是由于缺锌引起的，以贫血、生长发育缓慢为主要症状，该病由于首先在伊朗乡村被发现，所以称之为“伊朗乡村病”；又因为患者的身体矮小，故又称“伊朗侏儒症”或“营养性侏儒症”。后经研究表明，该病是由于某些地区的谷物中含有较多的 6- 磷酸肌醇，能与锌形成不溶性复合物而影响其吸收所致。

**（三）硒**

1. 硒的含量与分布　成人体内含硒总量为 14～21mg，肝、肾内含量较高。正常人硒的最低摄入量不应低于 40μg/d。

2. 硒的吸收与排泄　硒主要由十二指肠吸收，低分子有机硒如硒代蛋氨酸、硒代胱氨酸较易吸收。食物中含砷化物、硫化物、汞、镉、铜和锌过多时，可阻碍硒的吸收；维生素 E 可促进硒的吸收。体内大部分硒由粪便排出，小部分由肾、皮肤和肺排出体外。

3. 功能与缺乏症

(1) 硒以硒代半胱氨酸的形式参与构成谷胱甘肽过氧化物酶（GSH-Px）的活性中心。

(2) 硒有抗癌作用，流行病学调查发现，癌症特别是肠癌、前列腺癌、乳腺癌、卵巢癌、肺癌和白血病等的死亡率与膳食硒的摄入量呈负相关。动物实验也证明，硒可提高机体免疫力和降低化学物质致癌率的作用。

此外，硒还能拮抗和降低汞、镉、铊和砷等的毒性作用，以及调节维生素 A、C、E、K 的代谢。

缺硒可致生长缓慢、肌肉萎缩、四肢关节变粗、毛发稀疏、精子生成异常和白内障等症状。但是，人体摄入过多的硒可引起硒中毒，损害肝、肾等器官，出现胃肠功能紊乱、眩晕、疲倦、皮肤苍白和神经过敏等症状。

### （四）碘

1. 碘的含量与分布　成人体内含碘量为15～20mg，广泛分布于全身各组织。其中大部分集中于甲状腺组织，骨骼肌组织次之，主要都为有机碘。食物碘主要来源于海盐和海产品。我国营养学会推荐的每人每天膳食碘的摄入量为：成人150μg，儿童90～150μg，孕妇和乳母200μg。

2. 碘的吸收与排泄　碘的吸收部位主要在小肠，食物碘在肠道经还原为碘离子后迅速吸收，进入血液后与球蛋白结合运输。碘主要经由肾随尿排出，约占总排泄量的85%，少部分经胆汁排入肠腔随粪便排出。

3. 功能与缺乏症　碘的主要作用是参与甲状腺素的组成，适量的甲状腺素可促进蛋白质的生物合成，加速机体的生长发育，调节能量的转换利用，稳定中枢神经系统的结构和功能。

碘缺乏在我国发病率较高，地区性缺碘或食物中干扰碘代谢的成分如硫氰酸盐和硫脲及磺胺类药物等都是发生碘缺乏的主要原因。成人缺碘可引起单纯性甲状腺肿，其发病率女性高于男性。婴儿缺碘可导致发育停滞，智力低下，生育能力丧失，甚至痴呆、聋哑而形成克汀病（又称呆小症）。

近海地区的居民因食用含碘量超过普通食盐约1500倍的海带盐而发生碘过多的现象。主要表现为尿碘排出量增多，少数可出现甲状腺肿大并有颈部压迫感。

#### 知识链接

碘缺乏病的预防主要是为缺碘人群补碘。目前主要有食用碘盐和口服碘油丸、注射碘油、食用含碘丰富的海产品等方法，国内外实践证明，食用碘盐是一项确实有效、经济安全、使用方便的预防碘缺乏的措施。

### （五）氟

1. 氟的含量与分布　成人体内含氟量约2.6g，主要分布于骨骼、牙齿、指甲、毛发和神经肌肉中；血中含氟量约为20μmol/L。我国营养学会推荐成人氟的膳食摄入量为每人每日0.5～1.0mg。食物中含氟丰富的有红枣、莲子、海带、紫菜、苋菜等。天然的氟化合物水溶性较高，故水是氟的主要来源。

2. 氟的吸收与排泄　氟主要从胃肠道吸收，吸收入血后，氟多与球蛋白结合。体内氟大部分由肾随尿排出，少部分可由粪便或汗腺排出，酸性尿可减少肾小管对氟的重吸收，有利于氟的排泄。

3. 功能与缺乏症　氟的主要功能是增强骨骼和牙齿结构的稳定性，促进骨骼与牙齿的健康。氟不仅能促进钙磷沉积，有利于骨的生长发育，使骨骼、牙齿坚硬；氟作为烯醇化酶的抑制剂，还可抑制口腔细菌的糖酵解，防止龋齿的发生。

氟缺乏主要表现为骨骼、牙齿发育不良，龋齿发病率增高；氟中毒主要表现为氟斑牙和氟骨症。

**点 滴 积 累**

1. 体内的电解质主要为各种无机盐。

2. 电解质的生理功能包括维持体液的渗透压和酸碱平衡，维持神经、肌肉的兴奋性，维持机体正常的新陈代谢，构成组织细胞成分，参与体内有特殊功能化合物的构成。

3. $Na^+$、$Cl^-$ 为细胞外液的主要阳、阴离子；氯与钠一起被吸收、排泄。

4. 钾主要分布在细胞内液。钾在细胞内外的分布受细胞膜上的 $Na^+$，$K^+$–ATP 酶、物质代谢、体液酸碱平衡等的影响。

5. 镁主要分布于细胞内，几乎不参与交换；肾是维持镁摄入与排出平衡的主要器官。

6. 微量元素是指占体重万分之一以下，每日需要量小于 100mg 的元素；人体体内微量元素的缺失，会导致相应疾病的发生。

## 第四节 水与电解质平衡的调节

体内水和电解质的动态平衡是机体物质代谢和正常生命活动所必需的。机体主要通过神经、器官、激素三级水平对水、电解质的平衡进行调节。

### 一、神经调节

神经系统可通过口渴反射、渗透压感受器和激素等调节水、电解质平衡。当机体大汗、失水过多或摄盐过多（高盐饮食、输入高渗 NaCl 或葡萄糖、甘露醇溶液等情况）时，都会造成细胞外液的晶体渗透压升高，细胞失水，唾液减少，引起口渴反射。另外，当细胞外液渗透压升高时，血液流经下丘脑视前区时渗透压感受器的兴奋传至大脑皮质，也会引起口渴的感觉。此时适量的饮水，可使细胞外液的渗透压下降，水自细胞外移入细胞内，恢复水的平衡，使口渴感减弱或消失。神经系统还可通过激素调节水与电解质的平衡，称为神经激素调节。

### 二、肾脏调节

肾通过肾小球滤过、肾小管的重吸收以及远曲小管中的离子交换作用来调节水、电解质的平衡。正常人每日约有 180L 水、1300g NaCl 和 35g $K^+$ 滤过肾小球。滤过肾小球的水、$K^+$、$Na^+$、$Cl^-$ 各有 99% 被肾小管重吸收。因此，凡是影响通过肾的血流量或肾小球有效滤过压、通透性、滤过面积的因素均可使肾排出的水和电解质的量发生改变。

肾小管的重吸收对机体保留水、电解质相当重要。肾小管重吸收 $Na^+$ 的同时 $Cl^-$、水也被重吸收，因此能维持血液中阴阳离子和渗透压的平衡。肾远曲小管重吸收 $Na^+$ 时，有一部分与肾小管细胞分泌的 $K^+$ 或 $H^+$ 交换，结果排出的尿中 $Na^+$ 的含量减少，而 $K^+$ 与 $H^+$ 的含量增多。

## 三、激素调节

体内调节水、电解质平衡的激素有抗利尿激素、醛固酮、心钠素等。激素对水、盐平衡的调节是通过肾的排泄功能实现的，因此必须有健全的肾功能才能保证激素完成对水、电解质平衡的调节作用。

### （一）抗利尿激素

抗利尿激素（ADH）又称加压素，是由下丘脑视上核神经细胞分泌、在垂体后叶贮存和释放的、具有保水作用的一种九肽神经激素。当机体受到适宜的刺激时，ADH 由神经垂体分泌入血，随血液运输到肾，作用于肾远曲小管和集合管细胞膜受体，激活腺苷酸环化酶，使胞浆内 ATP 转变成 cAMP，后者使蛋白激酶活性增强，催化膜蛋白磷酸化，进而增加细胞膜对水的通透性。因此 ADH 的主要作用是促进肾远曲小管和集合管对水的重吸收，使尿量减少。

ADH 的分泌与释放主要受下丘脑视前区的渗透压感受器、左心房的血容量感受器和颈动脉窦及主动脉弓血压感受器的影响。当机体失水使细胞外液渗透压升高，血容量减少和血压下降时，三种感受器均能促使 ADH 分泌增加，促进水的重吸收，减少尿量，使血浆渗透压、血容量和血压恢复正常。反之，当饮水过多或盐类丢失过多时，ADH 分泌减少，促进机体排水。抗利尿激素的调节作用机制见图 12-2。

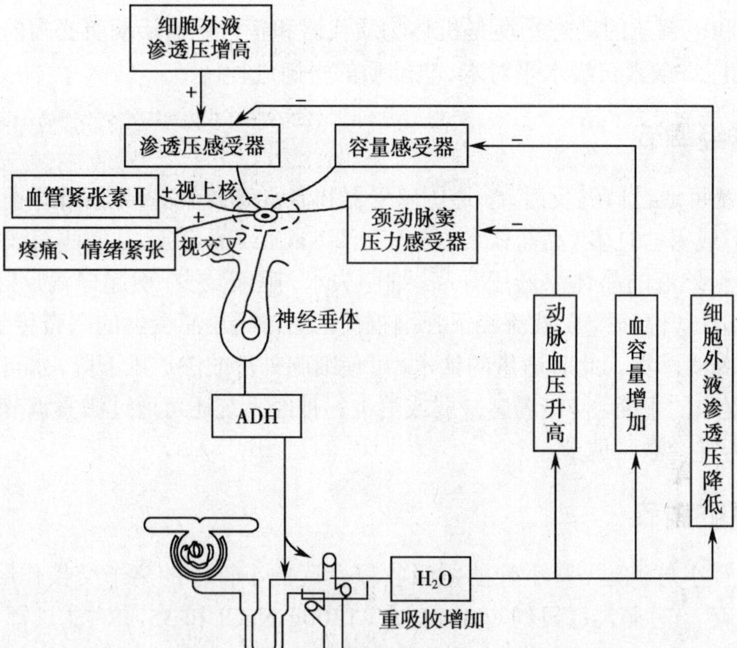


图 12-2　抗利尿激素调节机制示意图

当下丘脑或垂体后叶发生病理改变时，抗利尿激素的分泌和释放均大为减少，导致尿量显著增加，从而使机体严重失水，临床上称为尿崩症。严重的尿崩症患者每天排尿量在 20L 以上，可用抗利尿激素治疗。除细胞外液的渗透压、血容量、血压等可以调节抗利尿激素的分泌外，手术、创伤、严重感染、某些药物、兴奋、疼痛、麻醉、发热等均可促进抗利尿激素的分泌，而寒冷和饮酒则能抑制其分泌。

**（二）醛固酮激素**

醛固酮（aldosterone）激素又称盐皮质激素，是由肾上腺皮质球状带所分泌的一种类固醇激素。醛固酮的主要作用是促进远曲小管和集合管上皮细胞分泌 $H^+$ 和 $K^+$，重吸收 $Na^+$。伴随着 $Na^+$ 的重吸收，$Cl^-$ 和水也被重吸收。因而醛固酮具有保 $Na^+$ 保水、排 $H^+$ 排 $K^+$ 的作用。

影响醛固酮分泌的因素主要有肾素 - 血管紧张素系统和血浆钠钾浓度比值（$[Na^+]/[K^+]$）。

1．肾素 - 血管紧张素系统　肾素是一种水解蛋白酶，能催化血浆中的血管紧张素原（一种 $\alpha_2$- 球蛋白）转变为血管紧张素Ⅰ（10 肽）。后者受血清转化酶催化再转变为血管紧张素Ⅱ（8 肽），继而还可在氨基肽酶催化下再转变为血管紧张素Ⅲ（一种 7 肽）。血管紧张素Ⅱ、Ⅲ均能使小动脉收缩、血压升高，同时促进肾上腺皮质分泌醛固酮。在醛固酮的作用下，使钠、水重吸收增加，血容量、血压得以恢复。血管紧张素Ⅱ、Ⅲ作用完成后，可被血浆或组织中的肽酶水解而灭活（图 12-3）。

当循环血量减少或血压下降时，肾小球入球小动脉的血压下降，肾小球滤过率也相应下降，从肾小球滤过的 $Na^+$ 和水减少；同时全身血压下降使交感神经兴奋。上述因素均可刺激肾小球旁器分泌肾素，从而启动肾素 - 血管紧张素 - 醛固酮系统的调控。

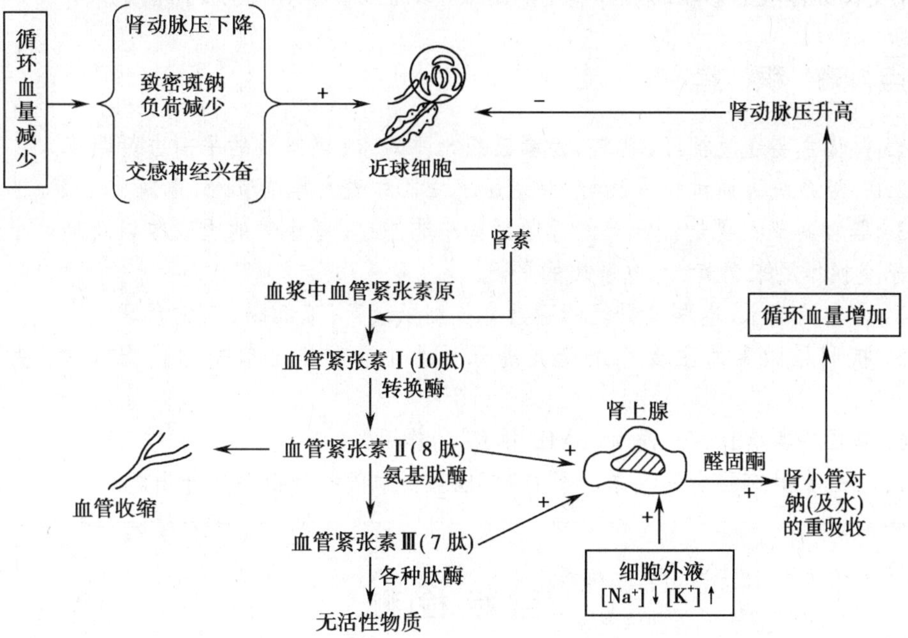


图 12-3　醛固酮的分泌与调节机制示意图

2．血浆钠钾浓度比值影响　当 $[Na^+]/[K^+]$ 比值降低，醛固酮分泌增加，尿中排钠减少；反之，当 $[Na^+]/[K^+]$ 比值升高，醛固酮分泌减少，尿中排钠增多。

在正常情况下，血液内醛固酮的含量保持恒定。其分泌过多，可引起水肿、高血钠、低血钾和碱中毒。如在肾上腺皮质功能低下（如 addison 病）所引起的醛固酮分泌量不足时，则发生低血钠、高血钾和酸中毒。

### （三）心钠素

心钠素（atrial natriuretic peptide，ANP）又称心房肽或心房利钠因子，是由心房肌细胞产生和分泌的、具有强大的利尿、利钠效应以及扩血管和降低血压作用的小分子肽类激素。现已确定氨基酸顺序的ANP有10多种，各种ANP有共同的前体，由151或152个氨基酸残基组成，但其中只有C-末端的一个片段有生物活性。

ANP能拮抗肾素-醛固酮系统，减少肾素和醛固酮的分泌，抑制肾小管对钠、水的重吸收，并能显著减轻失水、失血后血浆中ADH水平升高的程度，对于精确调节水、电解质平衡起着重要作用。此外，ANP还有扩张血管和降低血压的作用，其基因工程产物可能成为治疗高血压的良药。

### （四）其他激素

除上述激素外，性激素对水、电解质平衡有一定的调节作用。雌激素、雄激素都能促进水、钠在体内的潴留。雄激素、胰岛素能促进钾由细胞外液移入细胞内而产生低血钾现象。甲状腺素则能促进钾移出细胞并从尿中排出。

总之，调节水、电解质平衡的激素可归纳为两大类：一类具有保钠、保水作用，如抗利尿激素和醛固酮；一类具有排钠、排水作用，如心钠素。两大类激素间相互作用、相互对抗、相互协调，共同完成对水和电解质平衡的调节作用。

综上所述，正常情况下机体内水和电解质的平衡是由多种器官组织在大脑皮层控制下，受神经体液的影响而发挥作用的结果，参与调节作用的主要器官是肾。

## 点 滴 积 累

1. 机体主要通过神经、器官、激素三级水平对水、电解质的平衡进行调节。
2. 神经系统可通过口渴反射、渗透压感受器和激素等调节水、电解质平衡。
3. 器官调节主要是肾调节。肾通过肾小球滤过、肾小管的重吸收以及远曲小管中的离子交换作用来调节水、电解质的平衡。
4. 体内调节水、电解质平衡的激素有抗利尿激素、醛固酮、心钠素等。
5. 抗利尿激素的主要作用是促进肾远曲小管和集合管对水的重吸收，使尿量减少。
6. 醛固酮具有保$Na^+$保水、排$H^+$排$K^+$的作用。
7. 心钠素具有强大的利尿、利钠效应以及扩血管和降低血压作用。

---

## 目 标 检 测

### 一、选择题

#### （一）单项选择题

1. 体液分为（　）
   A. 尿液和细胞内液　　B. 血浆和淋巴液
   C. 细胞外液和消化液　　D. 细胞内液和细胞外液
2. 血浆中主要的阴离子是（　）
   A. 有机酸阴离子　　B. $Cl^-$

C. $HPO_4^{2-}$　　D. 蛋白质阴离子

3. 下列有关水的功能的叙述错误的是（　　）
A. 水参与许多生化反应过程
B. 水是体温的良好调节剂
C. 结合水转变成自由水后才具有功能
D. 水具有润滑作用

4. 成人每天最低需水量为（　　）
A. 1000ml　　B. 1200ml
C. 2000ml　　D. 2500ml

5. 体液中最主要的电解质是（　　）
A. 有机酸类　　B. 有机碱类
C. 无机盐　　D. 蛋白质离子

6. 肾每排出1g固体代谢废物至少需要多少水才能使之溶解（　　）
A. 5ml　　B. 10ml
C. 15ml　　D. 20ml

7. 大量摄取NaCl后$Na^+$的主要排泄途径是（　　）
A. 尿液排出　　B. 汗液排出
C. 粪便排出　　D. 呼吸道排出

8. 血浆与组织间液间的体液交换主要在下列哪个部位进行（　　）
A. 细胞膜　　B. 毛细血管
C. 细胞间隙　　D. 血浆

9. 细胞内液与细胞外液间的体液交换经下列哪个部位进行（　　）
A. 毛细血管　　B. 细胞膜
C. 血浆　　D. 细胞间隙

10. 正常情况下人体每天摄取的总水量是（　　）
A. 1200ml　　B. 1000ml
C. 2500ml　　D. 300ml

11. 人体排水的最主要途径是（　　）
A. 非显性汗　　B. 经粪排出
C. 经肾排出　　D. 呼吸蒸发

12. 机体内结合水的作用是（　　）
A. 润滑　　B. 散热
C. 运输　　D. 维持组织的正常形态与功能

13. 谷胱甘肽过氧化物酶中含有的微量元素为（　　）
A. 锌　　B. 镁
C. 铜　　D. 硒

14. 儿童每天约需铁（　　）
A. 0.5mg　　B. 1mg
C. 1.5mg　　D. 2mg

15. 微量元素是指每人每日需要的该元素量低于（　　）

A. 1g　　B. 100mg

C. 10mg　　D. 100μg

（二）多项选择题

1. 体液中电解质不具有的功能是（　　）

A. 作为酶的辅助因子　　B. 作为贮能物

C. 维持神经肌肉正常的应激性　　D. 氧化供能

E. 维持体液正常渗透压

2. 对水和电解质平衡不起调节作用的激素是（　　）

A. 肾上腺素　　B. 醛固酮

C. 抗利尿激素　　D. 心钠素

E. 生长激素

3. 水的功能有（　　）

A. 构成细胞成分　　B. 调节体温

C. 促进酶的催化作用　　D. 维持酸碱平衡

E. 运输养料和废物

4. 与神经肌肉兴奋性有关的离子有（　　）

A. $Cl^-$　　B. $K^+$

C. $H^+$　　D. $Na^+$

E. $Mg^{2+}$

5. 关于铁的吸收叙述错误的是（　　）

A. 主要吸收部位为胃　　B. 成年男性每天约需 1mg 铁

C. 铁的吸收受许多因素的影响　　D. 铁的吸收率一般为 50%

E. 草酸可阻碍铁的吸收

6. 在水、电解质平衡调节中具有保钠保水作用的激素是（　　）

A. 胰岛素　　B. 肾上腺素

C. 抗利尿激素　　D. 醛固酮

E. 胰高血糖素

二、简答题

1. 体液中电解质的含量和分布有何特点？

2. 体内水的来源和去路有哪些途径？

3. 水有何生理功能？

4. 电解质有何生理功能？

5. 简述缺氟的主要表现。

6. 影响铁吸收的因素有哪些？

7. 肾对 $Na^+$、$K^+$ 的排泄特点是什么？

三、实例分析

患者，男，50 岁，因脑细胞炎症、缺氧造成脑水肿，试从水、电解质平衡调节的角度说明其发生的机制。

（文　程）

# 实验八　血清无机磷的测定

【实验目的】

1. 掌握测定血清无机磷的方法。

2. 熟悉测定血清无机磷的原理。

【实验原理】

用三氯醋酸沉淀血清中的蛋白质，于无蛋白血滤液中加入钼酸试剂，使滤液中的磷与钼酸结合成磷钼酸，再以硫酸亚铁为还原剂，使之还原成钼兰。与同样处理的磷标准液比色，求出血清中无机磷含量。

$$(NH_4)_2MoO_4+H_2SO_4 \longrightarrow H_2MoO_4+(NH_4)_2SO_4$$

$$12H_2MoO_4+H_3PO_4 \longrightarrow H_3PO_4 \cdot 12MoO_3+12H_2O$$

$$H_3PO_4 \cdot 12MoO_3 \xrightarrow{FeSO_4} \text{钼兰}$$

【实验内容】

（一）实验试剂及主要器材

1. 试剂

（1）三氯醋酸 - 硫酸亚铁试剂：取三氯醋酸 50g，硫酸亚铁 10.0g，硫脲 5g 加蒸馏水溶解，并稀释至 500ml，冰箱保存备用。

（2）钼酸试剂：浓 $H_2SO_4$ 45ml 溶于 200ml 蒸馏水中待冷，另取钼酸铵 22g，溶于 200ml 蒸馏水中，待溶解后，将两溶液混合，加蒸馏水 500ml。

（3）磷酸标准贮存液（1mg/ml）：称取磷酸二氢钾（$KH_2PO_4$）0.4389g，以少量蒸馏水溶解，移入 100ml 容量瓶加蒸馏水至刻度，加氯仿 1ml 防腐。

（4）磷标准应用液（0.04mg/ml）：取贮存液 4ml 置 100ml 容量瓶中加蒸馏水至刻度。

2. 器材

（1）分光光度计、低速离心机。

（2）试管、刻度吸量管、微量取样器、离心管、试管架、三角烧瓶、容量瓶。

（二）实验操作

1. 血滤液的制备　用微量取样器取血清 0.2ml 于离心管中，加三氯醋酸 - 硫酸亚铁 4.8ml，混匀，室温放置 5～10 分钟，3000r/min 离心 10 分钟，转移上清液至另一新的离心管中，此即为血滤液。

2. 取 3 支干燥试管，编号，按下表操作：

| 加入物（ml） | 空白管 | 标准管 | 测定管 |
|---|---|---|---|
| 血滤液 | — | — | 4.0 |
| 磷酸标准应用液（0.04mg/ml） | — | 0.2 | — |
| 蒸馏水 | 0.2 | — | — |
| 三氯醋酸 - 硫酸亚铁 | 3.8 | 3.8 | — |
| 钼酸胺试剂 | 0.5 | 0.5 | 0.5 |

3. 充分混合，室温静置 10 分钟，以空白管调零，在 650nm 波长处，用分光光度计测定各管吸光度值。

【实验注意】

1. 标本不能溶血，采血后尽快分离血清，以免细胞内磷酸酯水解而使血清无机磷含量升高；

2. 血磷测定最好用血清，如用血浆，每毫升标本内草酸含量不得多于 2mg，过量的草酸盐，可使磷测定时不易显色。

【实验结果】

利用以下公式计算血磷含量：

$$\text{血磷（mmol/L）}=\frac{\text{测定管吸光值}}{\text{标准管吸光值}}\times 0.008\times\frac{100}{0.2\times\frac{4}{5}}\times 0.323=\frac{\text{测定管吸光值}}{\text{标准管吸光值}}\times 5\times 0.323$$

正常参考值：1～16mmol/L（3～5mg/dl）

（张丽娟）

# 第十三章　酸 碱 平 衡

机体正常的生命活动依赖于内环境的稳定，而体液 pH 的相对恒定则是维持内环境稳定的因素之一。

机体通过一系列调节作用，使体液 pH 维持在恒定范围内的过程称为酸碱平衡（acid-alkaline balance）。在人体生命活动过程中，这种平衡会受到多种因素的影响，如饮食、药物或自身代谢产生酸性、碱性物质等。但通常来说，体液 pH 不会发生太大的波动，因为机体自身有相应的调节系统发挥作用，如通过血液缓冲体系、肺以及肾脏的调节，可使体液 pH 保持在一定范围内（人体正常体液 pH 为 7.35～7.45）。

**知识链接**

据研究发现，正常人血液的 pH 在 7.35 至 7.45 之间，为碱性体质，但这部分人只占总人群的 10% 左右，更多人的体液 pH 在 7.35 以下，称为酸性体质。与碱性体质者相比，酸性体质者常会感到身体疲乏、记忆力衰退、注意力不集中、腰酸腿痛、老化加快等，如不注意改善，就会继续发展成疾病。

然而，酸碱平衡并非完全不可打破。若机体代谢产生过多的酸性、碱性物质，超出机体酸碱平衡调节能力，或是因肺、肾等器官发生疾病，不能及时将酸碱物质处理排泄，都会造成酸碱平衡失调，严重时甚至可危及生命。本章将对酸碱平衡调节及失调进行阐述。

## 第一节　体内酸、碱物质的来源

### 一、酸性物质的来源

酸性物质可分为挥发性酸（volatile acid）和非挥发性酸（non-volatile acid）两大类。

#### （一）挥发性酸

体内唯一的挥发性酸是碳酸。正常成人每天产生 $CO_2$ 400～600ml（相当于 10～20mol 的 $H^+$），所生成的 $CO_2$ 主要在红细胞内碳酸酐酶（carbonic anhydrase，CA）的催化下与水结合生成碳酸，碳酸随血液循环运至肺部后重新分解成 $CO_2$ 并呼出体外，故称碳酸为挥发性酸。

#### （二）非挥发性酸（固定酸）

固定酸也叫非挥发性酸，是体内除碳酸外所有酸性物质的总称，只能通过肾脏随尿液排出。体内的固定酸主要来源于糖、脂肪、蛋白质的分解代谢，如糖酵解产生的乳酸、脂肪分解产生的乙酰乙酸和β- 羟丁酸等。另外，机体从饮食中也可直接获得酸性物质，如酸奶中的乳酸、饮料中的柠檬酸等。正常成人每天产生的固定酸相当于 50～100mmol 的 $H^+$，与挥发酸相比要少得多。

## 二、碱性物质的来源

### （一）机体代谢产生的碱

由机体代谢产生的碱性物质比较少，氨基酸分解代谢产生的氨是碱性物质的主要来源。

### （二）食物中的碱

在水果、蔬菜中，含有大量有机酸盐，如柠檬酸钾盐或钠盐、苹果酸钾盐或钠盐等，这些有机酸根在体内经过代谢氧化后，可生成碱性物质。所以蔬菜和水果常被称为成碱食物，是食物碱性物质的主要来源。

**课堂活动**

如果你想成为碱性体质，生活中应适当增加哪些类型的食物的摄入？试举例说明。

**点滴积累**

1. 酸性物质包括挥发性酸和固定酸，碱性物质包括代谢产生的碱和食物中的碱。
2. 体内唯一的挥发性酸是碳酸，固定酸则是体内除碳酸外所有酸性物质的总称，机体代谢产生的碱性物质主要是氨。

# 第二节 酸碱平衡的调节

机体酸碱平衡的调节主要靠血液缓冲体系、肺、肾等三个方面的互相协调，其中，以血液缓冲体系的调节作用最为重要。

## 一、血液的缓冲作用

无论是体内代谢产生的还是由体外进入的酸性或碱性物质，都要进入血液并被血液缓冲体系(buffer system)缓冲。此外，血液的缓冲作用和肺、肾对酸碱平衡的调节直接相关，因此在体液的多种缓冲体系中，以血液缓冲体系最为重要。

### （一）血液缓冲体系

血液缓冲体系包括血浆缓冲系统和红细胞缓冲系统。血浆缓冲系统由碳酸氢盐缓冲对（$NaHCO_3/H_2CO_3$）、磷酸氢盐缓冲对（$Na_2HPO_4/NaH_2PO_4$）和血浆蛋白缓冲对（NaPr/HPr）组成，以 $NaHCO_3/H_2CO_3$ 缓冲对的缓冲能力最强。红细胞缓冲系统则由碳酸氢盐缓冲对（$KHCO_3/H_2CO_3$）、磷酸氢盐缓冲对（$K_2HPO_4/KH_2PO_4$）、还原血红蛋白缓冲对（KHb/HHb）和氧合血红蛋白缓冲对（$KHbO_2/HHbO_2$）组成，以 KHb/HHb 和 $KHbO_2/HHbO_2$ 缓冲对的缓冲能力最重要（表 13-1）。

**表 13-1　全血各缓冲体系的比较**

| 缓冲体系 | 占全血缓冲能力的百分数(%) |
|---|---|
| $HbO_2$ 和 Hb | 35 |
| 有机磷酸盐 | 3 |
| 无机磷酸盐 | 2 |
| 血浆蛋白质 | 7 |
| 血浆碳酸氢盐 | 35 |
| 红细胞碳酸氢盐 | 18 |

血浆的 pH 主要取决于血浆中 $NaHCO_3$ 与 $H_2CO_3$ 浓度的比值。在正常条件下，血浆 $NaHCO_3$ 的浓度为 24mmol/L，$H_2CO_3$ 的浓度为 1.2mmol/L，两者比值为 24/1.2=20/1。血浆 pH 可由 Henderson-Haselbach 方程式计算：

$$pH = pK_a + \lg\frac{[HCO_3^-]}{[H_2CO_3]}$$

其中，$pK_a$ 是 $H_2CO_3$ 解离常数的负对数，温度在 37℃时为 6.1。将数值代入上式：

$$pH = 6.1 + \lg\frac{20}{1} = 6.1 + 1.3 = 7.4$$

上式充分说明了血浆 pH 与血浆 $NaHCO_3/H_2CO_3$ 之间的关系：只要 $NaHCO_3/H_2CO_3$ 的比值维持在 20/1，血浆 pH 才能维持在 7.4 不变，如两者比值发生变化，则血浆 pH 也随之变化。当 $NaHCO_3$ 与 $H_2CO_3$ 任何一方的浓度发生变化时，机体只需对另一方做相应调节，使两者浓度之比始终维持在 20/1，则 pH 仍能维持在 7.4。

由上述内容可知，酸碱平衡调节的实质就是对 $NaHCO_3$ 与 $H_2CO_3$ 浓度比值的调节，从而维持血浆 pH 的相对稳定。

**（二）血液缓冲体系的缓冲作用**

1. 对酸的缓冲

（1）对挥发性酸的缓冲：体内各组织细胞代谢产生的 $CO_2$，主要经红细胞中的血红蛋白缓冲体系缓冲，此缓冲作用与血红蛋白的运氧过程相偶联。

在组织中，因组织细胞与血浆之间存在二氧化碳分压差，当动脉血流经组织时，组织中的 $CO_2$ 可经毛细血管壁扩散入血浆，其中大部分 $CO_2$ 继续扩散入红细胞，在红细胞碳酸酐酶作用下生成 $H_2CO_3$，后者解离成 $HCO_3^-$ 和 $H^+$。当 $HbO_2$ 释放出 $O_2$ 转变成 $Hb^-$ 时，可与 $H^+$ 结合生成 HHb 而使其被缓冲，红细胞内 $HCO_3^-$ 则因浓度增高而向血浆扩散。此时红细胞内阳离子（主要是 $K^+$）较难通过红细胞膜，不能随 $HCO_3^-$ 逸出，因此血浆中等量的 $Cl^-$ 进入红细胞以维持电荷平衡，这种通过红细胞膜进行 $HCO_3^-$ 与 $Cl^-$ 交换的过程称为氯离子转移。

在肺部，因肺泡中氧分压高、二氧化碳分压低，当血液流经肺部时，HHb 解离成 $H^+$ 和 $Hb^-$，$Hb^-$ 和大量扩散入血的 $O_2$ 结合形成 $HbO_2$，$H^+$ 与 $HCO_3^-$ 结合生成 $H_2CO_3$，并立即经碳酸酐酶催化分解成 $CO_2$ 和 $H_2O$，$CO_2$ 从红细胞扩散入血浆后，再扩散入肺泡而呼出体外。此时，红细胞中的 $HCO_3^-$ 很快减少，继而血浆中的 $HCO_3^-$ 进入红细胞，与红细胞内 $Cl^-$ 进行又一次等量交换。

(2) 对固定酸的缓冲：代谢产生的固定酸主要由 $NaHCO_3$ 缓冲，如固定酸（HA）进入血液，会发生以下缓冲反应：

$$HA+NaHCO_3 \longrightarrow NaA+H_2CO_3$$

$$H_2CO_3 \longrightarrow H_2O+CO_2$$

从上述反应可知，固定酸经缓冲后会转变为挥发性酸，然后又被分解为 $H_2O$ 和 $CO_2$，$CO_2$ 经肺排出体外，从而不致使血浆 pH 有较大波动。

2. 对碱的缓冲　碱性物质入血后，主要由 $H_2CO_3$ 缓冲。如碱性物质（AOH）可发生以下缓冲反应：

$$AOH+H_2CO_3 \longrightarrow AHCO_3+H_2O$$

## 二、肺的调节作用

肺对酸碱平衡的调节作用表现为在血液中二氧化碳分压和 pH 影响下，通过改变呼吸的频率和深度，来调节 $CO_2$ 呼出量，从而控制血液中 $H_2CO_3$ 的含量。如：血液二氧化碳分压增高、pH 下降时，呼吸加深、加快，$CO_2$ 呼出量增多，血液中 $H_2CO_3$ 的含量会下降；反之，血液二氧化碳分压下降、pH 增高时，呼吸变浅、变慢，$CO_2$ 呼出量减少，则血液中 $H_2CO_3$ 的含量会上升。

总之，肺主要通过对 $CO_2$ 呼出量的调节来控制血液中 $H_2CO_3$ 的浓度，以维持 $NaHCO_3$ 与 $H_2CO_3$ 的正常比值。所以，在临床上密切观察患者的呼吸频率和深度有重要意义。

## 三、肾的调节作用

肾是调节酸碱平衡的主要器官，其作用在于通过改变排酸或保碱的量来维持 $NaHCO_3$ 的正常浓度，以保持血浆 pH 的稳定。主要通过以下作用实现：

1. $NaHCO_3$ 重吸收　血浆中的 $NaHCO_3$ 每天都有一部分经肾脏排泄。在肾小管上皮细胞内，含有碳酸酐酶，可催化 $CO_2$ 和 $H_2O$ 迅速反应生成 $H_2CO_3$，$H_2CO_3$ 又解离出 $H^+$ 和 $HCO_3^-$。$H^+$ 可主动分泌到肾小管腔中，与尿液中的 $Na^+$ 进行 $Na^+$-$H^+$ 交换。进入肾小管上皮细胞的 $Na^+$ 通过主动转运回血浆，为了维持电中性，等量的 $HCO_3^-$ 也一起被动转运进入血浆，两者重新结合生成 $NaHCO_3$（图 13-1）。

在正常生理状况下，肾小管腔滤液中有 90% 以上的 $NaHCO_3$ 经这种方式被机体重吸收。如体内酸生成较多而消耗了 $NaHCO_3$ 使之相对不足时，$NaHCO_3$ 的重吸收量会增加，反之，当体内碱潴留时，则会减少 $Na^+$-$H^+$ 交换以增加尿中 $NaHCO_3$ 的排泄。

2. 尿液的酸化　在正常血液 pH 条件下，$Na_2HPO_4/NaH_2PO_4$ 缓冲对比值为 4∶1，原尿中这一缓冲对的比值也与之接近。当原尿流经肾远曲小管时，$Na_2HPO_4$ 解离成 $Na^+$ 和 $HPO_4^{2-}$，$Na^+$ 与肾小管上皮细胞分泌的 $H^+$ 交换，$Na^+$ 进入肾小管上皮细胞，与 $HCO_3^-$ 重吸收进入血液结合形成 $NaHCO_3$，而留在肾小管管腔中的 $H^+$ 和 $Na^+$ 与 $HPO_4^{2-}$ 结合形成 $NaH_2PO_4$ 从终尿排出，使尿液 pH 降低，这一过程称为尿液的酸化（图 13-2）。

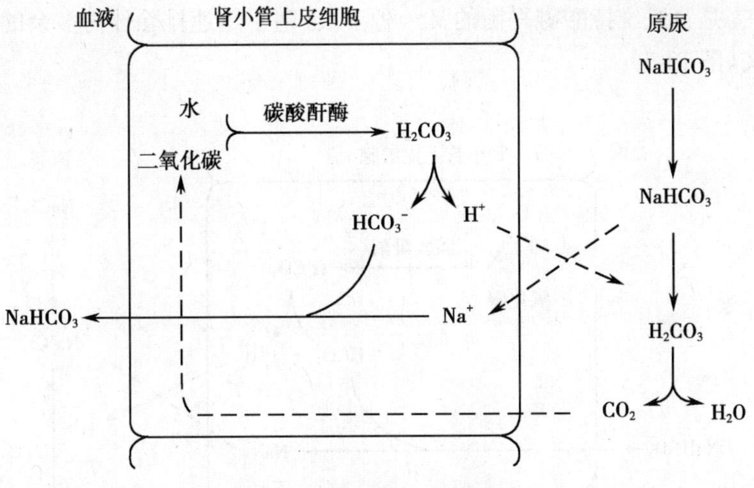


图 13-1 $NaHCO_3$ 重吸收

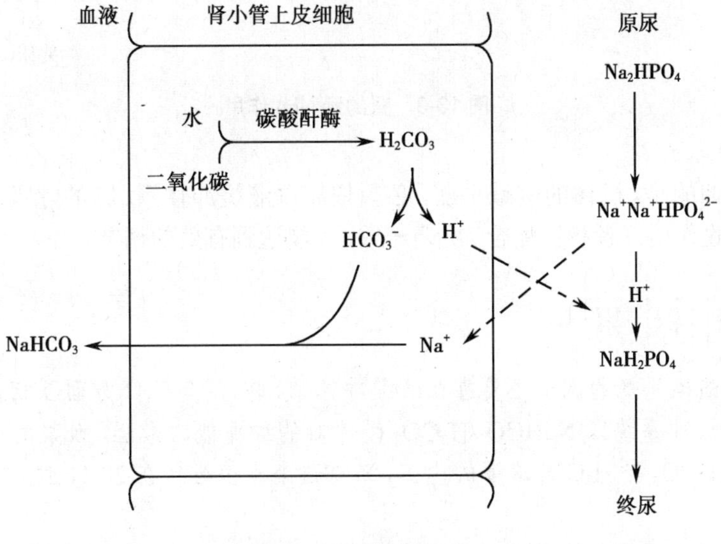


图 13-2 尿液的酸化

当机体酸中毒时，除通过上述泌 $H^+$ 方式重吸收 $NaHCO_3$ 外，还可通过将尿液酸化的方式，进一步排酸保碱以维持酸碱平衡。

3．泌 $NH_3$ 作用　肾远曲小管和集合管上皮细胞有泌 $NH_3$ 作用。$NH_3$ 有两个来源，一是肾小管上皮细胞中谷氨酰胺在谷氨酰胺酶的催化作用下分解产生（主要，占 60%），二是来源于肾小管细胞内氨基酸的脱氨基作用（占 40%）。以上两种方式生成的 $NH_3$ 与分泌入小管液中的 $H^+$ 结合生成 $NH_4^+$，与尿液中 NaCl、$Na_2SO_4$ 的负离子结合生成酸性铵盐随尿排出，留在小管液中的 $Na^+$ 同时重吸收入细胞与 $HCO_3^-$ 进入血液结合生成 $NaHCO_3$。

正常情况下，每天有 30～50mmol 的 $H^+$ 和 $NH_3$ 结合生成 $NH_4^+$ 由尿排出，当机体酸中毒时，每天由尿排出的 $NH_4^+$ 可高达 500mmol。$NH_3$ 的分泌量随尿液的 pH 而变化，尿液酸性越强，$NH_3$ 的分泌越多，如尿液呈碱性，则 $NH_3$ 的分泌减少甚至停止。泌 $NH_3$

作用的存在，是肾脏维持酸碱平衡的又一种手段，对于迅速排除体内多余的酸性物质具有重要意义（图 13-3）。

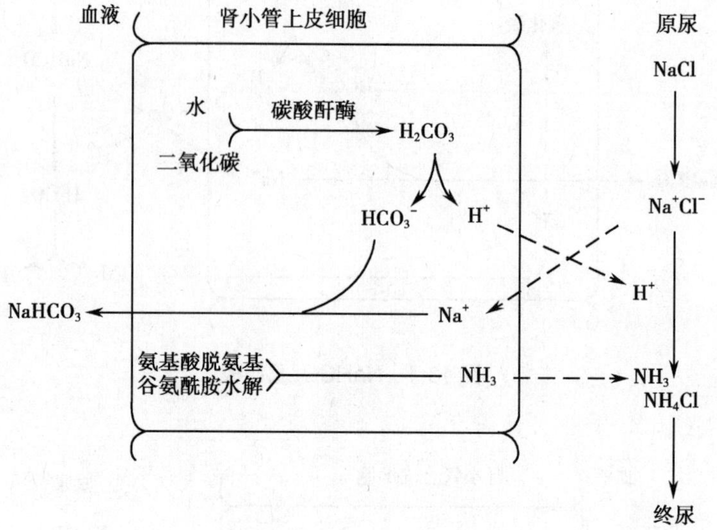


图 13-3 肾的泌 $NH_3$ 作用

需要强调的是，机体的酸碱平衡，必须依靠血液缓冲体系、肺的呼吸功能、肾脏的排泄与重吸收作用三者相互配合、协调一致，才能达到有效的调节。

**点 滴 积 累**

1. 机体酸碱平衡的调节主要靠血液缓冲体系、肺、肾等三个方面互相协调。
2. 血浆缓冲系统以 $NaHCO_3/H_2CO_3$ 缓冲对的缓冲能力最强，血浆的 pH 主要取决于血浆中 $NaHCO_3$ 与 $H_2CO_3$ 浓度的比值，只有这个比值维持在 20/1，血浆 pH 才能维持在 7.4 不变。
3. 肾对酸碱平衡的调节作用主要靠重吸收 $NaHCO_3$、尿液的酸化、泌 $NH_3$ 作用三个方面来实现。

## 第三节 常见酸碱平衡失调

当机体酸或碱产生过多或不足，肾和肺的调节功能不健全，导致缓冲体系得不到及时的维持，$NaHCO_3$ 和 $H_2CO_3$ 的浓度出现异常，即会发生酸碱平衡失调。以下简单介绍常见的四种酸碱平衡失调类型。

### 一、呼吸性酸中毒

呼吸性酸中毒是指血浆 $H_2CO_3$ 的浓度原发性升高。此类酸碱平衡失调通常与肺呼吸功能下降有关。常见的病因有肺部疾患（如严重支气管哮喘、肺气肿、肺不张等）、呼吸道阻塞（如支气管异物、喉痉挛、喉头水肿等）、呼吸中枢抑制（如颅脑外伤、脑炎、麻醉剂或镇静剂用量过大等）、胸廓病变（如严重气胸、大量胸腔积液、胸廓畸形等）、呼吸肌麻痹（如重症肌无力、重症低钾血症等）。

当血浆二氧化碳分压（partial pressure of carbon dioxide，$PCO_2$）及 $H_2CO_3$ 浓度升高时，肾小管细胞泌 $H^+$、泌 $NH_3$ 作用增强，$NaHCO_3$ 重吸收增多，结果导致血浆 $NaHCO_3$ 浓度相应升高，如 $NaHCO_3/H_2CO_3$ 的比值仍维持在 20∶1，称为代偿性呼吸性酸中毒；当血浆 $H_2CO_3$ 浓度过高，超出机体代偿能力时，则 $NaHCO_3/H_2CO_3$ 的比值变小，血浆 pH 随之降低至 7.35 以下，则称为失代偿性呼吸性酸中毒。

## 二、代谢性酸中毒

代谢性酸中毒是指血浆 $NaHCO_3$ 浓度原发性降低，是临床上最常见的酸碱平衡失调。常见的病因有固定酸摄入或产生过多（如酮症酸中毒、乳酸酸中毒、摄入大量阿司匹林导致水杨酸中毒等）、固定酸排泄障碍（如慢性肾功能衰竭等）、碱性物质丢失过多（如严重腹泻、肠瘘、肠道减压吸引等）。

固定酸产生增多引起代谢性酸中毒时，通过血液、肺、肾的代偿过程，虽然使血浆 $NaHCO_3$ 和 $H_2CO_3$ 的绝对浓度都有所减少，但二者比值仍在 20∶1，血浆 pH 仍维持在正常范围之内，称为代偿性代谢性酸中毒；若固定酸过多，超出机体代偿能力时，血浆 $NaHCO_3/H_2CO_3$ 的比值变小，pH 随之降低至 7.35 以下，称为失代偿性代谢性酸中毒。

### 知识链接

阿司匹林又名乙酰水杨酸，属于非甾体抗炎药，主要功能为解热镇痛抗炎抗风湿，药理作用机制是抑制前列腺素（PG）的生物合成。临床上主要用于缓解慢性钝痛（如牙痛、头痛、月经痛等），此外，也常用于急性风湿热和风湿性关节炎的治疗。服用剂量过大可出现水杨酸反应，轻者引起头痛、眩晕、恶心、呕吐、耳鸣、视力和听力减退，重者可导致谵妄、高热、大汗、脱水、过度呼吸、酸碱平衡失调，甚至精神错乱。

## 三、呼吸性碱中毒

呼吸性碱中毒是指血浆 $H_2CO_3$ 的浓度原发性下降，此类酸碱平衡失调较为少见，各种因素引发的通气过度是其常见的原因，如癔症发作、高热、甲状腺功能亢进、进入高原的人，均有可能因通气过度造成 $CO_2$ 排出过多而发生呼吸性碱中毒。

当血浆 $PCO_2$ 及 $H_2CO_3$ 浓度降低时，肾小管细胞泌 $H^+$、泌 $NH_3$ 作用减弱，$NaHCO_3$ 重吸收减少，血浆中 $NaHCO_3$ 浓度继发性降低，使 $NaHCO_3/H_2CO_3$ 的比值仍在 20∶1，pH 仍维持在正常范围之内，称为代偿性呼吸性碱中毒；当血浆 $H_2CO_3$ 浓度过低，超出机体代偿能力时，则 $NaHCO_3/H_2CO_3$ 的比值增大，pH 升高至 7.45 以上，则称为失代偿性呼吸性碱中毒。

### 案例分析

**案例：**患者，男性，55岁，因急性阑尾炎入院，在硬膜外麻醉条件下做阑尾切除术。术中患者紧张，呼吸加快，出现手足轻度发麻现象，血液检查示pH为7.42，$PCO_2$ 4.0kPa，临床诊断为呼吸性碱中毒。

**分析：**患者因呼吸过快，排出过多的$CO_2$，使血中$CO_2$减少，从而导致血浆$H_2CO_3$的浓度原发性下降。此时肾的代偿性调节起重要作用，代偿结果使血$HCO_3^-$减少，$HCO_3^-/H_2CO_3$的比值尽量接近保持在20/1，以保证血pH也接近正常。

## 四、代谢性碱中毒

代谢性碱中毒是指血浆$NaHCO_3$浓度原发性升高。其常见的原因有酸性物质丢失过多(如幽门梗阻引起严重呕吐、大量使用利尿药等)、碱性物质摄入过多(如摄入过多碳酸氢盐等碱性药物、大量输入库存血等)。

### 知识链接

临床上常用的有代表性的利尿药分别为：呋塞米(高效)、氢氯噻嗪(中效)、螺内酯(低效)。利尿药的大量使用容易造成电解质紊乱，例如呋塞米与氢氯噻嗪，如长期或大量使用，容易导致钾的过量排出，继而引发低血钾甚至代谢性碱中毒。故临床上用利尿药治疗心衰、肝硬化腹水时，为了防止电解质出现紊乱，常将呋塞米(排钾利尿药)与螺内酯(保钾利尿药)联合使用，并定期监测电解质。

代谢性碱中毒也分为代偿性与失代偿性两类。当血浆$NaHCO_3$浓度升高时，血浆pH升高，抑制呼吸中枢，使呼吸变浅变慢，保留较多的$CO_2$，使血浆$H_2CO_3$浓度升高，同时肾小管细胞泌$H^+$、泌$NH_3$作用减弱，减少了$NaHCO_3$的重吸收。其结果仍能使$NaHCO_3/H_2CO_3$的比值维持在20∶1，血浆pH维持在正常范围内，称为代偿性代谢性碱中毒；当血浆$NaHCO_3$浓度过高，超出机体代偿能力时，血浆$NaHCO_3/H_2CO_3$的比值增大，pH随之升高至7.45以上，则称为失代偿性代谢性碱中毒。

### 点滴积累

1. 各种因素导致缓冲体系得不到及时的维持时，$NaHCO_3$和$H_2CO_3$的浓度出现异常，即会发生酸碱平衡失调。各类酸碱平衡失调均可分为代偿性和失代偿性两种情况。
2. 代谢性酸中毒是临床上最常见的酸碱平衡失调。

### 难点释疑

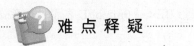

机体代偿期：除血液缓冲外，肾通过重吸收 $NaHCO_3$、酸化尿液、泌 $NH_3$ 作用调节体内 $NaHCO_3$ 浓度，肺则通过 $CO_2$ 呼出量的增减来调节 $H_2CO_3$ 浓度，最终使 $NaHCO_3/H_2CO_3$ 的比值维持在 20/1，pH 保持 7.4 不变。

机体失代偿期：体内酸碱物质过多，超过血液缓冲系统、肾、肺调节能力，则使 $NaHCO_3/H_2CO_3$ 的比值无法维持在 20/1，pH 即发生变化。

## 第四节 判断酸碱平衡的常见生化指标

为准确判断体内的酸碱平衡状况，通常需要测定血液 pH、代谢性因素、呼吸性因素三方面的指标，如 $PCO_2$、碱剩余、缓冲碱等。

**（一）血浆 pH**

一般认为血浆 pH 小于 7.35 为失代偿性酸中毒，大于 7.45 为失代偿性碱中毒。血浆 pH 在正常范围说明属于正常酸碱平衡，或是有酸碱平衡紊乱而代偿良好，或是有酸中毒合并碱中毒。但需要指出的是，血浆 pH 的测定并不能区分酸碱中毒是代谢性的还是呼吸性的。

**（二）血浆二氧化碳分压（$PCO_2$）**

血浆 $PCO_2$ 是指物理溶解于血浆中的 $CO_2$ 所产生的张力，其正常范围为 4.5～6.0kPa，平均为 5.3kPa。$PCO_2$ 降低提示肺通气过度，$CO_2$ 排出过多，为呼吸性碱中毒；$PCO_2$ 升高提示肺通气不足，有 $CO_2$ 蓄积，为呼吸性酸中毒。代谢性酸中毒时由于肺的代偿，血浆 $PCO_2$ 降低；代谢性碱中毒时则在肺的代偿下使得血浆 $PCO_2$ 升高。

**（三）实际碳酸氢盐与标准碳酸氢盐**

实际碳酸氢盐（actual bicarbonate，AB）指血浆中 $HCO_3^-$ 的实际含量，是用与空气隔绝的血液标本测得的，平均值为 24mmol/L，该指标反映了血液中代谢性成分的含量，但也受呼吸性成分的影响。标准碳酸氢盐（standard bicarbonate，SB）指全血在标准条件下（Hb 的氧饱和度 100%、$PCO_2$ 5.3kPa、温度 37℃）测得的血浆中 $HCO_3^-$ 的含量，不受呼吸因素影响，因此是代谢性成分的指标。

在血浆 $PCO_2$ 为 5.3kPa 时，AB=SB。如 $AB>SB$，表明 $PCO_2>5.3kPa$；如 $AB<SB$，则表明 $PCO_2<5.3kPa$。

**（四）缓冲碱**

缓冲碱（buffer base，BB）是指血液中具有缓冲作用的负离子碱的总和，正常值为 50mmol/L±5mmol/L，是反映代谢性酸碱紊乱的指标，该指标在代谢性酸中毒时减少，在代谢性碱中毒时升高。

**（五）碱剩余**

碱剩余（base excess，BE）是指标准条件下（温度 37℃、$PCO_2$ 5.3kPa、Hb 的氧饱和度 100%）将血液用酸或碱滴定至 pH 为 7.4 时所消耗的酸或碱的量。如用酸滴定，结果用“+”表示；如用碱滴定，结果用“−”表示。该指标正常参考范围为 −3.0～+3.0mmol/L。

BE>+3.0mmol/L 表示体内碱剩余，为代谢性碱中毒；BE<−3.0mmol/L 表示体内碱缺失，为代谢性酸中毒。

## 点滴积累

1. 判断酸碱平衡的常见生化指标：pH、$PCO_2$、AB 与 SB、BB、BE。

2. 血浆 pH 小于 7.35 为失代偿性酸中毒，大于 7.45 为失代偿性碱中毒，但并不能区分酸碱中毒是代谢性的还是呼吸性的。

3. $PCO_2$ 是反映呼吸性酸碱紊乱的指标，SB、BB、BE 则是反映代谢性酸碱紊乱的指标。

## 目标检测

### 一、选择题

#### （一）单项选择题

1 关于挥发性酸的概念，正确的是（　　）

A. 碳酸　　B. 只能由肾脏排出的酸

C. 碳酸、磷酸等的总称　　D. 成酸食物产生的酸

2. 肺对酸碱平衡的调节表现在（　　）

A. 对固定酸的调节　　B. 对碳酸的调节

C. 对 $NaHCO_3$ 的调节　　D. 对所有酸性物质的调节

3. 排出固定酸和碱的主要器官是（　　）

A. 肺　　B. 肾

C. 肠　　D. 肝

4. 正常人血浆 $NaHCO_3$/ $H_2CO_3$ 比值为（　　）

A. 1∶20　　B. 10∶20

C. 20∶1　　D. 1∶100

5. 最容易引起呼吸性酸中毒的是（　　）

A. 糖尿病酮症酸中毒　　B. 严重肺气肿

C. 高热时呼吸急促　　D. 严重腹泻

6. 代谢性酸中毒指的是（　　）

A. 血浆 $H_2CO_3$ 的浓度原发性下降　　B. 血浆 $H_2CO_3$ 的浓度原发性升高

C. 血浆 $NaHCO_3$ 浓度原发性升高　　D. 血浆 $NaHCO_3$ 浓度原发性下降

7. 下列哪种消化液丢失会发生碱中毒（　　）

A. 肠液　　B. 胃液

C. 胰液　　D. 胆汁

8. 使肾小管上皮细胞泌氨作用增强的因素是（　　）

A. pH=7.35　　B. pH=7.45

C. pH>7.45　　D. pH<7.35

9. 当 pH>7.45、BB 为 60mmol/L、BE 为 4.5mmol/L 时，考虑（　　）

A. 呼吸性酸中毒　　B. 呼吸性碱中毒
C. 代谢性酸中毒　　D. 代谢性碱中毒

10. 关于血浆pH，下列说法错误的是（　　）
A. 人体正常体液pH为7.35～7.45
B. 血浆pH的测定能区分酸碱中毒是代谢性的还是呼吸性的
C. 血浆pH在正常范围说明可能属于正常酸碱平衡
D. 血浆pH在正常范围说明可能有酸碱平衡紊乱而代偿良好

**（二）多项选择题**

1. 肾脏对酸碱平衡的调节作用主要表现在（　　）
A. 重吸收$NaHCO_3$　　B. 泌$NH_3$作用
C. 尿液的酸化　　D. 调节$CO_2$排出量
E. 调节体内所有酸性和碱性物质

2. 下列哪些是代谢性酸中毒的常见病因（　　）
A. 严重糖尿病　　B. 摄入大量阿司匹林
C. 慢性肾功能衰竭　　D. 癔症发作
E. 镇静剂用量过大

3. 下列哪些属于固定酸（　　）
A. 乳酸　　B. 碳酸
C. 尿酸　　D. 葡萄糖
E. 脂肪

4. 测定BE时，所谓的标准条件应包括（　　）
A. 温度37℃　　B. $PCO_2$ 5.3kPa
C. Hb的氧饱和度100%　　D. Hb的氧饱和度98%
E. 温度40℃

5. 下列说法正确的包括（　　）
A. BB在代谢性酸中毒时减少　　B. BE<−3.0mmol/L为代谢性酸中毒
C. AB与SB均受呼吸因素影响　　D. $PCO_2$升高提示肺通气不足，有$CO_2$蓄积
E. SB是呼吸性成分的指标

## 二、简答题

1. 幽门梗阻引起严重呕吐时容易导致哪一类酸碱平衡失调状态？为什么？
2. 临床上分析患者酸碱平衡状态时，为什么要观察其呼吸频率及深度？
3. 什么是二氧化碳分压？试说明肺对酸碱平衡是如何调节的。
4. 如某人每天食用大量肉类及碳水化合物，而摄入的蔬菜和水果较少，则带入体内的酸多于碱。请分析在这种状况下，肾脏是如何调节酸碱平衡的。

## 三、实例分析

患者，男，与家人争吵后服下大量苯巴比妥片（为巴比妥酸的衍生物，属巴比妥类镇静催眠药），出现昏迷、血压下降、呼吸抑制，血气分析示血浆pH 5.8，$PCO_2$ 11.2kPa。试初步分析该患者可能属于哪一种酸碱平衡失调。

（刘润佳）

# 第十四章 肝 脏 生 化

肝是人体最大的实质性器官，具有众多重要的功能，这与其特殊的形态结构密不可分：①肝有肝动脉和肝门静脉双重血液供应系统及肝静脉和胆道两条输出管道；②肝具有丰富的血窦，其间血流缓慢，肝细胞与血液的接触面积大，为物质代谢提供了良好条件；③肝含有丰富的细胞器及数百种酶类，在糖、脂类、蛋白质以及维生素、激素等物质的代谢中发挥着重要作用。因此，肝被称为人体的“物质代谢中枢”，又被誉为人体的“化工厂”。此外，肝还具有分泌、排泄、贮存及生物转化等重要功能。肝的结构破坏和功能障碍，都将会引起机体物质代谢的紊乱及毒性反应。

有关肝脏在物质代谢中的作用，在前面章节中已有叙述。本章主要叙述肝脏的生物转化作用，以及胆汁酸和胆色素的代谢。

**知识链接**

**肝在维生素、激素代谢中的作用**

肝合成并分泌的胆汁酸盐有利于脂溶性维生素A、D、K、E的吸收。因此，适量进食动物的肝脏对维生素A缺乏引起的夜盲症、维生素K缺乏导致的出血倾向和维生素$B_{12}$缺乏造成的巨幼红细胞性贫血等有预防作用。

肝是激素灭活的主要场所。严重肝病时，由于激素的灭活作用减弱，致血中激素水平升高，会导致相应临床症状的发生：如雌激素灭活障碍，可出现男性乳房女性化、蜘蛛痣、肝掌等；肾上腺皮质激素、醛固酮激素灭活障碍，可引起高血压、水肿；抗利尿激素灭活障碍，可引起水肿和腹水等表现。

## 第一节 肝的生物转化作用

人体内存在许多非营养物质，这些物质既不构成组织细胞的组成成分，又不能为机体氧化供能；而且其中有些物质还会对人体产生一定的生物效应或潜在的毒性作用，长期蓄积则会对人体有害。因此，人体要将这些物质经生物转化作用转化后排出体外，从而保护机体健康。

### 一、生物转化的概念与意义

非营养物质经氧化、还原、水解、结合反应使其极性增强，水溶性增加，易随胆汁或尿液排出体外，这一过程称为生物转化（biotransformation）。

肝脏是机体生物转化的主要器官，其他组织如肾、肠、肺等也有一定的生物转化功能。体内的非营养性物质按其来源可分为内源性和外源性两大类。内源性的非营养性物质包括由体内产生的具有强烈生物活性的物质（如激素、神经递质、胺类等），以及经代谢产生的对机体有毒性的物质（如胆红素、氨等）；外源性的非营养性物质包括被人体摄入的食品添加剂、色素、药物、毒物及肠道腐败作用的产物（如某些胺类物质、酚、硫化氢、吲哚等）。

各种非营养物质经生物转化后，其活性一般发生很大的改变，既有利于机体对活性物质灭活，又有利于对代谢废物和外来异物的排泄。例如，大多数药物或毒物等外来物经生物转化后，其活性、毒性降低或消除，进而利于其被排出体外。但需要指出的是，并不是所用药物或毒物经生物转化后达到解毒作用，有些物质经生物转化后，其毒性反而增强，或经生物转化后才具有毒性，如香烟中所含的3，4-苯并芘无致癌作用，但经过生物转化生成的7，8-二氢二醇-9，10-环氧化物却有很强的致癌作用；可见生物转化具有解毒和致毒双重性。

有些药物如环磷酰胺、水合氯醛和大黄等，经过生物转化后才具有药理活性。

**知识链接**

环磷酰胺在体外无抗肿瘤活性，进入体内后先在肝脏中经微粒体功能氧化酶转化成醛酰胺，而醛酰胺不稳定，在肿瘤细胞内分解成酰胺氮芥及丙烯醛，酰胺氮芥对肿瘤细胞有细胞毒作用。

## 二、生物转化的类型及酶系

肝的生物转化反应类型可归纳为两相反应。第一相反应包括氧化、还原、水解反应；第二相反应为结合反应。

### （一）第一相反应——氧化、还原、水解反应

1. 氧化反应　氧化反应是生物转化中最常见的反应类型，由单加氧酶系、单胺氧化酶和脱氢酶催化。

（1）单加氧酶系（monooxygenase）：该酶系是生物转化的氧化反应中最重要的酶，存在于肝细胞的微粒体中，由细胞色素P450（血红蛋白）、NADPH-细胞色素P450还原酶（辅酶为FAD）组成。该酶能催化氧分子中的一个氧原子加到多种脂溶性底物中，使之羟化生成羟化物或环氧化合物，而另一氧原子则被NADPH还原成水。可见，该酶使一个氧分子发挥了两种功能，故又被称为混合功能氧化酶，亦称羟化酶。单加氧酶系催化的反应通式如下：

$$NADPH+H^{+}+O_2+RH \xrightarrow{加单氧酶} ROH+NADP^{+}+H_2O$$

单加氧酶系的重要生理意义在于参与药物和毒物的转化。此外，该酶系还参与体内许多重要物质的羟化过程，如维生素$D_3$的活化、类固醇激素和胆汁酸盐的羟化等。应该指出的是，有些物质经单加氧酶系作用后可能生成有毒或致癌物，如黄曲霉素$B_1$

经该酶作用生成黄曲霉素 2，3- 环氧化物，后者可引起 DNA 突变，成为原发性肝癌的重要危险因素；再如前述的香烟中的 3，4- 苯并芘进入人体后，经该酶催化可转变成 7，8- 二氢二醇 -9，10 环氧化物后，具有强致癌作用。

（2）单胺氧化酶（monoamine oxidase，MAO）：是一类以 FAD 为辅酶的黄素酶，存在于肝的线粒体中，可催化各种胺类物质（组胺、酪胺、腐胺、5- 羟色胺、儿茶酚胺等）氧化脱胺，生成相应的醛类，再由醛脱氢酶催化生成相应的酸，最终生成 $H_2O$ 和 $CO_2$。其催化的反应通式如下：

$$RCH_2NH_2+O_2+H_2O \xrightarrow{\text{单胺氧化酶}} RCHO+NH_3+H_2O_2$$

（3）脱氢酶系：主要有醇脱氢酶（alcohol dehydrogenase，ADH）及醛脱氢酶（aldehyde dehydrogenase，ALDH），存在于肝细胞液中，以 $NAD^+$ 为辅酶。可催化醇或醛脱氢氧化为相应的醛和酸，反应通式如下：

$$\underset{\text{醇}}{RCH_2OH} \xrightarrow[NAD^+ \rightarrow NADH+H^+]{\text{醇脱氢酶}} \underset{\text{醛}}{RCHO} \xrightarrow[NAD^+ \rightarrow NADH+H^+]{\text{醛脱氢酶}} \underset{\text{酸}}{RCOOH}$$

## 知识链接

**长期酗酒与肝损伤的关系**

众所周知，大量饮酒会导致肝的损伤，这与酒精中的主要成分——乙醇在体内的代谢有关。正常情况下，进入机体的乙醇 90%～98% 经肝中 ADH 氧化代谢。因此，饮酒者血液中乙醇浓度（blood alcohol concentration，BAC）在 30～45 分钟内达到最大值，随后逐渐降低。大量饮酒后，BAC 明显升高，可诱导微粒体乙醇氧化系统（乙醇 -P450 加单氧酶，MEOS），该系统只有在 BAC 增高时才体现出活性，能将大量乙醇氧化为乙醛，但乙醇诱导的 MEOS 活性不能使乙醇氧化产生 ATP，而且还会增加氧和 NADPH 的消耗，使肝内能量耗竭；且乙醇持续的摄入还可能会使肝脏产生的自由基增加。因此，长期大量饮酒可造成肝损伤。

2. 还原反应　肝微粒体内含有硝基还原酶和偶氮还原酶，它们可接受 NADPH 的氢，分别将硝基化合物和偶氮化合物还原为相应的胺类。如硝基苯和偶氮苯经还原反应均可生成苯胺，后者再经单胺氧化酶催化生成相应的酸。

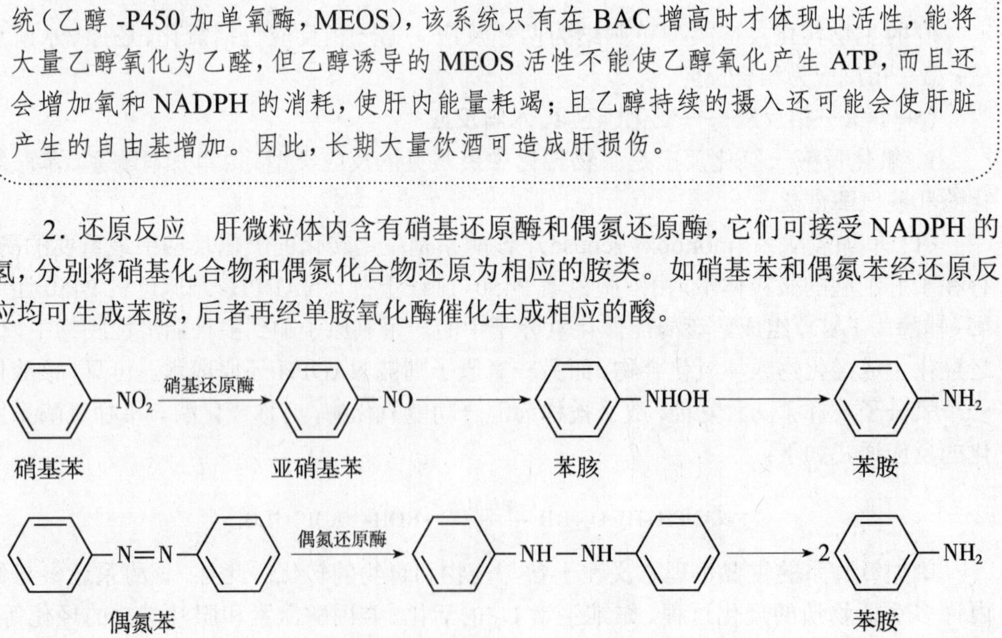

硝基化合物常见于食品防腐剂、工业试剂等；偶氮化合物常见于食品色素、化妆品等。有些药物可经还原反应而失去药效，如催眠药三氯乙醛可在肝脏被还原生成三氯乙醇而失去催眠作用。

3. 水解反应　肝细胞的微粒体和胞液中含有的多种水解酶类，如酯酶、酰胺酶、糖苷酶等，分别催化脂类、酰胺类、糖苷类化合物水解，以降低或消除其生物活性。这些水解产物往往还需进行结合反应，才能排出体外。例如乙酰水杨酸（阿司匹林）先经水解反应生成水杨酸，后者再与葡糖醛酸发生结合反应，生成葡糖醛酸化合物。

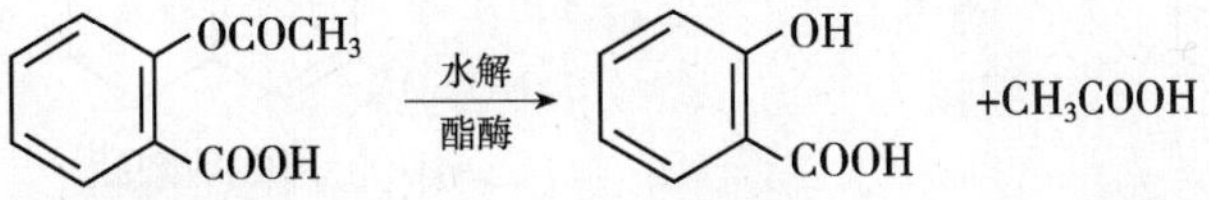

乙酰水杨酸　水杨酸　乙酸

**知识链接**

乙酰水杨酸（阿司匹林）被水解为水杨酸后，在肝脏既可羟化，又可与甘氨酸进行结合反应，所以，服用乙酰水杨酸的患者尿中可出现多种生物转化的产物。生物转化的连续性是指大多数物质经氧化、还原和水解后，仍需要进行结合反应才能排出体外。

有些非营养物质经第一相反应生成的产物可直接排出体外，有些还需进一步进行第二相结合反应，有些物质也可直接进入第二相结合反应而转化。

**（二）第二相反应——结合反应**

结合反应是机体最重要的生物转化反应方式。凡含有羟基（—OH）、巯基（—SH）、氨基（$—NH_2$）、羧基（—COOH）等功能基团的激素、药物及毒物均可与极性很强的基团发生结合反应，从而遮盖其功能基团，使之失去生物学活性，且极性增强，水溶性增加，易于排出体外。参与生物转化结合反应的物质主要有葡糖醛酸、硫酸、谷胱甘肽、乙酰辅酶A、甘氨酸及甲硫氨酸等，其中以葡糖醛酸、硫酸和乙酰基的结合反应最为重要。

1. 葡糖醛酸结合反应　是体内生物转化最重要、最普遍的结合反应。该反应由肝细胞微粒体中的UDP-葡糖醛酸基转移酶催化，以尿苷二磷酸葡糖醛酸（uridine diphosphste glucuronicacid，UDPGA）为葡糖醛酸基供体，将其葡糖醛酸转移到一些化合物的极性基团上，生成相应的葡糖醛酸苷。例如胆红素、苯甲酸、类固醇激素、吗啡和苯巴比妥类药物均可在肝中与葡糖醛酸发生结合反应，进而排出体外。

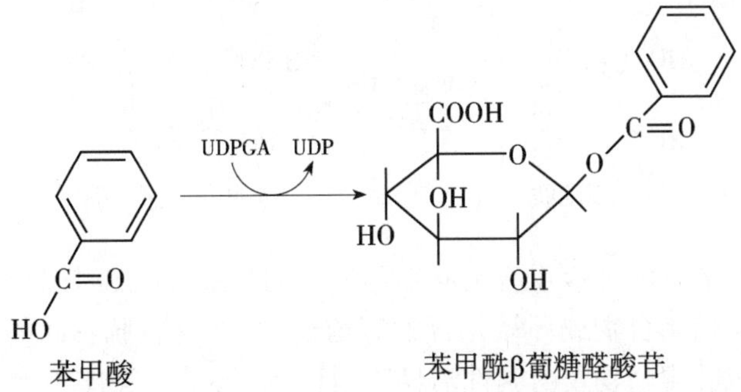

苯甲酸　苯甲酰β葡糖醛酸苷

2. 硫酸结合反应　也是生物转化中常见的结合反应。该反应由肝细胞液中的硫酸基转移酶催化，以3′-磷酸腺苷5′-磷酰硫酸（PAPS）为活性硫酸供体，可将醇、酚和芳香族胺类、内源性固醇类等含有—OH的化合物转变为硫酸酯。例如，雌酮就是由此形成硫酸酯而被灭活的。

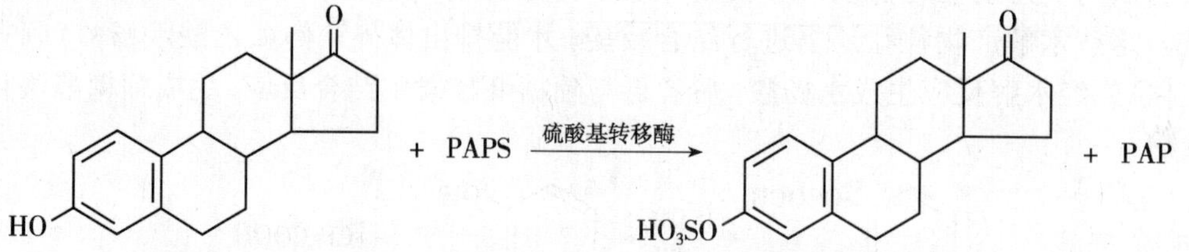


雌酮　　雌酮硫酸酯

3. 乙酰化结合反应　主要参与某些胺类物质的转化。该反应由肝细胞液中的乙酰基转移酶催化，以乙酰CoA为乙酰基的直接供体，可使各种芳香胺转变为乙酰化衍生物。例如抗结核药物异烟肼及磺胺类抑菌药物（如氨苯磺胺等）都是在肝内经乙酰化而灭活的。

$$CH_3CO\sim SCoA + RNH_2 \xrightarrow{\text{乙酰基转移酶}} CH_3CONHR + CoA\text{-}SH$$

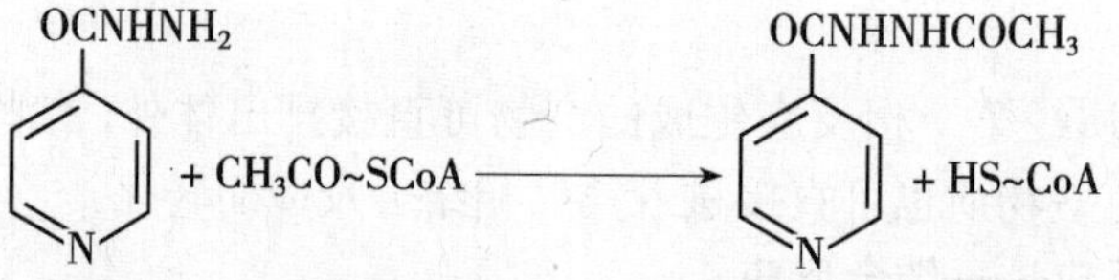

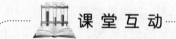

异烟肼　乙酰辅酶A　　乙酰异烟肼　辅酶A

**课堂互动**

如何促进磺胺类药物的排泄？

4. 甲基化结合反应　主要参与生物活性物质和药物的生物转化。该反应由肝细胞液和微粒体中的多种甲基转移酶催化，以S-腺苷甲硫氨酸（SAM）为甲基供体，将含—OH、—SH和—$NH_2$的化合物甲基化成相应的甲基衍生物。例如儿茶酚胺、5-羟色胺和组胺等可通过甲基化而失去其生物学活性。

儿茶酚胺　　O-甲基儿茶酚胺

5. 谷胱甘肽结合反应　该反应由肝细胞液中的谷胱甘肽S-转移酶催化，谷胱甘肽（GSH）可与许多卤代化合物或环氧化合物等结合，生成含谷胱甘肽的结合产物。致癌物、环境污染物、抗肿瘤药物及内源性活性物质可经此进行生物转化。

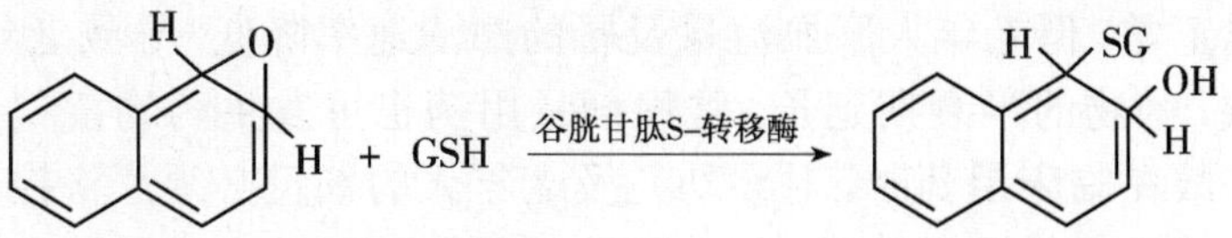


6. 甘氨酸结合反应　该反应由肝细胞线粒体的酰基转移酶催化，甘氨酸可与含—COOH 的化合物结合，生成相应的结合产物。游离型胆汁酸向结合型胆汁酸的转变属于此类反应（见本章第二节）。

大多数非营养物质在肝内进行生物转化常需要经几步反应，形成各自的代谢途径，进而排出体外；而且，一种非营养物质在体内往往有多条代谢途径产生多种代谢产物。由此可见，生物转化具有连续性、多样性的特点。

参与肝生物转化的酶类都局限在滑面内质网内，见表 14-1。

表 14-1　参与肝生物转化的酶类

| 酶 | 细胞内定位 | 辅酶或结合供体 | 底物 |
|---|---|---|---|
| 第一相反应 | | | |
| 氧化酶类 | | | |
| 单加氧酶系 | 微粒体 | NADPH，$O_2$ | 脂溶性化合物 |
| 单胺氧化酶 | 线粒体 | 黄素辅酶 | 各种胺类物质 |
| 脱氢酶 | 胞液或微粒体 | $NAD^+$ | 醇或醛 |
| 还原酶类 | 微粒体 | NADH 或 NADPH | 硝基化合物和偶氮化合物 |
| 水解酶类 | 胞液或微粒体 | | 脂类、酰胺类、糖苷类化合物 |
| 第二相反应 | | | |
| 葡糖醛酸转移酶 | 微粒体 | 尿苷二磷酸葡糖醛酸（UDPGA） | 含—OH、—SH 和—$NH_2$、—COOH 等化合物 |
| 硫酸基转移酶 | 胞液 | 3′- 磷酸腺苷 5′- 磷酰硫酸（PAPS） | 醇、酚和芳香族胺类等 |
| 乙酰基转移酶 | 胞液 | 乙酰 CoA | 芳香胺、胺、氨基酸 |
| 甲基转移酶 | 胞液与微粒体 | S- 腺苷甲硫氨酸（SAM） | 含—OH、—SH 和—$NH_2$ 化合物 |
| 谷胱甘肽转移酶 | 胞液与微粒体 | 谷胱甘肽 | 卤代化合物或环氧化合物 |
| 酰基转移酶 | 线粒体 | 甘氨酸 | 酰基 COA |

## 三、影响生物转化的因素

年龄、性别、疾病、诱导物等因素均可影响非营养物质的生物转化。

1. 肝疾病对生物转化的影响　肝脏病变时，参与生物转化的各种酶的活性降低，肝生物转化能力下降。如肝实质性病变时，肝微粒体单加氧酶系及 UDP- 葡糖醛酸转移酶等的活性显著下降，患者对许多药物或毒物的摄取、转化发生障碍，可积蓄中毒，因此肝病患者用药需特别慎重。

2. 年龄、性别对生物转化的影响　新生儿肝中生物转化的酶系发育不完善，对药物及毒物的耐受性差，易发生药物中毒、高胆红素血症及核黄疸。老年人肝的生物转化能力仍属正常，但老年人肝血流量及肾的廓清速率降低，导致老年人血浆药物的清除率降低，药物的半衰期延长，常规剂量用药也可发生药物蓄积，药效增强且副作用增大。故在临床用药时，对婴幼儿及老年人的剂量必须严格控制。此外，女性的生物转化能力一般比男性强，如女性的醇脱氢酶活性高于男性，对乙醇的代谢率高。

3. 毒物或药物的诱导作用　毒物或药物对生物转化的诱导作用一方面可加速其自身代谢，另一方面有些药物还可诱导肝内相关酶的合成，加速毒物的生物转化速度。例如，苯巴比妥可诱导葡糖醛酸转移酶的合成，加速胆红素的转化。因此，临床上可用苯巴比妥治疗新生儿高胆红素血症，以防止“核黄疸”的发生。此外，一种药物的生物转化可诱导其他同类药物的转化作用，而产生耐药性。因此，临床用药需考虑药物配伍对药物生物转化的影响，合理用药。

**知识链接**

**生物转化与临床合理用药**

某些药物对肝内的生物转化酶存在诱导效应。长期服用同种药物会导致因细胞内酶含量的增高，使得药物的代谢加快，药效降低而呈现耐药性。又因该类酶的特异性差，对多种物质有氧化作用，导致由同一酶系催化的药物代谢也增强。如长期服用苯巴比妥会导致肝脏对非那西丁、氯霉素、氢化可的松等代谢均增强。

**点滴积累**

1. 生物转化的概念是非营养物质经氧化、还原、水解、结合反应使其极性增强，水溶性增加，易随胆汁或尿液排出体外的过程。
2. 肝脏是机体生物转化的主要器官。
3. 肝的生物转化反应类型包括氧化、还原、水解、结合反应。
4. 生物转化具有连续性、多样性的特点。
5. 生物转化具有解毒和致毒双重性。
6. 影响生物转化的因素主要包括年龄、性别、疾病、诱导物等。

## 第二节　胆汁酸的代谢

胆汁酸（bile acid）是胆汁的主要成分。胆汁由肝细胞合成分泌，通过胆道系统排入十二指肠，参与食物的消化和吸收。肝细胞初分泌的胆汁称肝胆汁，呈金黄色，略偏碱性、味微苦，比重约 1.010，正常成人每天分泌 300～700ml。肝胆汁经由毛细胆管、小叶间胆管、肝管、总肝管排入到胆囊并储存。肝胆汁进入胆囊后，其中的水分和其他成分被胆囊吸收而浓缩，并掺入胆囊壁分泌的黏液，使其颜色加深，转变为暗褐或棕绿色，比重增至约1.040，称为胆囊胆汁。

胆汁的组成成分包括水和固体成分。其中胆汁酸是胆汁的主要固体成分，约占固体物质总量的50%～70%，以其钠盐或钾盐形式存在，称为胆汁酸盐（bile salt）。另外胆汁中还含有胆色素、胆固醇、磷脂、无机盐、脂肪酶、磷脂酶、淀粉酶等。进入人体的药物、毒物、染料及重金属盐等经生物转化后也可随胆汁排出体外。

## 一、胆汁酸的结构与分类

胆汁酸按来源可分为初级胆汁酸（primary bile acid）和次级胆汁酸（secondary bile acid）。

初级胆汁酸根据组成成分可分为游离型胆汁酸和结合型胆汁酸。胆酸和鹅脱氧胆酸称为游离型胆汁酸（free bile acid）；游离型胆汁酸可与甘氨酸或牛磺酸发生结合反应，转变为结合型胆汁酸（conjugated bile acid），共能形成甘氨胆酸、牛磺胆酸、甘氨鹅脱氧胆酸和牛磺鹅脱氧胆酸四种类型。

### （一）初级胆汁酸的生成

初级胆汁酸是由肝细胞以胆固醇为原料，经过一系列酶促反应而合成的。正常成人每日合成1～1.5g胆固醇，其中约2/5（0.4～0.6g）在肝细胞内转变为初级胆汁酸。

1．游离型初级胆汁酸生成　在肝细胞微粒体和胞液中，胆固醇在7α-羟化酶催化下生成7α-羟胆固醇，后者经羟化、加氢和侧链氧化断裂等反应，生成胆酸（3α，7α，12α-三羟胆酸）和鹅脱氧胆酸（3α，7α-二羟胆酸）。7α-羟化酶是胆汁酸生成的限速酶，受多种因素的调节。胆汁酸可反馈抑制该酶的活性，口服考来烯胺或纤维素多的食物能促进胆汁酸排泄，减少胆汁酸的重吸收，解除对7α-羟化酶的抑制，加速胆固醇转化为胆汁酸，降低血浆胆固醇；高胆固醇饮食、糖皮质激素、生长激素可提高该酶的活性；甲状腺素也可使该酶的mRNA合成增加，促进胆固醇转化为胆汁酸，这可能是甲状腺素降低血胆固醇水平的重要原因。

2．结合型初级胆汁酸的生成　胆酸和鹅脱氧胆酸侧链上的羧基与CoA相连，生成胆酰CoA，再分别与甘氨酸或牛磺酸通过酰胺键连接形成结合型初级胆汁酸，即甘氨胆酸、牛磺胆酸、甘氨鹅脱氧胆酸和牛磺鹅脱氧胆酸。正常成人胆汁中的胆汁酸一般以结合型为主，并且甘氨胆汁酸的量多于牛磺胆汁酸的量，两者之比约为3∶1。

### （二）次级胆汁酸的生成

初级胆汁酸随胆汁分泌进入肠道，协助脂类物质消化吸收后，在肠道细菌的作用下水解为游离胆汁酸，进而7α-位脱羟基，形成次级胆汁酸。胆酸转变成脱氧胆酸，鹅脱氧胆酸转变成石胆酸（图14-1）。肠道中脱氧胆酸被重吸收回到肝脏，在肝脏脱氧胆酸与甘氨酸或牛磺酸结合生成结合型次级胆汁酸，即甘氨鹅脱氧胆酸和牛磺鹅脱氧胆酸。而肠道中的石胆酸由于溶解度小，一般不被重吸收，直接随粪便排出体外。此外，鹅脱氧胆酸在肠菌的作用下还可转变成熊脱氧胆酸，后者含量虽少，且无代谢意义，但有一定的药理意义。在慢性肝病时，熊脱氧胆酸能发挥抗氧化应激作用，可用于降低肝细胞由于胆汁酸潴留引起的肝损伤，改善肝功能以减缓疾病的进程。

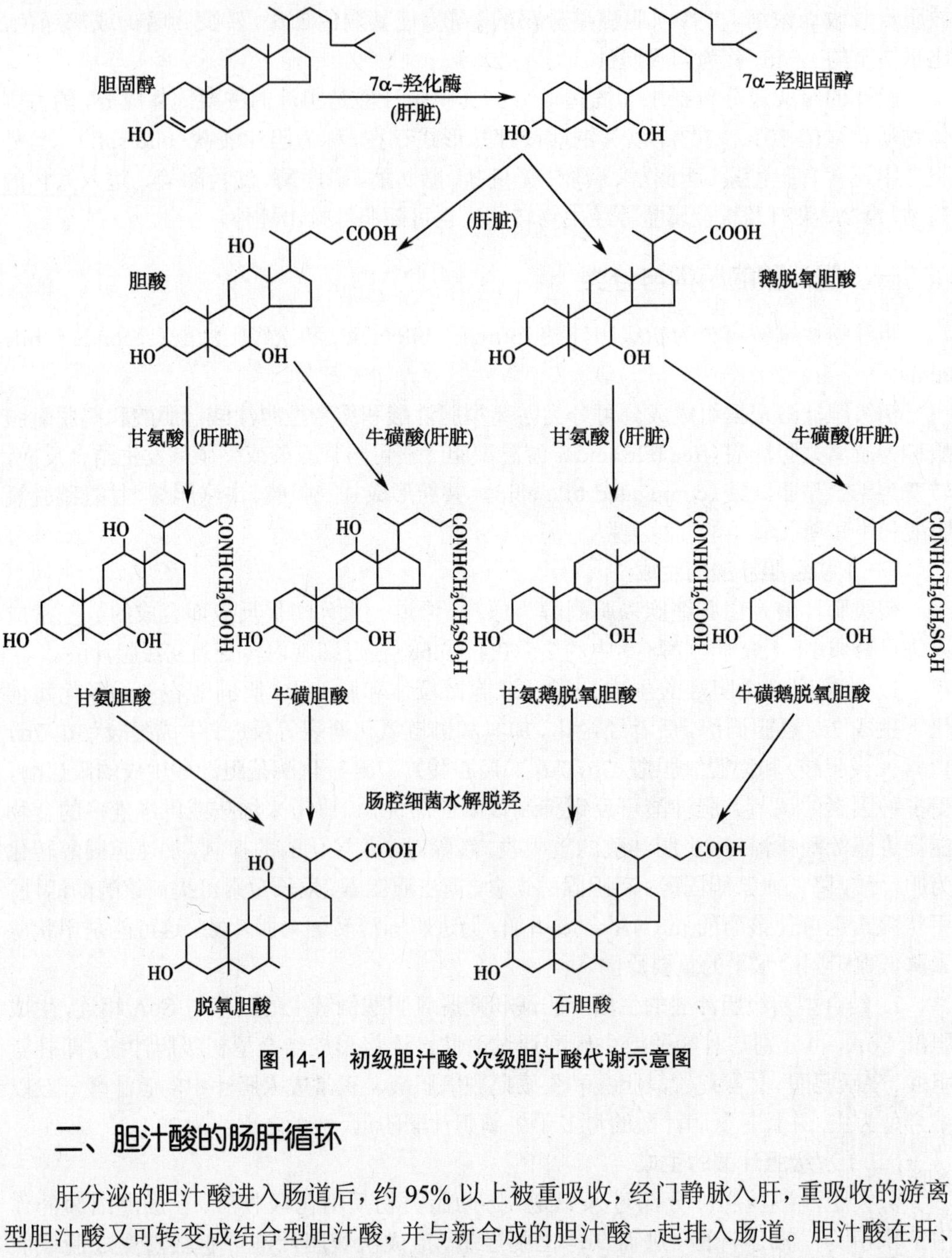


图 14-1 初级胆汁酸、次级胆汁酸代谢示意图

## 二、胆汁酸的肠肝循环

肝分泌的胆汁酸进入肠道后，约 95% 以上被重吸收，经门静脉入肝，重吸收的游离型胆汁酸又可转变成结合型胆汁酸，并与新合成的胆汁酸一起排入肠道。胆汁酸在肝、肠之间的这种循环称为胆汁酸的肠肝循环（图 14-2）。结合型初级胆汁酸在小肠下部（回肠），经肠菌作用脱去甘氨酸和牛磺酸，再去除 7α 羟基生成次级胆汁酸，后者被主动重吸收入肝；其余胆汁酸在小肠远端和大肠被动重吸收。石胆酸溶解度小，一般不被重吸收，或少量吸收后在肝细胞形成硫酸酯而直接随粪便排出。

人体每日乳化脂类需 10～32g 胆汁酸，但肝每天合成胆汁酸的量仅 0.4～0.6g，且肝胆的胆汁酸代谢池也仅有 3～5g，难以满足饱餐后脂类消化吸收的需要。因此，人体内每天需进行 6～12 次肠肝循环，使有限的胆汁酸发挥最大限度的作用，满足机体对胆汁酸的生理需求。未被肠道吸收的那一小部分胆汁酸在肠菌的作用下，可衍生成多种胆烷酸的衍生物，并由粪便排出。通过此途径排出的胆汁酸量与肝合成的胆汁酸量相当。此外，胆汁酸的重吸收也有利于胆汁分泌，并使胆汁中胆固醇的比例恒定，不易形成胆固醇结石。

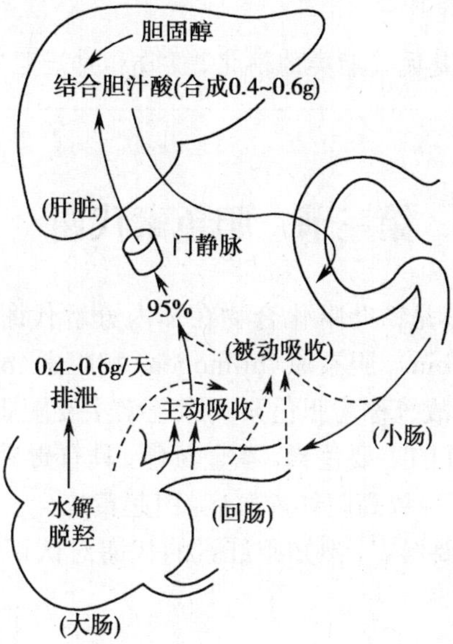


图 14-2 胆汁酸的肠肝循环

## 三、胆汁酸的生理功能

胆汁酸的主要功能是促进脂类的消化、吸收和排泄胆固醇。

### （一）促进脂类的消化与吸收

胆汁酸能降低油 / 水两相的表面张力，可作为一种较强的乳化剂，使疏水的脂类在水中乳化成只有 3～10μm 的细小微团，既有利于消化酶的作用，又有利于脂类的吸收。

### （二）抑制胆固醇结石的形成

未经肝转化的胆固醇要随胆汁从肠道排出体外，但由于其难溶于水，必须与胆汁酸盐和卵磷脂形成可溶性的微团，才不致沉淀析出。正常情况下，胆囊中的胆汁酸盐、卵磷脂与胆固醇以 10∶1 的比例存在，任何原因引起该比例降低，胆固醇就会因过饱和而析出，形成胆结石。

**课堂活动**

为什么说熊胆具有很高的药用价值？

**点滴积累**

1. 胆汁酸是胆汁的主要成分，分为初级胆汁酸和次级胆汁酸。

2. 游离型初级胆汁酸包括胆酸和鹅脱氧胆酸；结合型初级胆汁酸包括甘氨胆酸、牛磺胆酸、甘氨鹅脱氧胆酸和牛磺鹅脱氧胆酸；次级胆汁酸包括脱氧胆酸和石胆酸。

3. 7α-羟化酶是胆汁酸生成的限速酶，受多种因素的调节。

4. 胆汁酸的肠肝循环使有限的胆汁酸最大限度的发挥作用，满足了机体的生理需求。

5. 胆汁酸的主要功能是促进脂类的消化、吸收和排泄胆固醇。

---

## 第三节 胆色素代谢

胆色素(bile pigment)是铁卟啉化合物在体内分解代谢的主要产物，包括胆绿素(biliverdin)、胆红素(bilirubin)、胆素原(bilinogen)和胆素(bilin)等。除胆素原无颜色外，其余均有一定的颜色，故统称为胆色素。胆色素主要随胆汁排出，其中胆红素是胆色素代谢的中心，也是胆汁的主要色素，呈金黄色，具有毒性，可引起脑组织不可逆性损伤。胆红素代谢异常，可导致高胆红素血症，引起黄疸。

肝是胆红素代谢的主要器官，熟知胆红素的代谢对认识肝病等伴有黄疸体征的疾病有重要意义。

### 一、胆红素的生成

正常人每天产生250～350mg胆红素，其中80%以上来源于衰老红细胞中血红蛋白的分解。其余的胆红素来自骨髓中破坏的幼稚红细胞及肌红蛋白、过氧化物酶、细胞色素等其他含铁卟啉化合物的降解。正常人每天自衰老红细胞释放的血红蛋白有6～8g。

红细胞平均寿命约120天，衰老的红细胞由于细胞膜变化，可被肝、脾和骨髓的单核吞噬细胞系统识别并吞噬，释放出血红蛋白，后者分解为珠蛋白和血红素，珠蛋白按一般蛋白质分解代谢途径进行代谢；血红素在单核-巨噬细胞微粒体血红素加氧酶的催化下，至少消耗3分子氧和3分子NADPH，血红素原卟啉Ⅸ环上的α甲炔基(=CH−)桥被氧化断裂，释放出等摩尔的CO、$Fe^{3+}$并生成胆绿素。后者在胞液中胆绿素还原酶的催化下被$NADPH+H^+$还原成胆红素(图14-3)。

### 二、胆红素的运输

在单核吞噬细胞系统中生成的胆红素是非极性的脂溶性物质。在血中，这种胆红素主要与血浆清蛋白结合，以胆红素-清蛋白复合体的形式存在和运输，因此可被称为血胆红素。胆红素与血浆清蛋白结合，既增加了胆红素的溶解度，有利于其在血浆中的运输，又限制了它自由通过各种生物膜，避免其进入组织细胞产生毒性。胆红素与清蛋白结合后分子量变大，不能经肾小球滤过而随尿排出，故尿中无此胆红素。血胆红素因尚未进入肝脏进行结合反应，故被称为未结合胆红素或游离胆红素。临床检测时，游离胆红素不能直接与重氮试剂反应，只有加入乙醇或尿素等才能生成紫红色化合物，因此又被称为间接(反应)胆红素。

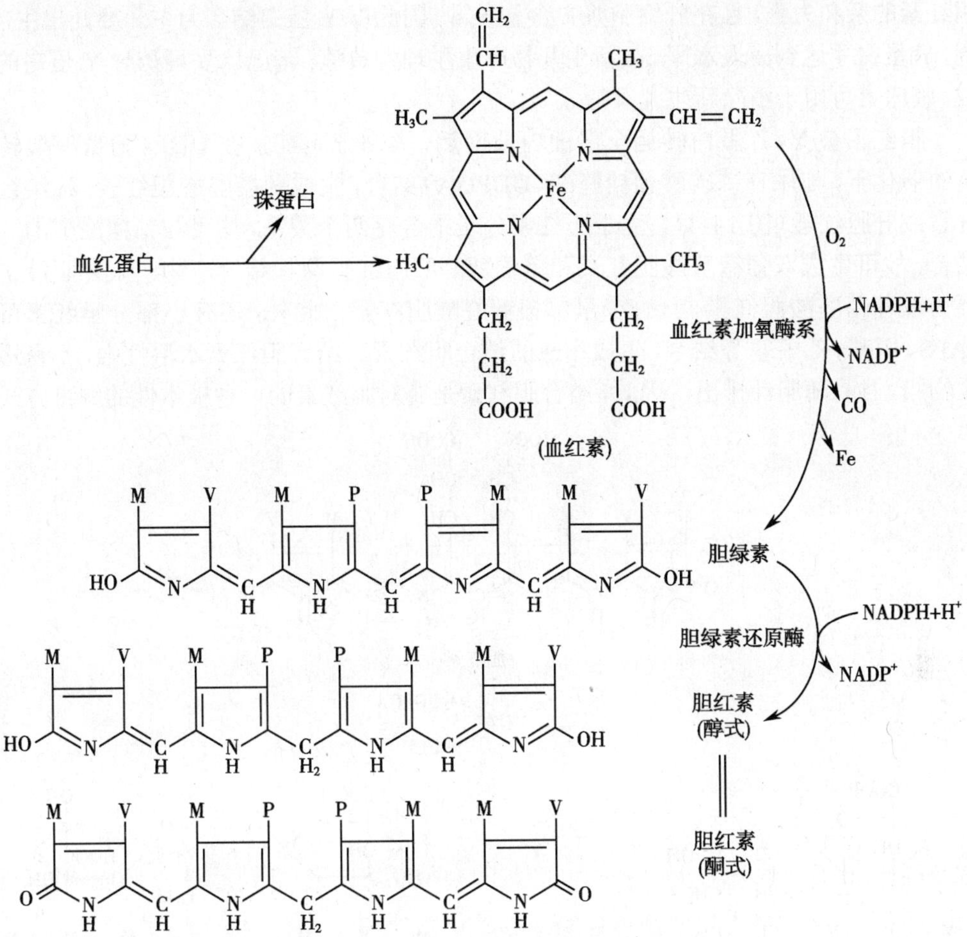


图 14-3 胆红素的生成

M：$—CH_3$
P：$—CH_2CH_2COOH$
V：$—CH=CH_2$

一般来说，胆红素与清蛋白的结合是可逆的，若血浆清蛋白含量降低，或结合部位被其他物质所占据，或降低胆红素对结合部位的亲和力，均可促使胆红素从血浆向组织转移。当透过血脑屏障进入脑组织时，过多的胆红素能抑制大脑 RNA 和蛋白质的合成及糖代谢，并与神经核团结合，干扰脑细胞的正常代谢及功能，临床上称为胆红素脑病或核黄疸，故胆红素是人体的一种内源性毒物。某些有机离子药物如磺胺药、抗生素、某些利尿剂和胆管造影剂等可与胆红素竞争性地与清蛋白结合，使胆红素游离出来，增加其通过细胞的可能。因此，在新生儿高胆红素血症时，要慎用此类药物。临床上，对高胆红素血症的新生儿输血浆或清蛋白，以及用碳酸氢钠纠正酸中毒，其目的是防止过多的胆红素游离，避免核黄疸的发生。

## 三、胆红素在肝内的代谢

胆红素-清蛋白复合体随着血液通过肝血窦与肝细胞膜接触时，胆红素与清蛋白分离并迅速被肝细胞摄取。胆红素进入肝细胞后，在胞质中与两种配体蛋白——Y 蛋白和 Z 蛋白结合，形成胆红素-Y 蛋白和胆红素-Z 蛋白而被转运。Y 蛋白比 Z 蛋白对胆红素的亲和力强，且在肝细胞浆中含量丰富，因此以Y蛋白结合为主。婴儿出生后7周，Y蛋白才达到成人水平，故新生儿易产生生理性黄疸；苯巴比妥可诱导Y蛋白的合成，临床上可用于消除新生儿黄疸。

胆红素被Y、Z蛋白转运至滑面内质网后，大部分胆红素在UDP-葡糖醛酸转移酶的催化下，与尿苷二磷酸葡糖醛酸（UDPGA）结合，生成葡糖醛酸胆红素，称结合胆红素或肝胆红素（图14-4）。由于胆红素分子中含有两个羧基，均可与葡糖醛酸的羟基结合，故可生成双葡糖醛酸胆红素和单葡糖醛酸胆红素两种结合产物。人体胆汁中主要为双葡糖醛酸胆红素，只有少量单葡糖醛酸胆红素。此外，还有小部分胆红素可与PAPS、甲基、乙酰基等结合，生成相应的结合胆红素。结合胆红素水溶性强，不易透过生物膜，且易随胆汁排出。因此，结合胆红素是肝对胆红素的一种根本性的解毒方式。

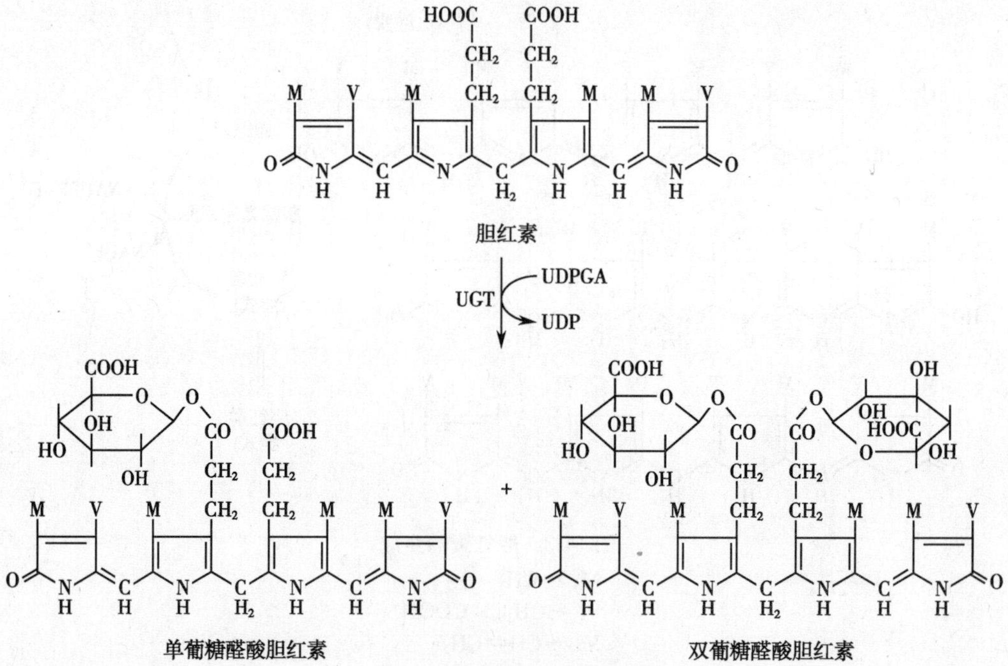


图14-4　葡糖醛酸胆红素的生成

结合胆红素可直接与重氮试剂反应，故又称为直接胆红素。

结合胆红素和游离胆红素在理化性质方面存在很大差异，两种胆红素的区别见表14-2。

表14-2　两种胆红素的区别

| | 未结合胆红素 | 结合胆红素 |
|---|---|---|
| 其他名称 | 间接胆红素<br>血胆红素<br>游离胆红素 | 直接胆红素<br>肝胆红素 |
| 与葡糖醛酸结合 | 未结合 | 结合 |
| 与重氮试剂反应 | 慢或间接反应 | 迅速、直接反应 |
| 水中溶解度 | 小 | 大 |
| 经肾可随尿排出 | 不能 | 能 |
| 对细胞膜的通透性及毒性 | 大 | 小 |

结合胆红素被肝细胞分泌，排到胆道系统，随胆汁排入小肠，此被认为是胆红素代谢的限速步骤。毛细胆管内结合胆红素的浓度远高于细胞内，故肝细胞排出胆红素是一个逆浓度梯度的耗能过程。如果胆红素排泄发生障碍，结合胆红素则可逆流入血，致使血或尿中结合胆红素含量明显升高。

血浆中的胆红素通过肝细胞膜的自由扩散、胞质内配体蛋白的转运、内质网的葡糖醛酸转移酶的催化及肝细胞的分泌等联合作用，不断地被肝细胞摄取、结合、转化及排泄，从而保证其不断地经肝被清除。

## 四、胆红素在肠中的代谢

结合胆红素随胆汁排入到肠道后，在肠菌作用下，大部分脱去葡糖醛酸，并被逐步还原成 D- 尿胆素原和中胆素原，后者又可进一步还原成粪胆素原，三者统称为胆素原。大部分胆素原随粪便排出体外，在肠道下段，无色的胆素原被空气氧化成黄褐色的胆素，此成为粪便的主要颜色。正常成人每日从粪便排出胆素原 40～280mg。胆道完全梗阻时，胆红素不能进入肠道，从而胆素原和胆素无法生成，导致粪便呈灰白色。

肠道中的胆素原有 10%～20% 被肠黏膜细胞重吸收，经门静脉入肝，其中大部分又随胆汁排入肠道，此过程称为胆素原的肠肝循环。重吸收的小部分胆素原（尿胆素原）可进入体循环经肾随尿排出，与空气接触后被氧化成黄色的尿胆素，是尿液的主要颜色来源。正常人每日随尿排出的胆素原为 0.5～4.0mg。各种原因引起的胆素原来源增加或排出受阻都会使血和尿中胆素原的含量改变。临床上，将尿胆红素、尿胆素原、尿胆素合称为尿三胆，是黄疸类型鉴别诊断的常用指标。正常人的尿液中检测不到胆红素，如有则可诊断为黄疸。

胆色素代谢与胆素原的肠肝循环见图 14-5。

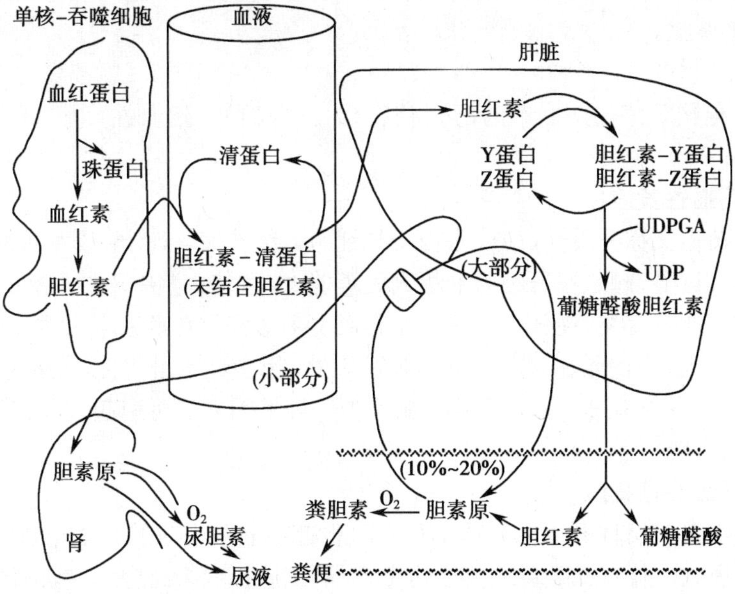


图 14-5　胆色素代谢与胆素原的肠肝循环

## 五、血清胆红素与黄疸

正常人血清胆红素总量为3.4～17.1μmol/L（0.2～1mg/dl），以未结合胆红素和结合胆红素两种形式存在，其中未结合胆红素占4/5，其余为结合胆红素。未结合胆红素是有毒的脂溶性物质，易透过细胞膜进入细胞而引起细胞毒性反应，尤其是对富含脂类的神经细胞可造成不可逆损伤。

肝具有强大的摄取、转化及排泄等处理胆红素的能力。正常人每天产生200～300mg胆红素，而肝脏每天可清除3000mg以上的胆红素，远大于机体产生胆红素的能力，这使得正常人血清胆红素的含量极低。当各种病因导致体内胆红素生成过多，或肝摄取、转化及排泄能力下降时，均可引起血清胆红素浓度升高，称为高胆红素血症。大量胆红素扩散进入组织，可造成皮肤、黏膜和巩膜等部位的黄染，临床上将这一体征称为黄疸。黄疸的程度与血清胆红素的浓度有关。当血清胆红素浓度在17.1～34.2μmol/L（1～2mg/dl）之间时，肉眼不易观察到黄染现象，称为隐性黄疸；当血清胆红素浓度超过34.2μmol/L（2mg/dl）时，肉眼可见皮肤和巩膜等组织黄染，称为显性黄疸。

**知 识 链 接**

**如何鉴别黄疸及黄疸的程度。**

1. 真、假性黄疸　黄疸的鉴别要在充分的自然光线下进行。假性黄疸常见于过量进食胡萝卜、南瓜、西红柿、柑橘等含胡萝卜素食物的人群，胡萝卜素能引起皮肤黄染，但巩膜正常。老年人球结膜有微黄色脂肪堆积，巩膜黄染不均匀，皮肤无黄染。另外，假性黄疸时，血胆红素浓度正常。

2. 黄疸程度的鉴别　在自然光线下，观察患者皮肤黄染的程度，如果仅是面部黄染，为轻度黄疸；躯干部皮肤出现黄染，为中度黄疸；四肢和手足心部位出现黄染，为重度黄疸。

临床上根据黄疸的病因不同，可将其分为三种类型：溶血性黄疸、肝细胞性黄疸、阻塞性黄疸。

### （一）溶血性黄疸

溶血性黄疸又称肝前性黄疸，是由于红细胞大量被破坏，使单核吞噬细胞系统产生的胆红素生成过多，超过了肝细胞的最大处理能力，致使血浆中未结合胆红素的浓度显著升高所致。伴有此类黄疸体征的患者，其血中未结合胆红素浓度明显升高，结合胆红素浓度变化不大，血清重氮试验呈间接反应阳性，尿胆红素呈阴性，尿胆素原升高。镰状红细胞贫血、恶性疟疾、蚕豆病及输血不当等许多因素均可引起大量红细胞被破坏，造成溶血性黄疸。

### （二）肝细胞性黄疸

肝细胞性黄疸又称肝原性黄疸，是由于肝细胞病变，使其摄取、转化和排泄胆红素的能力降低所致。伴有此类黄疸体征的患者，肝细胞摄取未结合胆红素障碍，而引起血中未结合胆红素浓度增高；肝细胞肿胀可造成毛细胆管阻塞，而毛细胆管与肝血窦直接相通，可使部分结合胆红素反流入血，所以血中结合胆红素浓度也增高，血清重氮试验呈双相（直接和间接）反应阳性；由于结合胆红素可经肾排泄，故尿胆红素阳性。肝炎、肝肿瘤等肝实质性病变，以及药物或毒物中毒性肝病等可造成肝细胞性黄疸。

**（三）阻塞性黄疸**

阻塞性黄疸又称肝后性黄疸，是由于各种原因引起胆汁排泄受阻，使胆小管和毛细胆管内压力升高而破裂，以致胆汁中的结合胆红素逆流入血所致。伴有此类黄疸体征的患者，其血中结合胆红素浓度升高，未结合胆红素变化不大；血清重氮试验呈直接反应阳性；尿胆红素呈阳性。又由于排入到肠道的胆红素减少，使胆素原的生成也减少，故粪胆素原及尿胆素原降低。胆道完全阻塞的患者，其粪便因无胆素原而呈灰白色或白陶土色。胆管的炎症、结石、肿瘤、寄生虫病或先天性胆管闭锁等疾病均可导致阻塞性黄疸的发生。

三种类型黄症的血、尿、粪变化见表 14-3。

**表 14-3 三种类型黄疸的比较**

| | 正常 | 溶血性黄疸 | 肝细胞性黄疸 | 阻塞性黄疸 |
|---|---|---|---|---|
| 血清 | | | | |
| 总胆红素 | <1mg/dl | 增加 | 增加 | 增加 |
| 结合胆红素 | 0～0.8mg/dl | 不变 / 微增 | 增加 | 增加 |
| 未结合胆红素 | <1mg/dl | 增高 | 增加 | 不变 / 微增 |
| 尿液（尿三胆） | | | | |
| 尿胆红素 | 无 | 无 | 有 | 有 |
| 尿胆素原 | 少量 | 增加 | 减少 / 无 | 减少 / 无 |
| 尿胆素 | 少量 | 增加 | 减少 / 无 | 减少 / 无 |
| 粪胆素原 | 40～280mg/24h | 增加 | 减少 / 正常 | 减少 / 无 |
| 粪便颜色 | 正常 | 深 | 变浅 | 变浅 / 陶土色 |

## 点滴积累

1. 胆色素是铁卟啉化合物在体内分解代谢的主要产物，包括胆绿素、胆红素、胆素原和胆素等。

2. 在血中，胆红素以胆红素 - 清蛋白复合体的形式存在和运输，因此被称为血胆红素；又可被称为未结合胆红素或游离胆红素、间接（反应）胆红素。

3. 胆红素进入肝细胞后，与 Y 蛋白和 Z 蛋白结合，形成胆红素 -Y 蛋白和胆红素 -Z 蛋白而被转运。

4. 胆红素在肝的滑面内质网，大部分转化成葡糖醛酸胆红素，称结合胆红素或肝胆红素，又称直接胆红素。结合胆红素水溶性强，不易透过生物膜，且易随胆汁排出。

5. 结合胆红素随胆汁排入到肠道后，在肠菌作用下逐步还原成胆素原（尿胆素原、中胆素原、粪胆素原），约有 10%～20% 的胆素原经肠肝循环代谢。

6. 高胆红素血症时，可引起机体黄疸。按黄疸的程度可分为隐性黄疸（血胆红素为 17.1～34.2μmol/L）和显性黄疸（血胆红素超过 34.2μmol/L）。

7. 临床上根据黄疸的病因不同，可将其分为溶血性黄疸、肝细胞性黄疸、阻塞性黄疸。

# 目标检测

## 一、选择题

### （一）单项选择题

1. 人体内能进行生物转化最主要的器官是（　　）
   A. 肾脏　　B. 肠
   C. 肝脏　　D. 肺
2. 考来烯胺能降低血液的物质是（　　）
   A. 血氨　　B. 脂肪
   C. 磷脂　　D. 胆固醇
3. 能转化为胆汁酸的物质是（　　）
   A. 三脂酰甘油　　B. 磷脂
   C. 胆固醇　　D. 脂肪酸
4. 服用磺胺药、抗生素可能引起血液中升高的物质是（　　）
   A. 葡萄醛酸-胆红素　　B. 游离胆红素
   C. 清蛋白-胆红素　　D. Z蛋白-胆红素
5. 血液中胆红素的主要运输形式是（　　）
   A. 游离胆红素　　B. Y-胆红素
   C. 清蛋白-胆红素　　D. 葡萄醛酸-胆红素
6. 在肝脏胆红素生物转化的主要反应是（　　）
   A. 与乙酰基结合　　B. 与硫酸结合
   C. 与葡萄糖醛酸结合　　D. 与甲基结合
7. 极易透过生物膜的胆色素是（　　）
   A. 游离胆红素　　B. 清蛋白-胆红素
   C. 胆素原　　D. 葡萄糖醛酸-胆红素
8. 胆红素主要来源于（　　）
   A. 肌红蛋白　　B. 血红蛋白
   C. 细胞色素　　D. 过氧化物酶
9. 初级胆汁酸中不包括（　　）
   A. 胆酸　　B. 鹅脱氧胆酸
   C. 脱氧胆酸　　D. 甘氨胆酸
10. 尿中可出现的胆红素是（　　）
    A. 游离胆红素　　B. Y蛋白-胆红素
    C. 清蛋白-胆红素　　D. 葡萄醛酸-胆红素
11. 对未结合胆红素的错误描述是（　　）
    A. 与清蛋白结合　　B. 与葡糖醛酸结合
    C. 不能随尿排出　　D. 间接反应胆红素
12. 对结合胆红素的错误描述是（　　）
    A. 直接胆红素　　B. 肝胆红素
    C. 重氮试剂反应直接阳性　　D. 能通过细胞膜对其有毒性作用

13. 导致尿胆素原排泄减少的主要原因是（　　）
A. 胆道梗阻　　B. 溶血
C. 肠梗阻　　D. 肝细胞性黄疸
14. 结合胆红素是（　　）
A. 胆红素 -BSP　　B. 胆红素 -Y 蛋白
C. 胆红素 -Z 蛋白　　D. 葡糖醛酸胆红素
15. 下列哪种物质不与胆红素竞争结合清蛋白（　　）
A. 磺胺类　　B. $NH_3$
C. 利尿剂　　D. 脂肪酸

**（二）多项选择题**

1. 在肝进行生物转化的物质不包括（　　）
A. 乙酰乙酸　　B. 乙酰水杨酸
C. 激素　　D. 丙氨酸
E. 酮体
2. 影响生物转化的因素（　　）
A. 受年龄的影响　　B. 肝功能受损
C. 受性别的影响　　D. 药物和毒物的抑制作用
E. 药物和毒物的诱导作用
3. 以下哪些是游离型初级胆汁酸（　　）
A. 甘氨胆酸　　B. 石胆酸
C. 胆酸　　D. 鹅脱氧胆酸
E. 牛磺脱氧胆酸
4. 属于次级胆汁酸的是（　　）
A. 石胆酸　　B. 脱氧胆酸
C. 鹅脱氧胆酸　　D. 甘氨胆酸
E. 甘氨鹅脱氧胆酸
5. 未结合胆红素的特点有（　　）
A. 水溶性大　　B. 细胞膜通透性大
C. 与血浆清蛋白亲和力大　　D. 正常人主要从尿中排出
E. 偶氮试剂间接反应阳性
6. 胆色素包括下列哪些化合物（　　）
A. 胆红素　　B. 胆绿色
C. 粪、尿胆素原　　D. 铁卟啉
E. 胆素
7. 胆红素的来源包括（　　）
A. 血红蛋白　　B. 肌红蛋白
C. 各种细胞色素　　D. 过氧化氢酶
E. 过氧化物酶
8. 可以进行肝肠循环的物质有（　　）
A. 胆固醇　　B. 胆绿素

C. 胆红素　　D. 胆汁酸
E. 胆素原

9. 阻塞性黄疸的机制是（　）
A. 红细胞破坏过多　　B. 肝外胆道被肿瘤压迫
C. 胆道结石　　D. 结合胆红素形成障碍
E. 输血不当造成

10. 下列哪些是肝细胞性黄疸的特点（　　）
A. 尿中出现胆红素　　B. 血中结合胆红素升高
C. 血中结合胆红素降低　　D. 血中游离胆红素升高
E. 血中游离胆红素降低

**二、简答题**

1. 何谓生物转化作用？有哪些反应类型？影响因素有哪些？
2. 简述胆汁酸的分类及生理功能。
3. 什么是胆汁酸的肠肝循环？有何生理意义？
4. 试述胆红素在肝脏中代谢的过程。
5. 根据病因不同临床上将黄疸分为哪几种类型？各型黄疸患者的血、尿、粪胆色素改变的特点是什么？

（文　程）

# 第十五章　细胞信号转导

人是结构复杂的多细胞生物，人体与外环境及体内细胞间的信息传递无处不在。研究发现，细胞内的信息传递过程是一系列复杂连续的化学过程，需要多种物质的参与。我们把特定化学信号在生物体内的传递过程称为细胞信号转导(cellular signal transduction)。细胞信号转导主要由以下四个连续动态的过程组成：信号分子的释放与运输→信号分子与受体的结合→信号的传递与放大→特定生物学效应的产生等。细胞信号转导是生物体生长发育的需要，可以保证整体生命活动的正常进行。若人体内细胞信号转导途径发生异常，可导致肿瘤、内分泌代谢疾病及心血管疾病等。

## 第一节　信号分子与受体

在细胞间或细胞内进行信息传递，作用于靶细胞并产生特异应答的化学物质称为信号分子(signal molecule)。存在于靶细胞膜或细胞内，能特异地识别、结合特定信号分子并引发细胞内产生相应生物学效应的蛋白质，称为受体(receptor)。能与受体进行特异性结合的信号分子称为配体(ligand)，细胞间信号分子就是最常见的配体，某些药物、维生素和毒素也可作为配体而发挥生物学作用。目前发现的信号分子及受体均有很多种。

### 一、信号分子的种类及传递方式

信号分子可以携带各种生物信息，通过细胞之间的交流调节细胞的生长、发育、分化、代谢及学习记忆等生命过程。信号分子不同，其化学本质不同，进行信号传递的方式也不同。

#### (一)信号分子的种类

1. 根据信号分子的化学性质，分为三类。①亲水性信号分子：如蛋白质类、肽类、氨基酸及衍生物等；②亲脂性信号分子：如类固醇激素和脂肪酸衍生物等；③气体分子：如一氧化氮(NO)等。

2. 根据信号分子发挥作用的部位，分为细胞间和细胞内信号分子两种。

(1) 细胞间信号分子：细胞间信号分子又称第一信使，需要与特殊的受体结合发挥作用，常包括三类：①神经递质，如乙酰胆碱、儿茶酚胺、γ-氨基丁酸、5-羟色胺及脑啡肽等；②激素；③局部化学物质，如细胞因子、生长因子及NO等。

(2) 细胞内信号分子：指细胞受第一信使刺激后产生的，在细胞内传递的信息分子，又称第二信使。例如无机离子 $Ca^{2+}$，脂类衍生物DAG(二脂酰甘油)、$IP_3$(三磷酸肌醇)、核苷酸类如 cAMP 和 cGMP 等。另外还包括信号蛋白质分子如 Ras 和底物酶等。

**(二)信号分子的传递方式**

根据产生信号分子的细胞与到达其所作用的靶细胞间的距离远近，信号分子的传递方式可分为三种(图 15-1)。

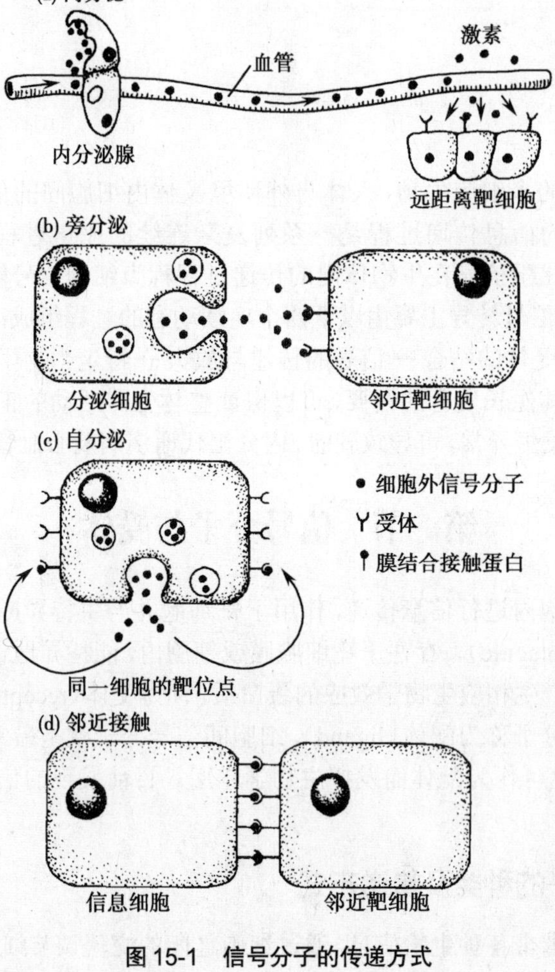


图 15-1 信号分子的传递方式

1. 内分泌信号的传递　由特殊分化的内分泌腺及内分泌细胞释放的信号分子即激素，如胰岛素、甲状腺素和肾上腺素等，它们通过血液循环到达远处靶细胞，大多数对靶细胞的作用时间较长。

2. 旁分泌信号的传递　由细胞所分泌的信号分子，如生长因子、细胞因子等，其特点是不进入血液循环，而是通过扩散作用于附近的靶细胞，属于近距离传递。除生长因子外，它们的作用时间较短。另外，神经递质也属于一种特殊的旁分泌传递方式，将信息从一个神经元传递到另外一个神经元，作用快速而短暂。

3. 自分泌信号的传递　细胞自身分泌信号分子至胞外，再反过来作用于自身受体。一些肿瘤细胞存在着生长因子的自分泌作用以保持持续增殖。

对于某一特定的信号分子而言，可以通过某一种方式传递信号，也可以同时以两种或三种方式传递信号。

## 二、受体的种类与作用特点

受体的化学本质是蛋白质，主要为糖蛋白或脂蛋白。受体本身至少含有两个活性部位：一个是识别并结合配体的活性部位；另一个是产生应答反应的活性部位，这一部位只有在与配体结合并变构后才能产生应答反应，最终导致靶细胞产生生物效应。

### （一）受体的分类

根据受体在细胞中的部位不同，可分为细胞膜受体和细胞内受体两大类。

1. 细胞膜受体　受体位于细胞膜上，且配体结合部位常位于质膜表面。大多数亲水性信号分子（如细胞因子、生长因子及水溶性激素等）由于不能透过靶细胞膜进入胞内，因此其受体是定位于靶细胞膜上的。根据细胞膜受体结构与功能的差异又可分为三类：即G蛋白偶联型受体、离子通道型受体及酶偶联型受体。

（1）G蛋白偶联型受体：这类受体为蛇形受体，由七个跨膜α-螺旋构成，又称七跨膜受体（图15-2）。整个受体分为细胞外区、跨膜区及细胞内区。胞外区结合配体，胞内区与G蛋白相偶联，在G蛋白介导下，调节胞浆内第二信使（cAMP、$IP_3$等）浓度，改变酶或功能蛋白的活性，引起生物学效应。大多数常见的神经递质及激素受体属于G蛋白偶联型受体。

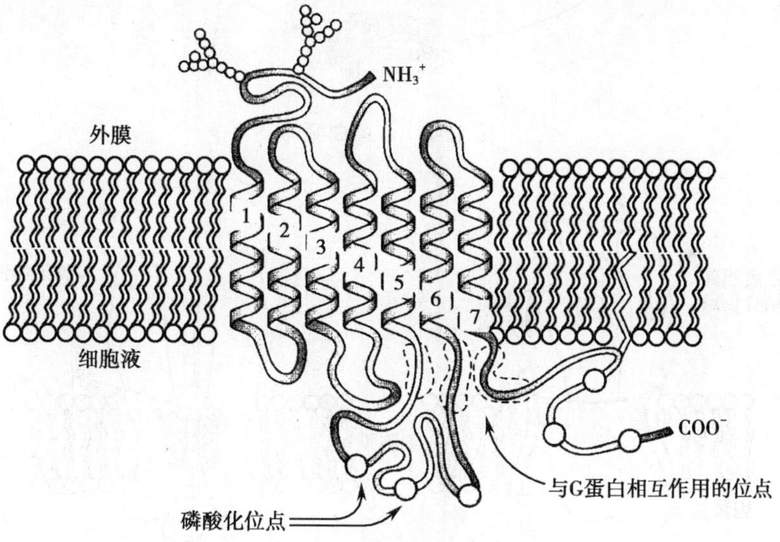


图15-2　G蛋白偶联受体结构示意图

G蛋白（鸟苷酸结合蛋白）位于细胞质膜内侧，是一种由α、β和γ亚基所组成的三聚体复合物，有活性和非活性两种形式。G蛋白的α亚基与GDP结合并与β、γ亚基形成异源三聚体，此时为非活性状态；G蛋白的α亚基与GTP结合，β、γ二聚体脱落下来所形成的α亚基-GTP复合体为其活性状态（图15-3）。G蛋白偶联型受体广泛存在于全身各组织，其介导的效应比较缓慢，可持续数秒、数分甚至数小时。

（2）离子通道型受体：又称环状受体，常位于神经、肌肉等可兴奋性细胞，神经递质的受体属于此类。此类受体的共同特点是由多亚基组成受体-离子通道复合体，除有配体信号接受部位外，本身又是离子通道，其跨膜信号转导无需中间步骤，反应快，一般只需几毫秒。在接受配体刺激后，通道开放或关闭，导致离子跨膜流动，使靶细胞产生生物效应。如乙酰胆碱受体就是由五个亚基构成的跨膜寡聚体，对 $Na^+$、$K^+$ 及 $Ca^{2+}$ 离子的通过具有选择性（图 15-4）。

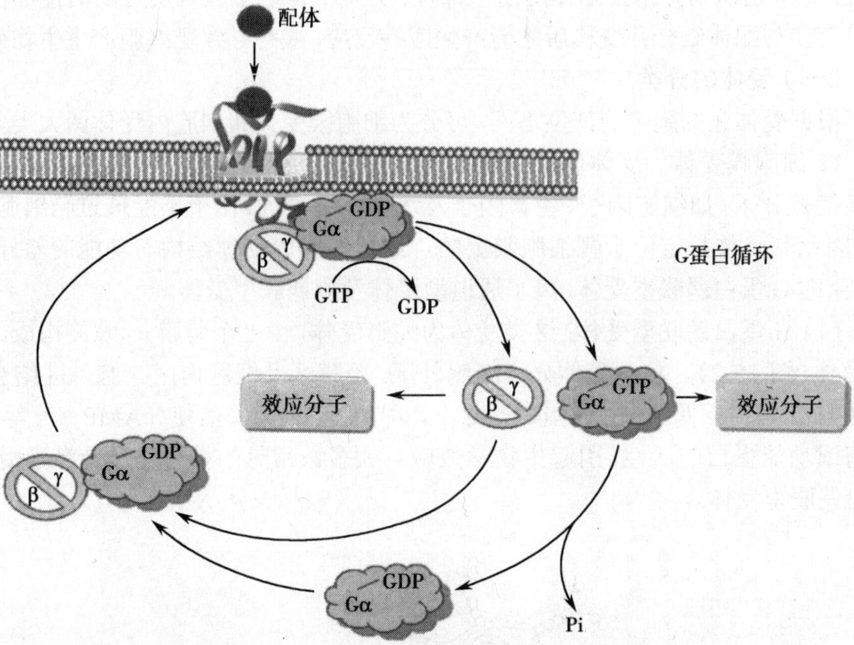


图 15-3　G 蛋白循环

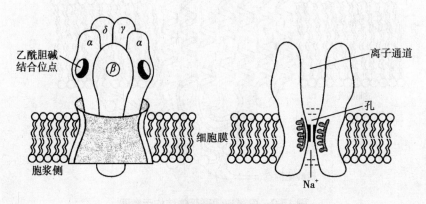


图 15-4　乙酰胆碱受体的结构示意图

(3) 酶偶联型受体：此类受体比较重要的是酪氨酸蛋白激酶（TPK）受体，该受体一般是由多肽链构成的单体或寡聚体，每个单体或亚基只有一段跨膜 α- 螺旋区（故又称单跨膜 α- 螺旋型受体），具有高度疏水性。受体的细胞外区为配体结合区，细胞内区则带有受体型或非受体型酪氨酸蛋白激酶结构域。此型受体与配体结合后，通常引起受体构象改变，然后激活受体的或非受体的 TPK 活性，催化底物蛋白酪氨酸残基磷酸化，触发细胞信号转导过程。血小板衍生生长因子（PDGF）、表皮生长因子（EGF）、胰岛素等的受体即属此型受体。

三种细胞膜受体作用模式比较如图 15-5。

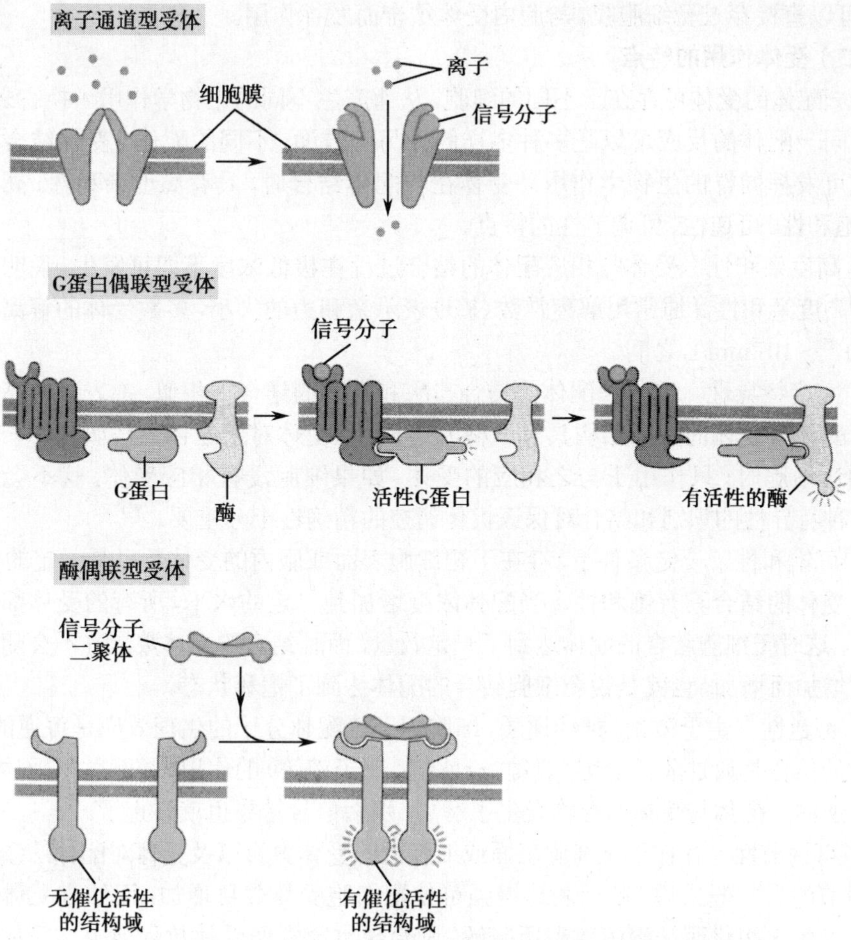


图 15-5 三种细胞膜受体作用模式

## 知识链接

**人为什么会闻到气味?**

人类能感受到春天各种花的香气，并在任何时候都能提取出这种嗅觉上的记忆。一般人能够分辨和记忆约 4000 种不同的气味，但人为什么能具有这种能力呢？

原因如下：香气分子→结合受体→G 蛋白→纤毛膜上的离子通道→产生电信号→沿着神经细胞的轴突传送→嗅球→嗅束传送到大脑嗅觉中枢→闻到气味。

2. 细胞内受体　又称为转录调节型受体，分布于胞浆或核内。此型受体一般是由 400～1000 个氨基酸残基构成的多肽链，主要包括 4 个区域，依次为：①高度可变区，位于 N- 末端，其主要功能是与调控特异基因表达有关；② DNA 结合区，可与特定 DNA 序列结合，调节基因转录；③绞链区，可能与转录因子相互作用及受体向核内运动有关；④激素结合区，位于 C- 末端。类固醇激素、甲状腺激素及治疗白血病的药物维 A

酸等，可以直接穿过靶细胞膜，与胞内受体结合而发挥作用。

**（二）受体作用的特点**

同一配体的受体可存在于不同的细胞，从而产生不同的生物学作用。换言之，不同细胞对同一配体的反应可以是多种多样的。另一方面，不同的配体 - 受体结合物在某些细胞可发挥同样的生物学作用。受体在与配体结合时，具有高度亲和性、高度特异性、可饱和性、可逆性、可调节性的特点。

1. 高度亲和性 受体与相应配体的结合过程在极低浓度下即可发生，说明二者之间存在高度亲和性。通常用解离常数（Kd）表示亲和力的大小，多数受体的解离常数一般在 $10^{-11}$～$10^{-9}$mol/L 之间。

2. 高度特异性 受体和配体的结合与酶和底物的结合很相似，都表现出高度的特异性。配体对受体的空间结构具有严格的选择性，受体对于配体也是如此。一种信号分子到达细胞时，只作用于与之相应的受体，如果细胞没有相应受体，就不会发生反应。这种特异性的识别和结合对保证机体调控的精确性十分重要。

3. 可饱和性 一定条件下，存在于靶细胞表面或胞内的受体数目是一定的，因此，配体与受体的结合具有饱和性。当配体浓度增加到一定的水平，所有的受体都被配体所占据，这时靶细胞结合的配体达到了一定数量，而且结合的配体数量并不会随着配体浓度的增加而增加，也就是说靶细胞结合的配体达到了饱和状态。

4. 可逆性 由于激素、神经递质、细胞因子等配体分子的生理效应是可逆的，受体与配体的结合是通过非共价键（氢键、疏水键、离子键等）的作用，故配体与受体的结合也是可逆的。配体与受体结合物发生了解离，那么信号转导也就终止了。

5. 可调节性 存在于靶细胞表面或细胞内的受体数目以及受体对配体的亲和力是可以调节的。一般来说，基因表达增强可使靶细胞受体数目增加；而结合配体后的膜受体常发生内在化而被溶酶体酶所降解，则会导致膜表面受体数目减少。受体的磷酸化 - 脱磷酸化修饰，或者受体构象的改变，则会导致受体与配体亲和力的增高或降低。

**点 滴 积 累**

1. 信号分子分为：内分泌信号、旁分泌信号、自分泌信号。

2. 受体可分为细胞膜受体和细胞内受体两大类。膜受体又分为三类：G 蛋白偶联型受体、离子通道型受体、酶偶联型受体。

3. 受体结合的特点：高度亲和性、高度特异性、可饱和性、可逆性、可调节性。

## 第二节 细胞信号转导途径

由细胞内若干信号转导分子所构成的级联反应系统称为细胞信号转导途径。目前已经鉴定的细胞信号转导途径达 10 多条。同一信号转导途径可由不同的信号分子通过不同的机制激活，同一信号分子也可通过若干不同的途径进行信号转导，且绝大多数信号转导途径之间存在广泛的信号交流，从而在细胞内形成了一个十分复杂的网络系统。

## 一、膜受体介导的信号转导途径

水溶性激素不能自由地通过细胞膜，当它们与靶细胞膜上相应的受体结合后形成激素 - 受体复合物，再激活定位在细胞膜内侧的特定的酶，从而引发一系列生化反应，使靶细胞内产生特定生物学效应。现介绍几条重要的膜受体介导的信号转导途径。

### （一）cAMP- 蛋白激酶 A 途径

1957 年 Sutherland 用肾上腺素作用于肝细胞后，发现糖原磷酸化酶活性增高，进而发现 cAMP 与该酶活性有关，从而提出了肾上腺素的作用是通过 cAMP 作为第二信使，激活蛋白激酶 A（PKA）而实现的。大多数肽类激素（如胰高血糖素、抗利尿激素、甲状旁腺素等）及儿茶酚胺类激素都是通过 cAMP- 蛋白激酶 A 途径发挥作用的。

1. cAMP- 蛋白激酶 A 途径　这是一条经典的信号转导途径，信号分子通常与 G 蛋白偶联型受体相结合而激活此途径。构成 cAMP 信号转导途径的级联反应为：信号分子→膜受体→G 蛋白→腺苷酸环化酶（AC）→cAMP→PKA→效应蛋白（酶）→生理效应（图 15-6）。

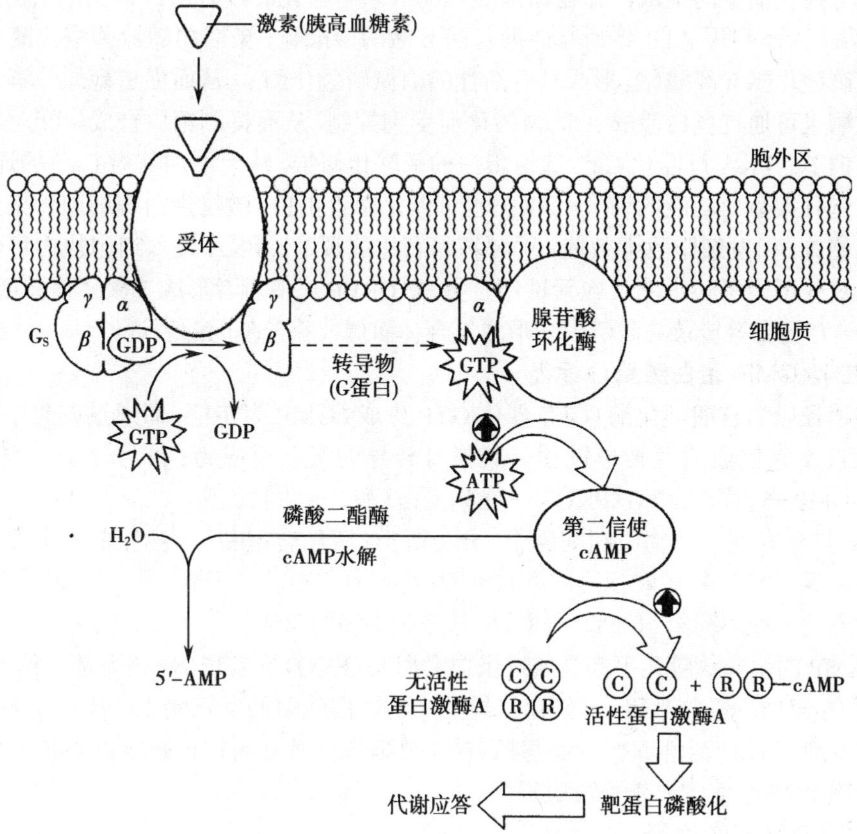


图 15-6　cAMP- 蛋白激酶 A 途径

2. AC 与 cAMP 的生成　AC 存在于除成熟红细胞以外的几乎所有组织细胞中，其同工酶分布具有组织特异性。按照亚细胞定位的不同，AC 分为膜结合型和可溶型两大类。腺苷酸环化酶的活性受 G 蛋白游离的 α 亚基调控，G 蛋白家族有激活型（$G_s$）与抑制型（$G_i$）两类。α 亚基类型决定了 G 蛋白的类型，不同的 G 蛋白偶联型受体所能激活的 G 蛋白也不尽相同。

胞浆中 cAMP 的浓度受 AC 活性和 cAMP 磷酸二酯酶（cAMP-PDE）活性的双重调节。AC 的主要作用是催化胞浆中的 ATP 生成 cAMP，使 cAMP 浓度升高，从而将信号传递到胞内；cAMP-PDE 可将 cAMP 水解为 5′-AMP，使 cAMP 浓度降低，从而终止信号转导。

3. 蛋白激酶 A 及其生理功能　当胞浆中 cAMP 浓度升高时，可与依赖 cAMP 的蛋白激酶 A（PKA）结合使之激活，进一步传递信号。蛋白激酶 A 是一种变构酶，是由 2 个催化亚基（C）和 2 个调节亚基（R）组成的四聚体，每个 R 亚基上都有两个 cAMP 的结合位点，R 亚基是催化亚基的抑制剂。当 cAMP 与 R 亚基结合后，R 亚基发生变构并与 C 亚基解离，游离的 C 亚基可催化特异的底物蛋白 / 酶的磷酸化修饰并导致其生理功能或活性的改变，从而产生特定的生理效应。

PKA 的作用非常广泛，其生理功能主要包括：①对物质代谢的调节。PKA 通过对代谢途径中各种关键酶的磷酸化修饰，使酶的活性增高或降低，从而调节物质代谢的速度和方向及能量的生成。如糖原磷酸化酶 b 未磷酸化时没有活性，当蛋白激酶 A 被 cAMP 激活后，利用 ATP 将糖原磷酸化酶 b 激酶磷酸化，激活的糖原磷酸化酶 b 激酶将糖原磷酸化酶 b 磷酸化，形成具有活性的糖原磷酸化酶 a，从而促进糖原分解。而糖原合成酶也可通过蛋白激酶 A 的磷酸化而受到抑制，从而抑制糖原合成。②对离子通透性的调节。PKA 可催化 $Ca^{2+}$ 通道蛋白的磷酸化修饰，从而增加其对 $Ca^{2+}$ 的通透性；③对细胞骨架蛋白功能的调节。PKA 也可催化微管蛋白、微丝蛋白等细胞骨架蛋白的磷酸化修饰，引发细胞收缩效应；④对基因表达的调节。PKA 进入细胞核内可磷酸化修饰反式作用因子 cAMP 反应元件结合蛋白（CREB），使后者形成二聚体而激活，再与 CREB 结合蛋白等转录共激活因子形成复合体而调节特异基因的表达。

### （二）cGMP- 蛋白激酶 G 途径

该途径以鸟苷酸环化酶（GC）催化 GTP 生成 cGMP 为特征，即通过胞浆中 cGMP 浓度的改变来完成信号转导过程。其信号转导的级联反应为：信号分子 → 膜受体 / GC → cGMP → 蛋白激酶 G（PKG）→ 底物蛋白（酶）→ 生理效应。

GC 广泛存在于动物组织细胞中，分为两类：膜结合型和可溶型，前者主要分布于心血管组织、小肠、精子和视网膜杆状细胞，而后者主要分布于脑、肝、肾、肺等组织中，这种分布将导致不同组织细胞对同一信号产生不同的反应。

cAMP 的生理效应几乎都是通过蛋白激酶 G（PKG）来实现的，该酶是一种丝氨酸 / 苏氨酸（Ser/Thr）蛋白激酶，可催化特异的底物蛋白或酶的丝氨酸 / 苏氨酸残基磷酸化而使其生理功能或活性改变。心房肽、NO 及硝基扩血管药物正是通过 cGMP 信号转导途径激活 PKG 而致血管平滑肌舒张。

### （三）DAG/ $IP_3$ 途径

磷脂类化合物是构成生物膜的重要成分，由各种磷脂酶催化其水解后生成的若干衍生物常常也作为第二信使参与信号转导，如甘油二酯（DAG）、1，4，5- 三磷酸肌醇（$IP_3$）、磷脂酰肌醇 -3，4- 双磷酸（PI-3，4-$P_2$）、磷脂酰肌醇 -3，4，5- 三磷酸（$PIP_3$）等。

有相当多的激素和生长因子，是通过 DAG 和 $IP_3$ 作为第二信使进行信号转导的。胞浆中的磷脂酰肌醇磷脂酶 C（PI-PLC）选择性水解位于质膜内侧面的磷脂酰肌醇 -4，

5-双磷酸（$PIP_3$），产生 DAG 和 $IP_3$。其信号转导的级联反应为：信号分子→膜受体→$G_q$ 蛋白或 TPK→磷脂酰肌醇磷脂酶 C（PI-PLC）→DAG/$IP_3$→蛋白激酶 C（PKC）→底物蛋白/酶→生理效应（图 15-7）。

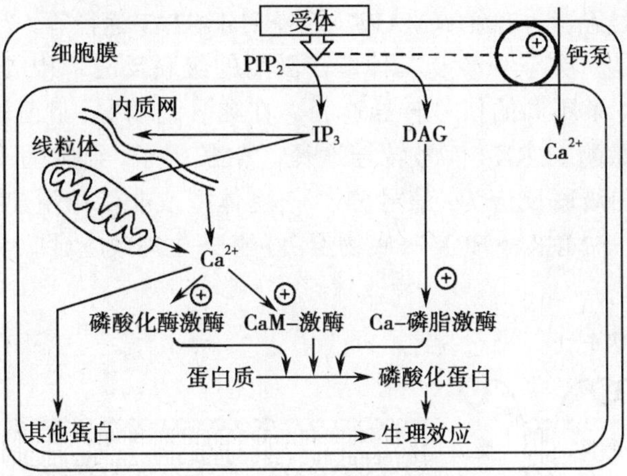


图 15-7 DAG/ $IP_3$ 信号转导途径

### （四）$Ca^{2+}$-钙调蛋白依赖性蛋白激酶途径

由于细胞内许多生物大分子，如酶、蛋白因子、结构蛋白等对 $Ca^{2+}$ 有依赖性，当有些激素如肾上腺素与细胞膜受体结合后，可使细胞膜上依赖于受体（配体）的钙离子通道开放，使细胞内的 $Ca^{2+}$ 浓度升高，最终引发细胞若干生理功能的变化，因此，$Ca^{2+}$ 也是第二信使。$Ca^{2+}$ 主要是通过钙调蛋白（CaM）发挥第二信使作用。其信号转导的级联反应为：电信号或化学信号→钙离子通道→胞浆 [$Ca^{2+}$]→CaM→依赖 CaM 的蛋白激酶（CaM-PK）→底物蛋白/酶→生理效应。

CaM 在细胞内广泛存在，是一种酸性蛋白质，如图 15-8 所示。一分子 CaM 可以与 4 个 $Ca^{2+}$ 结合，CaM 与 $Ca^{2+}$ 结合后可引起构象的改变，从而调控其下游靶分子。因此，CaM 是一种非常重要的钙受体蛋白，它对细胞的信号转导以及其他生理功能有广泛的直接调节作用。

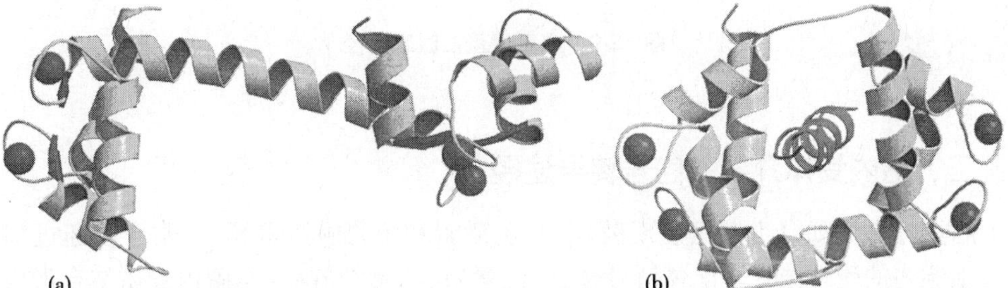

(a) (b)

钙调蛋白
(a) 钙调蛋白晶体结构的带状模型。结合了4个$Ca^{2+}$。
(b) 钙调蛋白和一个螺旋结构域(中间部分)相连，
该螺旋是钙调素依赖的蛋白激酶Ⅱ钙调蛋白所调控的酶之一。

图 15-8 钙调蛋白

### （五）酪氨酸蛋白激酶途径

酪氨酸蛋白激酶（TPK）信号转导途径的特征是通过信号分子激活受体型或非受体型 TPK，以 TPK 作为第二信使，催化信号转导蛋白的 Tyr 残基磷酸化，从而触发胞内一系列级联反应过程。此类信号转导途径主要与细胞生长、增殖及分化信号的传递有关，主要包括丝裂原激活的蛋白激酶（MAPK）途径、Jak-STAT 途径等。

MAPK 途径是一类至少涉及三种蛋白激酶的级联反应所构成的信号转导途径，因此它至少包括 4 条不同的信号转导途径。在哺乳动物中，目前较为清楚的是胞外信号调节的蛋白激酶（ERK）信号转导途径。生长因子、细胞因子及胰岛素等信号分子激活该途径的级联反应为：信号分子 → 受体型或非受体型 TPK → 连接蛋白 → SOS → Ras → Raf1 → MEK → ERK → 底物蛋白 / 酶 → 生理效应（图 15-9）。

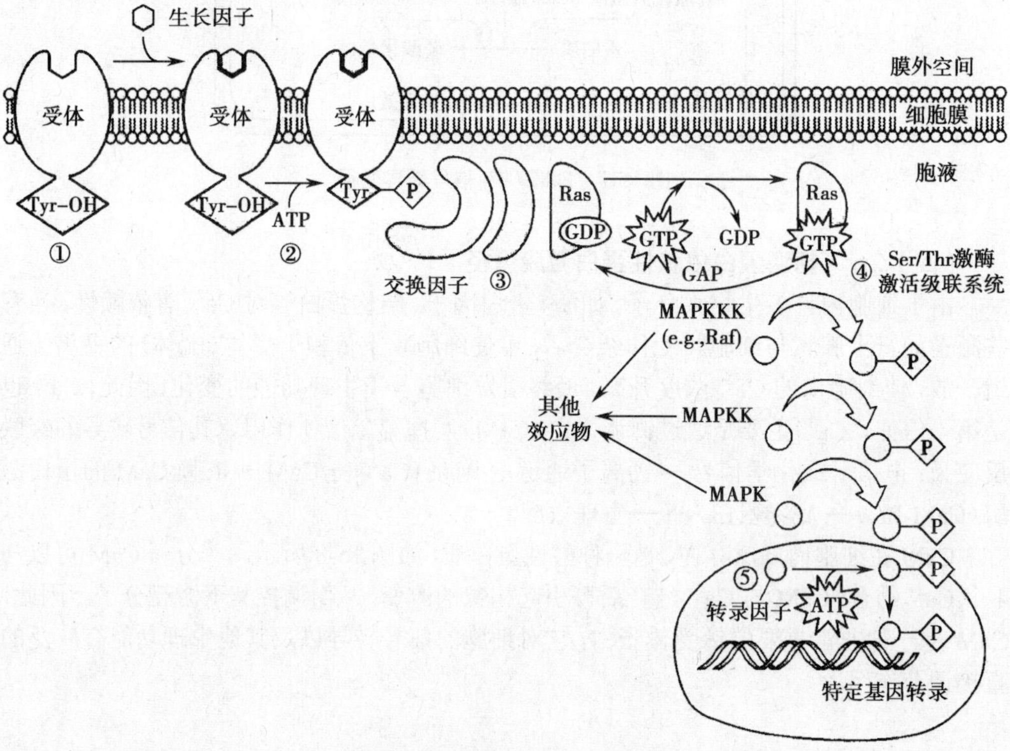


图 15-9　酪氨酸蛋白激酶途径

## 二、胞内受体介导的信号转导途径

脂溶性激素如肾上腺素皮质激素、性腺激素和甲状腺激素等，非常容易通过细胞膜与细胞内的受体结合。配体信号分子（激素）进入靶细胞后，与胞内受体结合形成激素 - 受体复合物，其结构发生改变，且容易通过核膜。激素 - 受体复合物进入核内，直接识别并结合到染色体的特定 DNA 序列，即激素调节元件上，诱导附近的特定靶基因转录，产生相应的蛋白质（酶），进而引发特定的生物学效应。胞内受体介导的信号转导途径见图 15-10。

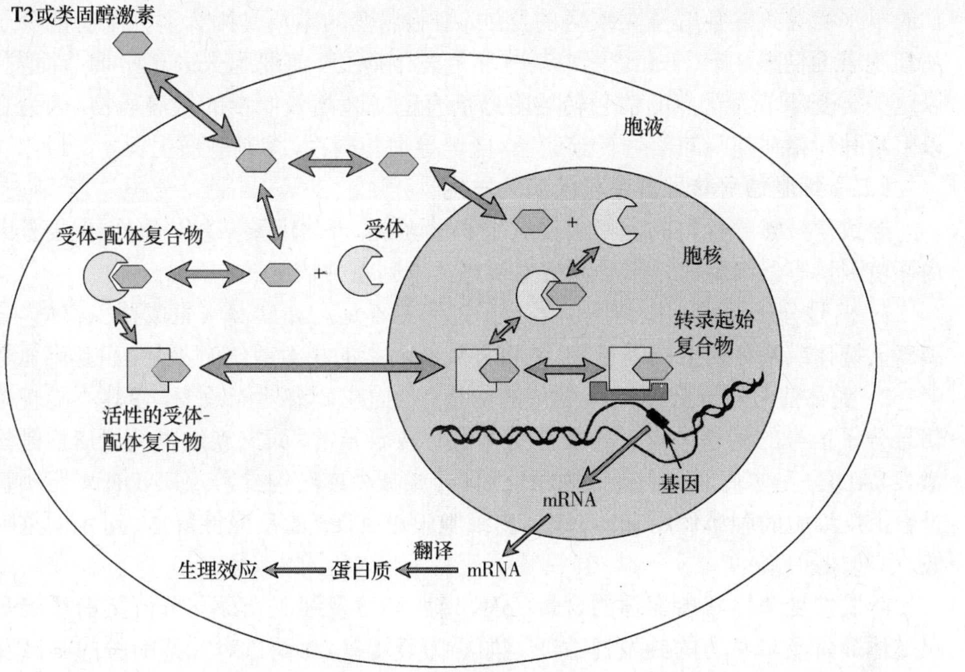


图 15-10　胞内受体转导途径

**点 滴 积 累**

1. 第一信使：在细胞外传递信号的信号分子；第二信使：在细胞内传递信号的小分子物质及 TPK 等。

2. cAMP-蛋白激酶 A 途径：信号分子→膜受体→G 蛋白→AC→cAMP→PKA→效应蛋白（酶）→生理效应。

3. 胞内受体介导的信号转导是通过配体-受体复合物引起的染色体 DNA 特定区域转录活性的改变。

# 第三节　细胞信号转导与医药学

细胞信号转导系统具有调节细胞增殖、分化、代谢、适应、防御和凋亡等作用。信号转导途径的任何一个环节出现障碍都可能会影响到最终效应，使细胞增殖、分化、凋亡、代谢或功能失常，并导致疾病如肿瘤、心血管病、糖尿病、某些神经精神性疾病等。细胞信号转导异常可以局限于单一成分（如特定受体）或某一环节，亦可同时或先后累及多个环节甚至多条信号转导途径，造成调节信号转导的网络失衡。对信号转导系统与疾病关系的研究不仅有助于阐明疾病的发生发展机制，还能为新药设计和发展新的治疗方法提供思路和作用靶点。

**（一）细胞信号转导的医学应用**

细胞间的协调、细胞与环境的相互作用都是由信号转导来完成的。细胞增殖和凋亡的不平衡导致癌症等重大疾病的发生，细胞癌变的本质是因为调控细胞的分子信号从细胞表面向核内转导的过程中某些环节发生病变，使细胞失去正常调节而发生的。以这些病变环节为靶点的信号转导阻遏剂有望成为高效低毒的抗癌药物，因为它们可以阻断肿瘤相关基因的信号转导途径，能诱导细胞凋亡，抑制肿瘤生长。

**（二）细胞信号转导异常与疾病的发生**

导致信号转导异常的因素主要有生物学因素、理化因素、遗传因素、免疫学因素和内环境因素等。细胞信号转导异常主要包括下列几种情况：

1. 信号分子异常　指细胞信号分子过量或不足。如胰岛素生成减少，体内产生抗胰岛素抗体或胰岛素拮抗因子等，均可导致胰岛素的相对或绝对不足，引起高血糖。

2. 受体信号转导异常　指受体的数量、结构或调节功能改变，使其不能正确介导信号分子信号的病理过程。原发性受体信号转导异常，如家族性肾性尿崩症是抗利尿激素（ADH）受体基因突变导致ADH受体合成减少或结构异常，使ADH对肾小管和集合管上皮细胞的刺激作用减弱，或上皮细胞膜对ADH的反应性降低，对水的重吸收降低，引起尿崩症。

继发性受体异常指配体的含量、pH、磷脂环境及细胞合成与分解蛋白质等变化引起受体数量及亲和力的继发性改变。如心力衰竭时，β受体对儿茶酚胺的刺激发生了减敏反应，β受体下调，是促进心力衰竭发展的因素之一。

3. G蛋白信号转导异常　如假性甲状旁腺功能减退症（PHP）是由于靶器官对甲状旁腺激素（PTH）的反应性降低而引起的遗传性疾病，PTH受体与Gs偶联。PHP1A型的发病机制是由于编码*Gsα*等位基因的单个基因突变，患者Gsα mRNA可比正常人降低50%，导致PTH受体与腺苷酸环化酶（AC）之间信号转导脱偶联。

4. 细胞内信号的转导异常　细胞内信号转导涉及大量信号分子和信号蛋白，任何环节异常均可通过级联反应引起疾病。如$Ca^{2+}$是细胞内重要的信使分子之一。在组织缺血-再灌注损伤过程中，胞浆$Ca^{2+}$浓度升高，通过下游的信号转导途径引起组织损伤。

5. 多个环节细胞信号转导异常　在疾病的发生和发展过程中，可涉及多个信号分子影响多个信号转导途径，导致复杂的网络调节失衡。以非胰岛素依赖性糖尿病（NIDDM）为例加以说明。胰岛素受体属于TPK家族，受体后可激活磷脂酰肌醇3激酶（$PI_3K$），启动与代谢和生长有关的下游信号转导过程。NIDDM发病涉及胰岛素受体和受体后多个环节信号转导异常：①受体基因突变使受体合成减少或结构异常，受体与配体的亲和力降低或受体活性降低。②受体后信号转导异常：PI3K基因突变可产生胰岛素抵抗，使胰岛素对PI3K的激活作用减弱。

6. 同一刺激引起不同的病理反应　同一刺激作用于不同的受体，从而引起不同的反应。例如感染性休克发病过程中，在同一刺激源（内毒素）作用下使交感神经兴奋，若作用于α受体，则引起动脉收缩表现为冷休克；若交感神经兴奋激活β受体，使动、静脉短路开放，则表现为暖休克。

7. 不同刺激引起相同的病理反应　不同的信号途径之间存在广泛交叉，不同刺激常可引起相同的病理反应或疾病。例如心肌肥大的发病过程中，心肌负荷过重引起的机械刺激，神经体液调节产生的去甲肾上腺素、血管紧张素等，可通过不同的信号转导蛋白的传递，最终引起相同的病理反应——心肌肥大。

### （三）细胞信号转导与药物治疗

许多药物可通过阻断受体的作用来治疗疾病，包括乙酰胆碱、肾上腺素、组胺 $H_2$ 受体的阻断药等。而有些药物则是通过影响胞内第二信使的浓度来治疗疾病，如氨茶碱、咖啡碱等能抑制胞内 cAMP- 磷酸二酯酶的活性，提高 cAMP 含量，引起平滑肌松弛来发挥平喘作用。

## 点滴积累

细胞信号转导异常主要包括信号分子异常、受体信号转导异常、G 蛋白信号转导异常、细胞内信号的转导异常、多个环节细胞信号转导异常、同一刺激引起不同的病理反应、不同刺激引起相同的病理反应。

## 目标检测

### 一、选择题

#### （一）单项选择题

1. 膜受体的化学本质多为（　　）
   A. 糖脂　　B. 蛋白聚糖
   C. 脂蛋白　　D. 糖蛋白
2. 细胞内传递信息的第二信使是（　　）
   A. 载体　　B. 小分子物质
   C. 受体　　D. 配体
3. 下列哪项不是受体与配体结合的特点（　　）
   A. 可饱和性　　B. 高度的特异性
   C. 不可逆性　　D. 高度的亲和力
4. 通过膜受体起调节作用的激素是（　　）
   A. 性激素　　B. 糖皮质激素
   C. 甲状腺素　　D. 肾上腺素
5. 下列哪种受体是酶偶联型受体（　　）
   A. 胰岛素受体　　B. 生长激素受体
   C. 干扰素受体　　D. 甲状腺素受体
6. 细胞内传递激素信息的小分子物质称为（　　）
   A. 递质　　B. 载体
   C. 第一信使　　D. 第二信使
7. cAMP 能激活（　　）
   A. PKG　　B. PKA
   C. PKB　　D. PKC
8. G 蛋白是指（　　）
   A. 鸟苷酸结合蛋白　　B. 鸟苷酸环化酶
   C. PKG　　D. PKA

9. 下列哪种物质不是细胞间信息物质( )

A. 葡萄糖　　B. 乙酰胆碱

C. 一氧化氮　　D. 胰岛素

10. 蛋白激酶的作用是使蛋白质或酶( )

A. 激活　　B. 脱磷酸

C. 水解　　D. 磷酸化

11. 关于细胞内信息物质的描述，错误的是( )

A. 细胞内信息物质的组成多样化

B. 细胞内受体是激素作用的第二信使

C. 细胞内信息物质绝大部分通过酶促级联反应传递信号

D. 在膜受体介导的信号转导途径中起重要作用

12. 下列哪种受体与G蛋白偶联( )

A. 跨膜离子通道型受体　　B. 细胞核内受体

C. 细胞液内受体　　D. 七跨膜α-螺旋受体

13. G蛋白的α亚基本身具有下列哪种酶活性( )

A. CTP酶　　B. ATP酶

C. GTP酶　　D. UTP酶

14. 与G蛋白活化密切相关的核苷酸是( )

A. ATP　　B. GTP

C. CTP　　D. UTP

15. 胰岛素受体具有下列哪种酶的活性( )

A. PKA　　B. PKB

C. PKC　　D. 酪氨酸蛋白激酶

**(二)多项选择题**

1. 通过G蛋白偶联通路发挥作用的有( )

A. 胰高血糖素　　B. 肾上腺素

C. 加压素　　D. 促肾上腺皮质激素

E. 甲状腺素

2. 细胞因子可通过下列哪些分泌方式发挥生物学作用( )

A. 内分泌　　B. 自分泌

C. 旁分泌　　D. 突触分泌

E. 外分泌

3. 受体与配体结合的特点是( )

A. 可逆性　　B. 高度亲和性

C. 高度特异性　　D. 可饱和性

E. 可调节性

4. 下列哪些是激素的第二信使( )

A. DAG　　B. $Ca^{2+}$

C. $Mg^{2+}$　　D. cAMP

E. $IP_3$

5. 需要第二信使的信号转导途径有（　　）
A. cAMP 信号转导途径　B. cGMP 信号转导途径
C. $Ca^{2+}$ 信号转导途径　D. $DAG/IP_3$ 信号转导途径
E. 胞内受体介导的信号转导途径
6. 下列哪些符合 G 蛋白的特性（　　）
A. G 蛋白是鸟苷酸结合蛋白　B. 各种 G 蛋白的差别主要在 α- 亚基
C. α- 亚基本身具有 GTP 酶活性　D. G 蛋白为均一三聚体
E. 体内存在小分子 G 蛋白

**二、简答题**

1. 简述受体与配体结合的特点。
2. 简述膜受体的类型。
3. 简述胞内受体介导的信号转导途径。
4. 简述与 G 蛋白偶联型受体的信号转导方式。
5. 试比较膜受体介导的信号转导途径与胞内受体信号转导途径的异同。

（虞菊萍）

# 参考文献


1. 潘文干. 生物化学. 第6版. 北京：人民卫生出版社，2009
2. 吴梧桐. 生物化学. 第6版. 北京：人民卫生出版社，2007
3. 王镜岩，朱圣庚，徐长发. 生物化学. 第3版. 北京：高等教育出版社，2007
4. 查锡良. 生物化学. 北京：人民卫生出版社，2009
5. 王易振. 生物化学. 北京：人民卫生出版社，2009

# 目标检测参考答案

## 第二章　蛋白质化学

一、选择题

（一）单项选择题

1. D　2. D　3. D　4. C　5. C　6. B　7. D　8. B　9. D　10. B　11. B　12. D　13. D　14. C　15. D

（二）多项选择题

1. AD　2. ACD　3. BCD　4. ABD　5. ABCD　6. ACDE　7. BCD　8. BCD　9. AE　10. ABC

二、简答题（略）

三、实例分析（略）

## 第三章　核 酸 化 学

一、选择题

（一）单项选择题

1. C　2. A　3. D　4. A　5. C　6. C　7. C　8. D　9. A　10. B

（二）多项选择题

1. AC　2. ABC　3. ACD 4. CD　5. ABD　6. BCD　7. AB　8. AB　9. AC　10. CD

二、简答题（略）

三、实例分析（略）

## 第四章　酶

一、选择题

（一）单项选择题

1. C　2. C　3. D　4. C　5. D　6. C　7. C　8. D　9. B　10. D　11. D　12. C　13. C　14. D　15. C

（二）多项选择题

1. AC　2. ABCDE　3. BC　4. BC　5. ABCDE　6. BCE

二、简答题（略）

三、实例分析（略）

## 第五章 维 生 素

一、选择题

（一）单项选择题

1. C 2. B 3. A 4. B 5. D 6. D 7. A 8. A 9. B 10. A 11. C 12. B 13. B

（二）多项选择题

1. ABCE 2. BCD 3. BD 4. ABCDE 5. AC 6. BDE 7. BC 8. CE 9. ACE

二、简答题(略)

三、实例分析(略)

## 第六章 糖 代 谢

一、选择题

（一）单项选择题

1. B 2. D 3. A 4. A 5. B 6. B 7. A 8. C 9. B 10. D

（二）多项选择题

1. AD 2. ABC 3. ABD 4. ABDE 5. ABD

二、简答题(略)

三、实例分析(略)

## 第七章 脂 类 代 谢

一、选择题

（一）单项选择题

1. A 2. D 3. B 4. A 5. A 6. D 7. B 8. A 9. B 10. B 11. B 12. C 13. D 14. C

（二）多项选择题

1. BCE 2. BCD 3. ABDE 4. AE 5. ABC 6. ABCE

二、简答题(略)

三、实例分析

糖尿病酮症酸中毒。发生机制见书。

提示：①糖尿病史较长；②呼吸深大、呼出气为烂苹果味；③血糖远高于正常，尿糖与尿酮体呈强阳性；④ pH 小于 7.35，$HCO_3^-$ 小于 24mmol/L。

## 第八章 生 物 氧 化

一、选择题

（一）单项选择题

1. D 2. D 3. C 4. A 5. B 6. B 7. B 8. D 9. B 10. A

（二）多项选择题

1. ABC 2. ABC 3. AC 4. ABCD 5. BCDE

二、简答题(略)

三、实例分析(略)

## 第九章　氨基酸代谢

一、选择题

(一)单项选择题

1. B　2. B　3. D　4. C　5. C　6. C　7. C　8. B　9. D　10. A　11. D　12. C　13. C　14. C　15. A

(二)多项选择题

1. BD　2. BDE　3. AC　4. CE　5. AB　6. ACDE

二、简答题(略)

三、实例分析(略)

## 第十章　核苷酸代谢

一、选择题

(一)单项选择题

1. C　2. C　3. D　4. D　5. B　6. D　7. C　8. D　9. B　10. B

(二)多项选择题

1. ABCDE　2. ABCE　3. ACE　4. BCD　5. ABCD　6. BCDE

二、简答题(略)

三、实例分析(略)

## 第十一章　基因信息的传递与表达

一、单项选择题

1. A　2. C　3. A　4. B　5. C　6. C　7. C　8. B　9. C　10. D　11. B　12. B　13. C　14. A　15. B　16. C　17. B　18. A　19. A　20. B

二、多项选择题

1. BCDE　2. ADE　3. ABD　4. AE　5. AB　6. ABCE　7. ACD　8. CDE　9. BCE　10. BCD

三、简答题(略)

## 第十二章　水、电解质代谢

一、选择题

(一)单项选择题

1. D　2. B　3. C　4. B　5. C　6. C　7. A　8. B　9. B　10. C　11. C　12. D　13. D　14. B　15. B

(二)多项选择题

1. BD　2. AE　3. ABCE　4. BCDE　5. AD　6. CD

二、简答题(略)

三、实例分析(略)

## 第十三章 酸碱平衡

一、选择题

（一）单项选择题

1. A 2. B 3. B 4. C 5. B 6. D 7. B 8. D 9. D 10. B

（二）多项选择题

1. ABC 2. ABC 3. AC 4. ABC 5. ABD

二、简答题（略）

三、实例分析（略）

## 第十四章 肝脏生化

一、选择题

（一）单项选择题

1. C 2. D 3. C 4. B 5. C 6. C 7. A 8. B 9. C 10. D 11. B 12. D 13. A 14. D 15. B

（二）多项选择题

1. ADE 2. ABCDE 3. CD 4. AB 5. BCE 6. ABCE 7. ABCDE 8. DE 9. BC 10. ABD

二、简答题（略）

## 第十五章 细胞信号转导

一、选择题

（一）单项选择题

1. D 2. B 3. C 4. D 5. A 6. D 7. B 8. A 9. A 10. D 11. B 12. D 13. C 14. B 15. D

（二）多项选择题

1. ABCD 2. BC 3. ABCDE 4. ABDE 5. ABCD 6. ABCE

二、简答题（略）

# 生物化学教学大纲

（供药学、药物制剂技术、化学制药技术专业用）

## 一、课程任务

生物化学是高职高专医药类专业的重要专业基础课之一。生物化学与临床医药学的关系非常密切。近代医药学的发展，大量运用生物化学的理论和方法来诊断、治疗和预防疾病，而且许多疾病的机理也需要从分子水平上加以探讨。可见生物化学为其他医药学基础和临床医药学专业课程提供必要的理论基础，是医药学各专业的必修课。

本课程主要内容包括：氨基酸、蛋白质、核酸、酶、维生素的结构、性质、生物学功能以及它们在医药中的应用；糖类、脂类、氨基酸、核苷酸在体内的代谢、生物氧化及能量代谢；遗传信息传递、复制、转录、翻译等。

本课程的任务是：使学生具备从事药房司药、药物制剂、药品生产、经营管理等工作所必需的生物化学基本知识和基本技能，为学生今后学习相关专业知识和职业技能，增强继续学习和适应职业变化能力，奠定坚实的生物化学基础。

## 二、课程目标

通过本课程的学习，使学生知道并理解生物分子的结构与生理功能，以及结构与功能之间的关系。理解生物体重要物质代谢的基本途径，主要生理意义以及代谢异常与疾病的关系。药物在遗传信息传递、表达、调控中的作用位点等。通过本课程学习，使学生获得生化的基础理论，基本知识；通过实验，使学生学会生化实验的基本操作技能。了解常用临床生化检验指标的临床意义。

### （一）知识目标

1. 掌握蛋白质、核酸、酶的基本理论、生物学功能及理化性质。

2. 熟悉糖类、脂类、氨基酸、核苷酸在体内代谢的基本途径，主要生理意义。熟悉遗传信息传递的基本过程。

3. 了解代谢异常与疾病的关系。

### （二）技能目标

掌握酶活性、糖、脂类、蛋白质等物质的分析检测基本原理和实验操作技术。

### （三）职业素质和态度目标

1. 树立质量意识、安全意识、环保意识。

2. 具有理论联系实际、实事求是的工作作风和科学严谨的工作态度。

3. 具有良好的职业道德和行为规范。

## 三、教学时间分配

| 教学内容 | 学时数 | | |
|---|---|---|---|
| | 理论 | 实践 | 合计 |
| 第一章　绪论 | 1 | | 1 |
| 第二章　蛋白质化学 | 5 | 4 | 9 |
| 第三章　核酸化学 | 3 | 2 | 5 |
| 第四章　酶 | 5 | 2 | 7 |
| 第五章　维生素 | 3 | | 3 |
| 第六章　糖代谢 | 5 | 2 | 7 |
| 第七章　脂类代谢 | 5 | | 5 |
| 第八章　生物氧化[1,2] | 3 | | 3 |
| 第九章　氨基酸代谢 | 3 | | 3 |
| 第十章　核苷酸代谢 | 3 | | 3 |
| 第十一章　基因信息的传递与表达[2] | 8 | | 8 |
| 第十二章　水、电解质代谢[1,3] | 3 | | 3 |
| 第十三章　酸碱平衡[1,3] | 3 | | 3 |
| 第十四章　肝脏生化[1,3] | 4 | | 4 |
| 第十五章　细胞信号转导[2,3] | 3 | | 3 |
| 合　计 | 44 | 10 | 54 |

注：1. 药学专业选讲章节；2. 化学制药技术专业选讲章节；3. 药物制剂技术专业选讲章节。

## 四、教学内容与要求

| 单元 | 教学内容 | 教学要求 | 教学活动参考 | 参考学时 | |
|---|---|---|---|---|---|
| | | | | 理论 | 实践 |
| 一、绪论 | (一)生物化学的发展简史 | 了解 | 理论讲授 | 1 | |
| | (二)生物化学研究的主要内容 | | 理论讲授 | | |
| | 1. 生物体的化学组成 | 了解 | | | |
| | 2. 物质代谢、能量代谢及代谢调节 | 了解 | | | |
| | 3. 基因的复制、表达及调控 | 了解 | | | |
| | 4. 器官生化 | | | | |
| | (三)生物化学与医药学的关系 | 熟悉 | 理论讲授 | | |
| | (四)生物化学的学习方法 | 了解 | 讨论 | | |

续表

| 单元 | 教学内容 | 教学要求 | 教学活动参考 | 参考学时 | |
|---|---|---|---|---|---|
| | | | | 理论 | 实践 |
| 二、蛋白质化学 | (一)蛋白质的化学组成 | | 理论讲授 | 5 | |
| | 1. 蛋白质的元素组成 | 了解 | 多媒体演示 | | |
| | 2. 蛋白质的基本组成单位—氨基酸 | 掌握 | 示教 | | |
| | 3. 蛋白质分子中氨基酸的连接方式 | 熟悉 | 讨论 | | |
| | (二)蛋白质的分子结构 | | | | |
| | 1. 蛋白质的一级结构 | 掌握 | | | |
| | 2. 蛋白质的空间结构 | 了解 | | | |
| | 3. 蛋白质分子结构与功能的关系 | 了解 | | | |
| | (三)蛋白质的理化性质 | | | | |
| | 1. 蛋白质两性电离和等电点 | 熟悉 | | | |
| | 2. 蛋白质的亲水胶体性质 | 熟悉 | | | |
| | 3. 蛋白质的变性沉淀与凝固 | 掌握 | | | |
| | 4. 蛋白质的颜色反应和紫外吸收 | 掌握 | | | |
| | 实践 1. 蛋白质等电点测定 | 学会 | 技能实践 | | 2 |
| | 实践 2. 蛋白质的含量测定 *(选做) | 掌握 | 技能实践 | | 2 |
| | 实践 3. 醋酸纤维薄膜电泳分离血清蛋白质 | 学会 | 技能实践 | | 2 |
| 三、核酸化学 | (一)核酸的化学组成 | | 理论讲授 | 3 | |
| | 1. 核酸的元素组成 | 熟悉 | 多媒体演示 | | |
| | 2. 核酸的基本结构单位 | 熟悉 | 示教 | | |
| | 3. 体内重要的游离核苷酸及其衍生物 | 了解 | 讨论 | | |
| | (二)核酸的结构与功能 | | | | |
| | 1. DNA 的分子结构与功能 | 掌握 | | | |
| | 2. RNA 的结构与功能 | 掌握 | | | |
| | (三)核酸的理化性质及其应用 | | | | |
| | 1. 核酸的酸碱性质 | 了解 | | | |
| | 2. 核酸的紫外吸收特性 | 熟悉 | | | |
| | 3. 核酸的变性、复性与杂交 | 熟悉 | | | |
| | 实践 4. RNA 的提取及组分鉴定 | 学会 | 技能实践 | | 2 |
| 四、酶 | (一)概述 | | 理论讲授 | 5 | |
| | 1. 酶催化反应的特点 | 熟悉 | 多媒体演示 | | |
| | 2. 酶的命名与分类 | 了解 | 示教 | | |
| | (二)酶的化学组成与结构 | | 讨论 | | |
| | 1. 酶的化学组成 | 了解 | | | |

续表

| 单元 | 教学内容 | 教学要求 | 教学活动参考 | 参考学时 | |
|---|---|---|---|---|---|
| | | | | 理论 | 实践 |
| 四、酶 | 2. 酶的分子结构 | 掌握 | | | |
| | (三)影响酶促反应速度的因素 | | | | |
| | 1. 底物浓度的影响 | 熟悉 | | | |
| | 2. 酶浓度的影响 | 熟悉 | | | |
| | 3. 温度的影响 | 熟悉 | | | |
| | 4. pH 的影响 | 熟悉 | | | |
| | 5. 激活剂的影响 | 了解 | | | |
| | 6. 抑制剂的影响 | 熟悉 | | | |
| | (四)酶在医药领域的应用 | | | | |
| | 1. 酶与疾病的关系 | 了解 | | | |
| | 2. 酶与疾病的诊断 | 了解 | | | |
| | 3. 酶与疾病的治疗 | 了解 | | | |
| | 实践 5. 酶的特性实验 | 掌握 | 技能实践 | | 2 |
| 五、维生素 | (一)概述 | | 理论讲授 | 3 | |
| | 1. 维生素的命名与分类 | 熟悉 | 多媒体演示 | | |
| | 2. 维生素缺乏与中毒 | 了解 | 示教 | | |
| | (二)脂溶性维生素 | | 讨论 | | |
| | 1. 维生素 A | 熟悉 | | | |
| | 2. 维生素 D | 熟悉 | | | |
| | 3. 维生素 E | 了解 | | | |
| | 4. 维生素 K | 了解 | | | |
| | (三)水溶性维生素 | | | | |
| | 1. 维生素 $B_1$ | 熟悉 | | | |
| | 2. 维生素 $B_2$ | 熟悉 | | | |
| | 3. 维生素 PP | 掌握 | | | |
| | 4. 维生素 $B_6$ | 熟悉 | | | |
| | 5. 泛酸 | 熟悉 | | | |
| | 6. 生物素 | 了解 | | | |
| | 7. 叶酸 | 熟悉 | | | |
| | 8. 维生素 $B_{12}$ | 了解 | | | |
| | 9. 硫辛酸 | 了解 | | | |
| | 10. 维生素 C | 熟悉 | | | |

续表

| 单元 | 教学内容 | 教学要求 | 教学活动参考 | 参考学时 | |
|---|---|---|---|---|---|
| | | | | 理论 | 实践 |
| 六、糖代谢 | (一)概述 | | 理论讲授 | 5 | |
| | 1. 糖的生理功能 | 了解 | 多媒体演示 | | |
| | 2. 糖在体内的代谢概况 | 了解 | 示教 | | |
| | (二)糖的分解代谢 | | 讨论 | | |
| | 1. 糖的无氧分解 | 掌握 | | | |
| | 2. 糖的有氧氧化 | 掌握 | | | |
| | 3. 磷酸戊糖途径 | 了解 | | | |
| | (三)糖原代谢 | | | | |
| | 1. 糖原的合成 | 了解 | | | |
| | 2. 糖原的分解 | 了解 | | | |
| | (四)糖异生作用 | | | | |
| | 1. 糖异生途径 | 了解 | | | |
| | 2. 糖异生作用的生理意义 | 熟悉 | | | |
| | (五)血糖与血糖浓度的调节 | | | | |
| | 1. 血糖的来源与去路 | 熟悉 | | | |
| | 2. 血糖浓度的调节 | 了解 | | | |
| | 3. 糖代谢异常 | 熟悉 | | | |
| | 实践6: 血糖测定(葡萄糖氧化酶法) | 学会 | 技能实践 | | 2 |
| 七、脂类代谢 | (一)概述 | | 理论讲授 | 5 | |
| | 1. 脂类的主要生理功能 | 了解 | 多媒体演示 | | |
| | 2. 脂类在体内的分布 | 了解 | 示教 | | |
| | (二)血脂与血浆脂蛋白 | | 讨论 | | |
| | 1. 血脂 | 熟悉 | | | |
| | 2. 血浆脂蛋白的分类与组成 | 了解 | | | |
| | 3. 血浆脂蛋白代谢异常 | 熟悉 | | | |
| | (三)甘油三酯代谢 | | | | |
| | 1. 甘油三酯的分解代谢 | 熟悉 | | | |
| | 2. 甘油三酯的合成代谢 | 了解 | | | |
| | (四)胆固醇代谢 | | | | |
| | 1. 胆固醇的生物合成 | 了解 | | | |
| | 2. 胆固醇的酯化 | 了解 | | | |
| | 3. 胆固醇在体内的转变和排泄 | 熟悉 | | | |

续表

| 单元 | 教学内容 | 教学要求 | 教学活动参考 | 参考学时 | |
|---|---|---|---|---|---|
| | | | | 理论 | 实践 |
| 八、生物氧化[12] | (一)概述 | | 理论讲授 | | |
| | 1. 生物氧化的概念 | 了解 | 多媒体演示 | | |
| | 2. 生物氧化的特点 | 了解 | 示教 | | |
| | (二)线粒体氧化体系 | | 讨论 | | |
| | 1. 呼吸链 | 熟悉 | | | |
| | 2. ATP 的生成 | 熟悉 | | | |
| | 3. 能量的利用、转移和贮存 | 了解 | | | |
| | (三)非线粒体氧化体系 | | | | |
| | 1、微粒体加单氧酶系 | 了解 | | | |
| | 2. 过氧化物酶体中的氧化酶类 | 了解 | | | |
| 九、氨基酸代谢 | (一)蛋白质的营养作用 | | 理论讲授 | 3 | |
| | 1. 蛋白质的生理功能 | 熟悉 | 多媒体演示 | | |
| | 2. 蛋白质的需要量 | 熟悉 | 示教 | | |
| | (二)蛋白质的消化、吸收与腐败 | | 讨论 | | |
| | 1. 蛋白质的消化与吸收 | 了解 | | | |
| | 2. 蛋白质在肠道中的腐败 | 了解 | | | |
| | (三)氨基酸的一般分解代谢 | | | | |
| | 1. 体内氨基酸的代谢概况 | 了解 | | | |
| | 2. 氨基酸的脱氨基作用 | 熟悉 | | | |
| | 3. $\alpha$- 酮酸的代谢 | 了解 | | | |
| | (四)氨的代谢 | | | | |
| | 1. 氨的来源 | 了解 | | | |
| | 2. 氨的转运 | 了解 | | | |
| | 3. 氨的去路 | 熟悉 | | | |
| | 4. 高血氨症和氨中毒 | 熟悉 | | | |
| | (五)个别氨基酸代谢 | | | | |
| | 1. 氨基酸的脱羧基作用 | 了解 | | | |
| | 2. 一碳单位的代谢 | 熟悉 | | | |
| | 3. 芳香族氨基酸代谢 | 了解 | | | |

续表

| 单元 | 教学内容 | 教学要求 | 教学活动参考 | 参考学时 | |
|---|---|---|---|---|---|
| | | | | 理论 | 实践 |
| 九、氨基酸代谢 | (六)糖、脂类和蛋白质代谢的联系<br>1. 在能量代谢上的相互联系<br>2. 在物质代谢上的相互联系 | <br>了解<br>了解 | | | |
| 十、核苷酸代谢 | (一)嘌呤核苷酸的代谢<br>1. 嘌呤核苷酸的合成代谢<br>2. 嘌呤核苷酸的分解代谢<br>(二)嘧啶核苷酸的代谢<br>1. 嘧啶核苷酸的合成代谢<br>2. 嘧啶核苷酸的分解代谢<br>(三)核苷酸的抗代谢物<br>1. 嘌呤核苷酸的抗代谢物<br>2. 嘧啶核苷酸的抗代谢物 | <br>熟悉<br>了解<br><br>熟悉<br>了解<br><br>熟悉<br>熟悉 | 理论讲授<br>多媒体演示<br>示教<br>讨论 | 3 | |
| 十一、基因信息的传递与表达[2] | (一)DNA 的生物合成<br>1. DNA 的复制<br>2. 逆转录<br>3. DNA 的损伤与修复<br>(二)RNA 的生物合成—转录<br>1. 转录的体系<br>2. 转录的过程<br>3. 转录的特点<br>4. 真核生物 RNA 转录后的加工修饰<br>(三)蛋白质的生物合成<br>1. 蛋白质生物合成体系<br>2. 蛋白质生物合成过程<br>3. 蛋白质生物合成与医学的关系 | <br>熟悉<br>了解<br>了解<br><br>熟悉<br>熟悉<br>熟悉<br>了解<br><br>掌握<br>了解<br>熟悉 | 理论讲授<br>多媒体演示<br>示教<br>讨论<br><br><br><br><br><br><br>多媒体演示<br>讨论 | 8 | |
| 十二、水、电解质代谢[13] | (一)体液<br>1. 体液的含义与组成<br>2. 体液电解质含量及分布特点<br>3. 体液的交换<br>(二)水平衡<br>1. 水的生理功能<br>2. 水的动态平衡 | <br>熟悉<br>了解<br><br><br>熟悉<br>了解 | 理论讲授<br>多媒体演示<br>示教<br>讨论 | 3 | |

续表

| 单元 | 教学内容 | 教学要求 | 教学活动参考 | 参考学时 | |
|---|---|---|---|---|---|
| | | | | 理论 | 实践 |
| 十二、水、电解质代谢[13] | （三）电解质平衡 | | | | |
| | 1. 电解质的生理功能 | 掌握 | | | |
| | 2. 重要电解质的代谢 | 了解 | | | |
| | 3. 体内主要微量元素代谢 | | | | |
| | （四）水、电解质平衡的调节 | | | | |
| | 1. 神经调节 | 了解 | | | |
| | 2. 器官调节 | 了解 | | | |
| | 3. 激素调节 | 了解 | | | |
| | 实践 7. 血清无机磷的测定 *（选做） | 学会 | 技能实践 | | 2 |
| 十三、酸碱平衡[13] | （一）体内酸、碱物质的来源 | | 理论讲授 | | |
| | 1. 酸性物质的来源 | 了解 | 多媒体演示 | | |
| | 2. 碱性物质的来源 | 了解 | 示教 | | |
| | （二）酸碱平衡的调节 | | 讨论 | | |
| | 1. 血液的缓冲作用 | 熟悉 | | | |
| | 2. 肺的调节作用 | 熟悉 | | | |
| | 3. 肾的调节作用 | 熟悉 | | | |
| | （三）常见酸碱平衡失调 | | | | |
| | 1. 呼吸性酸中毒 | 了解 | | | |
| | 2. 代谢性酸中毒 | 了解 | | | |
| | 3. 呼吸性碱中毒 | 了解 | | | |
| | 4. 代谢性碱中毒 | 了解 | | | |
| | （四）判断酸碱平衡的常见生化指标 | | | | |
| 十四、肝脏生化[13] | （一）肝的生物转化作用 | | 理论讲授 | | |
| | 1. 生物转化作用概念与意义 | 熟悉 | 多媒体演示 | | |
| | 2. 生物转化类型及酶系 | 掌握 | 示教 | | |
| | 3. 影响生物转化的因素 | 熟悉 | 讨论 | | |
| | （二）胆汁酸代谢 | | | | |
| | 1. 胆汁酸的结构与分类 | 了解 | | | |
| | 2. 胆汁酸的肠肝循环 | 了解 | | | |
| | 3. 胆汁酸的生理功能 | 熟悉 | | | |
| | （三）胆色素代谢 | | | | |
| | 1. 胆红素的生成 | 熟悉 | | | |
| | 2. 胆红素的运输 | 了解 | | | |

续表

| 单元 | 教学内容 | 教学要求 | 教学活动参考 | 参考学时 | |
|---|---|---|---|---|---|
| | | | | 理论 | 实践 |
| 十四、肝脏生化[1,3] | 3. 胆红素在肝内的代谢 | 了解 | | | |
| | 4. 胆红素在肠中的代谢 | 了解 | | | |
| | 5. 血清胆红素与黄疸 | 熟悉 | | | |
| 十五、细胞信号转导[2,3] | (一)信号分子与受体 | | 理论讲授 | 3 | |
| | 1. 信号分子的种类及传递方式 | 掌握 | 多媒体演示 | | |
| | 2. 受体的种类与作用特点 | 熟悉 | 示教 | | |
| | (二)细胞信号转导途径 | | 讨论 | | |
| | 1. 膜受体介导的信号转导途径 | 熟悉 | | | |
| | 2. 胞内受体介导的信号转导途径 | 熟悉 | | | |
| | (三)细胞信号转导与医药学 | 了解 | | | |

注：1. 药学专业选讲章节；2. 化学制药技术专业选讲章节；3. 药物制剂技术专业选讲章节。

# 五、大纲说明

**（一）适用对象**

本教学大纲主要供高职高专（三年制）药学专业、药物制剂技术专业、化学制药技术专业教学使用，五年制高职参考使用。

**（二）参考学时**

本大纲安排总学时为54学时，其中理论教学时数为44学时，实践教学时数为10学时，理实比为4.4∶1，各校可根据专业培养目标、专业知识结构需要、职业技能要求及学校教学实验条件自行调整。

表中带“[1,2,3]”号的章节或实践项目可根据各学校教学具体情况的不同，自行取舍。

**（三）教学要求**

1. 本课程对理论部分教学要求分为掌握、熟悉、了解3个层次。掌握：指学生对所学的知识和技能能熟练应用，能综合分析和解决后续课程和工作中实际问题；熟悉：指学生对所学的知识基本掌握和会应用所学的技能；了解：指对学过的知识点能记忆和理解。

2. 本课程重点突出以能力为本位的教学理念，在实践技能方面设计了2个层次。掌握：指学生能正确理解实验原理，独立、正确、规范地完成各项实验操作。学会：指学生能根据实验原理，按照各种实验项目能进行正确操作。

**（四）教学建议**

1. 生物化学知识点多且抽象难理解。教师在课堂教学时应突出知识特点，减少知识的抽象性，多采用实物、模型、多媒体等直观教学的形式，增加学生的感性认识，提高课堂教学效果。

2. 教学中应突出重点，分解难点，由浅到深，循序渐进。理论联系实际，激发学生学习兴趣。多采用归纳、小结、比较等方法引导学生学习。

3. 实践教学应注重培养学生实际的基本操作技能，实践训练时多给学生动手的机会，提高学生实际动手的能力和分析问题、解决问题的能力。

4. 学生的知识水平和能力水平，应通过平时达标训练、提问、作业（实验报告）、阶段测验、操作技能考核和考试等多种形式综合考评。

# 生物化学教学大纲

（供中药制药技术、药品经营与管理专业用）

## 一、课程任务

生物化学是高职高专医药类中药制药技术、药品经营与管理专业的重要专业基础课之一。生物化学与临床医药学的关系非常密切。近代医药学的发展，大量运用生物化学的理论和方法来诊断、治疗和预防疾病，而且许多疾病的机理也需要从分子水平上加以探讨。可见生物化学课程为其他医药学基础课程和临床医药学课程提供必要的理论基础，是医药学各专业的必修课。

本课程主要内容包括：氨基酸、蛋白质、核酸、酶、维生素的结构、性质、生物学功能以及它们在医药中的应用；糖类、脂类、氨基酸、核苷酸在体内的代谢及代谢调节、生物氧化及能量代谢；遗传信息传递、复制、转录、翻译等。

本课程的任务是：使学生具备从事中药生产、药品经营管理等工作所必需的生物化学基本知识和基本技能，为学生今后学习相关专业知识和职业技能，增强继续学习和适应职业变化能力，奠定坚实的生物化学基础。

## 二、课程目标

通过本课程的学习，使学生知道并理解生物分子的结构与生理功能，以及结构与功能之间的关系。理解生物体重要物质代谢的基本途径，主要生理意义、调节以及代谢异常与疾病的关系。理解遗传信息传递的基本过程。通过本课程学习，使学生获得生化的基础理论，基本知识；通过实验，使学生学会生化实验的基本操作技能。了解常用临床生化检验指标的临床意义。

### （一）知识目标

1. 掌握蛋白质、核酸、酶的基本理论、生物学功能及理化性质。

2. 熟悉糖类、脂类、氨基酸、核苷酸在体内代谢的基本途径，主要生理意义。熟悉遗传信息传递的基本过程。

3. 了解代谢异常与疾病的关系。

### （二）技能目标

熟悉酶活性、糖、脂类、蛋白质等物质的分析检测基本原理和实验操作技术。

### （三）职业素质和态度目标

1. 树立质量意识、安全意识、环保意识。

2. 具有理论联系实际、实事求是的工作作风和科学严谨的工作态度。

3. 具有良好的职业道德和行为规范。

# 三、教学时间分配

| 教学内容 | 学时数 | | |
|---|---|---|---|
| | 理论 | 实践 | 合计 |
| 第一章　绪论 | 1 | | 1 |
| 第二章　蛋白质化学 | 5 | 4 | 9 |
| 第三章　核酸化学 | 3 | 2 | 5 |
| 第四章　酶 | 5 | 2 | 7 |
| 第五章　维生素 | 3 | | 3 |
| 第六章　糖代谢 | 5 | 2 | 7 |
| 第七章　脂类代谢 | 5 | | 5 |
| 第八章　生物氧化 | 3 | | 3 |
| 第九章　氨基酸代谢 | 3 | | 5 |
| 第十章　核苷酸代谢 | 3 | | 3 |
| 第十一章　基因信息的传递与表达 * | | | |
| 第十二章　水、电解质代谢 | 4 | | 4 |
| 第十三章　酸碱平衡 * | | | |
| 第十四章　肝脏生化 | 4 | | 4 |
| 第十五章　细胞信号转导 * | | | |
| 合　计 | 44 | 10 | 54 |

注：* 为选讲章节。

# 四、教学内容与要求

| 单元 | 教学内容 | 教学要求 | 教学活动参考 | 参考学时 | |
|---|---|---|---|---|---|
| | | | | 理论 | 实践 |
| 一、绪论 | （一）生物化学的发展简史 | 了解 | 理论讲授 | 1 | |
| | （二）生物化学研究的主要内容 | | 理论讲授 | | |
| | 1. 生物体的化学组成 | 了解 | | | |
| | 2. 物质代谢、能量代谢及代谢调节 | 了解 | | | |
| | 3. 基因的复制、表达及调控 | 了解 | | | |
| | 4. 器官生化 | | | | |
| | （三）生物化学与医药学的关系 | 熟悉 | 理论讲授 | | |
| | （四）生物化学的学习方法 | 了解 | 讨论 | | |

续表

| 单元 | 教学内容 | 教学要求 | 教学活动参考 | 参考学时 | |
|---|---|---|---|---|---|
| | | | | 理论 | 实践 |
| 二、蛋白质化学 | (一)蛋白质的化学组成 | | 理论讲授 | 5 | |
| | 1. 蛋白质的元素组成 | 了解 | 多媒体演示 | | |
| | 2. 蛋白质的基本组成单位—氨基酸 | 掌握 | 示教 | | |
| | 3. 蛋白质分子中氨基酸的连接方式 | 熟悉 | 讨论 | | |
| | (二)蛋白质的分子结构 | | | | |
| | 1. 蛋白质的一级结构 | 掌握 | | | |
| | 2. 蛋白质的空间结构 | 了解 | | | |
| | 3. 蛋白质分子结构与功能的关系 | 了解 | | | |
| | (三)蛋白质的理化性质 | | | | |
| | 1. 蛋白质两性电离和等电点 | 熟悉 | | | |
| | 2. 蛋白质的亲水胶体性质 | 熟悉 | | | |
| | 3. 蛋白质的变性沉淀与凝固 | 掌握 | | | |
| | 4. 蛋白质的颜色反应和紫外吸收 | 掌握 | | | |
| | 实践 1. 蛋白质等电点测定 | 学会 | 技能实践 | | 2 |
| | 实践 2. 蛋白质的含量测定 * | 学会 | 技能实践 | | 2 |
| | 实践 3. 醋酸纤维薄膜电泳分离血清蛋白质 | 学会 | 技能实践 | | 2 |
| 三、核酸化学 | (一)核酸的化学组成 | | 理论讲授 | 3 | |
| | 1. 核酸的元素组成 | 熟悉 | 多媒体演示 | | |
| | 2. 核酸的基本结构单位 | 熟悉 | 示教 | | |
| | 3. 体内重要的游离核苷酸及其衍生物 | 了解 | 讨论 | | |
| | (二)核酸的结构与功能 | | | | |
| | 1. DNA 的分子结构与功能 | 掌握 | | | |
| | 2. RNA 的结构与功能 | 掌握 | | | |
| | (三)核酸的理化性质及其应用 | | | | |
| | 1. 核酸的酸碱性质 | 了解 | | | |
| | 2. 核酸的紫外吸收特性 | 熟悉 | | | |
| | 3. 核酸的变性、复性与杂交 | 熟悉 | | | |
| | 实践 4. RNA 的提取及组分鉴定 | 学会 | 技能实践 | | 2 |
| 四、酶 | (一)概述 | | 理论讲授 | 5 | |
| | 1. 酶催化反应的特点 | 熟悉 | 多媒体演示 | | |
| | 2. 酶的命名与分类 | 了解 | 示教 | | |
| | (二)酶的化学组成与结构 | | 讨论 | | |
| | 1. 酶的化学组成 | 了解 | | | |

续表

| 单元 | 教学内容 | 教学要求 | 教学活动参考 | 参考学时 | |
|---|---|---|---|---|---|
| | | | | 理论 | 实践 |
| 四、酶 | 2. 酶的分子结构 | 掌握 | | | |
| | (三)影响酶促反应速度的因素 | | | | |
| | 1. 底物浓度的影响 | 熟悉 | | | |
| | 2. 酶浓度的影响 | 熟悉 | | | |
| | 3. 温度的影响 | 熟悉 | | | |
| | 4. pH 的影响 | 熟悉 | | | |
| | 5. 激活剂的影响 | 了解 | | | |
| | 6. 抑制剂的影响 | 熟悉 | | | |
| | (四)酶在医药领域的应用 | | | | |
| | 1. 酶与疾病的关系 | 了解 | | | |
| | 2. 酶与疾病的诊断 | 了解 | | | |
| | 3. 酶与疾病的治疗 | 了解 | | | |
| | 实践 5. 酶的特性实验 | 掌握 | 技能实践 | | 2 |
| 五、维生素 | (一)概述 | | 理论讲授 | 3 | |
| | 1. 维生素的命名与分类 | 熟悉 | 多媒体演示 | | |
| | 2. 维生素缺乏与中毒 | 了解 | 示教 | | |
| | (二)脂溶性维生素 | | 讨论 | | |
| | 1. 维生素 A | 熟悉 | | | |
| | 2. 维生素 D | 熟悉 | | | |
| | 3. 维生素 E | 了解 | | | |
| | 4. 维生素 K | 了解 | | | |
| | (三)水溶性维生素 | | | | |
| | 1. 维生素 $B_1$ | 熟悉 | | | |
| | 2. 维生素 $B_2$ | 熟悉 | | | |
| | 3. 维生素 PP | 掌握 | | | |
| | 4. 维生素 $B_6$ | 熟悉 | | | |
| | 5. 泛酸 | 熟悉 | | | |
| | 6. 生物素 | 了解 | | | |
| | 7. 叶酸 | 熟悉 | | | |
| | 8. 维生素 $B_{12}$ | 了解 | | | |
| | 9. 硫辛酸 | 了解 | | | |
| | 10. 维生素 C | 熟悉 | | | |

续表

| 单元 | 教学内容 | 教学要求 | 教学活动参考 | 参考学时 | |
|---|---|---|---|---|---|
| | | | | 理论 | 实践 |
| 六、糖代谢 | (一)概述 | | 理论讲授 | 5 | |
| | 1. 糖的生理功能 | 了解 | 多媒体演示 | | |
| | 2. 糖在体内的代谢概况 | 了解 | 示教 | | |
| | (二)糖的分解代谢 | | 讨论 | | |
| | 1. 糖的无氧分解 | 掌握 | | | |
| | 2. 糖的有氧氧化 | 掌握 | | | |
| | 3. 磷酸戊糖途径 | 了解 | | | |
| | (三)糖原代谢 | | | | |
| | 1. 糖原的合成 | 了解 | | | |
| | 2. 糖原的分解 | 了解 | | | |
| | (四)糖异生作用 | | | | |
| | 1. 糖异生途径 | 了解 | | | |
| | 2. 糖异生作用的生理意义 | 熟悉 | | | |
| | (五)血糖与血糖浓度的调节 | | | | |
| | 1. 血糖的来源与去路 | 熟悉 | | | |
| | 2. 血糖浓度的调节 | 了解 | | | |
| | 3. 糖代谢异常 | 熟悉 | | | |
| | 实践6: 血糖测定(葡萄糖氧化酶法) | 学会 | 技能实践 | | 2 |
| 七、脂类代谢 | (一)概述 | | 理论讲授 | 5 | |
| | 1. 脂类的主要生理功能 | 了解 | 多媒体演示 | | |
| | 2. 脂类在体内的分布 | 了解 | 示教 | | |
| | (二)血脂与血浆脂蛋白 | | 讨论 | | |
| | 1. 血脂 | 熟悉 | | | |
| | 2. 血浆脂蛋白的分类与组成 | 了解 | | | |
| | 3. 血浆脂蛋白代谢异常 | 熟悉 | | | |
| | (三)甘油三酯代谢 | | | | |
| | 1. 甘油三酯的分解代谢 | 熟悉 | | | |
| | 2. 甘油三酯的合成代谢 | 了解 | | | |
| | (四)胆固醇代谢 | | | | |
| | 1. 胆固醇的生物合成 | 了解 | | | |
| | 2. 胆固醇的酯化 | 了解 | | | |
| | 3. 胆固醇在体内的转变和排泄 | 熟悉 | | | |

续表

| 单元 | 教学内容 | 教学要求 | 教学活动参考 | 参考学时 | |
|---|---|---|---|---|---|
| | | | | 理论 | 实践 |
| 八、生物氧化 | (一)概述 | | 理论讲授 | 3 | |
| | 1. 生物氧化的概念 | 了解 | 多媒体演示 | | |
| | 2. 生物氧化的特点 | 了解 | 示教 | | |
| | (二)线粒体氧化体系 | | 讨论 | | |
| | 1. 呼吸链 | 熟悉 | | | |
| | 2. ATP 的生成 | 熟悉 | | | |
| | 3. 能量的利用、转移和贮存 | 了解 | | | |
| | (三)非线粒体氧化体系 | | | | |
| | 1. 微粒体加单氧酶系 | 了解 | | | |
| | 2. 过氧化物酶体中的氧化酶类 | 了解 | | | |
| 九、氨基酸代谢 | (一)蛋白质的营养作用 | | 理论讲授 | 3 | |
| | 1. 蛋白质的生理功能 | 熟悉 | 多媒体演示 | | |
| | 2. 蛋白质的需要量 | 熟悉 | 示教 | | |
| | (二)蛋白质的消化、吸收与腐败 | | 讨论 | | |
| | 1. 蛋白质的消化与吸收 | 了解 | | | |
| | 2. 蛋白质在肠道中的腐败 | 了解 | | | |
| | (三)氨基酸的一般分解代谢 | | | | |
| | 1. 体内氨基酸的代谢概况 | 了解 | | | |
| | 2. 氨基酸的脱氨基作用 | 熟悉 | | | |
| | 3. $\alpha$-酮酸的代谢 | 了解 | | | |
| | (四)氨的代谢 | | | | |
| | 1. 氨的来源 | 了解 | | | |
| | 2. 氨的转运 | 了解 | | | |
| | 3. 氨的去路 | 熟悉 | | | |
| | 4. 高血氨症和氨中毒 | 熟悉 | | | |
| | (五)个别氨基酸代谢 | | | | |
| | 1. 氨基酸的脱羧基作用 | 了解 | | | |
| | 2. 一碳单位的代谢 | 熟悉 | | | |
| | 3. 芳香族氨基酸代谢 | 了解 | | | |

续表

| 单元 | 教学内容 | 教学要求 | 教学活动参考 | 参考学时 | |
|---|---|---|---|---|---|
| | | | | 理论 | 实践 |
| 九、氨基酸代谢 | (六)糖、脂类和蛋白质代谢的联系 | | | | |
| | 1. 在能量代谢上的相互联系 | 了解 | | | |
| | 2. 在物质代谢上的相互联系 | 了解 | | | |
| 十、核苷酸代谢 | (一)嘌呤核苷酸的代谢 | | 理论讲授 | 3 | |
| | 1. 嘌呤核苷酸的合成代谢 | 熟悉 | 多媒体演示 | | |
| | 2. 嘌呤核苷酸的分解代谢 | 了解 | 示教 | | |
| | (二)嘧啶核苷酸的代谢 | | 讨论 | | |
| | 1. 嘧啶核苷酸的合成代谢 | 熟悉 | | | |
| | 2. 嘧啶核苷酸的分解代谢 | 了解 | | | |
| | (三)核苷酸的抗代谢物 | | | | |
| | 1. 嘌呤核苷酸的抗代谢物 | 熟悉 | | | |
| | 2. 嘧啶核苷酸的抗代谢物 | 熟悉 | | | |
| 十一、基因信息的传递与表达* | (一)DNA 的生物合成 | | 理论讲授 | | |
| | 1. DNA 的复制 | 熟悉 | 多媒体演示 | | |
| | 2. 逆转录 | 了解 | 示教 | | |
| | 3. DNA 的损伤与修复 | 了解 | 讨论 | | |
| | (二)RNA 的生物合成—转录 | | | | |
| | 1. 转录的体系 | 熟悉 | | | |
| | 2. 转录的过程 | 熟悉 | | | |
| | 3. 转录的特点 | 熟悉 | | | |
| | 4. 真核生物 RNA 转录后的加工修饰 | 了解 | | | |
| | (三)蛋白质的生物合成 | | | | |
| | 1. 蛋白质生物合成体系 | 掌握 | 多媒体演示 | | |
| | 2. 蛋白质生物合成过程 | 了解 | 讨论 | | |
| | 3. 蛋白质生物合成与医学的关系 | 熟悉 | | | |
| 十二、水、电解质代谢 | (一)体液 | | 理论讲授 | 4 | |
| | 1. 体液的含义与组成 | 熟悉 | 多媒体演示 | | |
| | 2. 体液电解质含量及分布特点 | 了解 | 示教 | | |
| | 3. 体液的交换 | | 讨论 | | |
| | (二)水平衡 | | | | |
| | 1. 水的生理功能 | 熟悉 | | | |
| | 2. 水的动态平衡 | 了解 | | | |

续表

| 单元 | 教学内容 | 教学要求 | 教学活动参考 | 参考学时 | |
|---|---|---|---|---|---|
| | | | | 理论 | 实践 |
| 十二、水、电解质代谢 | (三)电解质平衡 | | | | |
| | 1. 电解质的生理功能 | 掌握 | | | |
| | 2. 重要电解质的代谢 | 了解 | | | |
| | 3. 体内主要微量元素代谢 | | | | |
| | (四)水、电解质平衡的调节 | | | | |
| | 1. 神经调节 | 了解 | | | |
| | 2. 器官调节 | 了解 | | | |
| | 3. 激素调节 | 了解 | | | |
| | 实践 7. 血清无机磷的测定 * | 学会 | 技能实践 | | 2 |
| 十三、酸碱平衡 * | (一)体内酸、碱物质的来源 | | 理论讲授 | | |
| | 1. 酸性物质的来源 | 了解 | 多媒体演示 | | |
| | 2. 碱性物质的来源 | 了解 | 示教 | | |
| | (二)酸碱平衡的调节 | | 讨论 | | |
| | 1. 血液的缓冲作用 | 熟悉 | | | |
| | 2. 肺的调节作用 | 熟悉 | | | |
| | 3. 肾的调节作用 | 熟悉 | | | |
| | (三)常见酸碱平衡失调 | | | | |
| | 1. 呼吸性酸中毒 | 了解 | | | |
| | 2. 代谢性酸中毒 | 了解 | | | |
| | 3. 呼吸性碱中毒 | 了解 | | | |
| | 4. 代谢性碱中毒 | 了解 | | | |
| | (四)判断酸碱平衡的常见生化指标 | | | | |
| 十四、肝脏生化 | (一)肝的生物转化作用 | | 理论讲授 | 4 | |
| | 1. 生物转化作用概念与意义 | 熟悉 | 多媒体演示 | | |
| | 2. 生物转化类型及酶系 | 掌握 | 示教 | | |
| | 3. 影响生物转化的因素 | 熟悉 | 讨论 | | |
| | (二)胆汁酸代谢 | | | | |
| | 1. 胆汁酸的结构与分类 | 了解 | | | |
| | 2. 胆汁酸的肠肝循环 | 了解 | | | |
| | 3. 胆汁酸的生理功能 | 熟悉 | | | |
| | (三)胆色素代谢 | | | | |
| | 1. 胆红素的生成 | 熟悉 | | | |

续表

| 单元 | 教学内容 | 教学要求 | 教学活动参考 | 参考学时 | |
|---|---|---|---|---|---|
| | | | | 理论 | 实践 |
| 十四、肝脏生化 | 2. 胆红素的运输 | 了解 | | | |
| | 3. 胆红素在肝内的代谢 | 了解 | | | |
| | 4. 胆红素在肠中的代谢 | 了解 | | | |
| | 5. 血清胆红素与黄疸 | 熟悉 | | | |
| 十五、细胞信号转导 * | (一)信号分子与受体 | | 理论讲授 | | |
| | 1. 信号分子的种类及传递方式 | 掌握 | 多媒体演示 | | |
| | 2. 受体的种类与作用特点 | 熟悉 | 示教 | | |
| | (二)细胞信号转导途径 | | 讨论 | | |
| | 1. 膜受体介导的信号转导途径 | 熟悉 | | | |
| | 2. 胞内受体介导的信号转导途径 | 熟悉 | | | |
| | (三)细胞信号转导与医药学 | 了解 | | | |

注：* 为选讲章节。

## 五、大纲说明

### (一)适用对象

本教学大纲主要供高职高专(三年制)中药制药技术、药品经营与管理专业教学使用,五年制高职参考使用。

### (二)参考学时

本教学大纲安排总学时为 54 学时,其中理论教学时数为 44 学时,实践教学时数为 10 学时,理实比为 4.4: 1,各校可根据专业培养目标、专业知识结构需要、职业技能要求及学校教学实验条件自行调整。

表中带“*”号的章节或实践项目可根据各学校教学具体情况的不同,自行取舍。

### (三)教学要求

1. 本课程对理论部分教学要求分为掌握、熟悉、了解 3 个层次。掌握: 指学生对所学的知识和技能能熟练应用,能综合分析和解决后续课程和工作中实际问题; 熟悉: 指学生对所学的知识基本掌握和会应用所学的技能; 了解: 指对学过的知识点能记忆和理解。

2. 本课程重点突出以能力为本位的教学理念,在实践技能方面设计了 2 个层次。掌握: 指学生能正确理解实验原理,独立、正确、规范地完成各项实验操作。学会: 指学生能根据实验原理,按照各种实验项目能进行正确操作。

### (四)教学建议

1. 生物化学知识点多且抽象难理解。教师在课堂教学时应突出知识特点,减少知识的抽象性,多采用实物、模型、多媒体等直观教学的形式,增加学生的感性认识,提高课堂教学效果。

2. 教学中应突出重点，分解难点，由浅到深，循序渐进。理论联系实际，激发学生学习兴趣。多采用归纳、小结、比较等方法引导学生学习。

3. 实践教学应注重培养学生实际的基本操作技能，实践训练时多给学生动手的机会，提高学生实际动手的能力和分析问题、解决问题的能力。

4. 学生的知识水平和能力水平，应通过平时达标训练、提问、作业（实验报告）、阶段测验、操作技能考核和考试等多种形式综合考评。